多工序数控加工

DUOGONGXU
SHUKONG JIAGONG

王传龙　周长武　主编

化学工业出版社

·北京·

内容简介

本书以培养应用型、技术型、创新型人才为目标，以职业能力为主线，以职业资格认证为基础，内容上充分体现职业技术和高技能人才培训的要求，紧扣初、中级数控加工岗位核心技能，详细讲解了多工序数控加工技能标准、安全文明生产、识读机械零件图纸、零件毛坯的选用、多工序数控机床、工件的定位夹紧与夹具设计、多工序数控加工刀具、切削冷却、多工序加工工艺、数控手工编程与校验、数控机床操作、机械零件检测、机床点检与维护保养等基础技能，以及曲面轮廓车削加工、螺纹轴加工、单面型腔铣削、多面铣削件加工、车铣复合工序加工等典型零件加工实训项目。

本书可作为普通高等院校、中高级职业院校、技工学校的数控技术、智能制造、模具设计、机电一体化等专业教学用书，也可作为技术培训基地、企业数控加工人员的学习参考用书。

图书在版编目（CIP）数据

多工序数控加工 / 王传龙，周长武主编．—北京：化学工业出版社，2024.6

ISBN 978-7-122-44949-8

Ⅰ.①多…　Ⅱ.①王…②周…　Ⅲ.①数控机床-加工　Ⅳ.①TG659

中国国家版本馆 CIP 数据核字（2024）第 088956 号

责任编辑：王　烨　　文字编辑：袁　宁

责任校对：李雨函　　装帧设计：王晓宇

出版发行：化学工业出版社

（北京市东城区青年湖南街 13 号　邮政编码 100011）

印　　装：高教社（天津）印务有限公司

787mm×1092mm　1/16　印张 21½　字数 562 千字

2024 年 11 月北京第 1 版第 1 次印刷

购书咨询：010-64518888　　售后服务：010-64518899

网　　址：http://www.cip.com.cn

凡购买本书，如有缺损质量问题，本社销售中心负责调换。

定　　价：89.00 元

前言 PREFACE

近几年来，随着科技的飞速发展，“中国制造”也不断向“中国智造”加快转型。在“中国智造”发展的背景下，加工方式也发生着改变，多工序数控加工的概念应运而生。制造业不能仅局限在传统的加工方式上，单工序加工工种也不能满足现在的加工需要，各工序联合作业形成工序综合单元体符合目前的加工环境。“中国智造”的载体是机床，机床的现代化、数字化是智能制造的必备条件，所以多工序数控加工是未来机械加工的具体执行单元。同时，培养多工序加工技术人员已是迫在眉睫。本书正是在这样的背景之下，应时代之需求而编写。

本书以数控编程、机械制造与工艺设计、机床维修与保养、刀具选用等知识点为基础，结合企业实际生产案例，由数控技术应用专业领域技能大师、一线专业教师、企业工程师依据相关课程教学、培训和考证的要求，结合多年的实训教学经验，坚持课程改革创新，内容编写突出应用性和实践性。本书所引用的企业实际加工案例，确保先进性和权威性，并力争起到培养学生自主学习能力的作用。

本书由提升篇和高级篇两大部分组成，由简到难，由基础到专业，由理论到实践，力求将产学研相融合。其中提升篇共 13 章，高级篇共 6 章。提升篇主要介绍数控加工的基本知识，达到多工序加工的中级技能水平；高级篇主要以企业生产案例为依托，帮助学员提高多工序加工的能力，达到高级工水平。本书可作为普通高等院校、中高级职业院校、技术学校的数控技术、智能制造、模具设计、机电一体化等专业教学用书，也可作为技术培训基地、企业数控加工人员的学习参考用书。

本书由王传龙、周长武主编，赵亮亮、张会利、郜玲玲副主编，郝长城、王丽、吕明杰、孔令佩、邵冉冉、战忠秋、潘志恒、骆书芳、崔建波、王传奇、姜艳伟、刘运苏、贺琼义、史清卫、张世军参加编写。本书在编写过程中参考了一些技术资料和书刊，在此向各位作者致以衷心的感谢。

由于编者水平有限，书中内容难免有不妥之处，敬请各位同行、专家和广大读者批评指正。

天津轻工职业技术学院、
天津市王传龙技能大师工作室
王传龙
2024 年 9 月

目录 CONTENTS

提升篇

高级篇

提升篇

第1章 多工序数控加工技能标准

教学目标

1. 知识目标
① 掌握多工序数控加工定义。
② 掌握多工序数控加工的特点与分类。
③ 了解多工序职业技能知识。
④ 了解多工序职业技能鉴定比重。
2. 能力目标
① 能够掌握多工序数控加工的相关理论知识。
② 能够掌握多工序数控加工职业技能鉴定的相关知识，并制订练习计划。
3. 素质目标
① 提高节约意识，提高效益意识，优化合理安排。
② 提高精益求精的意识，培养大国工匠精神。

教学内容

通过学习加工工序的知识，了解加工工序安排的原则。学会分析图纸，能够独立编辑工艺过程卡和工序卡片。

1.1 多工序数控加工

1.1.1 多工序数控加工的定义

工序是指一个（或一组）工人在一个工作地对一个（或几个）劳动对象连续进行生产活动的综合，是组成生产过程的基本单位。

多工序是指一个（或一组）工人在一个工作地（或者多个工作地）对一个（或几个）劳动对象连续进行生产活动的综合单元体。

多工序数控加工是指一个（或一组）工人通过一个（或者多个）数控机床对一个（或几个）劳动对象连续进行生产活动的综合单元体。

多工序数控机床操作工是指操作数控机床加工生产线、数控组合机床、复合机床和加工中心等，对工件进行多工序切削加工的人员。

1.1.2 多工序数控加工的特点

① 多工序数控加工工序集中，节约工序之间的准备工作时间，加工效率较高。

② 多工序数控加工自动化加工特点突出，减少人力资源。

③ 多工序数控加工采用数字化控制，加工精度较高。

④ 多工序数控加工通过编程控制加工生产的多样性，可实现现代化生产管理模式，提高生产智能化水平。

1.1.3 多工序数控加工的分类

① 单个数控机床的多工序复杂零件加工。

② 数控组合机床单工种批量简单零件加工。

③ 数控组合机床多工序复杂零件加工。

④ 数控机床批量复杂零件加工。

1.2 多工序数控机床操作工的技能与知识要求

1.2.1 职业技能等级划分

多工序数控机床操作职业技能分为三个等级，即初级、中级、高级，三个级别依次递进，高级别涵盖低级别职业技能要求。本书只涉及初级与中级技能要求知识点。

① 初级。根据一般轴类、盘类零件的加工要求，能看懂图纸，会编排基本加工工艺，能操作数控车床和数控铣床，会手工编制数控程序，能使用常用夹具安装工件，合理选用刀具进行切削加工，对于简单曲面会利用 CAM 软件编制刀具轨迹并生成加工程序，能对设备进行一级保养并排除简单故障。

② 中级。根据中等复杂程度零件图加工任务要求进行工艺文件技术分析，设计产品工艺路线，制作工艺技术文件；使用 CAM 软件编制数控加工程序，制作零件加工程序单、刀具调整清单；独立操作数控车床、铣床完成产品零件加工。正确选用量仪对工件进行尺寸测量，并判断是否达到图纸设计要求，零件加工完成后进行必要精整处理。能对使用设备进行常规保养，排除一般常见故障；能进行机床精度检测与调整。

③ 高级。根据较复杂零件图和简单装配图加工任务要求进行工艺文件技术分析，制定合理的工艺路线，形成完整的加工工艺规程；掌握手工编程、固定循环编程及宏程序的编制，熟练使用 CAD/CAM 软件进行设计、加工、仿真等操作；熟悉常用量具、辅具的应用，熟练操作常见数控设备进行零件加工，能对所加工的零件进行质量控制并对加工方案进行优化；能对加工后的零件进行准确检测并进行必要的精整和清理，将加工的零件进行装配并调整零件位置、间隙等，使其满足技术文件要求；能对使用设备进行常规保养，排除常见故障，能完成机床精度的检测并进行正确的补偿；了解先进制造技术和增材制造技术等相关信息。

1.2.2　职业技能等级知识要求

见表1-1、表1-2。

表1-1　多工序数控机床操作职业技能知识要求（初级）

工作领域	工序任务	知识要求
1工艺制定与实施	1.1工艺分析	读懂图纸内容和要求
		识读工艺文件
		根据零件分解加工工步
		了解常见材料的切削加工性能
	1.2加工设备选用	了解数控机床的加工特点
		根据零件选择机床类型及型号
		根据工艺特征合理选择机床
	1.3夹具选用	对三爪卡盘、平口钳、压板等夹具进行装夹找正
		使用顶尖进行辅助装夹
	1.4切削刀具应用	根据零件材料选择刀具材质
		根据加工精度选择刀具参数和切削参数
		根据机床型号和零件特征尺寸选择刀具规格
		根据工件加工要求，修磨一般刀具
2数控程序编制	2.1手工编程	根据数控机床的基本编程指令，对零件的内外径、端面、螺纹等特征编写固定加工循环程序
		根据数控机床的基本编程指令，编写零件的外形轮廓、孔、槽、螺纹等简单加工程序
		根据工件尺寸公差要求，在编辑程序时对相关尺寸进行调整
	2.2 CAD/CAM技术应用	使用CAD软件对零件进行实体造型
		使用CAM软件生成工具轨迹及数控加工程序
		对数控程序进行设备传输
		使用CAD/CAM软件进行刀具点位计算
	2.3加工仿真及验证	使用数控加工仿真软件模拟数控机床操作
		仿真碰撞干涉的处理及加工编程轨迹的合理优化
3零件加工	3.1加工准备	根据数控加工工艺文件安装夹具并找正
		安装工件、工件找正及建立工件坐标系
		了解刀具参数，正确安装刀具，并输入刀具参数
		合理选择量具
	3.2数控车床操作	使用机床控制面板操作机床
		车削加工特征的零件车削及配合方法
		安全文明生产
	3.3加工中心操作	使用机床控制面板操作机床
		铣削加工特征的零件铣削及配合方法
		安全文明生产

续表

工作领域	工序任务	知识要求
4 零件检测与设备维护	4.1 零件检测	常规检测工具的使用方法
		检测零件的使用方法和注意事项
		检测报告
	4.2 零件清洗及精整	根据技术文件要求去除零件多余物及进行锐角倒钝等光滑处理
		根据技术文件要求合理选择清洗方式并正确清洗
	4.3 设备维护	根据说明书对机床各部位进行定期/不定期常规保养
		对机床电气、液压、冷却系统进行定期维护
		机床常规故障的检查与判断

表 1-2　多工序数控机床操作职业技能知识要求（中级）

工作领域	工序任务	知识要求
1 工艺制定与实施	1.1 工艺分析	根据图纸内容和要求手绘一般的零件及装配图
		根据图纸要求制定合适的加工工艺方法
		根据图纸要求编写中等复杂零件的工艺文件
		确定合理的加工基准
	1.2 加工设备选用	根据零件选择机床类型及型号
		根据工艺特征合理选择机床
	1.3 夹具选用与制作设计	对通用夹具进行装夹找正
		根据零件的装夹要求合理选用组合夹具和专用夹具
		分析并计算加工中心夹具的定位误差，了解夹具体、定位件、夹紧件等各部件功能作用
		在数控机床上正确安装液压、气动夹具，完成动力源管路安装调试
	1.4 切削刀具应用	根据加工精度选择刀具参数和切削参数
		根据机床型号和零件特征尺寸选择刀具规格
		根据工件加工要求，修磨一般刀具
2 数控程序编制	2.1 手工编程	根据数控机床的基本编程指令，对零件的内外径、端面、螺纹等特征编写固定加工循环程序
		根据数控机床的基本编程指令，编写零件的外形轮廓、孔、槽、螺纹等简单加工程序
		根据工件尺寸公差要求，在编辑程序时对相关尺寸进行调整
	2.2 CAD/CAM 技术应用	使用 CAD 软件对零件进行实体造型
		使用 CAM 软件生成工具轨迹及数控加工程序
		对数控程序进行设备传输
		使用 CAD/CAM 软件进行刀具点位计算
	2.3 加工仿真及验证	使用数控加工仿真软件模拟数控机床操作
		仿真碰撞干涉的处理及加工编程轨迹的合理优化

续表

工作领域	工序任务	知识要求
3 零件加工	3.1 加工准备	根据数控加工工艺文件安装夹具并找正
		安装工件、工件找正及建立工件坐标系
		了解刀具参数，正确安装刀具，并输入刀具参数
		合理选择量具
	3.2 数控车床操作	使用机床控制面板操作机床
		车削加工特征的零件车削及配合方法
		安全文明生产
	3.3 加工中心操作	使用机床控制面板操作机床
		铣削加工特征的零件铣削及配合方法
		安全文明生产
4 零件检测与设备维护	4.1 零件检测	常规检测工具的使用方法
		检测零件的使用方法和注意事项
		检测报告
	4.2 零件清洗及精整	根据技术要求去除零件多余物及进行锐角倒钝等光滑处理
		根据技术文件要求合理选择清洗方式并正确清洗
	4.3 设备维护	根据说明书对机床各部位进行定期/不定期常规保养
		对机床电气、液压、冷却系统进行定期维护
		机床常规故障的检查与判断

1.3　知识与技能考核比重

1.3.1　技能鉴定方式

技能鉴定分为理论知识考试、技能考核以及综合评审三部分。理论知识考试以笔试、机考等方式为主，主要考核从业人员从事本职业应掌握的基本要求和相关知识要求；技能考核主要采用现场操作、模拟操作等方式进行，主要考核从业人员从事本职业应具备的技能水平；综合评审主要针对技师和高级技师，通常采取审阅申报材料、答辩等方式进行全面评议和审查。

理论知识考试、技能考核和综合评审均实行百分制，成绩皆达60分（含）以上者为合格。

1.3.2　技能鉴定理论知识组成

(1) 基础理论知识

① 机械识图、制图知识。

② 公差配合与测量知识。

③ 工程材料及金属热处理知识。

④ 计算机基础知识。

⑤ 专业英语基础知识。

⑥ 公式曲线与基点、节点计算知识。

(2) 机械加工基础知识

① 机械基础知识。

② 工艺编制基础知识。

③ 常用设备知识（分类、用途、基本结构及维护保养方法）。

④ 常用金属切削加工知识。

⑤ 机械制造工艺知识。

⑥ 设备润滑液和冷却液的使用方法。

⑦ 夹具、量具等的使用与维护知识。

(3) 工业控制基础知识

① 电气控制技术知识。

② 液压、气动技术知识。

③ 可编程控制技术知识。

④ 工业机器人编程与操作知识。

⑤ 传感器原理及应用知识。

⑥ 工业互联网知识。

(4) 安全文明生产与环境保护知识

① 职业安全与现场文明生产知识。

② 安全操作与劳动保护知识。

③ 安全用电知识。

④ 环境保护知识。

(5) 质量管理知识

① 全面质量管理基础知识。

② 质量方针及岗位质量管理要求。

③ 岗位质量保证措施与责任。

(6) 相关法律、法规知识

①《中华人民共和国劳动法》相关知识。

②《中华人民共和国劳动合同法》相关知识。

③《中华人民共和国安全生产法》相关知识。

④《中华人民共和国环境保护法》相关知识。

⑤《中华人民共和国专利法》相关知识。

1.3.3 技能鉴定技能知识组成

技能鉴定的技能知识包含：车工、铣工的加工、操作基础知识，数控车床、加工中心初级、中级、高级操作加工技能，多工序数控加工工艺编制技能。详细职业技能等级知识要求见表 1-1、表 1-2。

1.4 适用院校专业

中等职业学校：数控技术应用、机械加工技术、机械制造技术、模具制造技术、机电技术应用、机电产品检测技术应用、光电仪器制造与维修、机电设备安装与维修、增材制造技术应用等专业。

高等职业技术学院：数控技术、精密机械技术、机械设计与制造、模具设计与制造、机械制造与自动化、机械产品检测检验技术、机电一体化技术、机械装备制造技术、特种加工技术、数控设备应用与维护等专业。

应用型本科：机械工程、机械电子工程、机械设计制造及其自动化、自动化、材料成型及控制工程等专业。

1.5 本书对标的职业标准

① 多工序数控机床操作职业技能等级标准。

② 数控车工（2005）。

③ 加工中心操作工（2005）。

④ 数控车铣加工职业技能等级标准。

⑤ 精密数控加工职业技能等级标准。

第2章 安全文明生产

课程导读

教学目标

1. 知识目标

① 学习环境保护和职业健康安全基本内容。

② 学习机械加工及电器使用安全技术。

③ 学习常用机械设备安全操作规程的制作。

④ 学习车间8s生产规定及职业素养。

2. 能力目标

① 能分辨生产过程中影响环境的因素有哪些，按照相应规定落实环境保护的主要职责，同时对职业健康知识和体系进行一定的掌握，保证工人的长期健康。

② 能够充分认识到机械加工和电器使用的危险性，按照要求制作防护设施。

③ 能清晰张贴机械设备的常用安全标识。

④ 能规范、熟练地制作加工设备的安全操作规程，进行安全培训。

3. 素质目标

① 增强安全文明生产意识，提高职业道德素养，培养良好的职业习惯。

② 提高团队合作意识，培养大国工匠精神。

教学内容

通过对安全文明生产知识的学习，可以合理制定适合车间的8s生产规定，张贴相应的安全标识，能够制作相应加工设备的安全操作规程。进一步提升管理人员水平，提升工作效率。

2.1 职业健康安全

职业健康安全是研究并预防因工作导致的疾病，防止原有疾病的恶化。主要表现为工作中因环境污染及接触有害因素引起人体生理机能的变化。其体系列举如下：

① 安全技术系统可靠性和人的可靠性不足以完全杜绝事故，组织管理因素是复杂系统事故发生与否的最深层原因，应做到系统化，以预防为主，全员、全过程、全方位进行安全管理。

② 推动职业健康安全法规和制度的贯彻执行，有助于提高全民安全意识。

③ 使组织职业健康安全管理转变为主动自愿性行为，提高职业健康安全管理水平，形成自我监督、自我发现和自我完善的机制。

④ 促进进一步与国际标准接轨，消除贸易壁垒和加入 WTO 后的绿色壁垒。

⑤ 改善作业条件，提高劳动者身心健康水平和安全卫生技能，大幅减少成本投入和提高工作效率，产生直接和间接的经济效益。

⑥ 改进人力资源的质量。根据人力资本理论，人的工作效率与工作环境的安全卫生状况密不可分，其良好状况能大大提高生产率，增强企业凝聚力和发展动力。

⑦ 在社会树立良好的品质、信誉和形象。因为优秀的现代企业除具备经济实力和技术能力外，还应保持强烈的社会关注力和责任感、优秀的环境保护业绩和保证职工安全与健康。

⑧ 把 OHSAS18001（OHSMS）和 ISO9001、ISO14001 建立在一起将成为现代企业的标志和时尚。

2.2 机械加工及电器使用安全

机械设备可造成碰撞、夹击、剪切、卷入等多种伤害，其主要危险部位如下：

① 旋转部件和成切线运动部件间的咬合处，如动力传输带和带轮、链条和链轮、齿条和齿轮等。

② 旋转的轴，包括联轴器、心轴、卡盘、丝杠和杆等。

③ 旋转的凸块和孔处。含有凸块或孔洞的旋转部件是很危险的，如风扇叶、凸轮、飞轮等。

④ 对向旋转部件的咬合处，如齿轮、混合辊等。

⑤ 旋转部件和固定部件的咬合处，如辐条手轮或飞轮和机床床身、旋转搅拌机和无防护开口外壳搅拌装置等。

⑥ 接近类型，如锻锤的锤体、动力压力机的滑枕等。

⑦ 通过类型，如金属刨床的工作台及其床身、剪切机的刀刃等。

⑧ 单向滑动部件，如带锯边缘的齿、砂带磨光机的研磨颗粒、凸式运动带等。

⑨ 旋转部件与滑动部件之间，如某些平板印刷机面上的机构、纺织机床等。

2.2.1 机械加工常用安全防护技术

(1) 机械伤害类型

① 绞伤：外露的带轮、齿轮、丝杠直接将衣服、手套、围裙、长发绞入机器中，造成的人身伤害。

② 物体打击：旋转的机器零部件、卡不牢的零件、击打操作中飞出的工件造成的人身伤害。

③ 压伤：冲床、压力机、剪床、锻锤造成的伤害。

④ 砸伤：高处的零部件、吊运的物体掉落造成的伤害。

⑤ 挤伤：将人体或人体的某一部位挤住造成的伤害。

⑥ 烫伤：高温物体对人体造成的伤害，如铁屑、焊渣、溶液等高温物体对人体的伤害。

⑦ 刺割伤：锋利物体尖端对人体的伤害。

(2) 机械伤害原因

① 机械的不安全状态：防护、保险、信号装置缺乏或有缺陷，设备、工具、附件有缺

陷，个人防护用品、用具缺少或有缺陷，场地环境问题。

② 操作者的不安全行为：

a. 忽视安全、操作错误；

b. 用手代替工具操作；

c. 使用无安全装置的设备或工具；

d. 违章操作；

e. 不按规定穿戴个人防护用品，使用工具；

f. 进入危险区域、部位。

③ 管理上的因素：设计、制造、安装或维修上的缺陷或错误，领导对安全工作不重视，在组织管理方面存在缺陷，教育培训不够，操作者业务素质差，缺乏安全知识和自我保护能力。

(3) 机械设备一般安全规定

规定是通过多年的总结和教训得出的，在生产过程中，只要遵守这些规定，就能及时消除隐患，避免事故的发生。

① 布局要求。机械设备的布局要合理，应便于操作人员装卸工件、清除杂物，同时也应能够便于维修人员的检修和维护。

② 强度、刚度的要求。机械设备的零部件的强度、刚度应符合安全要求，安装应牢固，不得经常发生故障。

③ 安装必要的安全装置。机械设备必须装设合理、可靠、不影响操作的安全装置。

a. 对于做旋转运动的零部件应装设防护罩或防护挡板、防护栏杆等安全防护装置，以防发生绞伤。

b. 对于超压、超载、超温、超时间、超行程等能发生危险事故的部件，应装设保险装置，如超负荷限制器、行程限制器、安全阀、温度限制器、时间继电器等，防止事故的发生。

c. 对于某些动作需要对人们进行警告或提醒注意时，应安设信号装置或警告标志等。

d. 对于某些动作顺序不能搞颠倒的零部件应装设联锁装置。

④ 机械设备的电气装置的安全要求。

a. 供电的导线必须正确安装，不得有任何破损的地方。

b. 绝缘应良好，接线板应有盖板防护。

c. 开关、按钮应完好无损，其带电部分不得裸露在外。

d. 应有良好的接地或接零装置，导线连接牢固，不得有断开的地方。

e. 局部照明灯应使用 36V 的电压，禁用 220V 电压。

⑤ 操作手柄及脚踏开关的要求。重要的手柄应有可靠的定位及锁定装置，同轴手柄应有明显的长短差别。脚踏开关应有防护罩藏入床身的凹入部分，以免掉下的零部件落到开关上，启动机械设备而伤人。

⑥ 环境要求和操作要求。机械设备的作业现场要有良好的环境，即照度要适宜，噪声和振动要小，零件、工夹具等要摆放整齐。每台机械设备应根据其性能、操作顺序等制定出安全操作规程及检查、润滑、维护等制度，以便操作者遵守。

(4) 机械设备操作安全要求

① 要保证机械设备不发生事故，不仅机械设备本身要符合安全要求，而且更重要的是操作者应严格遵守安全操作规程。安全操作规程因设备不同而异，但基本安全守则大同小异。

② 必须正确穿戴好个人防护用品和用具。

③ 操作前要对机械设备进行安全检查，要空车运转确认正常后，方可投入使用。

④ 机械设备严禁带故障运行，千万不能凑合使用，以防出事故。

⑤ 机械设备的安全装置必须按规定正确使用，更不准将其拆掉使用。

⑥ 机械设备使用的刀具、工夹具以及加工的零件等一定要安装牢固，不得松动。

⑦ 机械设备在运转时，严禁用手调整，也不得用手测量零件，或进行润滑、清扫杂物等。

⑧ 机械设备在运转时，操作者不得离开岗位，以防发生问题无人处置。

⑨ 工作结束后，应切断电源，把刀具和工件从工作位置退出，并整理好工作场地，将零件、工夹具等摆放整齐，打扫好机械设备的卫生。

2.2.2　车削加工危险和防护

(1) 车削加工危险

① 车削加工最主要的不安全因素是切屑的飞溅，以及车床的附带工件造成的伤害。

② 切削过程中形成的切屑卷曲、边缘锋利，特别是连续而且呈螺旋状的切屑，易缠绕操作者的手或身体造成伤害。

③ 崩碎屑飞向操作者。

④ 车削加工时暴露在外的旋转部分，钩住操作者的衣服或将手卷入转动部分造成的伤害事故。长棒料、异型工件加工更危险。

⑤ 车床运转中用手清除切屑、测量工件或用砂布打磨工件毛刺，易造成手与运动部件相撞。

⑥ 工件及装夹附件没有夹紧就开机工作，易使工件等飞出伤人。工件、半成品及量具、夹具等放置不当，造成扳手飞落、工件弹落等伤人事故。

⑦ 机床局部照明不足或灯光刺眼，不利于操作者观察切削过程，而产生错误操作，导致伤害事故。

⑧ 车床周围布局不合理、卫生条件不好、切屑堆放不当，也易造成事故。

⑨ 车床技术状态不好、缺乏定期检修、保险装置失灵等，也会造成机床事故而引起伤害事故。

(2) 安全防护措施

① 采取断屑措施：断屑器、断屑槽等。

② 在车床上安装活动式透明挡板。用气流或乳化液对切屑进行冲洗，改变切屑的射出方向。

③ 使用防护罩式安全装置将其危险部分罩住，如安全鸡心夹、安全拨盘等。

④ 对切削下来的带状切屑，应用钩子进行清除，切勿用手拉。

⑤ 除车床上装有自动测量的量具外，均应停车测量工件，并将刀具架到安全位置。

⑥ 用砂布打磨工件表面时，要把刀具移到安全位置，并注意不要让手和衣服接触到工件表面。

⑦ 磨内孔时，不可用手直接持砂布，应用木棍代替，同时车速不宜过快。

⑧ 禁止把工夹具或工件放在车床床身上和主轴变速箱上。

2.2.3　铣削加工危险和防护

(1) 铣削加工危险

高速旋转的铣刀及铣削中产生的振动和飞屑是主要的不安全因素。

(2) 安全防护措施

① 为防止铣刀伤手事故，可在旋转的铣刀上安装防护罩。

② 铣床要有减振措施。

③ 在切屑飞出的方向安装合适的防护网或防护板。操作者工作时要戴防护眼镜，铣铸铁零件时要戴口罩。

④ 在开始切削时，铣刀必须缓慢地向工件进给，切不可有冲击现象，以免影响机床精度或损坏刀具刃口。

⑤ 加工工件要垫平、卡牢，以免工作过程中发生松脱造成事故。

⑥ 调整速度和方向以及校正工件、工具均需停车后进行。

⑦ 工作时不应戴手套。

⑧ 随时用毛刷清除床面上的切屑，清除铣刀上的切屑要停车后进行。

⑨ 铣刀用钝后，应停车磨刀或换刀。停车前先退刀，当刀具未全部离开工件时，切勿停车。

2.3 机械设备常用安全标识

生产生活中存在各种危险，所以人人都需要认识并熟悉各种标识。表 2-1 总结了各类常见安全标识。

表 2-1 常见安全标识

此处定期加黄油	当心压手	当心夹手	旋转注意	当心碰撞

非指定人员 禁止操作	机器运转时 禁止靠近	当心跌落	当心机械伤人	当心卷入

当心皮带伤人	禁止触摸	使用本设备之前， 必须阅读并理解 操作手册和其他 所有的安全说明	当心高温	注意安全

续表

打开电器箱门 请先关闭电源	有电危险	必须接地	触电危险	机器运转禁止 打开此门

2.4　数控车床安全操作规程

① 进入生产车间按操作工位就位，不得擅自走动，如需调换车床必须征得班组长同意。未经班组长许可，不得动用机床、量具等实习设备。

② 服从安排，不得擅自启动或操作车床数控装置。

③ 按规定穿戴好保护用品。禁止穿高跟鞋、拖鞋进行实训，禁止戴手套和围巾进行操作，袖口要扎紧，长头发要扎好塞入帽子中。

④ 开机前，检查车床电气控制系统是否正常，润滑系统是否畅通，油质是否良好，各操作手柄是否正确，工件、夹具和刀具是否已夹持牢固。

⑤ 程序输入完毕后，必须经班组长同意方可按步骤进行操作，未经班组长同意，严禁擅自操作。

⑥ 完成对刀后，要做模拟换刀实验，以防止正式操作时发生撞坏刀具、工件或设备等事故。

⑦ 车床工作时选择好观察位置，禁止随意离开工作岗位，发现车床运转不正常时应立即停车，向班组长进行汇报，严禁设备带故障运行。

⑧ 操作数控装置面板及操作数控车床时，严禁两人同时操作。

⑨ 车床通电状态，禁止打开或接触装有强电装置的部位，以防电击伤。

⑩ 车床主轴运转过程中，必须关闭车床防护门，关门时必须注意手的安全，避免造成伤害。

⑪ 车床自动运行时，应集中精神，左手手指应放在“急停”按键上，注意观察，发现问题及时按下“急停”键，以确保刀具和设备安全。

⑫ 车床运行过程中，禁止清理切屑，避免用手接触机床运动部件。

⑬ 清理切屑时，要使用专用工具，注意不要被切屑划破手。

⑭ 测量工件必须在车床完全停止状态下进行。

⑮ 生产结束后，切断设备电源，将刀具和工件从工作部位退出，清理安放好所使用的工具，按规定保养、清扫机床，并做好车间场地卫生。

2.5　加工中心/数控铣床安全操作规程

(1) 安全操作基本注意事项

① 工作时穿好工作服、安全鞋，戴好工作帽，注意：不允许戴手套操作机床。

② 不要移动或损坏安装在机床上的警告标牌。

③ 不要在机床周围放置障碍物，工作空间应足够大。

④ 不允许多人同时操作同一台机床。

(2) 工作前的准备工作

① 机床开始工作前要有预热，认真检查润滑系统工作是否正常。

② 调整工件所用工具不要遗忘在机床内。

③ 检查刀库工作状态，自动换刀空间是否足够。

④ 检查急停按钮是否正常。

(3) 工作过程中的安全注意事项

① 禁止用手接触刀尖和铁屑，铁屑必须要用铁钩子或毛刷来清理。

② 禁止用手或其他任何方式接触正在旋转的主轴或其他运动部位。

③ 禁止加工过程中测量工件，更不能用棉丝擦拭工件。

④ 机床运转过程中，操作者不得离开岗位，发现异常现象立即停机。

⑤ 在加工过程中，不允许打开机床防护门。

⑥ 操作者必须在完全清楚操作步骤后进行操作，遇到问题立即向班组长询问，禁止在不知道规程的情况下进行尝试性操作，操作中如机床出现异常，必须立即向班组长报告。

⑦ 机床原点回归顺序为：首先 Z 轴，其次 X、Y 轴。

⑧ 加工过程中认真观察切削及冷却状况，确保机床、刀具的正常运行及工件的质量，并关闭防护门以免铁屑、润滑油飞出。

⑨ 未经许可，禁止打开电器箱。

⑩ 机床若数天不使用，则每隔半个月应对 NC 及 CRT 部分通电 2～3h。

(4) 程序运行注意事项

① 编完程序或将程序输入机床后，须先进行图形模拟，准确无误后再进行机床试运行。

② 对刀应准确无误，刀具补偿号应与程序调用刀具号相符。

③ 检查机床各功能按键的位置是否正确。

④ 站立位置应合适，启动程序时，右手作按停止按钮准备，程序在运行当中手不能离开停止按钮，如有紧急情况立即按下停止按钮。

(5) 工作完成后的注意事项

① 清除切屑、擦拭机床，机床与环境保持清洁状态。

② 依次关掉机床操作面板上的电源和总电源。

2.6 8s 生产规定及职业素养

2.6.1 车间 8s 生产规定

车间 8s 就是整理（seiri)、整顿（seiton)、清扫（seiso)、清洁（seiketsu)、素养(shitsuke)、安全（safety)、节约（save)、学习（study）八个项目，因其均以“s”开头，简称为 8s (其中前 5s 为日语罗马字发音，后 3s 为英文单词)。

企业内员工的理想，莫过于有良好的工作环境、和谐融洽的管理气氛。8s 可造就安全、舒适、明亮的工作环境，提升员工真、善、美的品质，从而塑造一流的公司形象，实现共同的梦想。车间 8s 管理规范如表 2-2。

表2-2　车间8s管理规范

序号	项目	达标要求
1s	整理 seiri	定义:区分要用和不要用的,不要用的清除掉。 目的:把“空间”腾出来活用。 要求:把物品区分要和不要,不要的坚决丢弃。 内容: ①车间内废品、边角料当天产生当天处理,入库或从现场清除。 ②班组产生的返修品及时返修,在班组内存放不得超过两天,避免与合格品混淆。 ③用户返回的产品应及时处理,如暂时无时间处理,应存放在临时库,不得堆放在生产现场。 ④外来产品包装物及时去除,货品堆放整齐。工作现场不能堆放过多(带包装)外购产品。 ⑤合格部件、产品经检查人员确认后及时入库,不得在班组存放超过一天。 ⑥报废的工夹具、量具、机器设备撤离现场存放到指定的地点。 ⑦领料不得领取超过两天用量的部件材料,车间内不允许存放不需要的材料、部件。 ⑧工作垃圾(废包装盒、废包装箱、废塑料袋)及生活垃圾及时清理到卫生间。 ⑨窗台上、设备上、工作台上、周转箱内个人生活用品(食品、餐饮具、包、化妆品、毛巾、卫生用品、书报、衣物、鞋)清离现场
2s	整顿 seiton	定义:要用的东西依规定定位、定量摆放整齐,明确标示。 目的:不用浪费时间找东西。 要求:将整理好的物品明确地规划、定位并加标识。 内容: ①绘制车间定置管理图。 ②对车间各类设备、工装、器具进行分类编号。 ③废品、废料应存放于指定废品区、废料区。 ④不合格品、待检品、返修品要与合格品区分开,周转箱内有清晰明显标识。 ⑤周转箱应放在货架上或周转车上,设备上不得放置周转箱、零件。 ⑥操作者所加工的零部件、半成品及成品的容器内,必须有明显的标识(交检单、转序卡),注明品名、数量、操作者、生产日期。 ⑦搬运周转工具(拖车、叉车等)应存放于指定地点,不得占用通道。 ⑧工具(钳子、螺丝刀)、工位器具(周转箱、周转车、零件盒)、抹布、拖布、包装盒等使用后要及时放回到原位。 ⑨部件、材料、工装、工位器具按使用频率和重量体积安排摆放,使物品使用和存放方便,提高工作效率。 ⑩员工的凳子不得随意乱放,下班时凳子全部靠齐机脚
3s	清扫 seiso	定义:清除工作场所内的脏污,并防止污染的发生。 目的:消除脏污,保持工作场所干干净净、明明亮亮。 要求:经常清洁打扫,保持干净明亮的工作环境。 内容: ①建立车间清扫责任区,落实到班组内具体责任人。 ②地面、设备、模具、工作台、工位器具、窗台上保持无灰尘、无油污、无垃圾。 ③掉落地面的部件、边角料及时处理,外购成品的包装盒、箱随产生随清理。 ④不在本班组责任区内工作时,工作结束后及时将工作地点清理干净。 ⑤维修人员在维修完设备后,协助操作者清理现场,并收好自己的工具。 ⑥各班组对在车间内周转的原料、部件、产品做好防尘、防潮措施,罩上塑料袋或将其垫起。 ⑦下班时,员工垃圾桶全部清理干净

续表

序号	项目	达标要求
4s	清洁 seiketsu	定义：将上面3s实施的做法制度化、规范化，并维持成果。 目的：通过制度化来维持成果，并显现“异常”之所在。 要求：维持成果，使其规范化、标准化。 内容： ①每天下班前15分钟进行简单的日整理活动。 ②每周最后一个工作日下班前30分钟进行周整顿活动。 ③每月27日下班前1小时进行一次彻底的整理、整顿、清扫活动。 ④车间每日依据《班组8s考核表》对各班组责任区进行检查，并做相应的记录，作为考核各班组业绩的依据之一。 ⑤车间每月1日对上月8s实施情况进行一次总结，公布各班组上月8s考核结果。 ⑥车间依据《车间劳动管理制度》对8s活动不合格的班组及个人进行相应的处罚
5s	素养 shitsuke	定义：人人依规定行事，从心态上养成好习惯。 目的：改变“人质”，养成工作讲究认真的习惯。 要求：养成自觉遵守纪律的习惯。 内容： ①每日坚持8s活动，达到预期效果。 ②对班组人员进行公司和部门的各种规章制度的学习、培训。 ③严格遵守公司各项管理规章制度。 ④遵守车间内部各种管理制度，包括工作流程、劳动纪律、安全生产、设备管理、工位器具管理、周转搬运管理、工资管理等。 ⑤工作时间穿着工作服，注意自身的形象。 ⑥现场严禁随地吐痰和唾液，严禁随地乱扔纸巾、杂物。 ⑦爱护公共环境，卫生间马桶、手盆、水池用后自觉冲洗，不随意乱倒剩饭菜
6s	安全 safety	定义：是指人没有危险。 目的：预知危险，防患于未然。 要求：采取系统的措施保证人员、场地、物品等安全。 内容： ①消除隐患，排除险情，预防事故的发生。 ②保障员工的人身安全和生产的正常进行，减少经济损失。 ③管理上制定正确作业流程，配置适当的工作人员行使监督指示职能。 ④对不合安全规定的因素及时举报消除。 ⑤加强作业人员安全意识教育。 ⑥签订安全责任书
7s	节约 (save)	定义：节约为荣、浪费为耻。 目的：养成降低成本习惯，加强作业人员减少浪费意识教育。 要求：减少企业的人力成本、时间成本、库存、物料消耗等。 内容：人们以人生幸福为目标，追求效益，为避免浪费的行为活动
8s	学习 (study)	定义：学习长处、提升素质。 目的：使企业得到持续改善，培养学习型组织。 要求：不断地减少企业的人力、资金、空间、时间、物料的浪费。 内容：深入学习各项专业技术知识，从实践和书本中获取知识，同时不断地向同事和上级主管学习，从而达到完善自我、提升自我综合素质之目的

2.6.2 职业素养

职业素养主要包含职业道德、职业技能、职业行为、职业作风、职业意识。这五个方面的内容又有着各自的特点和要求。

① 职业道德：与人们的职业活动紧密联系，并且符合职业特点所要求的道德准则，以及道德情操和道德品质。它也是职业对社会所负的道德责任以及义务。

② 职业技能：指的是在职业的分类基础之上，根据职业的活动内容，对从业人员能力水平进行的规范性要求。它也是从业人员从事职业活动、接受职业教育培训和职业技能鉴定的一个主要依据。

③ 职业行为：指的是人们对于职业劳动的认识以及评价还有情感和态度等整个心理过程的行为反映，也是职业目的达成的一个基础。

④ 职业作风：主要指的是从业者在其整个职业实践和职业生活中所表现出的一贯的工作态度。

⑤ 职业意识：是每一位职业人应该具有的意识，也就是平时所说的主人翁精神。例如：在工作中积极认识，并且具有强烈的责任感，具有基本的职业道德等。

第3章

识读机械零件图纸

课程导读

教学目标

1. 知识目标

掌握读零件图的基本方法和步骤。

2. 能力目标

具备识读零件图的基本能力。

3. 素质目标

培养学生分析问题、解决问题的能力。

教学内容

通过对零件图样的分析，掌握读图的基本技能、零件图绘图的方法和步骤及零件图的视图分析和技术要求。

3.1 零部件描绘（零件图概述）

零件是机器或部件的基本组成单元。

任何一台机器或一个部件都是由若干零件按一定的装配关系和使用要求装配而成的，制造机器必须首先制造零件。零件图就是直接指导制造和检验零件的图样，是零件生产中的重要技术文件。

读零件图的目的就是要根据零件图想象出零件的结构形状，了解零件的尺寸和技术要求，以便在制造时采用适当的加工方法，或者在此基础上进一步研究零件结构的合理性，以得到不断的改进和创新。

3.1.1 徒手绘图的基本技法

徒手绘图（草图）是指以目测估计比例，按要求徒手（或部分使用绘图仪器）方便快捷地绘制出图形。

在仪器测绘、讨论设计方案、技术交流、现场参观时，受现场条件或时间的限制，经常绘制草图。有时也可将草图直接供生产用，但大多数情况下再整理成正规图。所以徒手绘图可以加速新产品的设计、开发，有助于组织、形成和拓展思路，便于现场测绘，节约作图时间。因此，对于工程技术人员来说，除了要学会用尺规、仪器绘图和使用计算机绘图之外，还必须具备徒手绘制草图的能力。

徒手绘制草图的要求：

① 画线要稳，图线要清晰；

② 目测尺寸尽量准确，各部分比例均匀；

③ 绘图速度要快；

④ 标注尺寸无误，字体工整。

根据徒手绘制草图的要求，选用合适的铅笔，按照正确的方法可以绘制出满意的草图。徒手绘图所使用的铅笔可以有多种，铅笔芯磨成圆锥形，画中心线和尺寸线的磨得较尖，画可见轮廓线的磨得较钝。橡皮不应太硬，以免擦伤作图纸。所使用的作图纸无特别要求，为方便常使用印有浅色方格和菱形格的作图纸。

一个物体的图形无论怎样复杂，总是由直线、圆、圆弧和曲线所组成。因此要画出好的草图，必须掌握徒手画各种线条的手法。

(1) 直线的画法

画直线时，可先标出直线的两端点，然后执笔悬空沿直线方向比划一下，掌握好方向和走势后再落笔画线。在画水平线和斜线时，为了运笔方便，可将图纸斜放。如图 3-1 所示。

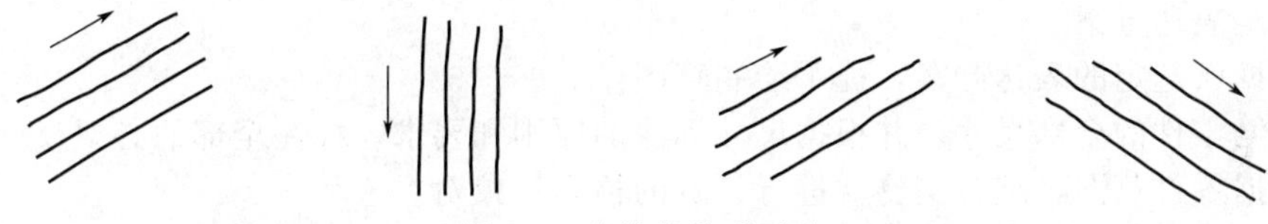

图 3-1　直线的徒手画法

(2) 常用角度的画法

画与水平线成 30°，45°，60°的斜线时，可利用两直角边的比例关系近似画出。如画 10°和 15°等角度线时，可先画出 30°线后再等分求得，如图 3-2 所示。

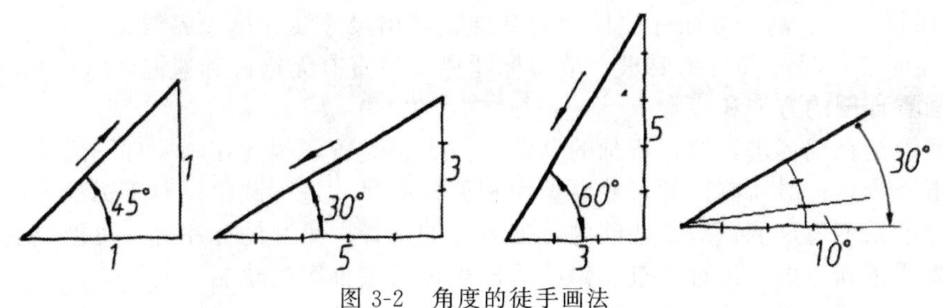

图 3-2　角度的徒手画法

(3) 圆及圆角的画法

画圆时，应过圆心先画中心线，再根据半径大小用目测在中心线上定出 4 点，然后过这 4 点画圆。对较大的圆，可过圆心加画两条 45°斜线，按半径目测定出 8 个点，然后过这 8 个点画圆。也可借助于纸片画圆。如图 3-3 所示。

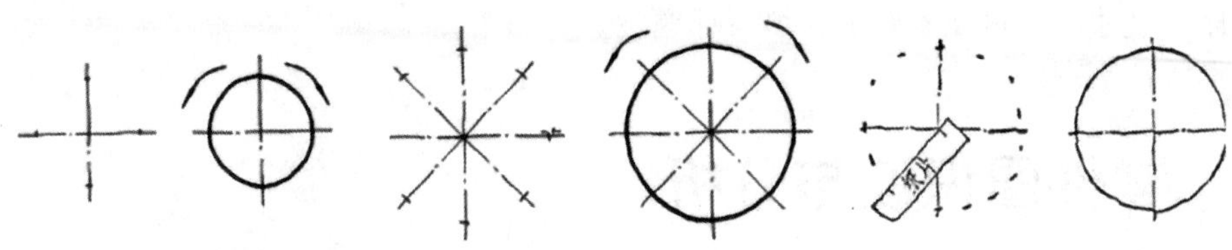

图 3-3　圆的徒手画法

(4) 椭圆的画法

椭圆的徒手画法如图 3-4 所示。

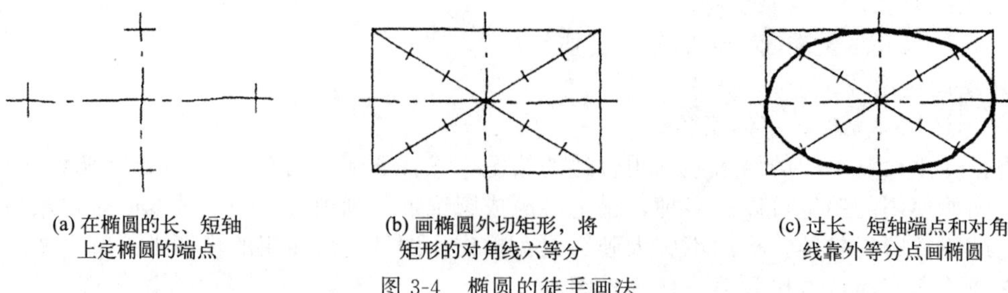

图 3-4 椭圆的徒手画法

3.1.2 零件图草图画法示例

零件测绘是对实际零件进行尺寸测量、绘制视图和综合分析技术要求的工作过程。

(1) 零件测绘的一般过程

① 了解和分析文件。

② 确定表达方案。

③ 根据已选定的表达方案，徒手绘制草图。

④ 测绘零件的全部尺寸，并根据尺寸标注的原则和要求，标注全部的必要尺寸。

⑤ 根据零件草图，结合实物，进行认真的检查、校对。

(2) 零件草图的绘制步骤

① 在确定表达方案的基础上，选定比例，布置图面，画好各视图的基准线（视图的中心位置）。

② 画出基本视图的外部轮廓。

③ 画出其他各视图、断面图等必要的视图。

④ 选择长、宽、高各方面标注尺寸的基准，画出尺寸线、尺寸界线。

⑤ 标注必要的尺寸和技术要求，填写标题栏，检查有无错误和遗漏。

(3) 画零件图的方法和步骤

由于测绘是在现场进行的，所画的草图不一定很完善，因此在画零件图之前，对草图要进行全面审查校核；对所测得的尺寸要参照相关标准尺寸进行圆整；对于标准件的规格等要查阅有关标准系列值选取；对有些问题，如方案的选择、尺寸的标注等，可能绘制草图时比较匆忙，需要重新考虑。经过复查、修改后即可进行零件图的绘制。

具体绘图步骤（不含计算机绘图）如下：

① 根据零件的复杂程度、体积大小、结构形状，确定绘图比例。

② 据选定的绘图比例和确定的表达方案及视图数量，估计各视图所占的面积，并充分留有余地，选取较合适的图幅。

③ 用细实线轻轻画出各视图的基准线，完成底稿。

④ 检查底稿、加深。

⑤ 标注尺寸、注写技术要求、填写标题栏。

⑥ 责任者签字。

3.2 零件图识读与分析

零件图分析是制订数控车削工艺的首要工作，主要内容包括：

(1) 尺寸标注方法分析

以同一基准标注尺寸或直接给出坐标尺寸，既便于编程，又有利于设计基准、工艺基准、测量基准和编程原点的统一。

(2) 轮廓几何要素分析

要充分分析几何元素的给定条件。

(3) 精度及技术要求分析

① 分析精度及各项技术要求是否齐全、是否合理。

② 分析本工序的数控车削加工精度能否达到图样要求，若达不到，需采取其他措施（如磨削）弥补的话，则应给后续工序留有余量。

③ 找出图样上有位置精度要求的表面，这些表面应在一次安装下完成。

④ 对表面粗糙度要求较高的表面，应确定用恒线速切削。

注意：只有在分析零件尺寸精度和表面粗糙度的基础上，才能正确合理地选择加工方法、装夹方式、刀具及切削用量等。

3.2.1 零件图的内容

零件图（又称零件工作图）是表达机器零件结构形状、尺寸大小和技术要求的图样。零件图是设计部门提供给生产部门的重要技术文件，是生产准备、加工制造、质量检查及测量的依据。一张完整的零件图应包括一组图形、全部尺寸、技术要求、标题栏等内容。

① 一组图形——用一组恰当的视图、剖视图、断面图和局部放大图等表达方法，完整清晰地表达出零件的结构和形状。

② 全部尺寸——正确、完整、清晰、合理地标注出零件各形体的大小及其相对位置的尺寸，即提供制造和检验零件所需的全部尺寸。

③ 技术要求——用规定的代号、数字和文字简明地表示出在制造和检验时在技术上应达到的要求。

④ 标题栏——在零件图右下角，在标题栏写明零件的名称、数量、材料、比例、图号以及设计、制图、校核人员签名和绘图日期。

3.2.2 零件图的标题栏识读

识读零件图首先要看标题栏。从标题栏了解零件的名称、材料、比例、质量等内容。

3.2.3 零件图的尺寸分析

零件图上的尺寸是加工和检验零件的重要依据，是零件图的重要内容之一，是图样中指令性最强的部分。在零件图上标注尺寸，必须做到：正确、完整、清晰、合理。

标注尺寸的合理性，就是要求图样上所标注的尺寸既要符合零件的设计要求，又要符合生产实际，便于加工和测量，并有利于装配。

3.2.4 零件图的形位公差分析

零件加工时，不仅会产生尺寸误差，还会产生形状和位置误差。零件表面的实际形状对其理想形状所允许的变动量，称为形状误差。零件表面的实际位置对其理想位置所允许的变动量，称为位置误差。形状和位置公差简称形位公差。表 3-1 为形位公差符号。

表 3-1　形位公差符号

分类		特征项目	符号
形状公差		直线度	—
		平面度	▱
		圆度	○
		圆柱度	⌭
		线轮廓度	⌒
		面轮廓度	⌓
位置公差	定向	平行度	//
		垂直度	⊥
		倾斜度	∠
	定位	同轴度	◎
		对称度	⌯
		位置度	⌖
	跳动	圆跳动	↗
		全跳动	⌰

3.2.5　零件图上的技术要求

零件图是指导生产机器零件的重要文件。因此，它除了有图形和尺寸以外，还应有制造零件时应达到的质量要求，一般称为技术要求，用以保证零件加工制造精度，满足其使用性能。

零件图中的技术要求主要包括：表面粗糙度、极限与配合、几何公差、热处理以及其他有关制造的要求。上述要求应按照有关国家标准规定的代（符）号或用文字正确注写出来。轴类零件的主要技术要求有以下几方面：

① 尺寸精度。轴类零件的主要表面常分为两类：一类是与轴承的内圈配合的外圆轴颈，即支承轴颈，用于确定轴的位置并支承轴，尺寸精度要求较高，通常为 IT5～IT7；另一类为与各类传动件配合的轴颈，即配合轴颈，其精度稍低，常为 IT6～IT9。

② 几何精度。轴类零件一般是用两个轴颈支承在轴承上，这两个轴颈称为支承轴颈，也是轴的装配基准。除了尺寸精度外，一般还对支承轴颈的几何精度（圆度、圆柱度）提出要求。对于一般精度的轴颈，几何形状误差应限制在直径公差范围内，要求高时，应在零件图样上另行规定其允许的公差值。

③ 相互位置精度。包括内、外表面及重要轴面的同轴度，圆的径向跳动，重要端面对轴心线的垂直度，端面间的平行度，等等。

④ 表面粗糙度。轴的加工表面都有粗糙度的要求，一般根据加工的可能性和经济性来确定。支承轴颈常为 0.2～1.6μm，传动件配合轴颈为 0.4～3.2μm。

3.3 案例分析

3.3.1 车削零件图分析

图 3-5 所示为数控车削零件图，由外圆、内孔、内锥、外沟槽及外螺纹组成。由图可知，如需完整表达一个车削零件，标题栏、图形、尺寸、技术要求是必不可少的。由标题栏可知制图人、校核人及绘图比例；由图形可知完整清晰的零件结构与形状；由尺寸得到了正确、完整、清晰、合理的零件大小及其相对位置；由技术要求得到了表面粗糙度、极限与配合、几何公差、热处理以及其他有关制造的要求。

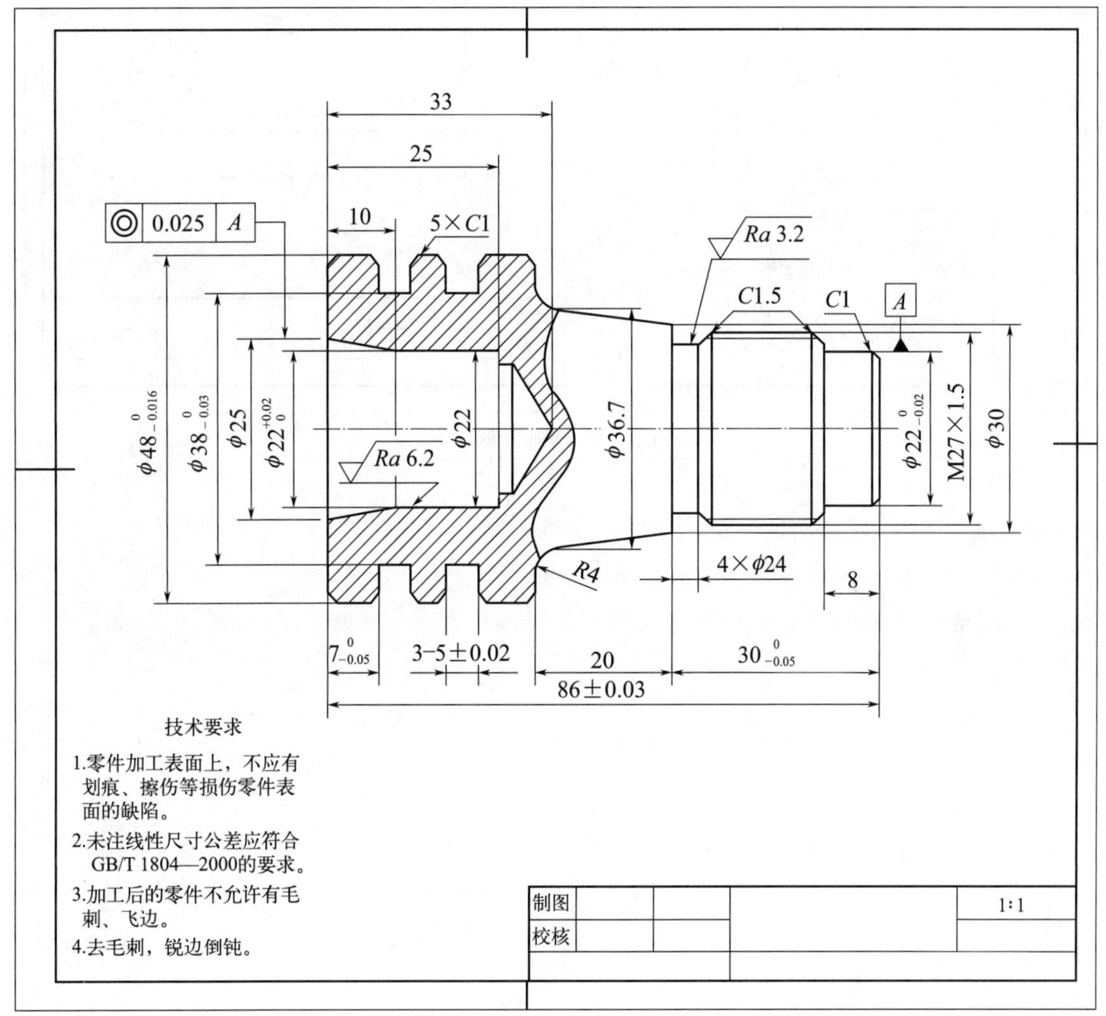

图 3-5　数控车削零件图

3.3.2 铣削零件图分析

铣削零件图见图 3-6。

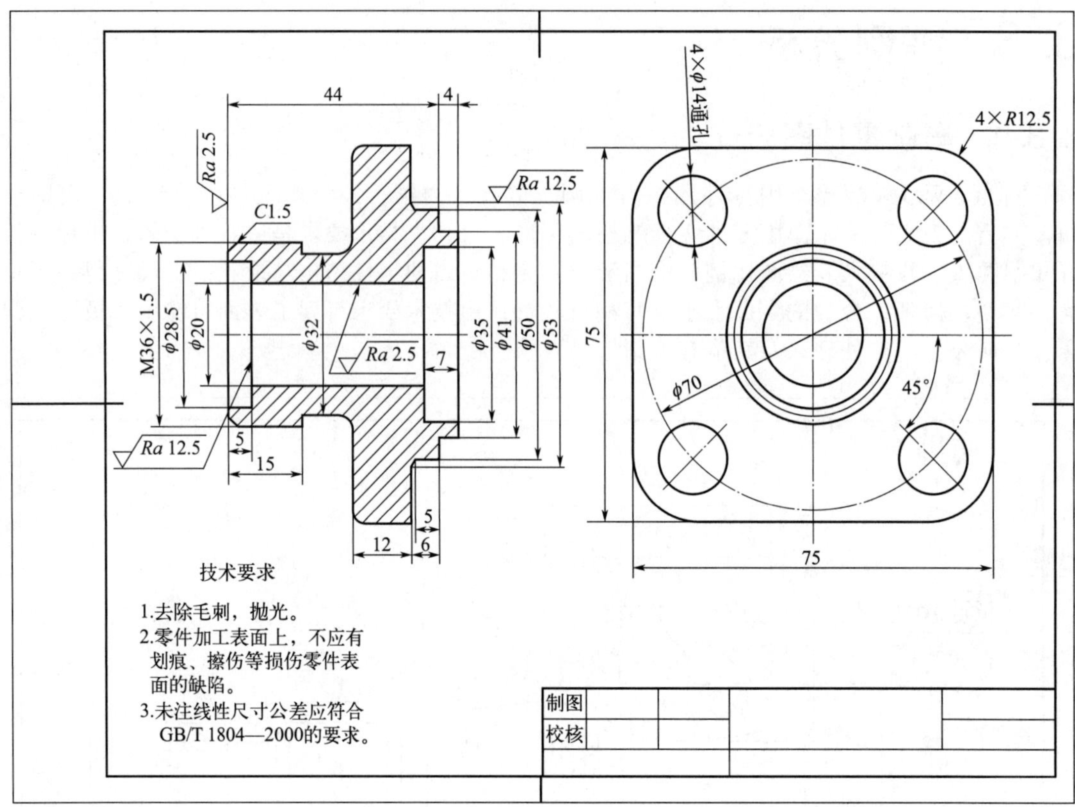
44
4
Ra 2.5
Ra 12.5
C1.5
M36×1.5
ϕ28.5
ϕ20
ϕ32
Ra 2.5
7
ϕ35
ϕ41
ϕ50
ϕ53
Ra 12.5
5
15
12
5
6
4×ϕ14通孔
4×R12.5
75
ϕ70
45°
75
技术要求
1.去除毛刺，抛光。
2.零件加工表面上，不应有划痕、擦伤等损伤零件表面的缺陷。
3.未注线性尺寸公差应符合GB/T 1804—2000的要求。
制图
校核

图 3-6　铣削零件图

第4章

零件毛坯的选用

课程导读

教学目标

1. 知识目标

① 学习影响材料切削加工的因素。

② 学习改善金属材料加工性的方法。

③ 学习毛坯的制造及选用原则。

④ 学习毛坯加工余量的计算。

2. 能力目标

① 能根据零件要求选用正确的毛坯形态，并根据加工工序选用合适的热处理方法，改善材料的切削加工性。

② 能够分析数控加工特点，进行毛坯加工工艺分析。

③ 能依据加工流程计算毛坯的加工余量。

3. 素质目标

① 增强节约意识，合理选用零件毛坯，提高零件的应用性。

② 提高效率意识，培养大国工匠精神。

教学内容

通过对零件图样的分析，选用合适的毛坯，根据加工方式选用合理的热处理方法，改善材料的切削加工性，能熟练计算毛坯加工余量，进一步降低零件的制造成本，同时提高工作效率。

4.1 常用材料的切削加工性

4.1.1 切削加工性的概念和指标

概念：在一定条件下对工件材料进行切削加工的难易程度。材料的切削加工性是一个相对的概念。其衡量指标如下：

① 刀具耐用度指标：

a. 刀具耐用度相同的情况下，允许的切削速度高低。

b. 相同切削条件下，考察刀具耐用度的大小。

c. 相同条件下，刀具达到磨钝标准时切除金属的多少。

② 切削力、切削温度指标：在相同的切削条件下，加工不同材料时，凡切削力大、切削温度高的材料较难加工，即其切削加工性差；反之，则切削加工性好。

③ 加工表面质量指标：精加工，以表面粗糙度衡量切削加工性，表面粗糙度高，切削加工性好，反之较差；对特殊精密零件，以已加工表面变质层深度、残余应力及硬化程度来衡量其切削加工性。

④ 断屑难易程度指标：切削时，凡切削易于控制或断屑性能良好的材料，其切削加工性较好，反之则较差。

材料切削加工性指标通常用 v_T 表示，v_T 是指耐用度为 T 时，切削某种材料所允许的切削速度。v_T 越高，表示材料的切削加工性越好。

通常取 $T=3600\text{s}$（60min），v_T 写作 v_{3600}（v_{60}）。

即：在切削普通金属材料时，用刀具耐用度达到60min时允许的切削速度 v_{60} 的高低来评定材料的切削加工性。

对于一些特别难加工的材料，也可取 $T=1800\text{s}$（30min），v_T 写作 v_{1800}（v_{30}）。

例：如果以 45 钢（HB170～229，$\sigma_b=0.637\text{GPa}$）的 v_{3600}（v_{60}）作为基准，写作 $(v_{3600})(v_{60})_j$；而把其他各种材料的 v_{3600}（v_{60}）同它相比，这个比值 K_r，称为材料的相对加工性。即：

$$K_r=\frac{v_{3600}}{(v_{3600})_j}$$

材料相对加工性等级见表 4-1。

表 4-1 材料相对加工性等级

相对加工性等级	材料名称及种类		相对加工性 K_r	代表性材料
1	很易加工材料	一般有色金属	＞3.0	铝铜合金，铝镁合金
2	容易加工材料	易切削钢	2.5～3	退火 15Cr，$\sigma_b=0.373\sim0.441\text{GPa}$ 自动机用钢，$\sigma_b=0.393\sim0.491\text{GPa}$
3		较易切削钢	1.6～2.5	正火 30 钢，$\sigma_b=0.441\sim0.549\text{GPa}$
4	普通材料	一般钢、铸铁	1.0～1.6	45 钢，灰铸铁
5		稍难切削材料	0.65～1.0	2Cr13，调制 $\sigma_b=0.834\text{GPa}$ 85 钢，$\sigma_b=0.883\text{GPa}$
6	难加工材料	较难切削材料	0.5～0.65	45Cr，调制 $\sigma_b=1.03\text{GPa}$ 65Mn，调制 $\sigma_b=0.932\sim0.981\text{GPa}$
7		难切削材料	0.15～0.5	50CrV，调制 1Cr18Ni9Ti，钛合金
8		很难切削材料	＜0.15	某些钛合金，铸造镍基高温合金

4.1.2 影响切削加工的因素

(1) 材料力学性能对切削加工性的影响

1）工件材料硬度的影响

① 工件材料常温硬度的影响：工件材料硬度越高，切削力越大，切削温度越高，刀具磨损越快。

② 工件材料高温硬度的影响：工件材料高温硬度越高，切削加工性越差。这是因为切削温度对切削过程的有利影响（软化）对高温硬度高的材料不起作用。

③ 金属材料中硬质点的影响：金属中硬质点越多，形状越尖锐、分布越广，则材料的切削加工性越差。

④ 材料的加工硬化性的影响：加工硬化性越严重，切削加工性越差。

某些高锰钢、奥氏体不锈钢切削后的表面硬度，比原始基体高 1.4～2.2 倍。

2）工件材料强度的影响

强度越高的材料，产生的切削力越大，切削时消耗的功率越多，切削温度亦越高，刀具越容易磨损。如图 4-1 所示，为碳素钢布氏硬度与可切削性的关系。

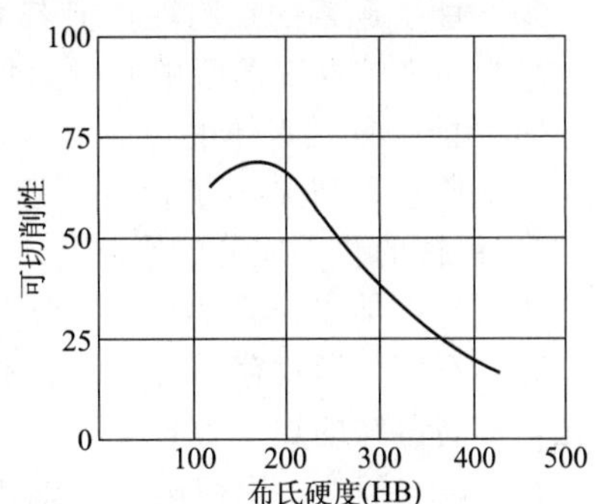

图 4-1　碳素钢布氏硬度与可切削性的关系

由图可见，在一般情况下，加工性随工件材料强度提高而降低。其中，工件材料的强度包括常温强度和高温强度，合金钢和不锈钢的常温强度和碳素钢相差不大，但高温强度却差别很大，所以其加工性低于碳素钢。

3）工件材料塑性的影响

材料的塑性通常以伸长率 δ 表示。一般，材料的塑性越大，越难加工。因为塑性大的材料，加工变形和硬化、刀具表面的冷焊现象都比较严重，不易断屑，不易获得好的已加工表面质量。另外，切屑与前刀面的接触长度加大，使摩擦力增大。

例如：硬度相近的 45 钢和 1Cr18Ni9Ti 不锈钢。

但材料塑性太小时，切屑与前刀面的接触变得很短，切削力、切削热集中在切削刃附近，使刀具磨损严重，故切削加工性也差。为了改善高塑形材料的加工性能，可通过硬化、热处理等措施来降低被加工材料的塑性。

4）工件材料韧性的影响

韧性大的材料，切削加工性较差，在断裂前吸收的能量多，切削功率消耗多，且断屑困难。

5）工件材料弹性模量的影响

材料的弹性模量 E 是衡量材料刚度（抵抗弹性变形的性能）的指标，E 值越大，材料刚度越大，切削加工性越差。

材料的切削加工性是上述这些力学性能（硬度、强度、塑性、韧性、弹性模量等）综合影响的结果。

（2）材料物理化学性能对切削加工性的影响

1）工件材料热导率的影响

工件材料热导率低，切削温度高，刀具易磨损，切削加工性差。被加工材料的热导率越大，由切屑带走和传入工件的热量就越多，越有利于降低切削区的温度，故切削加工性较好。如 45 钢的热导率为 50.2W/(m·℃)，而奥氏体不锈钢和高温合金的热导率仅为 45 钢的 1/4～1/3，这是其切削加工性低于 45 钢的重要原因之一。铜、铝及其合金的热导率很大，为 45 钢的 2～8 倍，这是它们切削加工性好的原因之一。

金属材料热导率大小顺序：纯金属、有色金属、碳素结构钢、铸铁、低合金结构钢、合金结构钢、工具钢、耐热钢、不锈钢。

2）工件材料物理化学反应的影响

如镁合金易燃烧，钛合金切屑易形成硬脆化合物等，不利于切削进行。

(3) 化学成分对切削加工性的影响

1）钢的化学成分的影响

① Cr、Ni、V、Mo、W、Mn 等元素，可提高钢的强度和硬度。

② Si、Al 等元素，容易形成氧化硅和氧化铝等硬质点，使刀具磨损加剧。

③ S、Se（硒）、Pb、Bi（铋）、P（磷）等元素，能降低钢的强度，同时又能降低钢的塑性，可改善切削加工性。

④ S 能引起钢的红脆性，但若适当提高 Mn 的含量，可以避免红脆性。MnS、FeS 质地软，成为切削塑性变形区中的应力集中源，易断屑，并减小积屑瘤的形成。

⑤ P 能降低铁素体的塑性，使切屑易于折断。

依此原理，研制出了含硫、硒、铅、铋、钙的易切钢，其中含硫的易切钢用得较多。

2）铸铁的化学成分的影响

铸铁的化学成分的影响，主要取决于这些元素对碳的石墨化作用。

碳以石墨化形式存在时，铸铁的切削加工性高。硅、铝、镍、铜、钛等，能促进碳的石墨化，提高铸铁的加工性能；碳化铁含量高时，铸铁的切削加工性低。铬（Cr）、钒、锰、钼、钴、磷、硫等，阻碍碳的石墨化，降低铸铁的切削加工性。

(4) 金属组织对切削加工性的影响

1）钢的不同组织对切削加工性的影响

钢的金相组织有铁素体、渗碳体、珠光体、索氏体、托氏体、奥氏体、马氏体等。

表 4-2 各种金相组织的物理力学性能

金相组织	HB	σ_b/GPa(kgf/mm^2)	δ/%	k/[W·m^{-1}·℃$^{-1}$ (cal·cm^{-1}·s^{-1}·℃$^{-1}$)]
铁素体	60～80	0.25～0.30(25～30)	30～50	77.00(0.184)
渗碳体	700～800	0.30～0.35(30～35)	极小	7.10(0.017)
珠光体	160～260	0.80～1.30(80～130)	15～20	50.20(0.120)
索氏体	250～320	0.70～1.40(70～140)	10～20	
托氏体	400～500	1.40～1.70(140～170)	5～10	
奥氏体	170～220	0.85～1.05(85～105)	40～50	
马氏体	520～760	1.75～2.10(175～210)	2.8	

由表 4-2 可总结出各种金相组织的物理力学性能特点如下：

① 铁素体塑性高，珠光体塑性低。钢中含有大部分铁素体、少部分珠光体时，切削速度及刀具耐用度都较高。

② 纯铁（含碳量极低）是完全的铁素体，切削加工性低。

③ 珠光体呈片状时，刀具磨损较大；片状珠光体球化处理后，组织为“连续分布的铁素体＋分散的碳化物颗粒”，刀具的磨损小，耐用度高。

④ 切削马氏体、回火马氏体和索氏体等硬度较高的组织时，刀具磨损较大。

综上所述，可用热处理的方法，通过改变金属组织来改善金属的切削加工性。

2）铸铁的金属组织对相对加工性的影响

铸铁按金属组织来分，可分为：白口铁、麻口铁、珠光体灰铸铁、灰铸铁、铁素体灰铸铁、各种球墨铸铁（包括可锻铸铁）。其相对加工性见表 4-3。

表 4-3　铸铁的相对加工性

铸铁种类	铸铁组织	硬度 HBS	伸长率 δ/%	相对加工性 K_r
白口铁	细粒珠光体＋碳化铁等碳化物	600	—	难切削
麻口铁	粗粒珠光体＋少量碳化铁	263	—	0.4
珠光体灰铸铁	珠光体＋石墨	225	—	0.85
灰铸铁	粗粒珠光体＋石墨＋铁素体	190	—	1.0
铁素体灰铸铁	铁素体＋石墨	100	—	3.0
球墨铸铁（或可锻铸铁）	石墨为球状（白口铁经长时间退火后变为可锻铸铁，碳化物析出球状石墨）	265	2	0.6
		215	4	0.9
		207	17.5	1.3
		180	20	1.8
		170	22	3.0

4.1.3　改善金属材料加工性的途径

(1) 通过热处理改变材料的组织和力学性能

铸铁件一般在切削加工前要进行退火处理，降低表层硬度，消除内应力，以改善其切削加工性。常见的热处理方法有：

① 高碳钢和工具钢：球化退火，降低硬度。

② 热轧状态的中碳钢：正火、退火，使组织和硬度均匀。

③ 低碳钢：冷拔或正火，提高硬度。

④ 马氏体不锈钢：调质处理，降低塑性。

⑤ 铸铁件：退火处理，降低表层硬皮硬度，消除内应力。

(2) 调整材料的化学成分

在钢中适当添加一些元素，如硫、钙、铅等，使钢的切削加工性得到显著改善，这样的钢叫“易切钢”。易切钢加工时的切削力小，易断屑，刀具使用寿命高，已加工表面质量好。

4.1.4　常见金属材料的切削加工性

(1) 碳素钢

普通碳素钢的切削加工性主要取决于钢中碳的含量。低碳钢硬度低，塑性和韧性高，切削变形大，切削温度高，断屑困难，故加工性较差。高碳钢的硬度高、塑性低、导热性差，故切削力大，切削温度高，刀具耐用度低，加工性也差。相对而言，中碳钢的切削加工性较好。

(2) 合金工具钢

在碳素钢中加入一些合金元素，如 Si、Mn、Cr、Ni、Mo、W、V、Ti 等，使钢的力学性能提高，但加工性也随之变差。工件材料加工性分级表见表 4-4。

表 4-4　工件材料加工性分级表

切削加工		易切削			较易切削			较难切削			难切削		
等级代号		0	1	2	3	4	5	6	7	8	9	9_a	9_b
硬度	HB	≤50	>50~100	>100~150	>150~200	>200~250	>250~300	>300~350	>350~400	>400~480	>480~635	>635	
	HRC					>14~24.8	>24.8~32.3	>32.3~38.1	>38.1~43	>43~50	>50~60	>60	
抗拉强度 R_m/GPa		≤0.196	>0.196~0.441	>0.441~0.588	>0.588~0.784	>0.784~0.98	>0.98~1.176	>1.176~1.372	>1.372~1.568	>1.568~1.764	>1.764~1.96	>1.96~2.45	>2.45
伸长率 δ/%		≤10	>10~15	>15~20	>20~25	>25~30	>30~35	>35~40	>40~50	>50~60	>60~100	>100	
冲击韧性 α_k/(kJ/m^2)		≤196	>196~392	>392~588	>588~784	>784~980	>980~1372	>1372~1764	>1764~1962	>1962~2450	>2450~2940	>2940~3920	
热导率 k /(W/m·K)		418.68~293.08	<293.08~167.47	<167.47~83.74	<83.74~62.80	<62.80~41.87	<41.87~33.5	<33.5~25.12	<25.12~16.75	<16.75~8.37	<8.37		

4.1.5　典型难加工材料的切削加工性

难加工材料难加工的原因一般有以下几个方面：①高硬度；②高强度；③高塑性和高韧性；④低塑性和高脆性；⑤低导热性；⑥有大量微观硬质点或硬夹杂物；⑦化学性质活泼。这些特性一般都能使切削过程中的切削力加大，切削温度升高，刀具磨损加剧，刀具使用寿命缩短；有时还将使已加工表面质量恶化，切屑难以控制，最终则使加工效率和加工质量降低，加工成本提高。典型的难加工材料加工特性见表 4-5。

表 4-5　典型的难加工材料加工特性

材料	硬度	组织形态	常见零件	加工特性	适用加工刀具
高强钢和超高强钢	35~50HRC，强度超过1000MPa	30CrMnSi、20CrMnTi 等	连杆、曲轴、叶片、炮管等	切削力大、温度高、刀具磨损快、断屑难，高强钢在退火状态下加工比较容易	YT 类、TiC 基、陶瓷、涂层刀具等
高锰钢	180~220HBS→450~500HBS	含 Mn 量 11%~18%	铁轨、挖掘机铲斗、履带等	高锰奥氏体钢，塑性变形大、耐磨性好；高锰钢线胀系数大，影响加工精度，加工硬化严重、切削力大、温度高、断屑难，导热性差，为 45 钢的 1/4	YW 类、陶瓷、涂层刀具等
淬火钢和白口铸铁	硬度高，大于 HRC50		工具钢、模具钢等	适用于一般磨削加工，切削力大、温度高、刀具磨损快	YW 类、陶瓷、超细晶粒合金、涂层刀具等

除以上的难加工材料外还存在着其他难加工材料，常见的有：

(1) 纯金属的加工

常用的纯金属如紫铜、纯铝、纯铁等，其硬度、强度都较低，热导率大，对切削加工有利；但其塑性很高，切屑变形大，刀-屑接触长度大并容易发生冷焊，生成积屑瘤，因此切削力较大，不容易获得好的已加工表面质量，断屑困难。此外，它们的线胀系数较大，精加工时不易控制工件的加工精度。

(2) 不锈钢和高温合金的切削加工性

不锈钢按金相组织分，有铁素体、马氏体、奥氏体三种。铁素体、马氏体不锈钢的成分以铬为主，经常在淬火-回火或退火状态下使用，综合力学性能适中，切削加工一般不太难。奥氏体不锈钢的成分以铬、镍等元素为主，淬火后呈奥氏体组织，切削加工性比较差。

高温合金中含有许多高熔点合金元素，如铁、钛、铬、钴、镍、钒、钨、钼等，它们与其他合金元素构成纯度高、组织致密的奥氏体合金。其特点为：强度、硬度较高，热导率小，合金中的高硬度化合物构成硬质点，在中、低切削速度下易与刀具发生冷焊。

(3) 钛合金的切削加工性

钛合金的切削加工性也很差，刀具磨损快，刀具耐用度低，其原因为：

① 加工钛合金时，剪切角很大，刀-屑接触长度短，使前刀面压力增大，加速了刀具磨损；

② 热导率极小；

③ 已加工表面经常出现硬而脆的外皮；

④ 弹性模量小，已加工表面回弹量大，加剧了与后刀面的摩擦。

4.2　毛坯的制造及选用原则

4.2.1　毛坯的制造方法

毛坯的种类很多，同一类毛坯又有很多制造方法。机械制造中常用的毛坯有铸件、锻件、焊接件、冲压件、冷挤压件、粉末冶金件、型材等。

毛坯制造是零件生产过程的一部分（一道工序）。根据零件的技术要求、结构特点、材料、生产纲领等方面的情况，合理地确定毛坯的种类、毛坯的制造方法、毛坯的形状和尺寸等。常用毛坯种类如下。

(1) 铸件

形状复杂的毛坯，宜采用铸造方法制造。按铸造材料的不同可分为铸铁、铸钢和有色金属铸造。根据制造方法的不同，如图 4-2 至图 4-6 所示，铸件又可分为以下几种类型：砂型铸造铸件、金属型铸造铸件、离心铸造铸件、失蜡铸造铸件和压力铸造铸件。

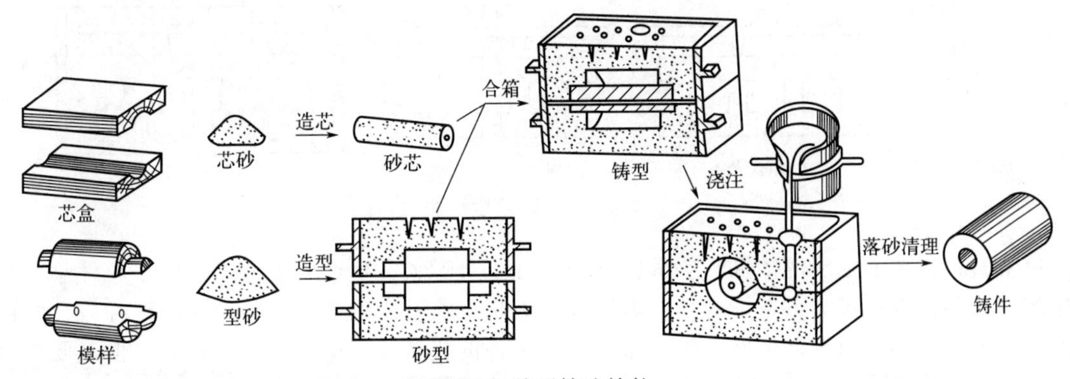

图 4-2　砂型铸造铸件

(2) 锻件

机械强度较高的钢制件，一般要采用锻件毛坯。

锻件有自由锻造锻件、胎模锻造锻件和模具锻造锻件几种。自由锻造锻件是在锻锤或压

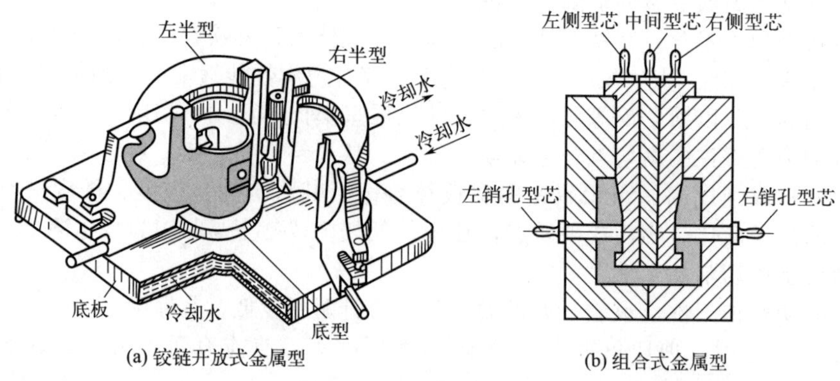

(a) 铰链开放式金属型　　(b) 组合式金属型

图 4-3　金属型铸造铸件

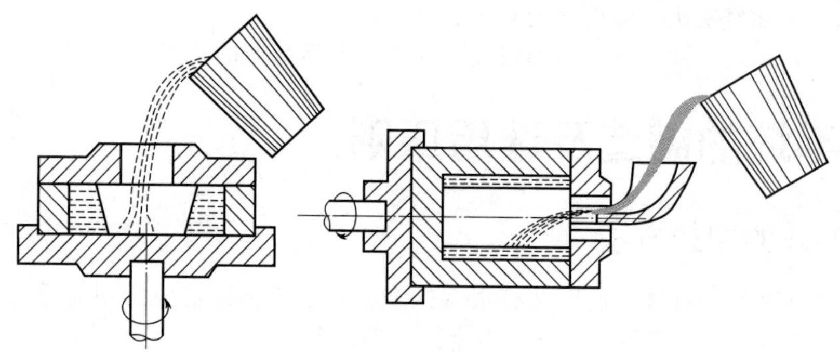

图 4-4　离心铸造铸件

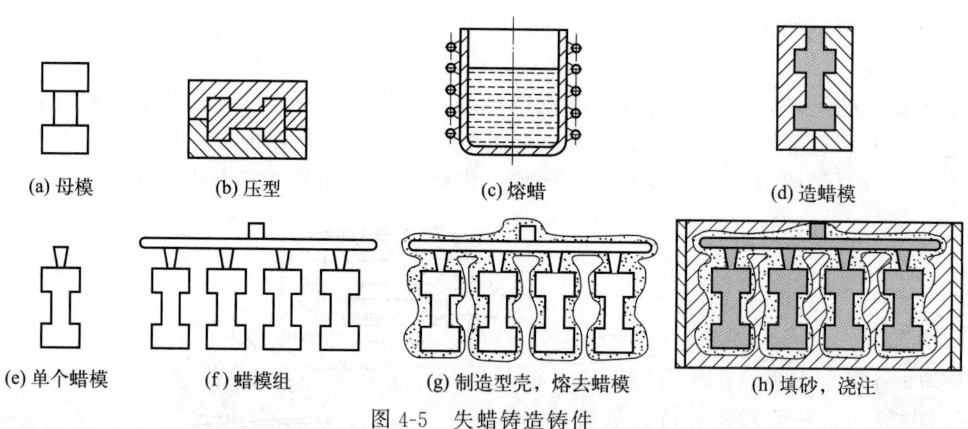

(a) 母模　(b) 压型　(c) 熔蜡　(d) 造蜡模

(e) 单个蜡模　(f) 蜡模组　(g) 制造型壳，熔去蜡模　(h) 填砂，浇注

图 4-5　失蜡铸造铸件

力机上直接锻造而成形的锻件。它的精度低，加工余量大，生产率也低，适用于单件小批量生产及大型锻件。模具锻造锻件是在锻锤或压力机上通过专用锻模锻制而成的锻件。它的精度和表面质量均比自由锻造好，加工余量小，锻件的机械强度高，生产率也高。但需要专用的模具，且锻造设备的吨位比自由锻造大。主要适用于批量较大的中小型零件。胎模锻造锻件介于前两者之间。

(3) 型材

型材有冷拉和热轧两种。热轧的精度低、价格便宜，用于一般零件的毛坯。冷拉的尺寸较小，精度高，易于实现自动送料，但价格贵，多用于批量较大、在自动机床上进行加工的

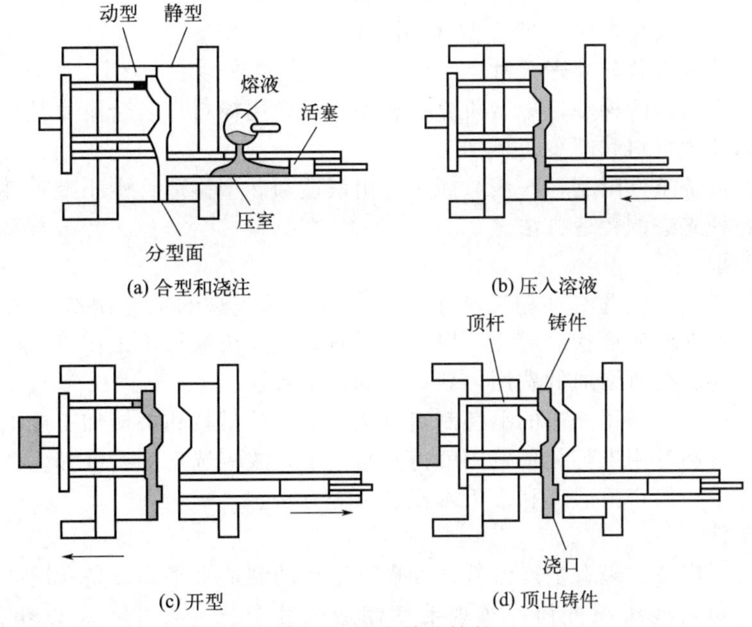

图 4-6　压力铸造铸件

毛坯。型材按截面形状可分为圆形、方形、六角形、扁形、角形、槽形及其他截面形状的型材。

(4) 焊接件

将型材或钢板焊接成所需的结构，适用于单件小批量生产中制造大型零件。其优点是制造简单，周期短，毛坯重量轻；缺点是焊接件的抗振性差，焊接变形大，因此在机械加工前要进行时效处理。

(5) 冲压件

在冲床上用冲模将板料冲制而成。冲压件的尺寸精度高，可以不再进行加工或只进行精加工，生产率高。适用于批量大而厚度较小的板状结构零件。

(6) 冷挤压件

在压力机上通过挤压模挤压而成。生产率高、毛坯精度高、表面粗糙度值小，只需进行少量的机械加工。但要求材料塑性好，主要为有色金属和塑性好的钢材。适用于大批量生产制造简单的小型零件。

(7) 粉末冶金件

以金属粉末为原料，在压力机上通过模具压制成坯料后经高温烧结而成。生产效率高，表面粗糙度值小，一般只需进行少量的精加工，但粉末冶金成本高，适用于大批量生产中压制形状较简单的小型零件。

4.2.2　毛坯种类的选择

毛坯的种类和制造方法对零件的加工质量、生产率、材料消耗及加工成本都有影响。提高毛坯精度，可减少机械加工工作量，提高材料利用率，降低机械加工成本，但毛坯制造成本会增加，两者是相互矛盾的。选择毛坯时应综合考虑以下几个方面的因素，在成本和效率之间追求最佳效益。

(1) 零件的材料及对零件力学性能的要求

例如零件的材料是球墨铸铁或青铜，只能选铸造毛坯，不能用锻造。

若材料是钢材，当零件的力学性能要求较高时，不管形状简单还是复杂都应选锻件；当零件的力学性能无过高要求时，可选型材或铸件。

（2）零件的结构形状与外形尺寸

钢质的一般用途的阶梯轴，如台阶直径相差不大，用棒料；若台阶直径相差大，则宜用锻件或铸件，以节约材料和减少机械加工切削量。

大型零件受设备条件限制，一般只能用自由锻造和砂型铸造；中小型零件根据需要可选用模具锻造和各种先进的铸造方法。

（3）生产类型

大批大量生产时，应选毛坯精度和生产率都较高的先进的毛坯制造方法，使毛坯的形状、尺寸尽量接近零件的形状、尺寸，以节约材料，减少机械加工工作量，由此而节约的费用会远远超出毛坯制造所增加的费用，获得好的经济效益。

单件小批生产时，采用先进的毛坯制造方法所节约的材料和机械加工成本，相对于毛坯制造所增加的设备和专用工艺装备费用就得不偿失了，故应选毛坯精度和生产率均比较低的一般毛坯制造方法，如自由锻造和手工木模造型等方法。

（4）生产条件

选择毛坯时，应考虑现有生产条件，如现有毛坯的制造水平和设备状况、外协的可能性等。可能时，应尽可能组织外协，实现毛坯制造的社会化专业生产，以获得较好的经济效益。

（5）充分考虑利用新工艺、新技术和新材料

随着毛坯制造专业化生产的发展，目前毛坯制造方面的新工艺、新技术和新材料的应用越来越多，如精铸、精锻、冷轧、冷挤压、粉末冶金和工程塑料的应用日益广泛。

4.2.3 毛坯形状和尺寸的特殊处理

选择毛坯形状和尺寸总的要求是：毛坯形状要力求接近成品形状，以减少机械加工的劳动量。但也有以下四种特殊情况，需做特别的考虑。

① 采用锻件、铸件毛坯时，因模锻时的欠压量与允许的错模量不等，铸造时也会因砂型误差、收缩量及金属液体的流动性差不能充满型腔等造成余量的不等，此外，锻造、铸造后，毛坯的挠曲与扭曲变形量的不同也会造成加工余量不均匀、不稳定，所以，不论是锻件、铸件还是型材，其加工表面均应有较充足的余量。

② 尺寸小或薄的零件，为便于装夹并减少材料浪费，可将多个工件连在一起，由一个组合毛坯制出，待机械加工到一定程度后再分割开来成为一个个零件。

③ 装配后形成同一工作表面的两个相关零件，为保证加工质量并使加工方便，常把两件（或多件）合为一个整体毛坯，加工到一定阶段后再切开。

④ 对于不便装夹的毛坯，可考虑在毛坯上另外增加装夹余料或工艺凸台、工艺凸耳等辅助基准。

4.2.4 常见零件毛坯形态及选用

正确选择合适的毛坯对零件的加工质量、材料消耗和加工工时都有很大的影响。虽然毛坯的尺寸和形状越接近成品零件，机械加工的劳动量就越少，但是毛坯的制造成本就越高。所以，应根据生产纲领，综合考虑毛坯制造和机械加工的费用来确定毛坯，以求得最好的经济效益。

（1）轴类零件的毛坯

轴类零件可根据使用要求、生产类型、设备条件及结构，选用棒料、锻件等毛坯形式。

对于外圆直径相差不大的轴，一般以棒料为主；而对于外圆直径相差大的阶梯轴或重要的轴，常选用锻件，这样既节约材料，又减少机械加工的工作量，还可改善力学性能。

(2) 套类零件的毛坯

套类零件的材料一般选用钢、铸铁、青铜或黄铜；有的用双层金属制造，即钢制外套上浇注锡青铜、铅青铜或巴氏合金。图 4-7 零件采用 HT100 铸铁材料，图 4-8 零件采用锡青铜材料。

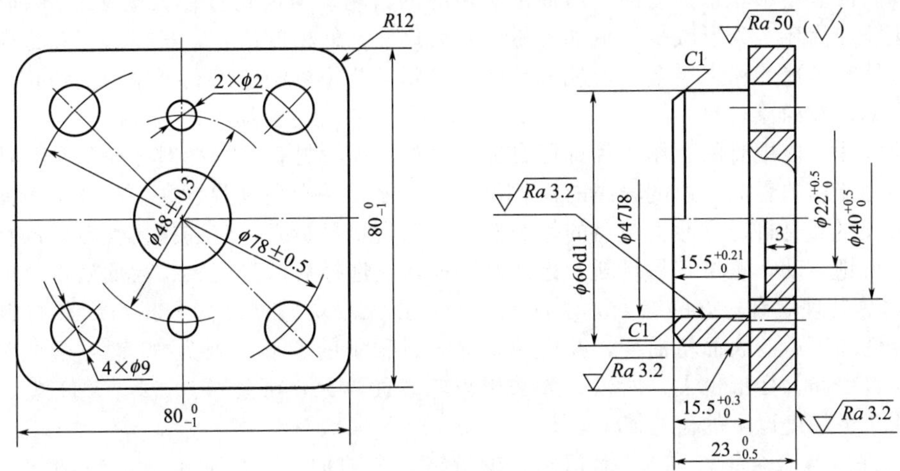

图 4-7　法兰端盖

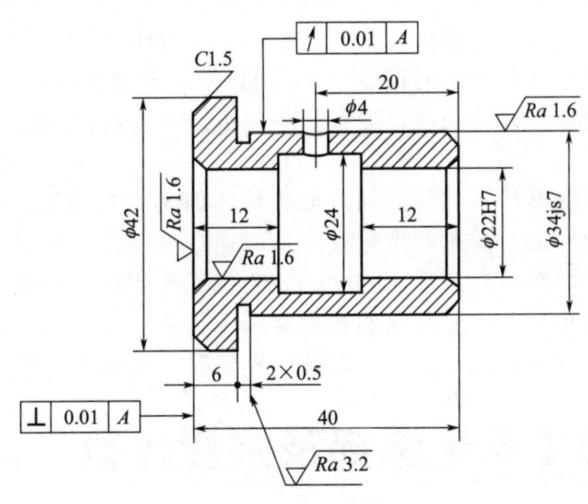

图 4-8　轴承套零件

分析图 4-7 法兰端盖零件的结构，毛坯应通过铸造获得。分析图 4-8 轴承套零件的结构，内孔小于 20mm 时，一般采用冷拔、热轧棒料或实心铸件；当孔径较大时，采用带孔的铸、锻件或无缝钢管。

(3) 箱体类零件的毛坯

箱体零件有复杂的内腔，应选用易于成形的材料和制造方法。铸铁容易成形、切削性能好、价格低廉，并且具有良好的耐磨性和减振性。因此，箱体零件的材料大都选用 HT200～400 的各种牌号的灰铸铁。最常用的材料是 HT200，而对于较精密的箱体零件（如坐标镗床主轴箱）则选用耐磨铸铁。

某些简易机床的箱体零件或小批量、单件生产的箱体零件，为了缩短毛坯制造周期和降低成本，可采用钢板焊接结构。某些大负荷的箱体零件有时也根据设计需要，采用铸钢件毛坯。在特定条件下，为了减轻重量，可采用铝镁合金或其他铝合金制作箱体毛坯，如航空发动机箱体等。

(4) 齿轮类零件的毛坯

齿轮毛坯形式主要有棒料、锻件和铸件。棒料用于小尺寸、结构简单而且对强度要求低的齿轮。锻件多用于要求强度高、耐冲击和耐磨的齿轮。当齿轮直径大于 400mm 时，常用铸造方法铸造齿坯。为了减少机械加工量，对大尺寸、低精度齿轮，可以直接铸出轮齿；压力铸造、精密铸造、粉末冶金、热轧和冷挤压等新工艺，可制造出具有轮齿的齿坯，以提高劳动生产率，节约原材料。

齿轮应按照使用时的工作条件选用合适的材料。齿轮材料的选择对齿轮的加工性能和使用寿命都有直接的影响。速度较高的齿轮传动，齿面容易产生疲劳点蚀，应选择齿面硬度较高且硬层较厚的材料；有冲击载荷的齿轮传动，轮齿容易折断，应选择韧性较好的材料；低速重载的齿轮传动，轮齿容易折断，齿面易磨损，应选择机械强度大、齿面硬度高的材料。

45 钢热处理后有较好的综合力学性能。经过正火或调质可改善金相组织和材料的可切削性，降低加工后的表面粗糙度，并可减少淬火过程中的变形。因为 45 钢淬透性差，整体淬火后材料变脆，变形也大，所以一般采用齿轮表面淬火，硬度可达 52～58HRC。适合于机床行业 7 级精度以下的齿轮。

40Cr 是中碳合金钢，和 45 钢相比，少量铬合金的加入可以使金属晶粒细化，提高强度，改善淬透性，减少了淬火时的变形。使齿轮获得高的齿面硬度而心部又有足够韧性和较高的抗弯曲疲劳强度的方法是渗碳淬火，一般选用低碳合金钢 18CrMnTi，它具有良好的切削性能，渗碳时工件的变形小，淬火硬度可达到 56～62HRC，残留的奥氏体量也少，多用于汽车、拖拉机中承载大且有冲击的齿轮。38CrMoAlA 氮化钢经氮化处理后，比渗碳淬火的齿轮具有更高的耐磨性与耐腐蚀性，变形很小，可以不磨齿，多用来作为高速传动中需要耐磨的齿轮材料。

铸铁容易铸成复杂的形状，容易切削，成本低，但其抗弯强度、耐冲击和耐磨性能差。故常用于受力不大、无冲击、低速的齿轮。

有色金属作为齿轮材料的有黄铜 HPb59-1、青铜 QSNP10-1 和铝合金 LC4。

非金属材料中的夹布胶木、尼龙及塑料也常用于制造齿轮。这些材料具有易加工、传动噪声小、耐磨、减振性好等优点，适用于轻载、需减振、低噪声、润滑条件差的场合。

4.3 数控加工毛坯选择及余量计算

4.3.1 车削毛坯加工工艺分析及加工性

车削加工常见的轴类零件可根据使用要求、生产类型、设备条件及结构，选用棒料、锻件等毛坯形式。

对于需要多台不同的数控机床、多道工序才能完成加工的零件，工序划分自然以机床为单位来进行。而对于需要很少的数控机床就能加工完零件全部内容的情况，数控加工工序的划分一般可按下列方法进行：

① 以一次安装所进行的加工作为一道工序。将位置精度要求较高的表面安排在一次安装下完成，以免多次安装所产生的安装误差影响位置精度。

② 以一个完整数控程序连续加工的内容为一道工序。有些零件虽然能在一次安装中加

工出很多待加工面，但考虑到程序太长，会受到某些限制。

③ 以工件上的结构内容组合用一把刀具加工作为一道工序。有些零件结构较复杂，既有回转表面也有非回转表面，既有外圆、平面也有内腔、曲面。对于加工内容较多的零件，按零件结构特点将加工内容组合分成若干部分，每部分用一把典型刀具加工。这时，可以将组合在一起的所有部位作为一道工序。

④ 以粗、精加工划分工序。对于容易发生加工变形的零件，通常粗加工后需要进行矫正，这时粗加工和精加工作为两道工序，可以采用不同的刀具或不同的数控车床加工。对毛坯余量较大和加工精度要求较高的零件，应将粗车和精车分开，划分成两道或更多的工序。下面以图 4-9 所示手柄零件为例，说明工序的划分。

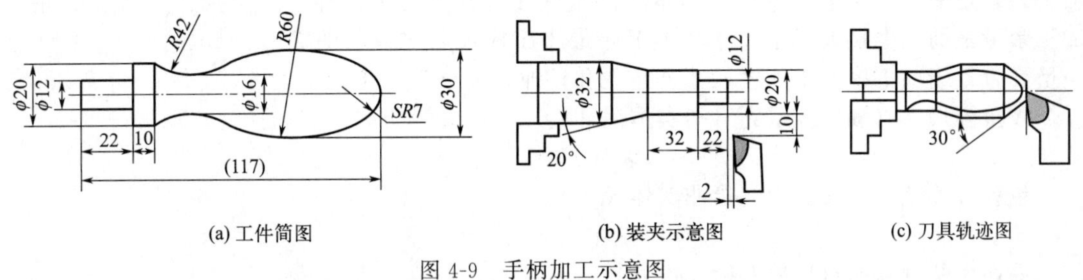

(a) 工件简图　(b) 装夹示意图　(c) 刀具轨迹图

图 4-9　手柄加工示意图

该零件加工所用坯料为 ϕ32mm 棒料，批量生产，加工时用一台数控车床。工序划分如下：

第一道工序（按图示将一批工件全部车出，包括切断），夹棒料外圆柱面，工序内容有：先车出 ϕ12mm 和 ϕ20mm 两圆柱面及圆锥面（粗车掉 R42mm 圆弧的部分余量），转刀后按总长要求留下加工余量切断。

第二道工序，用 ϕ12mm 外圆及 ϕ20mm 端面装夹，工序内容有：先车削包络 SR7mm 球面的 30°圆锥面，然后对全部圆弧表面半精车（留少量的精车余量），最后换精车刀将全部圆弧表面一刀精车成形。

综上所述，在数控加工划分工序时，一定要视零件的结构与工艺性、零件的批量、机床的功能、零件数控加工内容的多少、程序的大小、安装次数及本单位生产组织状况灵活掌握。

4. 3. 2　铣削毛坯加工工艺分析及加工性

数控铣床与普通铣床相比，具有加工精度高、加工零件的形状复杂、加工范围广等特点，但是数控铣床价格较高，加工技术较复杂，零件的制造成本也较高。因此，正确选择适合数控铣床加工的内容就显得很有必要。虽然数控铣床加工范围广泛，但是受数控铣床自身特点的制约，某些零件仍不适合在数控铣床上加工，如简单的粗加工面、加工余量不太充分或不太稳定的部位，以及生产批量特别大，而精度要求又不高的零件等。

零件在进行数控铣削加工时，由于加工过程的自动化，使得余量的大小及如何装夹等问题在设计毛坯时就要仔细考虑好。否则，如果毛坯不适合数控铣削，加工将很难进行下去。因此，在对零件图进行工艺分析后，还应结合数控铣削的特点，对零件毛坯进行工艺分析。

① 毛坯的加工余量。毛坯的制造精度一般都很低，特别是锻、铸件。毛坯加工余量的大小，是数控铣削前必须认真考虑的问题。因此，除板料外，不论是锻件、铸件还是型材，只要准备采用数控铣削加工，其加工面均应有较充分的余量。

② 毛坯的装夹。主要考虑毛坯在加工时定位和夹紧的可靠性与方便性，以便在一次安装中加工出较多表面。

③ 毛坯余量的均匀性。主要是考虑在加工时要不要分层切削、分几层切削以及加工中和加工后的变形程度等因素，考虑是否应采取相应的预防或补救的措施。如对于热轧中厚铝板，经淬火时效后很容易在加工中与加工后变形，最好采用经预拉伸处理的淬火板坯。

4.3.3 毛坯加工余量的计算

由毛坯变为成品的过程中，在某加工表面上所切除的金属层总厚度，称为总余量。

由于加工余量是相邻两工序基本尺寸之差，则本工序的加工余量 $Z_b=a-b$；因而最小加工余量是前工序最小工序尺寸和本工序最大工序尺寸之差，即 $Z_{b\min}=a_{\min}-b_{\max}$；最大加工余量是前工序最大工序尺寸和本工序最小工序尺寸之差，即 $Z_{b\max}=a_{\max}-b_{\min}$；工序余量公差等于前工序与本工序尺寸公差之和，即 $T_{Zb}=T_b+T_a$。

被包容尺寸（轴）表示为（指实体尺寸）：

$$\text{基本尺寸}{}_{-\text{公差值}}^{\;0}$$

包容尺寸（孔）表示为（指非实体尺寸）：

$$\text{基本尺寸}{}_{\;0}^{+\text{公差值}}$$

毛坯尺寸（双向对称偏差标注尺寸）：

$$\text{毛坯基本尺寸}\pm\frac{T_{\text{坯}}}{2}$$

(1) 确定加工余量的方法

单件小批量生产中，加工中小型零件，其单边加工余量参考数据见表 4-6 和表 4-7。

表 4-6　总加工余量

毛坯加工方式	加工余量/mm	毛坯加工方式	加工余量/mm
(手工造型)铸件	3.5～7.0	模锻件	1.5～3.0
自由锻件	2.5～7.0	圆钢料	1.5～2.5

表 4-7　工序余量

加工工序	工序余量/mm	加工工序	工序余量/mm
粗车	1.0～1.5	研磨	0.002～0.005
半精车	0.8～1.0	粗铰	0.15～0.35
高速精车	0.4～0.5	精铰	0.05～0.15
低速精车	0.10～0.15	珩磨	0.02～0.15
磨削	0.15～0.25		

(2) 上道工序的表面质量（表 4-8）

表 4-8　各种加工方法的表面粗糙度 Rz 和表面缺陷层 H_a 的数值

加工方法	$Rz/\mu m$	$H_a/\mu m$	加工方法	$Rz/\mu m$	$H_a/\mu m$
粗车内外圆	15～100	40～60	磨端面	1.7～15	15～35
精车内外圆	5～40	30～40	磨平面	1.5～15	20～30
粗车端面	15～225	40～60	粗刨	15～100	40～50
精车端面	5～54	30～40	精刨	5～45	25～40

续表

加工方法	$Rz/\mu m$	$H_a/\mu m$	加工方法	$Rz/\mu m$	$H_a/\mu m$
钻	45～225	40～60	粗插	25～100	50～60
粗扩孔	25～225	40～60	精插	5～45	35～50
粗扩孔	25～100	30～40	粗铣	15～225	40～60
粗铰	25～100	25～30	精铣	5～45	25～40
精铰	8.5～25	10～20	拉	1.7～35	10～20
粗镗	25～225	30～50	切断	45～225	60
精镗	5～25	25～40	研磨	0～1.6	3～5
磨外圆	1.7～15	15～25	超精加工	0～0.8	0.2～0.3
磨内圆	1.7～15	20～30	抛光	0.06～1.6	2～5

(3) 上道工序的加工尺寸公差和本工序的尺寸公差（图 4-10）

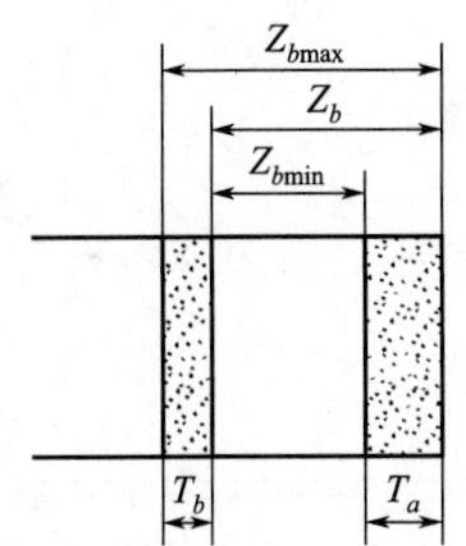

图 4-10　上道工序的加工尺寸公差和本工序的尺寸公差

T_a——上道工序的尺寸公差；
T_b——本道工序的尺寸公差；
Z_b——本道工序的加工余量；
$Z_{b\min}$——本道工序的最小余量；
$Z_{b\max}$——本道工序的最大余量。

(4) 上道工序加工产生的相互位置误差和本工序的安装误差

加工余量：$Z_b = T_a + Rz + H_a + |\boldsymbol{e}_a + \boldsymbol{\varepsilon}_b| \cos\alpha$

其中 α 为相互位置误差 $\boldsymbol{e}_a$ 和安装误差 $\boldsymbol{\varepsilon}_b$ 矢量与 Z_b 之间的夹角。

第5章

多工序数控加工机床

教学目标

1. 知识目标

① 掌握数控车削技术与加工中心技术的基本内容。

② 掌握数控车床与加工中心机床的结构与组成。

③ 掌握数控机床的参数。

④ 了解机床一般布局。

2. 能力目标

① 能够掌握常用机床的基本参数。

② 能够根据图纸要求，选择正确且合适的加工机床。

③ 能够掌握机床的一般布局形式。

3. 素质目标

培养合理利用生产资源，杜绝资源浪费的良好习惯。

5.1 数控车床

5.1.1 数控车削技术与数控车床概述

数控车削技术是指用数字化信号对车床的运动及加工过程进行运动控制的一种方法。它的载体是数控车床，主要包括通用性好的万能型车床、加工精度高的精密型车床和加工效率高的专用型车床。

(1) 数控车床简介

如图 5-1 所示，数控车床主要用于轴类零件或盘类零件的内外圆柱面、台阶、任意锥角的内外圆锥面、复杂回转内外曲面和圆柱、圆锥螺纹等切削加工，以及切槽、钻孔、扩孔、铰孔及镗孔等。

(2) 数控车床的分类

数控车床品类繁多，如图 5-2 所示，按数控系统的功能和机械构成分为简易数控车床(经济型数控车床)、多功能数控车床、数控车削中心和 FMC 车床。

① 简易数控车床（经济型数控车床）是低档次数控车床，如图 5-2 中 (a) 图所示，一般是用单板机或单片机进行控制，机械部分是在普通车床的基础上改进设计的。

② 多功能数控车床，也称全功能型数控车床，由专门的数控系统控制，具备数控车床的各种特点，如图 5-2(b) 所示。

③ 数控车削中心，在数控车床的基础上增加附加坐标轴。如图 5-2(c) 所示，为四轴控

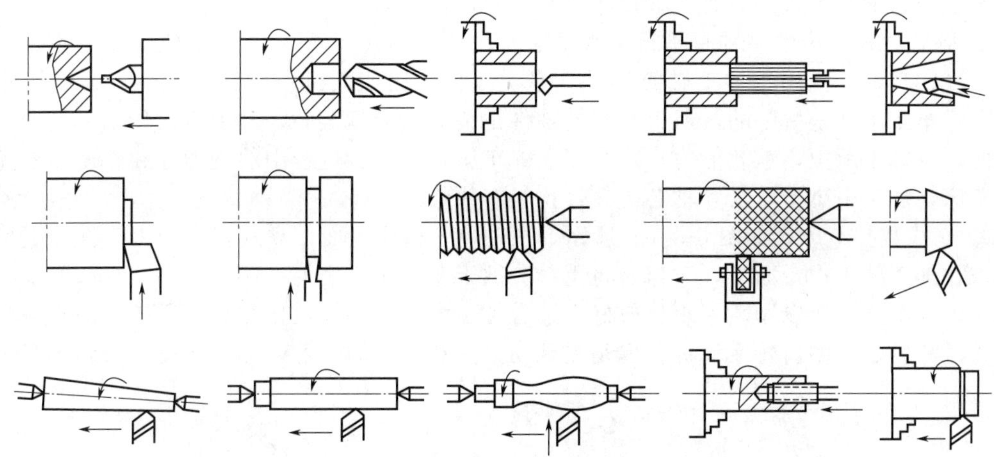

图 5-1　典型的车削方式

制车削中心，采用四轴三联动配置，包括线性轴 X、Y、Z 及旋转轴 C，C 轴绕主轴旋转。车床除具备一般的车削功能外，还具备在零件端面和外圆面上进行铣削加工的功能。

④ FMC 车床，FMC 是英文 Flexible Manufacturing Cell（柔性加工单元）的缩写，如图 5-2(d) 所示，FMC 车床由数控车床、机器人等构成，能实现一系列自动化加工。

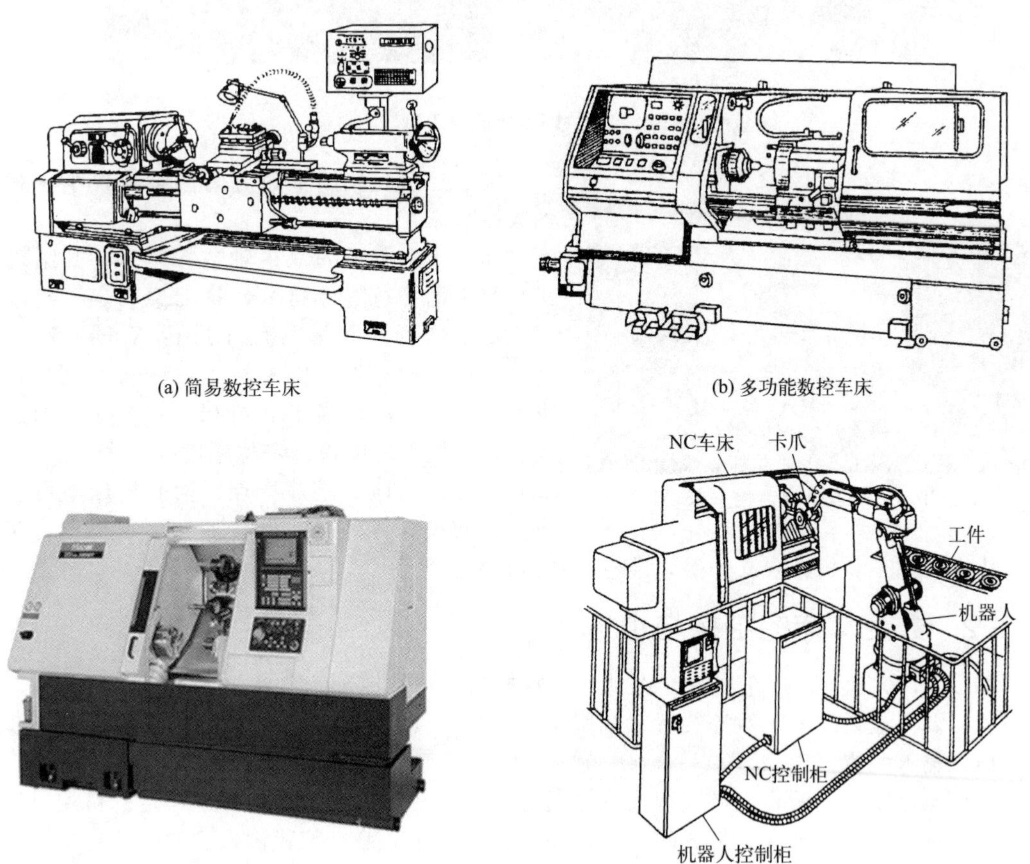

图 5-2　数控车床的分类（一）

按主轴的配置形式分为卧式数控车床和立式数控车床：

① 卧式数控车床的主轴是平行于水平面的，如图 5-3(a) 所示，主轴位于机床左侧，机床属于平床身，主要用于加工轴类零件和盘类零件，比如电机主轴、法兰零件、连接器零件。卧式车床主轴是横卧的，所以加工的零件是装夹在卡盘上的，动力负荷传动于主轴，由前后两副主轴来承担，承载能力相对小于立式车床，在加工过程中的观测性和方便性要优于立式车床，加工中小型轮盘和轴芯类零件比较有优势。

② 立式数控车床，如图 5-3(b) 所示，主轴位于机床上面。立式车床加工工件的重量直接承载在加工的工作台面上，工作台将重量分散于车床床身之上，所以，立式车床的承载力要优于卧式车床，所以刚性表现比较好，适合加工大型零部件，比如直径比较大的轮毂、轮盘、大型法兰、大型齿轮毛坯件，但是受到动力头和刀具的影响，加工长度不及卧式车床。

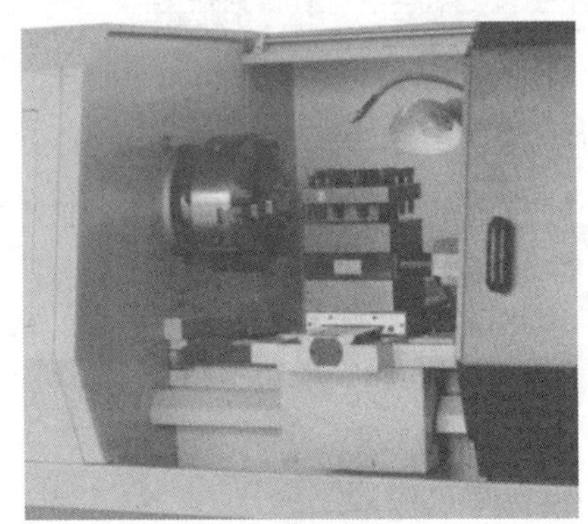

(a) 卧式数控车床

(b) 立式数控车床

图 5-3　数控车床的分类（二）

按数控系统控制轴数分为两轴数控车床和多轴数控车床。

图 5-4　双主轴数控车床

如图 5-4 所示的双主轴数控车床，其结构形式是双主轴平行对置排列，排刀架固定于机床中部。双主轴可独立编写程序进行 X 轴、Z 轴移动，实现主轴与副主轴夹持工件的自动交换。解决了工件在一次装夹下夹持端二道工序的加工问题。具有换刀速度快、定位精度高、生产效率高、节省人工、高性价比等特点。同时机床上可以集成如振动盘等各种形式的自动上下料机构，实现无人化自动加工。机床合二为一，节省了占地面积。

5.1.2　数控车床的结构与组成

如图 5-5 所示，数控车床主要由计算机数控系统和数控车床本体组成。其中，计算机数控系统主要由输入装置、数控装置、伺服系统和位置检测反馈装置组成。

(1) 输入装置

数控车床是按照编程人员编制的程序运行的。通常编程人员将程序以一定的格式或代码存储在一种载体上，如穿孔带或磁盘等，通过数控车床的输入装置输入到数控装置中。

此外，还可以使用数控系统中的 RS232 接口或 DNC 接口与计算机进行信号的高速传输。

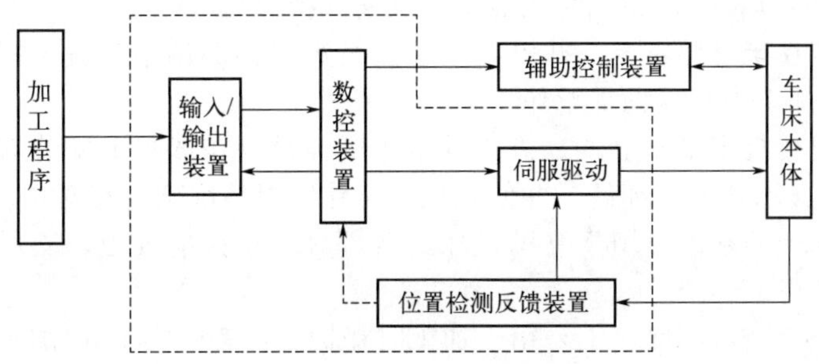

图 5-5　数控车床的组成

(2) 数控装置

数控装置是数控车床的核心，数控装置的核心是计算机及其软件，它在数控车床中起“指挥”作用，一般由输入装置、控制器、运算器和输出装置组成。它将接收到的数控程序经过编译、数学运算和逻辑处理后，输出各种信号到输出接口上。

(3) 伺服系统

伺服系统的作用是把来自数控装置的脉冲信号转换成车床移动部件的运动。先接收数控装置输出的各种信号，然后经过分配、放大、转换等功能，驱动各运动部件，完成零件的切削加工。它的伺服精度和动态响应是影响数控车床加工精度、表面质量和生产率的重要因素之一。

(4) 位置检测反馈装置

位置检测反馈装置是数控车床的重要组成部分，对加工精度、生产效率和自动化程度有很大影响，位置检测和速度反馈装置根据系统要求不断测定运动部件的位置或速度，转换成电信号传输到数控装置中，数控装置将接收的信号与目标信号进行比较、运算，对驱动系统不断进行补偿控制，以保证运动部件的运动精度。

(5) 数控车床本体

数控车床本体的设计和制造应该具有结构先进、刚性好、制造精度高、工作可靠等优点，这样才能保证加工零件的高精度和高效率。如图 5-6 所示为数控车床本体的组成结构，由主轴及主轴箱、床身及导轨、刀架、底座等组成。

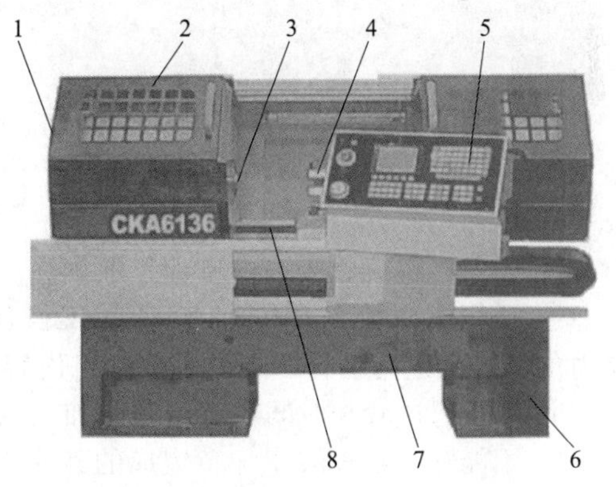

图 5-6　数控车床本体的组成结构

1—防护罩；2—主轴箱；3—主轴；4—刀架；5—数控系统；6—底座；7—床身；8—导轨

① 主轴及主轴箱。数控车床主轴回转精度对于加工零件的精度有很大影响，而且它的功率、回转速度等对于加工效率也有一定的影响。数控车床的主轴箱，如果具有自动调速功能，其主轴箱的传动结构已经简化。

② 导轨。数控车床的导轨给进给运动提供了保证。在很大程度上会对车床的刚度、精度和低速进给时的平稳性有一定影响，这也是影响零件加工质量的重要因素之一。

③ 进给机构。数控车床取消了挂轮箱、进给箱、溜板箱及其绝大部分传动机构，而仅保留了纵、横进给的传动机构，数控车床的进给机构广泛采用滚珠丝杠螺母副，具有传动效率高、运动平稳、寿命长等特点。

④ 刀架。安装在机床的刀架滑板上，加工时可实现自动换刀。刀架的作用是装夹车刀、

孔加工刀具及螺纹刀具，并在加工时能准确、迅速选择刀具。

⑤ 尾座。安装在床身导轨上，并沿导轨可进行纵向移动调整位置。尾座的作用是安装顶尖支承工件，在加工中起辅助支承作用。

⑥ 床身。固定在机床底座上，是机床的基本支撑件。在床身上安装着车床的各主要部件。床身的作用是支承各主要部件，并使它们在工作时保持准确的相对位置。

⑦ 底座。是车床的基础，用于支承机床的各部件，连接电气柜，支承防护罩和安装排屑装置。

⑧ 防护罩。安装在机床底座上，用于加工时保护操作者的安全和保持环境清洁。

⑨ 数控车床的辅助装置：

a. 机床的液压传动系统。用来实现机床上的一些辅助运动，主要是实现机床主轴的变速、尾座套筒的移动及工件自动夹紧机构的动作。

b. 机床润滑系统。为机床运动部件间提供润滑和冷却。

c. 机床切削液系统。为机床在加工中提供充足的切削液，以满足切削加工要求。

5.1.3 数控车床的加工范围与特点

数控车床用于加工各种复杂的回转体零件，如进行外圆车削加工、内圆车削加工、锥面车削加工、球面车削加工、端面车削加工、螺纹车削加工、切槽车削加工和切断加工，同时也可进行各种孔加工，如中心钻孔加工、钻孔加工、车孔加工、铰孔加工等。

(1) 数控车床常见的加工对象

当所加工零件具有以下特点时，可采用数控车床加工。

图 5-7 数控车床常用加工组件

① 通用车床无法加工的内容应作为首先选择内容，如图 5-7 所示数控车床常用加工组件的特点：

a. 由轮廓曲线构成的回转表面；

b. 具有微小尺寸要求的结构表面；

c. 同一表面采用多种设计要求的结构；

d. 表面间有严格几何关系要求的表面。

② 通用车床难加工、质量难以保证的内容应作为重点选择内容。

a. 表面间有严格位置精度要求但在通用车床上无法一次安装加工的表面。

b. 表面粗糙度要求高的锥面、曲面、端面等。

③ 通用车床加工效率低，工人手工操作劳动强度大的内容，可在数控车床尚存在富余能力的基础上进行选择。下列一些加工内容则不宜采用数控加工：

a. 需要通过较长时间占机调整的加工内容；

b. 不能在一次安装中加工完成的其他零星部位。

此外在选择和决定加工内容时，也要考虑生产批量、现场生产条件、生产周期等情况，灵活处理。

(2) 数控车床的加工特点

与普通车床相比，数控车床车削加工具有以下特点：

① 数控车床可加工高难度的非圆曲线及流线型曲线轮廓。如图 5-8 所示的复杂形状的回转体零件，在普通车床上不仅难以加工，还难以检测。采用数控车床加工时，其车刀刀尖运动的轨迹由加工程序控制，“高难度”加工由车床的数控功能完成。

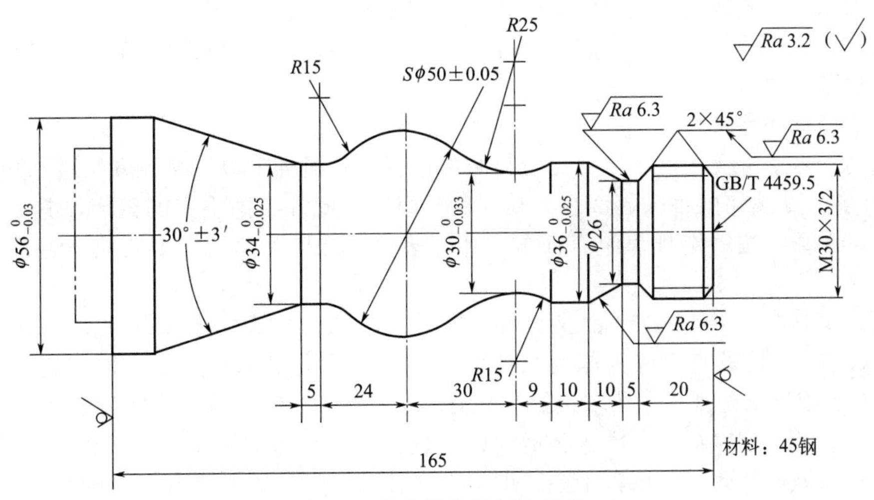

图 5-8　复杂形状回转体零件

② 加工精度高。尤其在高精度的特殊数控车床上加工完成的零件，其尺寸精度可达 0.01mm，表面粗糙度值可达 $Ra0.02\mu m$。

③ 加工效率高。数控车削加工的工序内容比普通车削加工的工序内容复杂，且数控车削加工工艺内容要求比普通加工更加详细。

④ 劳动强度低。数控车床加工工序集中，一次装夹可完成车、钻、螺纹等加工，从而降低了劳动者的劳动强度。

⑤ 封闭式安全防护，有效避免了切屑伤人等不安全的隐患；全封闭式的操作环境，为冷却环境创造更有利的条件，进一步改善了刀具和工件的冷却效果。

⑥ 排屑方便。数控车床配有排屑装置，使排屑更加方便。

⑦ 主轴转速较高，工件夹紧可靠。因数控车床的总体结构刚性好、抗振性好，可实现主轴的转速高以及强力切削，充分发挥数控车床的优势。同时由于数控车床转速较高，故多采用液压高速动力卡盘，使工件夹紧可靠。

⑧ 便于新产品开发和改型。数控加工一般不需要很多复杂的工艺装备，通过编制加工程序就可把形状复杂、精度要求较高的零件加工出来。当产品改型、更改设计时，只要改变程序，而不需要重新设计工艺装备。所以，数控加工能大大缩短产品研制周期，为新产品的研制开发和产品的改进、改型提供了捷径。

⑨ 有利于现代化管理。数控车床加工所使用的刀具和夹具可进行规范化、现代化管理。数控车床使用数字信号和标准代码作为控制信息，易于实现加工信息的标准化，它与计算机辅助设计和制造（CAD/CAM）有机地结合起来，是现代集成制造技术的基础。

5.1.4　数控车床技术参数（常用机床参数的选择）

遵从《多工序数控机床操作职业技能等级标准》中要求，对于数控车床的选用，要求能够根据零件的几何尺寸、加工精度、技术要求和工艺特征正确选择加工所需机床，因此熟悉机床的特性和关键技术参数是保证零件加工合格的重要前提。

常用数控车床的主要技术参数通常包括：最大回转直径、车削加工尺寸范围、主轴转速范围、X/Z 轴行程、X/Z 轴快速移动速度、定位精度、重复定位精度、刀架行程、刀位数、刀具装夹尺寸、主轴头型式、主轴电机功率、进给伺服电机功率、尾座行程、卡盘尺寸、机床重量、轮廓尺寸（长×宽×高）等。

数控车床的主要技术参数反映了数控车床的加工能力、加工范围、加工工件大小、主轴转速范围、装夹刀具数量、装夹刀杆尺寸和加工精度等指标，识别数控车床的主要技术参数是选择数控车床的重要一环。

（1）数控车床型号含义

机床的型号通常会在机床床身比较显眼的位置，我国机床型号编制方法遵从现行 GB/T 15375—2008《金属切削机床 型号编制方法》规定，此外我国生产的机床，其型号是由汉语拼音字母和数字按一定规律组合而成，用以表明机床的类型、主要规格、通用和结构特性等。

例如，常见型号 CKA6132 的字母和数字代表含义：C 表示车床的代号（类代号），K 表示数控，CK 合起来表示该机床为数控车床，A 表示此机床经过第一次改进（改进顺序号），61 表示该机床是卧式车床（组、系代号），32 表示车床的最大回转直径的 1/10（车床的第一技术参数/主参数）。车床床身最大回转直径一般是指加工轮盘类的工件，长度较短，不需要通过床鞍，因此不受床鞍干涉，即最大回转直径就是从主轴中心线到车床导轨面的最大距离。

（2）车削加工尺寸范围

车削加工的尺寸范围指的是加工零件的有效车削直径和有效车削长度，而不是车床标牌中标明的车削直径和加工长度。车削直径是指主轴轴线（回转中心）到拖板导轨距离的两倍；加工长度是指主轴卡盘到尾座顶尖的最大装卡长度。

但实际加工时往往不能真正达到上述尺寸，车床的实际加工范围常受车床结构（刀架位置、刀盘大小）和加工时所用刀具种类（镗刀或内外圆车刀）等因素影响。因此要根据实际加工情况分析车削的有效车削直径和有效车削长度。

（3）常用机床技术参数

为便于识别数控车床的主要技术参数，摘选沈阳第一机床厂生产的 CAK 系列数控车床（表 5-1），主要有 CAK40 数控车床、CAK50 数控车床、CAK63 数控车床等，用于轴类零件或盘类零件的内外圆柱面、任意锥角的内外圆锥面、复杂回转内外曲面和圆柱、圆锥螺纹等切削。

表 5-1 沈阳第一机床厂 CAK 系列数控车床主要技术参数摘选

	单位	CAK40	CAK50	CAK63	CAK80
床身最大回转直径	mm	400	500	630	800
导轨跨度	mm	400	400	550	600
最大工件长度	mm	750/1000/1500/2000	750/1000/1500/2000	1000/1500/2000/3000	1500/2000/3000
最大车削长度	mm	600/850/1350/1850	600/850/1350/1850	1350/1850/2850	1350/1850/2850
滑板上回转直径	mm	190	280	320	480
主轴通孔直径	mm	52	82	105	105
刀架转位重复定位精度	mm	0.008°	0.008°	0.008°	0.008°
X 轴行程	mm	200	250	315	400
工件精度		IT6～IT7	IT6～IT7	IT6～IT7	IT6～IT7
工件表面粗糙度	μm	*Ra*1.6	*Ra*1.6	*Ra*1.6	*Ra*1.6
尾座套筒直径/行程	mm	65/140	75/150	100/250	130/250

续表

	单位	CAK40	CAK50	CAK63	CAK80
尾座锥孔锥度		莫氏 4 号	莫氏 5 号	莫氏 6 号	莫氏 6 号
刀架形式		立式四工位	立式四工位	立式四工位	立式四工位
电机功率	kW	5.5	7.5	11	15

在数控车床加工精度满足零件图纸技术要求的前提下，选择数控车床时最主要的技术规格是多个数控轴的行程范围，数控车床的两个基本直线坐标（X、Z）行程反映该机床允许的加工空间。加工工件的轮廓尺寸应在机床的加工空间范围之内，同时要考虑机床主轴的允许承载能力，以及工件是否与机床交换刀具的空间干涉、与机床防护罩等附件发生干涉等系列问题。

5.1.5 典型案例机床选择

(1) 数控车床设备的选择原则

零件加工中需要通过数控车床进行加工的，需对零件进行分析，根据零件特征选择设备，这种选择具备一定的技术含量。考虑的因素主要有：毛坯的材料和类型、零件轮廓形状复杂程度、尺寸大小、加工精度、零件数量、热处理要求等。概括起来有四点：

① 根据加工零件的尺寸来选取合适的设备。零件加工的首个要素，就是零件的尺寸在设备允许的可以加工范围之内。也就是说零件能够被容纳进设备里面，然后进行加工。比如车床可以加工的范围是 520mm 以内，也就是以前所说的 520 车床，那么超过这个尺寸的零件基本上就不可能加工了。因为工件在夹具上是要围绕主轴旋转的，超过尺寸就会与设备产生干涉碰撞，造成设备和零件的损坏。

② 根据零件的材质来选择。零件加工中数控车床的选择还可以根据材质来区分。对于金属件的加工，需要选择高转速大功率、精度较高的车床。而对于加工塑料和木材等材质的零件，采用低精度的设备即可，这些设备价格较低，能够降低成本。

③ 根据加工精度来选择。零件加工中数控车床的选择，对于精度要求高的零件，设备精度要求也要高。精度要求低的，选用低精度的设备即可，可以节约加工成本。

④ 在满足加工要求的前提下，依据现有设备及操作者的使用习惯（如数控系统的选择等）进行选择。

(2) 典型案例数控车床设备的选择

零件分析：如图 5-9 所示的螺纹轴零件，其毛坯为尺寸 $\phi30\times70$ 的棒料，材料为 45 钢。

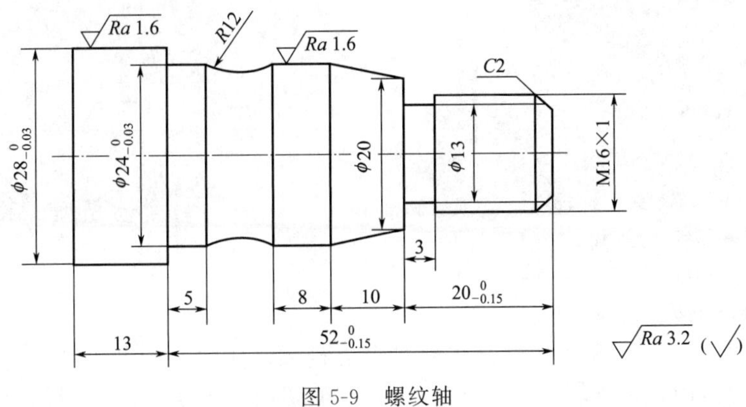

图 5-9　螺纹轴

① 根据零件尺寸初步选择机床的规格：该零件属于小型零件，其毛坯尺寸为 $\phi30\times70$，参照表 5-1，可选择 CAK40 机床。

② 根据零件材料选择机床：该零件材质要求为 45 钢，CAK 系列机床均可满足。

③ 根据零件精度选择机床：螺纹轴表面粗糙度最高要求为 $Ra1.6$，参照表 5-1 选择 CAK40 可满足。

综上所述，选择 CAK40 机床，即可满足加工要求。

显然，在实际加工时，应根据场地现有设备条件以及操作者的使用习惯进行调整。

5.2 加工中心

5.2.1 加工中心概述

加工中心是从数控铣床发展而来的。与数控铣床最大区别在于加工中心具有自动交换加工刀具的能力，通过在刀库上安装不同用途的刀具，可在一次装夹中通过自动换刀装置改变主轴上的加工刀具，实现多种加工功能。

数控加工中心是由机械设备与数控系统组成的适用于加工复杂零件的高效率自动化机床。数控加工中心是世界上产量最高、应用最广泛的数控机床之一。它的综合加工能力较强，工件一次装夹后能完成较多的加工内容，加工精度较高，就中等加工难度的批量工件而言，其效率是普通设备的 5～10 倍，特别是它能完成许多普通设备不能完成的加工，对形状较复杂、精度要求高的单件加工或中小批量多品种生产更为适用。将铣削、镗削、钻削、攻螺纹和切削螺纹等功能集中在一台设备上，使其具有多种加工工序工艺手段。加工中心机床可按以下几种方式分类。

(1) 按机床加工方式分类

① 车削加工中心。车削加工中心以车削为主，如图 5-10 主体是数控车床，机床上配备有转塔式刀库或由换刀机械手和链式刀库组成的大容量刀库，有些车削加工中心还配置有铣削动力头。

② 镗铣加工中心。如图 5-11 所示，镗铣加工中心将数控铣床、数控镗床、数控钻床的功能聚集在一台加工设备上，且增设有自动换刀装置。镗铣加工中心是机械加工行业中，应用最多的一类数控设备，其工艺范围主要是铣削、钻削和镗削。

图 5-10 车削加工中心

图 5-11 镗铣加工中心

(2) 按控制轴数分类

① 三轴加工中心。三轴数控铣削仍然是最流行和应用最广泛的加工工艺之一。在三轴加工中，工件保持固定，旋转刀具沿 X、Y 和 Z 轴切削。这是一种相对简单的数控加工形

式，如图 5-12 所示可以制造结构简单的产品。它不适用于加工具有复杂几何形状或零件的产品，三轴加工中心有效的加工面仅为工件的顶面，卧式加工中心借助回转工作台，也只能完成工件的四面加工。三轴加工中心所能加工工件范围虽然有很大限制，但是其价格相对四轴和五轴的加工中心是比较便宜的。

② 四轴加工中心。四轴加工中心并不是一台独立的机床，机床生产厂家在生产三轴加工中心时，会生产配套的第四轴回转工作台，配合完成三轴加工中心完成不了的工作任务。一般的机床只有三轴也就是工件平台能左右（1 轴）前后（2 轴）主轴刀头（3 轴）移动，如图 5-13 所示属于 B 式结构四轴加工中心，即增加一个绕 Y 轴可以 360°旋转的电动分度头，这样可以自动分度打孔，在圆柱面上铣螺旋槽等，但该轴不能高速旋转。通常第四轴可绕 X 轴旋转时，称之为 A 轴，可绕 Y 轴旋转时，称之为 B 轴，可绕 Z 轴旋转时称之为 C 轴，对于一般设备而言，四轴工作台的旋转绕 X 轴或 Y 轴。

图 5-12　三轴零件加工

图 5-13　四轴零件加工

③ 五轴加工中心。如图 5-14 所示属于典型的 AC 式五轴加工中心，即在 B 式四轴上再多一个绕 Z 轴旋转的旋转轴，一般是直立面 360°旋转，可以实现一次装夹，进而减少装夹成本，减少产品刮伤碰伤。如图 5-15 所示，五轴加工中心机床适用于加工一些多工位孔隙以及平面，加工精度要求高的零件，特别是形状加工精度要求比较严格的零件。

图 5-14　AC 式五轴加工中心

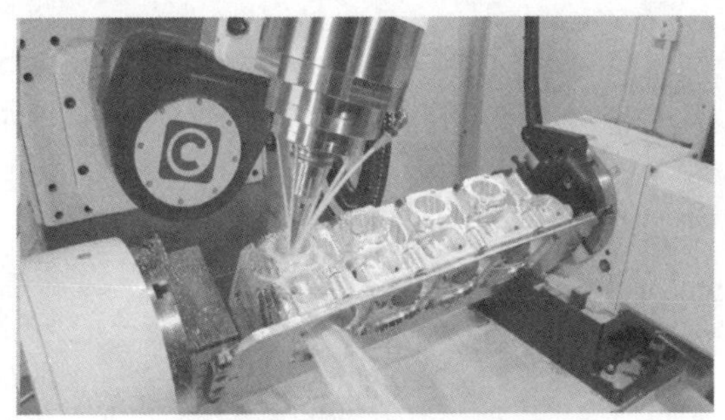

图 5-15　五轴典型零件的加工

虽然五轴加工中心机床相对于四轴、三轴来说优势非常突出，但并不是所有产品都适合五轴加工，适合三轴加工的不一定适合五轴加工，如果把原本三轴能加工的产品用五轴加工的话，不仅会增加成本，效果也不一定满足要求。只有合理安排，为产品选择合适的机床，这样才能发挥出机器本身的价值。

(3) 按机床结构分类

① 立式加工中心。立式加工中心的主轴垂直于水平面，能完成铣、钻、铰、攻螺纹和切削螺纹等工序。坐标轴运动具有两种形式：一种是 X、Y 方向工作台移动，Z 向主轴

移动，也是最常见的立式加工中心机床；另一种是工作台固定，X、Y 和 Z 向运动由主轴立柱和主轴箱移动来实现。立式加工中心最少是三轴二联动，现在大多数机床可实现三轴三联动。立式加工中心最适合加工高度方向尺寸相对较小的工件，多用于加工简单箱体、箱盖、板类零件和平面凸板。立式加工中心具有结构简单、占地面积小、价格低的优点。

② 卧式加工中心。如图 5-16 所示，卧式加工中心指主轴轴线为水平状态设置的加工中心。卧式加工中心一般具有 3～5 个运动坐标，常见的有三个直线运动坐标，即 X、Y、Z，外加一个回转工作台，它能够使工件一次装夹完成除安装面和顶面以外的其余四个面的加工。卧式加工中心较立式加工中心应用范围广，如图 5-17 所示，适宜加工大型复杂的箱体类零件，如泵体、阀体等零件的加工。但卧式加工中心占地面积大、重量大、结构复杂、价格较高。

图 5-16　卧式加工中心

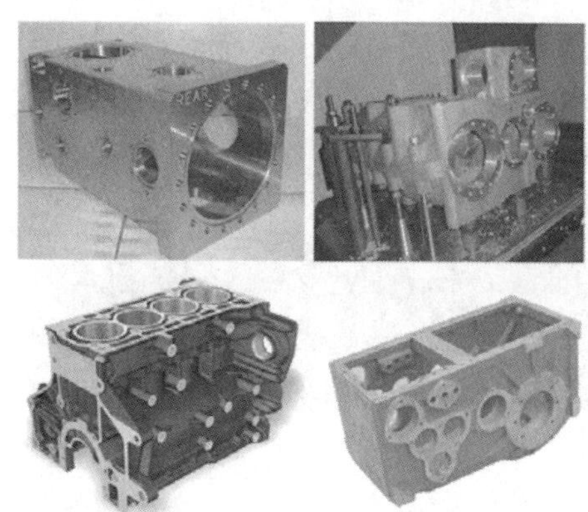

图 5-17　卧式加工中心零件

③ 龙门式加工中心。图 5-18 所示为一种龙门式加工中心外形图。龙门式加工中心主轴多为垂直设置，除带有自动换刀装置以外，还带有可更换的主轴头附件，数控装置的软件功能比较齐全，能够一机多用，尤其适用于大型或形状复杂的工件，如航天工业中飞机的梁、框板及大型汽轮机上的某些零件的加工。

图 5-18　龙门式加工中心

④ 万能加工中心。万能加工中心即五面加工中心，具有立式加工中心和卧式加工中心的功能，工件一次装夹后，能完成除安装面以外的所有侧面和顶面的加工。常见的万能加工中心有：a. 主轴可以旋转 90°，既可以像立式加工中心那样工作，也可以像卧式加工中心那样工作。b. 主轴不改变方向，工作台带着工件旋转 90°，完成对五个面的加工。总之，按工作台的数量和功能分，有单工作台加工中心、双工作台加工中心和多工作台加工中心。

5.2.2　加工中心机床结构与组成

常见的数控加工中心有立式、卧式之分，虽然外形不同，但从总体上看，数控加工中心主要由以下几大部分组成，如图 5-19 所示。

(1) 基础部件

基础部件由床身、立柱和工作台等组成，它是加工中心的基础结构，主要承受加工中心的静载荷以及在加工时产生的切削负载，因此必须要有足够的刚度。这些大件可以是铸铁件，也可以是焊接而成的钢结构件，是加工中心体积和质量最大的部件。

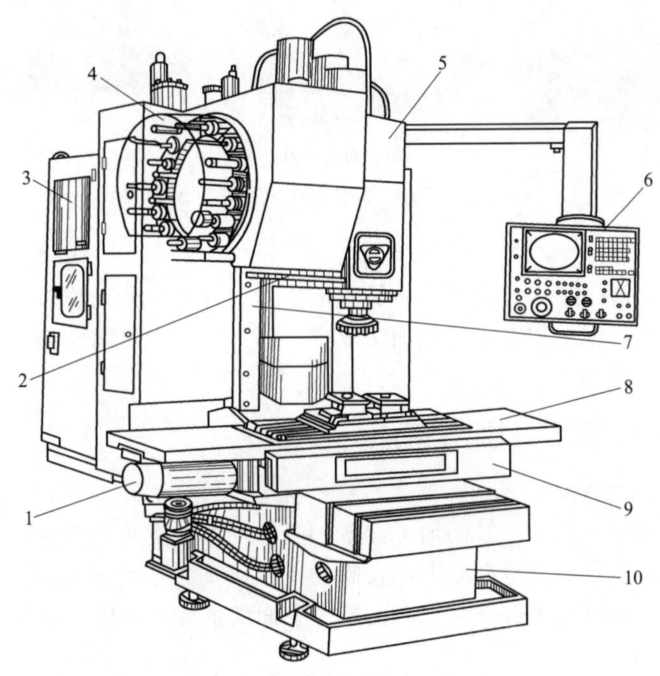

图 5-19　立式加工中心的结构

1—X 轴进给伺服电动机；2—换刀机械手；3—数控柜；4—刀库；5—主轴箱；6—机床操作面板；7—立柱；8—工作台；9—滑座；10—床身

(2) 主轴部件

主轴部件由主轴箱、主轴电动机、主轴和主轴轴承等零件组成。主轴的起、停、变、转、进等动作均由数控系统控制，并且通过装在主轴上的刀具参与切削运动，是切削加工的功率输出部件。主轴是加工中心的关键部件，其结构优劣对加工中心的性能有很大的影响。

(3) 伺服系统

伺服系统主要是进给传动系统，其作用是将数控装置的信号转换为机床移动部件的运动，其性能是决定机床的加工精度、表面质量和生产效率的主要因素之一。加工中心机床常用的伺服系统，按其控制方式进行分类，可分为开环、半闭环、闭环三种控制方式。开环系统一般适用于经济型数控机床，半闭环系统广泛适用于现代 CNC 机床，闭环数控系统用于精度要求很高的机床。

(4) 数控系统（CNC）

加工中心的数控部分由 CNC 装置、可编程控制器、伺服驱动装置、操作面板等组成。它是执行顺序控制动作和完成加工过程的控制中心。

(5) 自动换刀系统（ATC）

自动换刀系统由刀库、机械手等部件组成。当需要换刀时，数控系统发出指令，由机械手（或通过其他方式）将刀具从刀库内取出装入主轴孔中。极大地提升了加工的效率，降低了生存成本，解放了操作者双手，降低了劳动强度。如图 5-20 所示，常见的加工中心刀库类型有：斗笠式刀库、圆盘式刀库、链条式刀库。

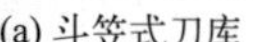
(a) 斗笠式刀库

(b) 圆盘式刀库

(c) 链条式刀库

图 5-20 加工中心常见刀库类型

（6）辅助装置

辅助装置包括润滑、冷却、排屑、防护、液压、气动和检测系统等部分。这些装置虽然不直接参与切削运动，但对加工中心的加工效率、加工精度和可靠性起着保障作用，因此也是加工中心不可缺少的部分。

5.2.3 加工中心加工范围与特点

（1）加工中心加工范围

加工中心是集多道工序于一身的加工设备，所以可以一次装夹后完成多工序的加工，可以加工形状复杂、工序数多、精度要求比较高的工件。加工中心还可以升级多轴加工中心，可以扩展加工范围，可以对工件一次装夹完成多个面的加工。所以，加工中心加工的范围是很广泛的。

加工中心在各大行业中都可以使用，特别是在一些国家重视的核心行业起到了极大的作用。箱体件、复杂曲面类工件、异形件、盘类工件、套类工件、板类工件等复杂形状工件都可以使用加工中心来进行加工。

（2）加工中心零件的特点

① 箱体类工件 箱体类工件一般具有一个以上的孔系，如图 5-21 所示，组成孔系的各孔本身有形状精度的要求，同轴孔系和相邻孔系之间及孔系与安装基准之间又有位置精度的要求。通常箱体类工件需要进行钻削、扩削、铰削、攻螺纹、镗削、铣削等工序的加工，工序多、过程复杂，还需用专用夹具装夹。这类零件在加工中心上加工，一次装夹可完成普通机床 60%～95%的工序内容，并且精度一致性好、质量稳定。

② 复杂曲面类工件 如图 5-22 所示，复杂曲面一般可以用球头铣刀进行三坐标联动加工，加工精度较高，但效率低，如果工件存在加工干涉区或加工盲区，就必须考虑采用四轴或五轴联动的机床。

③ 异形件 异形件是外形不规则的零件，大多需要点、线、面多工位混合加工。如图 5-23 所示，加工该异形件，若采用普通机床或精密铸造加工，无法达到预定的加工精度，而使用多轴联动的加工中心配合自动编程技术和专用刀具，可大大提高其生产效率并保证曲面的形状精度。形状越复杂，精度要求越高，使用加工中心越能显示其优越性。

④ 盘、套、板类工件 如图 5-24 所示，轴套类零件、轴向分布有孔系与凹槽的板类零件，该类型的零件位置精度要求较高，采用加工中心机床加工，更容易满足使用要求。

⑤ 加工精度要求高的中、小批量零件 对加工精度要求较高的中、小批量零件，由于高速加工中心具有加工尺寸稳定、精度高的优点，容易保证零件尺寸精度和形位精度，而且可得到很好的互换性。

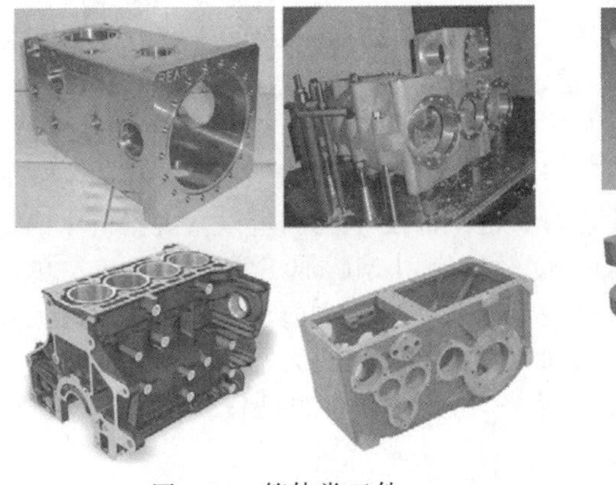
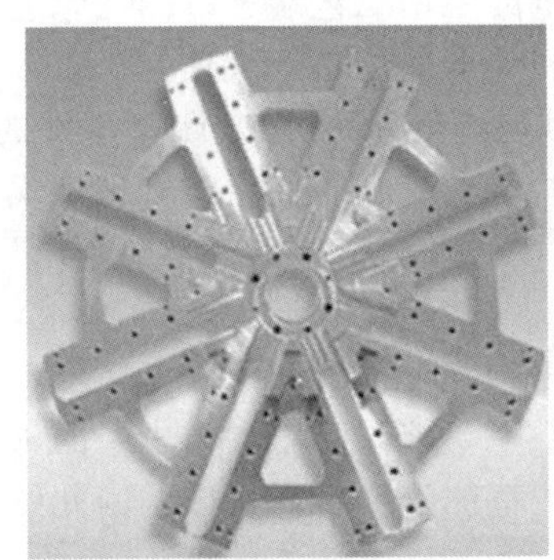

图5-21　箱体类工件

图5-22　复杂曲面类工件

图5-23　异形件

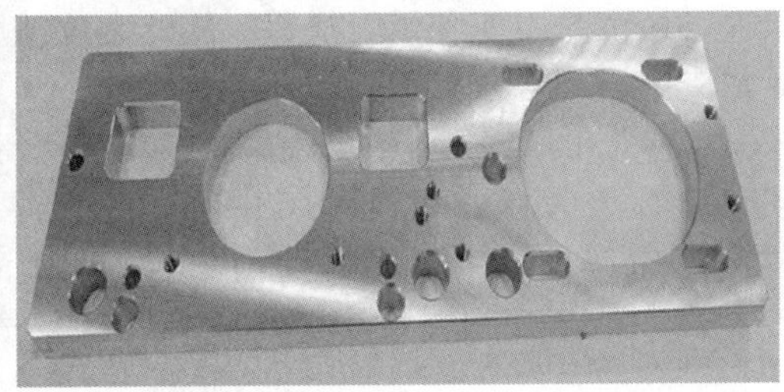

图5-24　盘、套、板类工件

⑥ 周期性投产的零件　运用加工中心加工零件时，所需时刻主要包含根本时刻和预备时刻，并且预备时刻占很大份额。如技术预备、程序编制、零件首件试切等，这些时刻通常相当于单件加工根本时刻的几十倍。但加工中心可以将这些预备时刻对应的内容储存起来，供今后重复运用。这样对周期性投产的零件，生产周期就可以大为缩短。

⑦ 新产品试制中的零件　在新产品定型之前，零件需要经过反复地试验、调整和改进。选择加工中心试制零件，能够省去许多用通用机床加工所需的试制工装。当零件需要修改时，只需修改相应的程序及适当地调整夹具、刀具即可，缩短了试制周期，降低了成本。

(3) 加工中心的加工特点

加工中心（Machining Center，简称MC）是一种综合加工能力较强的设备，它标志着企业的技术能力和工艺水平，反映一个国家工业制造的水平，已成为现代机床发展的主流方向，与普通数控机床相比，它具有以下特点。

① 工序集中，加工精度高　MC数控系统能控制机床在工件一次装夹后，实现多表面、

多特征、多工位的连续、高效、高速、高精度加工，即工序集中，这是 MC 的典型特点。由于加工工序集中，减少了工件半成品的周转、搬运和存放时间，使机床的切削利用率（切削时间和开动时间之比）比普通机床高 3～4 倍，达 80%以上，缩短了工艺流程，减少了人为干扰，故加工精度高、互换性好。

② 操作者的劳动强度减轻、经济效益高　MC 对零件的加工是在数控程序控制下自动完成的，操作者除了操作面板、装卸零件、进行关键工序的中间测量以及观察机床的运行之外，无须进行繁重的重复性手工操作，劳动强度轻。使用 MC 加工零件时即使在单件、小批量生产的情况下，也可以获得良好的经济效益。例如在加工之前节省了划线工时，在零件安装到机床上之后减少了调整、加工和检验时间，直接生产费用大幅度降低。

另外，MC 加工零件还可以省去许多工艺装备，减少硬件的投资。同时，MC 加工稳定，废品率减少，可使生产成本进一步下降。

③ 对加工对象的适应性强　加工中心是按照被加工零件的数控程序进行自动加工，当改变加工零件时，只要改变数控程序，不必更换大量的专用工艺装备。因此，能够适应从简单到复杂型面零件的加工，且生产准备周期短，有利于产品的更新换代。

④ 有利于生产管理的现代化　用 MC 加工零件时，能够准确地计算零件的加工工时，并有效地简化检验和工具、半成品的管理工作。这些特点有利于使生产管理现代化。当前许多大型 CAD/CAM 集成软件已经具有了生产管理模块，可满足计算机辅助生产管理的要求。

5.2.4　加工中心机床技术参数

遵从《多工序数控机床操作职业技能等级标准》中要求，对于加工中心的选择，要求能够根据零件的几何尺寸、加工精度、技术要求和工艺特征选择所需机床，因此熟悉机床的特性和关键技术参数是保证零件加工合格的重要前提。

加工中心的主要技术参数包括工作台面积、各坐标轴行程、摆角范围、主轴转速范围、切削进给速度范围、刀库容量、换刀时间、定位精度、重复定位精度等。

(1) 加工中心型号含义

立式加工中心的型号分为 VMC 加工系列和 XH 加工系列。VMC 为最常见的一种加工中心类型，称之为立式线轨加工中心，线性导轨承受切削力相对较小，运动速度快，多应用在高速加工和快速走刀的切削场合；XH 为立式硬轨加工中心，该类型机床刚性强，稳定性高，机床振动幅度和噪声较大，比较适合重型切削。如图 5-25 为线轨与硬轨的区别。

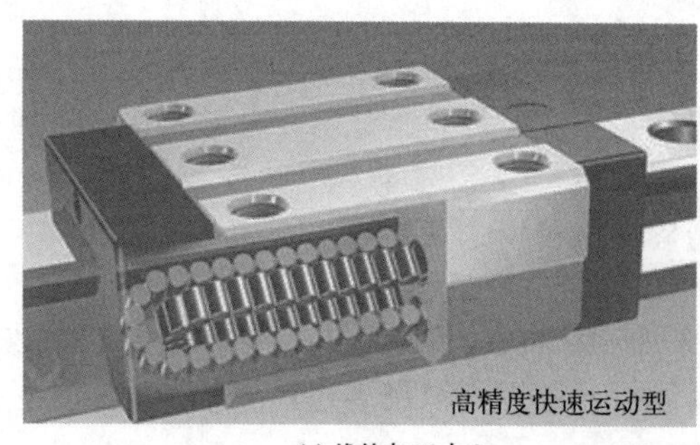

(a) 线轨加工中心

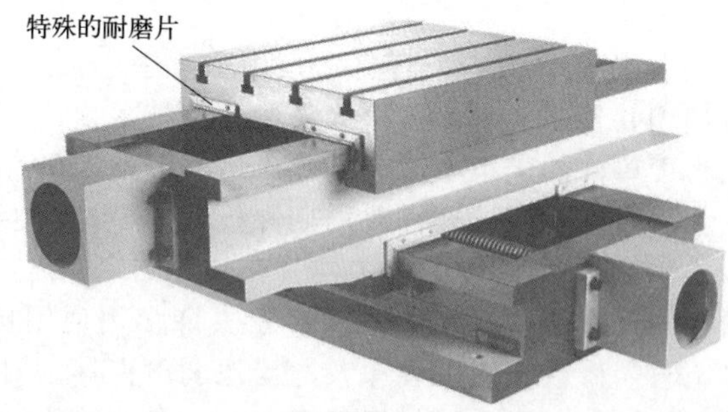

(b) 硬轨加工中心

图 5-25　加工中心的线轨与硬轨

VMC（vertical machine center）为立式线轨加工中心机床，常见的尺寸有 VMC650、VMC850、VMC1060 等，其型号中的 650、850 和 1060 是指 CNC 加工中心的行程，特别是

X 轴的加工行程，例如 VMC850 型号，其工作行程是 800×500×500，是较为常见的行程尺寸。VMC 加工中心的加工对象就是小型工件，因此被广泛使用。

XH 系列常见的型号有 XH-7132、XH-7125 等，其中 X 代表铣床，H 代表立式的，71 代表数控加工中心（组系代号），后面的数字代表工作台的宽度。XH 加工中心则适合紧密型批量加工。

（2）加工中心参数

① 规格参数选择　加工中心机床的三个基本直线坐标（X，Y，Z）行程反映该机床允许的加工空间，因此，工作台面的大小基本上确定了加工空间的大小。选用工作台面应比典型工件稍大一些，目的是考虑到安装夹具所需的空间。而且还要考虑机床工作台的允许承载能力，以及工件与机床交换刀具的空间干涉、与机床防护罩等附件发生干涉等系列问题。

② 精度参数　定位精度和重复定位精度是十分重要的精度指标，其取决于数控机床的几何精度、机床的测量系统精度、进给控制系统的精度和刚度及其动态特性等因素。通常数控机床精度检验项目有 20～30 项，但其最有特征的项目是表 5-2 所示的单轴定位精度、单轴重复定位精度和两轴以上联动加工出试件的圆度（铣圆精度）。

表 5-2　数控机床精度特征项目

单轴定位精度/mm	±0.01/300	±0.005/300
单轴重复定位精度/mm	±0.006	±0.003
铣圆精度	0.03～0.04	0.02

③ 几何精度　机床的几何精度指的是机床在不运动（如主轴不转，工作台不移动）或运动速度较低时的精度。它规定了决定加工精度的各主要零、部件间以及这些零、部件的运动轨迹之间的相对位置允差。例如，床身导轨的直线度、工作台面的平面度、主轴的回转精度、刀架溜板移动方向与主轴轴线的平行度等。

（3）常用加工中心机床技术参数

为便于识别加工中心的主要技术参数，摘选大连机床厂 VDL 系列加工中心机床技术参数，主要有 VDL600A、VDL800、VDL1000，机床技术参数如表 5-3 所示。

表 5-3　VDL 系列加工中心机床主要技术参数摘选

名称	单位	VDL600A	VDL800	VDL1000
工作台尺寸	mm	800×420	900×420	1120×500
工作台最大承重	kg	500	500	750
$X/Y/Z$ 轴行程	mm	620/440/540	820/440/540	1040/560/620
$X/Y/Z$ 快速移动速度	m/min	24/24/20	24/24/20	24/24/18
$X/Y/Z$ 切削速度	mm/min	1～1000	1～1000	1～1000
主轴最高转速	r/min	8000	8000	8000
主轴刀柄		BT40	BT40	BT40
拉钉		BT40-45°	BT40-45°	BT40-45°
刀库容量	把	16(斗笠式)/24(刀臂式)	16(斗笠式)/24(刀臂式)	20(斗笠式)/24(刀臂式)
换刀时间	s	6～8(斗笠式)/2.5(刀臂式)	6～8(斗笠式)/2.5(刀臂式)	6～8(斗笠式)/2.5(刀臂式)

续表

名称	单位	VDL600A	VDL800	VDL1000
最大刀具重量	kg	7	7	8
最大刀具直径	mm	ϕ100(斗笠式)/ϕ78(刀臂式)	ϕ100(斗笠式)/ϕ78(刀臂式)	ϕ100(斗笠式)/ϕ78(刀臂式)
气源压力	MPa	0.6～0.8	0.6～0.8	0.6～0.8
机床质量	kg	4600	4800	7000
机床轮廓尺寸	mm	2412×2451×2483	2412×2451×2483	2900×2580×2650

5.2.5 典型案例机床选择

(1) 加工中心机床选择原则

选择加工中心加工的零件，需考虑的因素主要有：毛坯的材料和类型、零件轮廓形状复杂程度、尺寸大小、加工精度、零件数量、热处理要求等。概括起来有三点：

① 根据加工零件的尺寸来选取合适的设备。零件加工的首个要素，就是零件的尺寸在设备允许的可以加工范围之内，也就是说零件能够被容纳进设备里面，然后进行加工。

② 根据加工精度来选择。对于精度要求高的零件，设备的精度要求也要高。精度要求低的零件，选用低精度的设备即可，可以节约加工成本。

③ 数控系统的选择。在可供选择的系统中，性能高低差别很大，影响的是设备成本，尽量在满足使用要求的前提下，选择性价比高的系统，此外要根据操作人员的编程要求选择合适的数控系统。

(2) 典型案例机床的选择

零件分析：如图 5-26 所示的泵盖零件，已知毛坯为尺寸 100mm×80mm×30mm 的方料，材料为 45 钢。

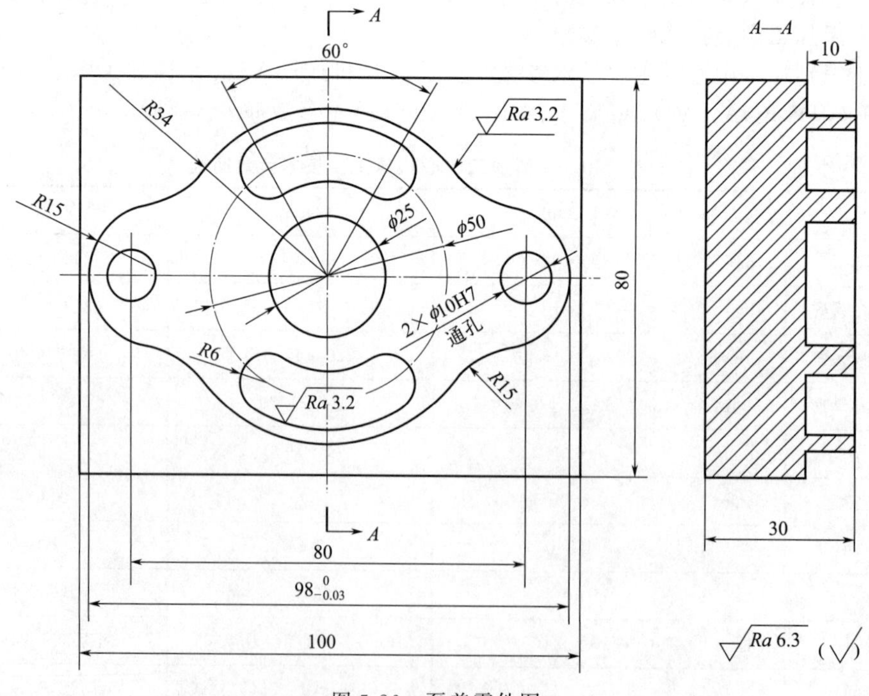

图 5-26　泵盖零件图

① 根据零件尺寸选择机床。由图可见，该零件尺寸范围较小，属于小型零件，参照表 5-3，可选择 VDL600A。

② 依据零件材质选择机床。按零件加工要求，其材质为 45 钢，表 5-3 中的机床均可满足加工要求。

③ 按照加工精度选择机床。由零件图可见，零件表面粗糙度最高要求为 $Ra\,3.2$，表 5-3 中机床均可满足。

综上所述，选择机床型号为 VDL600A。

显然，在实际加工时，应根据场地现有设备条件以及操作者的使用习惯进行调整。

5.3 多工序数控机床组合

为了合理确定车间内各生产工段（线）、各辅助部门及主要通道和大门的位置，在进行设备平面布置之前，编制技术设计用的区划图。它要求生产部门的布置要符合生产工艺的流程，尽量缩短产品在加工过程中的路线，辅助部门的布置要便于向生产部门提供服务。如：机械加工车间的工具室应设在工人领取工具方便的位置，并与磨刀间靠近。车间内过道设置要考虑到物料运输与安全的需要，主要过道的两边应设有明显的标志等。

车间流水线布局应满足“两个遵守”“两个回避”原则：

“两个遵守”指的是遵守逆时针排布和出入口一致原则，其中逆时针排布可实现一人多机，完成巡回作业，出入口一致可以减少空手浪费。

“两个回避”指的是回避孤岛型布局和鸟笼型布局，如图 5-27 所示的孤岛型是将流水线分割成独立的单元，无法实现互相协助；图 5-28 所示鸟笼型布局没有考虑到物流、人流的畅通。

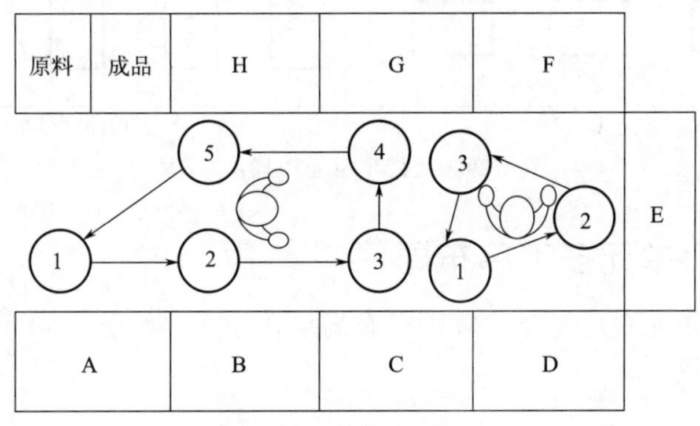

图 5-27　孤岛型布局

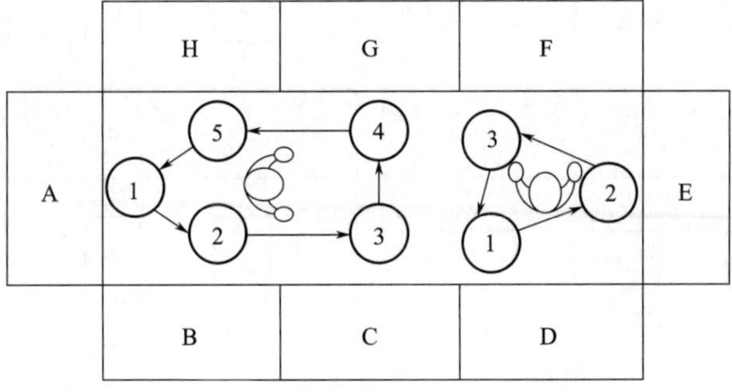

图 5-28　鸟笼型布局

5.3.1 数控车单元多工序布局

数控车单元布局应遵循以下基本原则：

① 流畅原则：各工序有机结合，相关联工序集中放置，流水化布局；

② 最短距离原则：尽量减少搬运，流程不可以交叉，直线运行；

③ 平衡原则：工站之间资源配置、速率配置尽量平衡；

④ 固定循环原则：尽量减少诸如搬运、传递等活动；

⑤ 经济产量原则：适应最小批量生产的情形，尽可能利用空间，减少地面放置；

⑥ 柔韧性的原则：对未来变化具有充分应变力，方案有弹性，如果是小批量多种类的产品，优先考虑U形布局、环形布局等；

⑦ 防错的原则：生产布局要尽可能充分考虑这项原则，第一步先从硬件布局上预防错误，减少生产上的损失。

如图5-29所示为两种常见的数控车单元布局示意图，遵从车间布局原则。其中图（a）适合多工序零件的加工，横向布局，方便工序的传递以及操作人员之间的沟通；图（b）在空间利用上更有优势，但存在“独立”的缺点，适合单工序的加工场合。

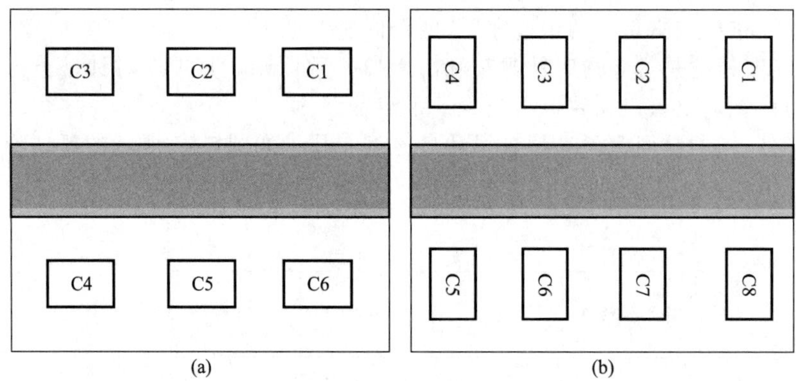

图5-29 数控车单元布局示意图

5.3.2 加工中心单元多工序布局

同理，加工中心单元布局场合与数控车布局场合相同，如图5-30所示为常见的两种加工中心单元布局示意图。

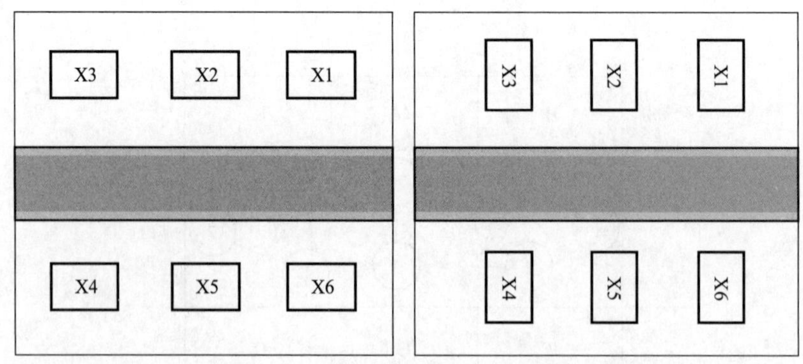

图5-30 加工中心单元布局示意图

5.3.3　车铣复合单元多工序布局

车铣复合单元至少由“车”和“铣”两个单元组成，按照“两个遵守”“两个回避”布局原则，可得出以下几种布局方式：图 5-31U 形布局和图 5-32 花瓣形布局。其中花瓣形布局有助于提高单元互相协助能力，从而提高生产平衡率。

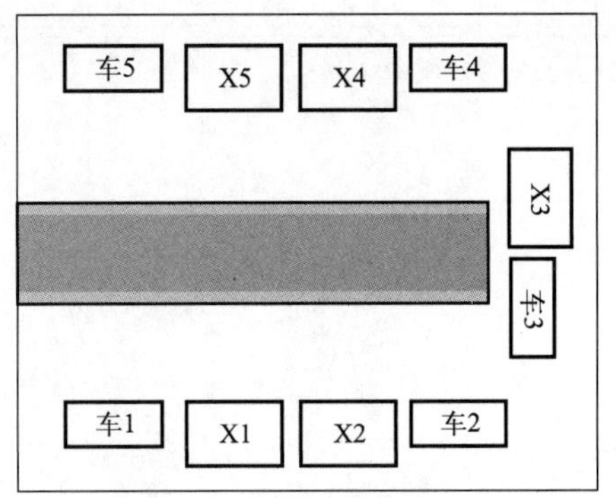

图 5-31　U 形车铣单元布局

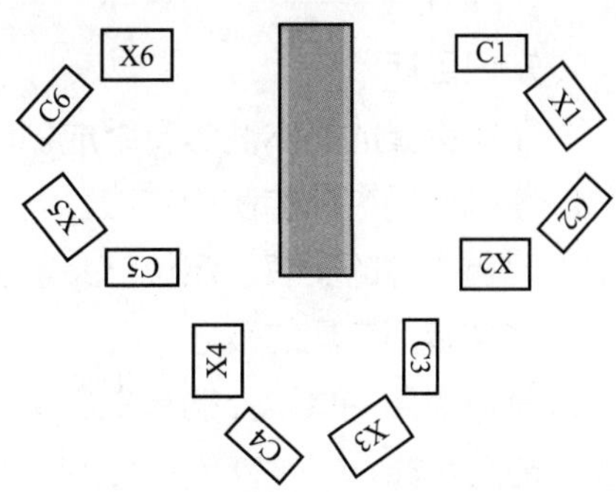

图 5-32　花瓣形车铣单元布局

第6章

工件的定位夹紧与夹具设计

教学目标

1. 知识目标

① 了解夹具的基本概念及组成。

② 掌握通用夹具的使用方法。

③ 掌握零件的安装、定位与夹紧。

④ 了解专用夹具的概念。

⑤ 掌握专用夹具设计的基本步骤。

2. 能力目标

① 根据加工零件特征，正确选用夹具。

② 能够正确使用工量具对零件进行安装、找正与夹紧。

③ 能够使用工具对常用夹具进行安装与找正。

④ 根据零件加工特性，设计专有夹具。

3. 素质目标

① 培养精益求精、刻苦钻研的工匠精神。

② 培养对卓越品质不懈追求的精神。

6.1 夹具的基本概念

6.1.1 夹具的定义及组成

(1) 夹具的定义

从广义上来说，在工艺过程中的任何工序中，用来迅速、方便、安全地安装工件的装置，都可称为夹具。例如焊接夹具、检验夹具、装配夹具、机床夹具等，其中机床夹具最为常见。机床夹具是将工件进行定位、夹紧，将刀具进行导向或对刀，以保证工件和刀具间的相对位置关系的附加装置，简称夹具。

(2) 夹具的组成

夹具一般是由以下几部分组成：

① 定位元件：指与工件定位基准（面）接触的元件，用来确定工件在夹具中的正确位置，可用六点定位原理分析其所限制的自由度。如图 6-1 所示为几种常见的定位元件。

② 夹紧装置：它是用来紧固工件的机构，以保证在加工过程中不因外力和振动而破坏工件定位时所占有的正确位置，如图 6-2 所示的单个螺旋夹紧机构。

③ 对刀元件和导向元件：用来保证刀具相对于夹具的位置。对刀元件是用来保证相对

于夹具具有准确位置的元件，如铣床夹具的对刀块等。导向元件能引导并使位置和方向都保持正确，如图 6-3 所示钻床夹具中的钻套。

④ 夹具体：如图 6-3 中的夹具体，它是整个夹具的基础件，夹具的所有元件和机构都安装在它的上面，使其成为一个整体，所以夹具体的精度要求一般也比较高。

⑤ 其他元件和机构：除上述主要元件和机构外，有的夹具还有定向元件、分度机构、锁紧机构、连接件、弹簧、销子和衬套等。

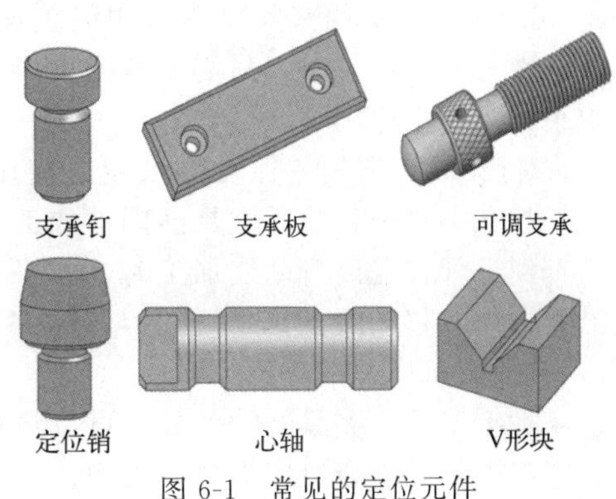

图 6-1　常见的定位元件

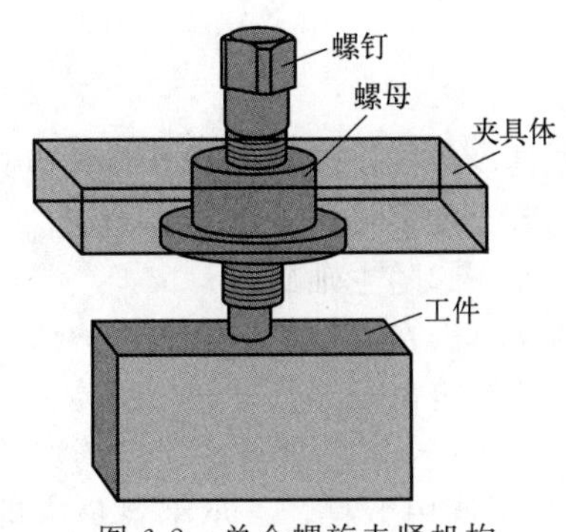

图 6-2　单个螺旋夹紧机构

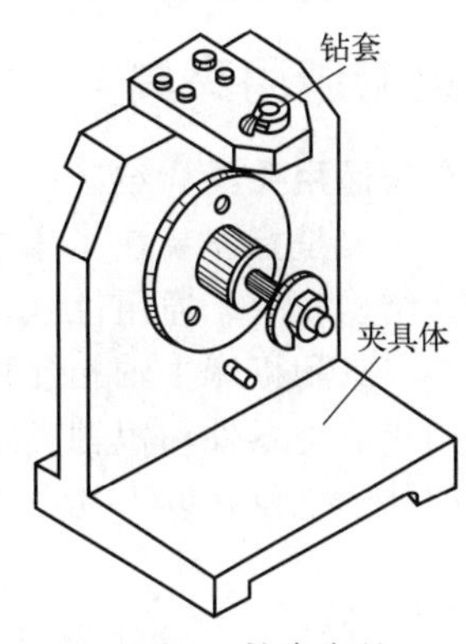

图 6-3　钻床夹具

6.1.2　夹具的作用与分类

(1) 夹具的作用

① 用机床夹具装夹工件，能准确确定工件与刀具、机床之间的相对位置关系，可以保证加工精度。

② 机床夹具能快速地将工件定位和夹紧，可以减少辅助时间，提高生产效率。

③ 机床夹具采用机械、气动、液动夹紧装置，可以减轻工人劳动强度。

④ 利用机床夹具，能扩大机床的加工范围，例如，在加工中心机床上增加一个转台或分度装置，可以加工有等分要求的零件。

(2) 夹具的分类

1) 按夹具的应用范围分类

① 通用夹具：通用夹具是结构已经标准化，有较大适用范围的夹具，例如，车床用的三爪卡盘和四爪卡盘，铣床用的平口钳及分度头等。

② 专用机床夹具：专用机床夹具是针对某一工件的某道工序专门设计制造的夹具，加工成批工件效率高，但夹具生产周期长、费用高，适合批量生产的场合。

③ 组合夹具：组合夹具是用一套预先制造好的标准元件和合件组装而成的夹具。组合夹具结构灵活多变，设计和组装周期短，夹具零部件能长期重复使用，适于在多品种单件小批生产或新产品试制等场合应用。

④ 成组夹具：成组夹具是在采用成组加工时，为每个零件组设计制造的夹具。当改换加工同组内另一种零件时，只需调整或更换夹具上的个别元件，即可进行加工。适于在多品种、中小批生产中应用。

⑤ 随行夹具：它是一种在自动线上使用的移动式夹具，在工件进入自动线加工之前，先将工件装在夹具中，然后夹具连同被加工工件一起沿着自动线依次从一个工位移到下一个工位，直到工件在退出自动线加工时，才将工件从夹具中卸下。随行夹具是一种始终随工件一起沿着自动线移动的夹具。

2）按使用机床类型分类

机床类型不同，夹具结构各异，可以将夹具分为车床夹具、钻床夹具、铣床夹具、镗床夹具、磨床夹具和组合机床夹具等类型。

3）按夹具动力源分

按夹具所用夹紧动力源，可将夹具分为手动夹紧夹具、气动夹紧夹具、液压夹紧夹具、气液联动夹紧夹具、电磁夹具、真空夹具等。

6.1.3 常见的通用夹具

(1) 数控车床通用夹具介绍

车床的夹具主要是指安装在车床主轴上的夹具，数控车削加工要求夹具应具有较高的定位精度和刚性，结构简单、通用性强，便于在机床上安装夹具及迅速装卸工件，且具备自动化等特性。这类夹具和机床主轴相连接并带动工件一起随主轴旋转。

卡盘是适用于盘类零件和短轴类零件加工的夹具。在数控车床加工中，大多数情况是使用工件或毛坯的外圆定位，以下几种夹具均是靠圆周定位的夹具。

1）三爪卡盘

① 三爪卡盘的特点。三爪卡盘是最常用的车床通用卡具，三爪卡盘最大的优点是可以自动定心，夹持范围大，装夹速度快，但定心精度存在误差，不适于同轴度要求高的工件的二次装夹。为了防止车削时因工件变形和振动而影响加工质量，工件在三爪自定心卡盘中装夹时，其悬伸长度不宜过长：若工件直径≤30mm，其悬伸长度不应大于直径的 3 倍；若工件直径＞30mm，其悬伸长度不应大于直径的 4 倍。

② 三爪卡盘的卡爪。CNC 车床有两种常用的标准卡盘卡爪，即硬爪和软爪，如图 6-4 所示。

当卡爪夹持在未加工面上，如铸件或粗糙棒料表面，需要大的夹紧力时，使用硬爪；通常为保证刚度和耐磨性，硬爪要进行热处理，硬度较高。

当需要减小两个或多个零件直径跳动偏差，以及在已加工表面不希望有夹痕时，应使用软爪。软爪通常用低碳钢制造，软爪在使用前，为配合被加工工件，要进行镗孔加工。软爪装夹的最大特点是工件虽经多次装夹但仍能保持一定的位置精度，大大缩短了工件的装夹校

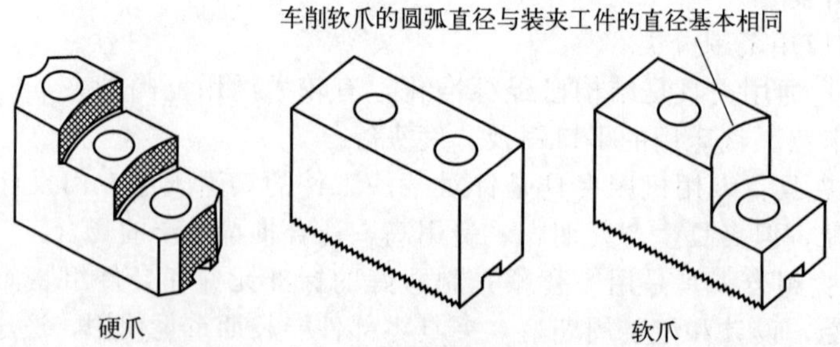

图 6-4　三爪自定心卡盘的硬爪和软爪

正时间。

2）液压动力卡盘

液压动力卡盘动作灵敏、装夹迅速、使用方便，能实现较大压紧力，能提高生产率和减轻劳动强度。但夹持范围变化小，尺寸变化大时需重新调整卡爪位置。自动化程度高的数控车床经常使用液压自定心卡盘，尤其适用于批量加工。

液压动力卡盘夹紧力的大小可通过调整液压系统的油压进行控制，以适应棒料、盘类零件和薄壁套筒零件的装夹。

(2) 加工中心的通用夹具

为适应加工中心对工件铣、钻、镗等加工工艺的特点，加工中心对夹具和工件装夹通常有如下的基本要求：

① 加工中心夹具应有足够的夹紧力、刚度和强度，能承受较大的铣削力和断续切削所产生的振动。

② 尽量减小夹紧变形。加工中心有集中工序加工的特点，一般是一次装夹完成粗、精加工。工件在粗加工时，切削力大，需要的夹紧力也大。但夹紧力又不能太大，否则松开夹具后零件会发生变形。

③ 夹具在机床工作台上定位连接。加工中心机床、刀具、夹具和工件之间应有严格的相对坐标位置。加工中心的工作台是夹具和工件定位与安装的基础，应便于夹具与机床工作台的定位连接。

④ 夹紧机构或其他元件不得影响进给。加工部位要敞开，夹紧元件的空间位置能低就低，要求夹持工件后夹具上一些组件不影响刀具进给。

⑤ 装卸方便，辅助时间尽量短。由于加工中心效率高，装夹工件的辅助时间对加工效率影响较大，所以配套夹具结构力求简单，装卸快而方便。

1）用平口钳装夹工件

加工中心常用夹具是平口钳，分为手动锁紧和液压锁紧两种，安装时先将平口钳固定在工作台上，找正钳口，再将工件装夹在平口钳上，这种方式装夹方便，应用广泛，适于装夹形状规则的小型工件。工件在平口钳上装夹时，应注意下列事项：

① 装夹工件时，必须将工件的基准面紧贴固定钳口；

② 工件的铣削加工余量层必须高出钳口，以免铣坏钳口和损坏铣刀。如果工件低于钳口平面时，可以在工件下面垫放适当厚度的平行垫铁；

③ 工件在平口钳上装夹的位置应适当，应保证工件装夹稳定可靠，不致在铣削力的作用下产生移动。

2）用压板压紧工件

对中型、大型和形状复杂的零件，一般采用压板将工件固定在加工中心工作台面上，如图 6-5 所示，压板装夹工件所用工具简单，主要是压板、垫铁、T 形螺栓（T 形螺母和螺栓）及螺母。使用压板装夹工件，应注意下列事项：

① 工件的铣削部位需绕过压板，以免妨碍铣削加工的正常进行。

② 压板垫铁的高度要适当，防止压板和工件接触不良，通常垫铁的高度略高于工件。

③ 装夹薄壁工件时，夹紧力的大小要适当。

④ 螺栓要尽量靠近工件，以增大夹紧力。

⑤ 在工件的光洁表面与压板之间，需放置铜垫片，以免损伤工件表面。

⑥ 工件受压处不能悬空，如有悬空处应垫实。

3）加工中心中三爪卡盘的应用

在加工中心需要加工圆柱形零件时，使用安装在机床工作台上的三爪卡盘最为适合。如

图 6-6 所示，在工作台安放三爪卡盘，并用卡盘定位、夹紧圆柱工件。

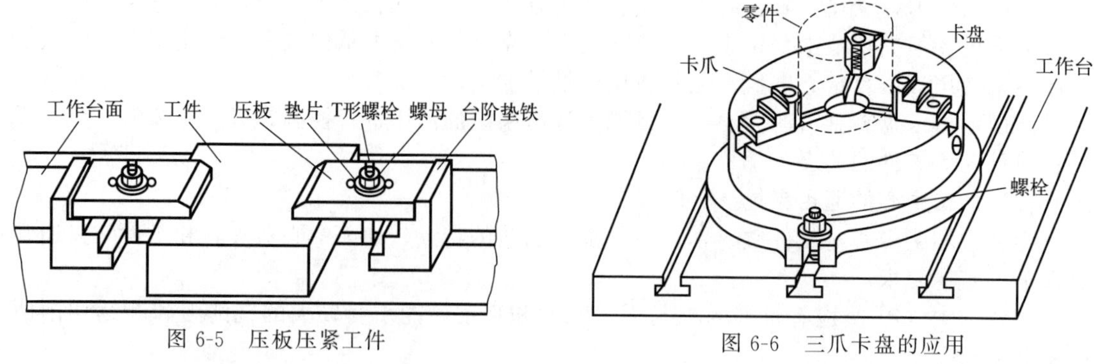

图 6-5 压板压紧工件

图 6-6 三爪卡盘的应用

6.1.4 工件在夹具中的加工误差

(1) 工件在夹具中加工时的加工误差

如图 6-7 所示，工件在夹具中加工时的加工误差，由 3 部分组成。

① 安装误差 工件在夹具中的定位和夹紧误差。

② 对定误差

a. 刀具的导向或对刀误差，即夹具与刀具的相对位置误差。

b. 夹具在机床上的定位和夹紧误差，即夹具与机床的相对位置误差。

③ 加工过程误差 如加工方法原理误差、工艺系统的受力变形、工艺系统的受热变形、工艺系统的各组成部分（如机床、刀具、量具等）的精度和磨损等。

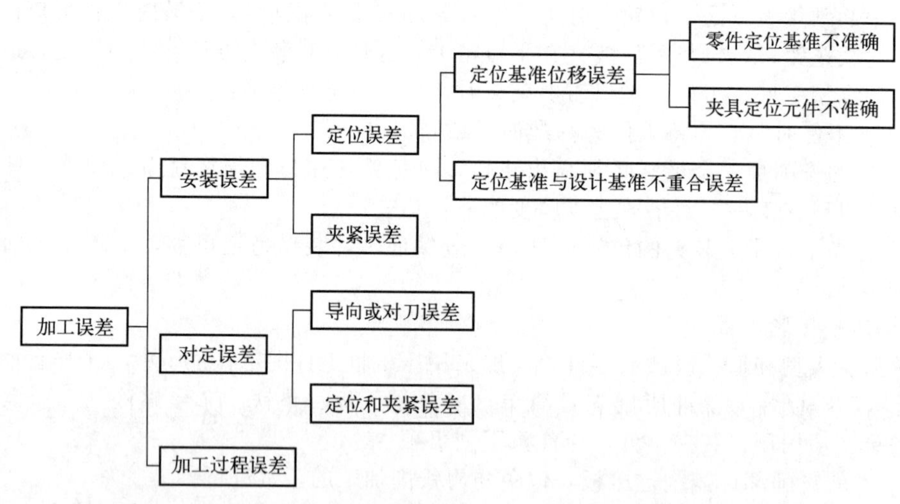

图 6-7 工件在夹具中加工时加工误差的组成

(2) 误差值的估算

一般夹具的制造精度，其误差值应为零件尺寸公差值的 1/3～1/5。

上述误差中，安装误差和对定误差都是和夹具有关的误差，一般约占整个加工误差的 1/3。

6.2　工件在夹具中的定位与夹紧

6.2.1　工件的安装、定位与调整

(1) 工件的安装

在设计加工工艺规程时，要考虑的最重要的问题之一就是怎样将工件安装（或称之为装夹）在机床或夹具上，这里的安装有两层含义，即定位与夹紧。

机械加工时，必须使工件在机床或夹具中相对刀具及其切削成形运动占有某一正确位置，称为定位。为了在加工中使工件能承受切削力，并保持其正确位置，还需把它压紧或夹牢，称为夹紧。从定位到夹紧的过程称为安装或装夹。正确的安装是保证工件加工精度的重要条件。

工件在机床或夹具中的安装有以下 3 种方式：

① 直接找正安装　工件的定位过程由操作人员直接在机床上利用百分表、划线盘等工具，找正某些有相互位置要求的平面，然后再夹紧，称之为直接找正安装。如图 6-8(a) 所示，镗孔加工时，为保证同轴度，将百分表固定在床身上，百分表表针顶在外圆柱面上，手动旋转卡盘，如果表针不动（跳动范围极小），则说明工件外圆柱面与机床主轴同轴，这样就保证了镗孔加工中孔的同轴度。同理如图 6-8(b) 所示，槽铣削加工前，使用百分表找正，保证槽的对称度。

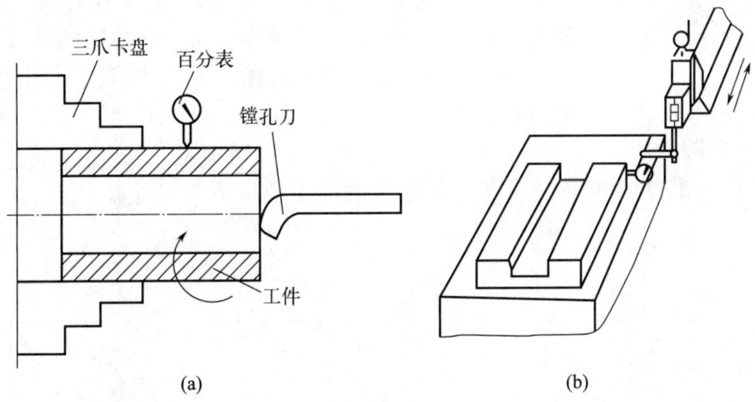

图 6-8　直接找正安装法

② 划线找正安装　如图 6-9 所示，在装夹工件之前，按技术要求在工件表面划线，然后在机床上按划线位置找正工件，以获得工件的正确加工位置。划线找正，一般找正精度为 0.2～0.5mm。由于此法费时，定位精度不易保证，生产率低，所以适用于单件小批生产及大型工件的粗加工。

③ 夹具安装　为保证加工精度要求和提高生产效率，通常采用夹具安装。用夹具安装工件，不需要划线和找正，直接由夹具来保证工件在机床上的正确位置，并在夹具上直接夹紧工件，一般情况下操作比较简单，也比较容易保证加工精度要求，在各种生产类型中都有应用，特别是成批和大量生产中。如图 6-10 所示，为一种在套筒零件上铣削键槽的专用夹具。

(2) 工件的定位与调整

机床、刀具、工件和夹具组成一个工艺系统。工件加工前应保证其在工艺系统中占据正确位置，即工件定位。

① 六点定位原理的概念　用合理分布的 6 个支承点限制工件 6 个自由度的原理，称为六点定位原理。

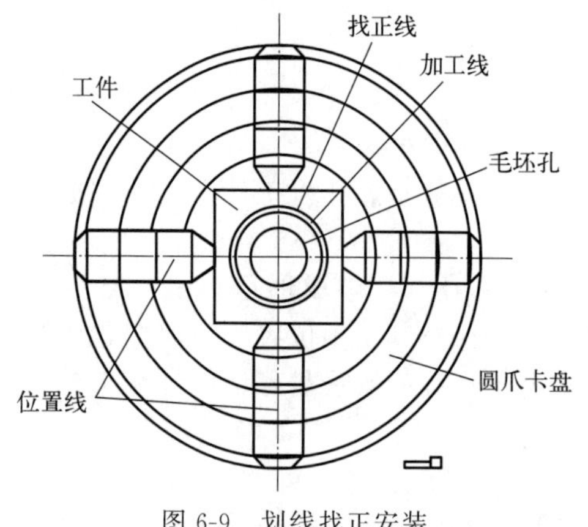

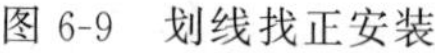
图 6-9　划线找正安装

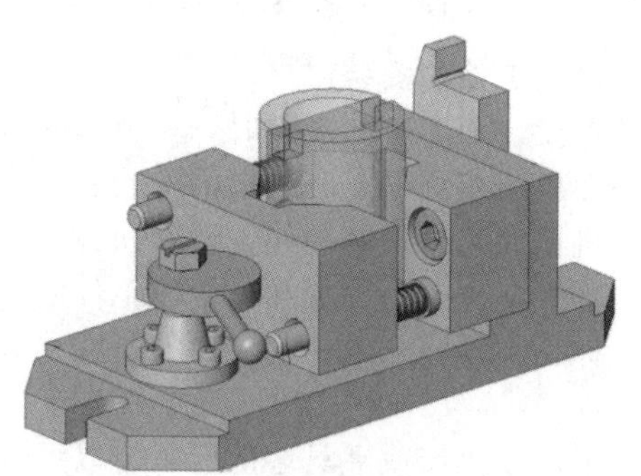
图 6-10　夹具安装

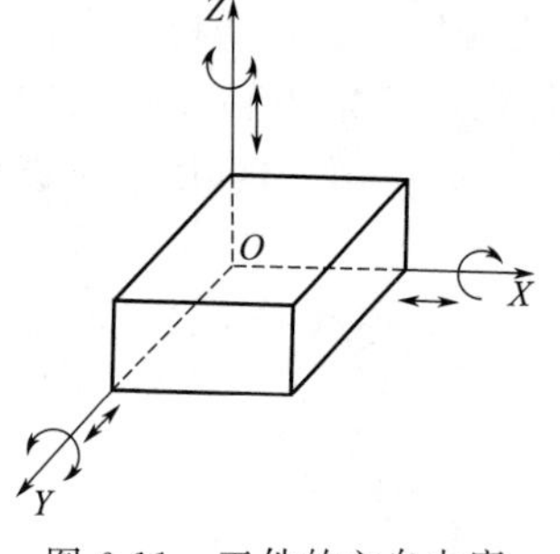

图 6-11　工件的六自由度

如图 6-11 所示，工件置于空间直角坐标系中，它可以沿 X、Y、Z 轴自由移动，也可以绕 X、Y、Z 轴自由转动。

② 六点定位原理的应用　工件定位时，并非所有情况下 6 个自由度都要限制，影响加工精度要求的自由度必须限制，不影响加工精度要求的自由度有时可以不限制，视具体情况而定。如图 6-12 所示，其中图（a）平面铣削加工，只需限制 3 个自由度；图（b）铣削通槽，需限制 5 个自由度；图（c）铣削盲槽，需限制 6 个自由度。

工件定位，有以下几种情况：

① 完全定位：工件的 6 个自由度全部被限制的定位，称为完全定位。

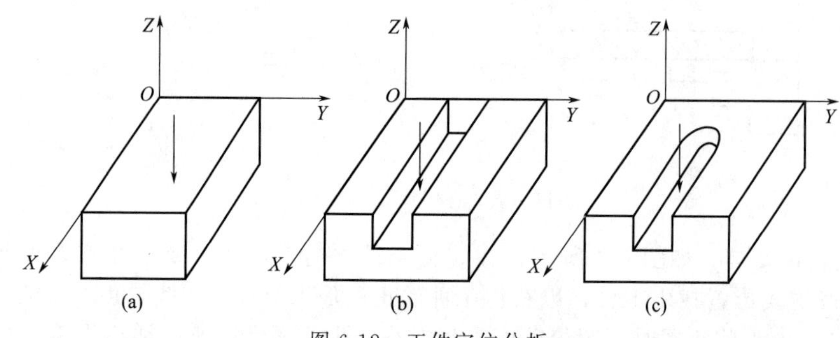

图 6-12　工件定位分析

② 不完全定位：根据实际加工要求，工件被限制的自由度少于 6 个的定位，称为不完全定位。

③ 欠定位：根据实际加工要求，工件应限制的自由度没能完全被限制的定位，称为欠定位。欠定位无法保证工件的加工要求，因此欠定位是不允许出现的。

④ 过定位：工件某一个自由度同时被几个支承点重复限制的定位，称为过定位。当定位基准面为精加工表面，且为满足加工需求（提高稳定性、增强刚性、提高加工精度等）时，是允许存在过定位的。

6.2.2　工件定位方法与定位元件

在机械加工中，必须使工件、夹具、刀具和机床之间保持正确的相互位置关系，才能加工出合格的零件。这种正确的相互位置关系，是通过工件在夹具中的定位、夹具在机床上的安装、刀具相对于夹具的调整来实现的。

工件定位的目的，是使同批工件在机床或夹具中占据正确的位置。工件的常见定位方式有以下几种。

(1) 工件以平面定位

平面定位是最普遍的定位形式。根据其是否限制自由度，分为主要支承和辅助支承。

1) 主要支承

主要支承用于工件定位，起到限制工件自由度的作用。它包括固定支承、可调支承和浮动支承。

① 固定支承。固定支承有支承钉和支承板两种形式。如图 6-13(a)、(b)、(c) 所示为国标规定的 3 种支承钉的形式，A 型为平头支承钉，用于精加工表面的定位；B 型为球头支承钉，用于粗加工表面的定位；C 型为齿纹顶面的支承钉，用于侧面的定位。支承钉限制一个移动自由度。

图 6-13(d)、(e) 所示为国标规定的两种支承板，其中 A 型为平板式支承，多用于侧面的定位，因为用于底面定位时，孔边切屑不易清理；B 型为斜槽式支承，多用于底面定位。

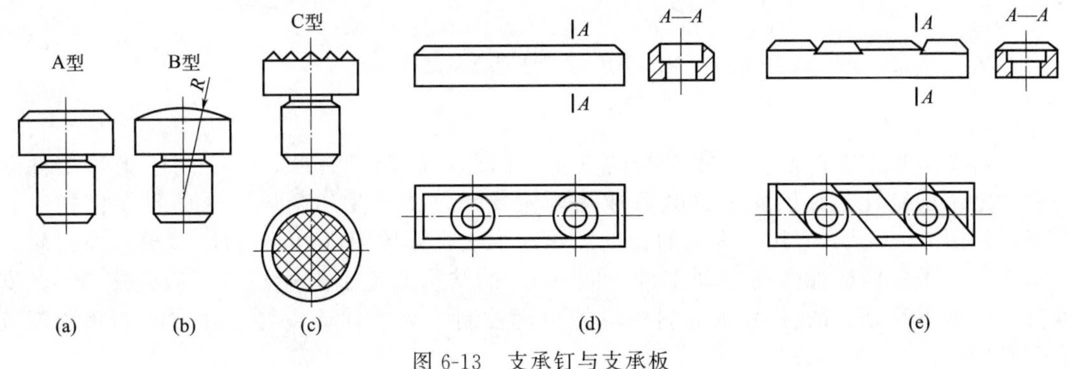

图 6-13　支承钉与支承板

② 可调支承。可调支承是指在工件定位过程中，高度可调整的支承钉。其结构已标准化。可调支承多用于毛坯面的定位，每批调整一次，以补偿各批毛坯误差。如图 6-14 所示为几种常见的可调支承。

③ 自位支承（浮动支承）。自位支承的特点是支承点的位置能随着工件定位基准面的不

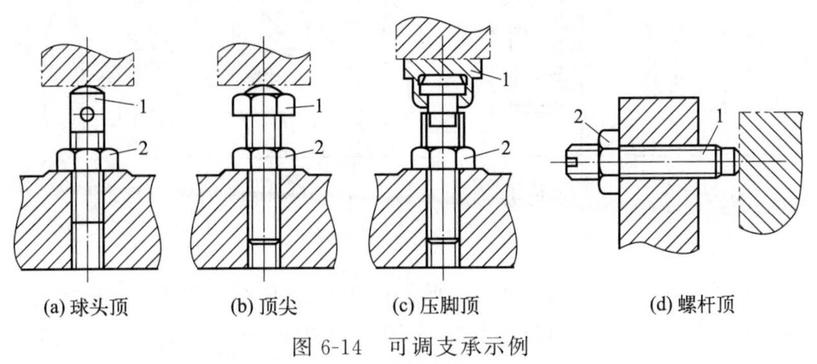

图 6-14　可调支承示例

1—定位元件（螺杆或压脚）；2—锁紧螺母

同而自动调节，工件定位基准面压下其中一点，其余点便上升，直至各点都与工件接触。如图 6-15 所示为几种常见的自位支承形式，接触点数的增加，提高了工件的装夹刚度和稳定性，但其作用仍相当于一个固定支承，只限制工件 1 个自由度。

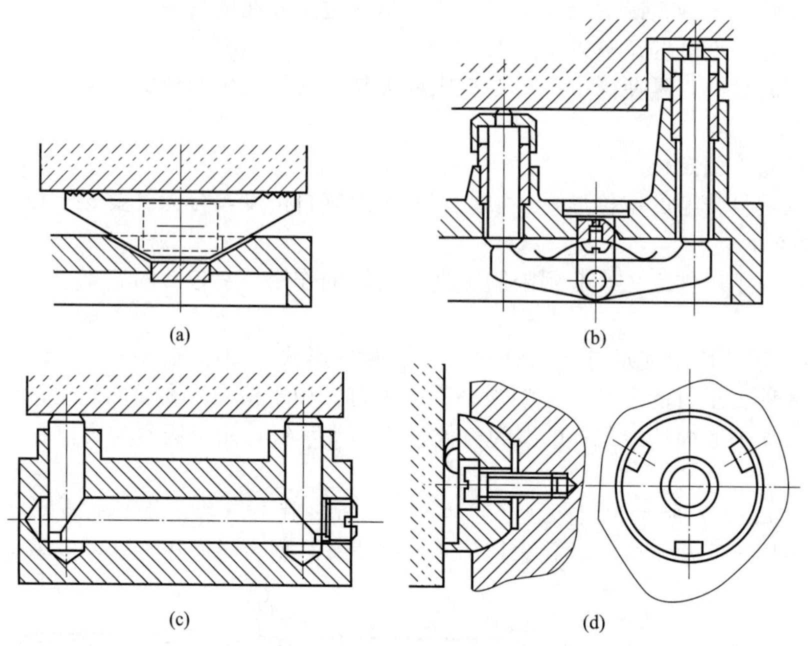

图 6-15 浮动支承常见结构

2）辅助支承

辅助支承是在工件定位后才参与的支承，因此不限制自由度，主要用于提高工件的刚度和定位稳定性，辅助支承锁紧后成为固定支承，能承受切削力。辅助支承结构形式很多，如图 6-16 所示为几种常见的辅助支承的形式，其中图（a）结构最简单，但在转动支承 1 时，可能因摩擦力而带动工件；图（b）的结构避免了上述缺点，调整螺母 2，支承钉只作上下移动；图（c）依靠斜楔块的角度控制 1 上下移动位置，其位置调整角度较前两者较高。

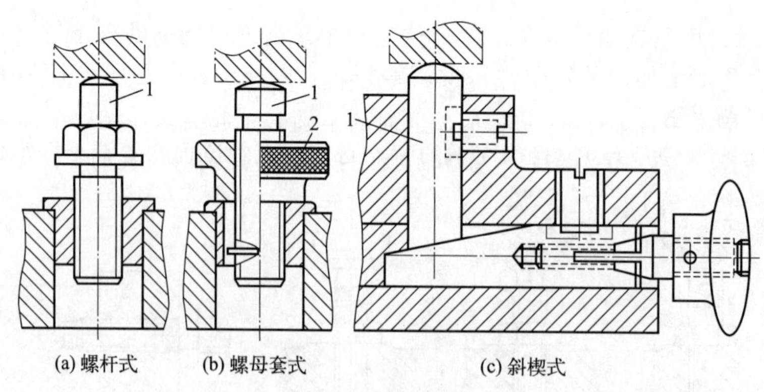

图 6-16 辅助支承

辅助支承的典型应用案例，如图 6-17 所示，工件定位后，用辅助支承支持工件悬出部分，铣削时起到提高工件的刚度和稳定性的作用，另外如图中所示，加工时有效避免颤刀的发生。

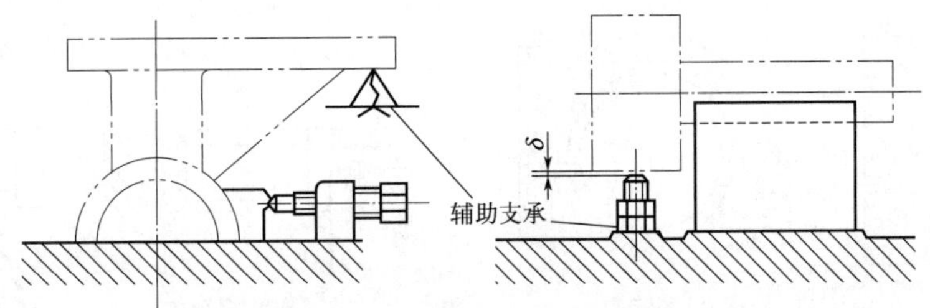

图 6-17　辅助支承应用案例

(2) 工件以外圆柱表面定位

1) V 形块定位外圆柱面

工件外圆以 V 形块定位是常见的定位方式之一，V 形块两斜面夹角有 60°、90°、120°，其中 90°应用广泛。长、短 V 形块是按照量棒和 V 形块定位工作面的接触长度 L 与量棒直径 d 之比来区分，即 $L/d \ll 1$ 时为短 V 形块，限制工件 2 个自由度；$L/d \gg 1$ 时为长 V 形块，限制工件 5 个自由度。如图 6-18 所示为 V 形块的典型结构。

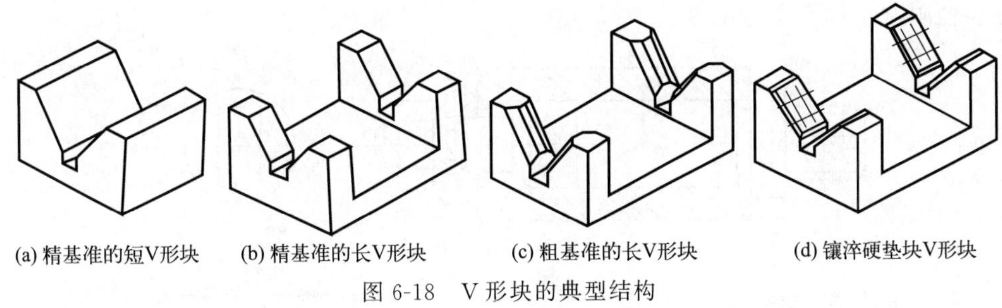

(a) 精基准的短V形块　(b) 精基准的长V形块　(c) 粗基准的长V形块　(d) 镶淬硬垫块V形块

图 6-18　V 形块的典型结构

V 形块的定位特点如下：

① 对中性好，它可使一批工件的定位基准轴线始终对中在 V 形块两斜面的对称面上，而不受定位基准直径误差的影响；

② 适用性广，无论定位基准是否经过加工，是完整的圆柱面还是局部的圆弧面，都可以采用 V 形块定位；

③ V 形块起定心作用，V 形块以两斜面与工件的外圆接触起定位作用；

④ 固定 V 形块与活动 V 形块组合，其中活动 V 形块主要用来消除过定位。

2) 半圆套定位外圆柱面

常见半圆套定位装置如图 6-19 所示，上面的半圆套 1 起夹紧作用，下面的半圆套 2 起定位作用。半圆套定位方式主要用于大型轴类工件以及不便轴向装夹的工件定位。工件定位面精度应不低于 IT8～IT9。

3) 定位套定位外圆柱面

如图 6-20 中图 (a) 所示为短定位套定位，限制 2 个自由度；图 (b) 所示为长定位套定位，限制 4 个自由度。定位套结构简单，制造容易，但定心精度不高，一般适用于精基准定位。

(3) 工件以内孔定位

工件以内孔定位时的定位基准为孔轴心线，定位基准面为孔的内表面。常用定位元件有心轴和定位销。

1) 心轴定位内孔

心轴结构形式很多，这里只介绍刚性心轴，刚性心轴包括圆柱心轴和小锥度心轴。

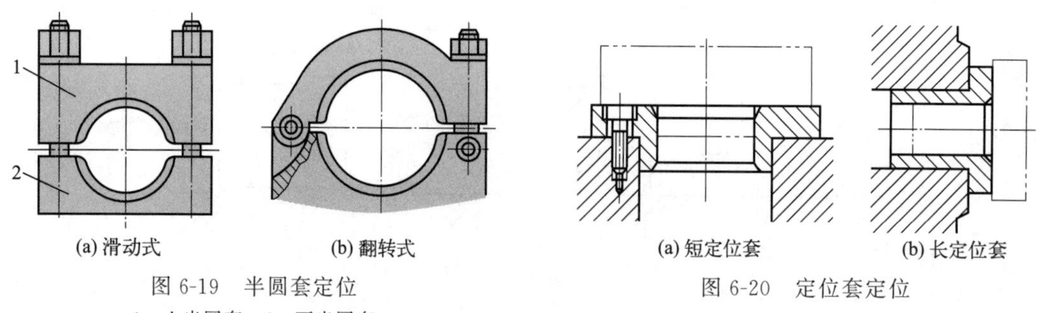

图 6-19　半圆套定位

1—上半圆套；2—下半圆套

图 6-20　定位套定位

① 圆柱心轴主要用于车削、铣削加工套类和盘类零件。常见圆柱心轴的结构如图 6-21 所示，其中图（a）为间隙配合心轴，图（b）为过盈配合心轴，圆柱心轴限制工件两个移动自由度和 2 个转动自由度。

② 图（c）为小锥度心轴，小锥度心轴是以工件孔和心轴工作面的弹性变形来夹紧工件，故传递扭矩较小，装卸工件不便。一般只用于定位孔的精度不低于 IT7 的精车加工。小锥度心轴限制工件 5 个自由度。

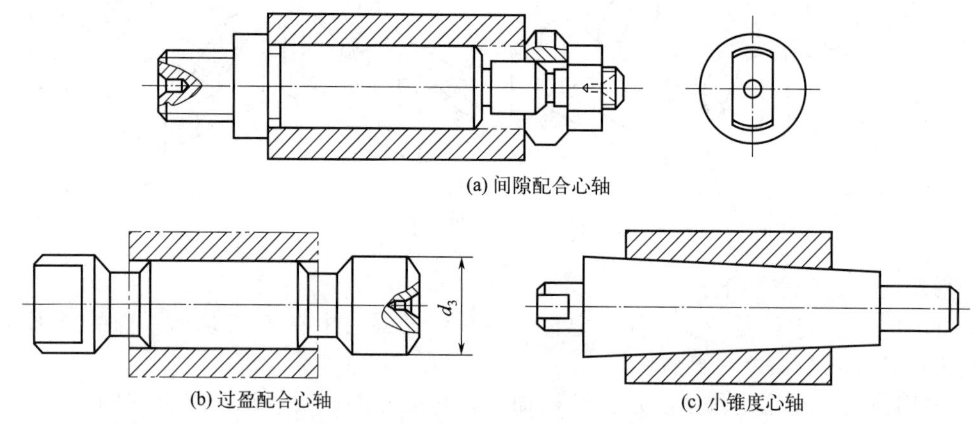

图 6-21　刚性心轴

2）定位销定位内孔

① 圆柱定位销。图 6-22 所示为国标规定的圆柱定位销，其工作部分直径 D 通常根据加工要求和考虑便于安装，按照 g5、g6、f6 或 f7 制造。定位销与夹具体的连接可采用过盈配

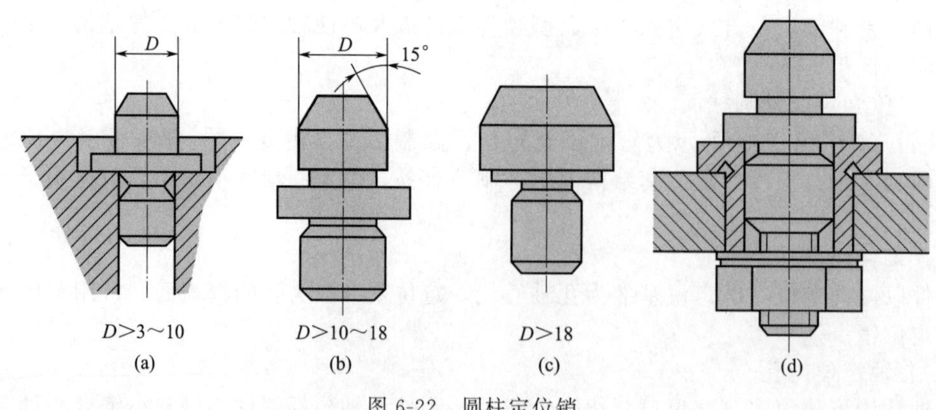

图 6-22　圆柱定位销

合［图（a）、（b）、（c）所示］，也可采用间隙配合［图（d）］。圆柱定位销通常限制工件的 3 个移动自由度。

② 圆锥定位销。圆锥定位销（简称圆锥销）结构如图 6-23 所示。圆锥销与内孔沿孔口接触，孔口的形状直接影响接触情况，从而影响定位精度。图（a）为整体圆锥销，适用于加工过的圆孔；图（b）为削边圆锥销，适用于毛坯孔。圆锥销限制 3 个移动自由度。

当要求孔销配合只在一个方向上限制工件自由度时，可用菱形销，如图（c）所示。

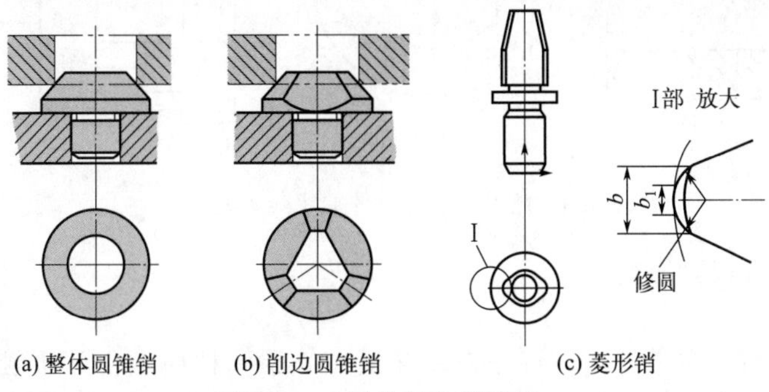

(a) 整体圆锥销　(b) 削边圆锥销　(c) 菱形销

图 6-23　圆锥销与菱形销

(4) 工件以组合表面定位

实际生产中经常遇到的不是单一的表面定位，而是几个定位表面的组合。如平面与平面的组合、平面与圆孔的组合、平面与外圆柱面的组合、平面与其他表面的组合、锥面与锥面的组合等。如图 6-24(a) 所示为常见的双顶尖组合定位，限制 5 个自由度；图（b）为外圆柱面与端面的组合定位，限制 5 个自由度。

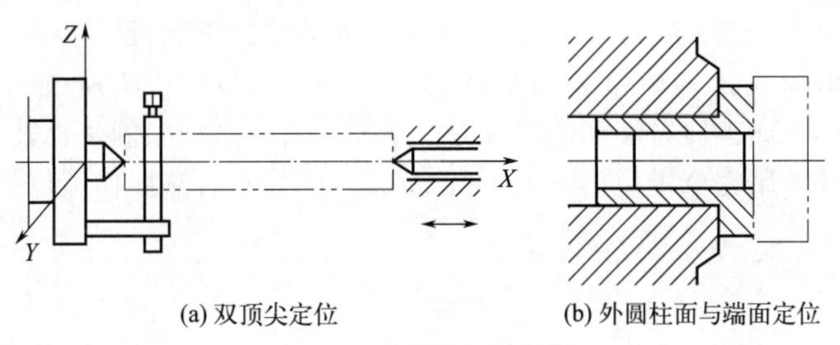

(a) 双顶尖定位　(b) 外圆柱面与端面定位

图 6-24　组合表面定位

使用组合定位时，要注意避免过定位（又称重复定位），如采用一面二销定位时，如图 6-25 所示，其中一个销要采用菱形销，以消除过定位。

6.2.3　典型零件的定位、安装与找正

(1) 典型车削零件定位、安装与找正

1）定位方式的选择

如图 6-26(a) 所示套筒零件，内孔与圆柱面同轴度要求较高，为保证加工精度，采用心轴定位的方式，限制 5 个自由度。

2）安装方式

如图 6-26(b) 所示将心轴装夹在三爪自定心卡盘中，大圆柱端面贴合三爪端面，注意，这里需要对心轴进行找正，因为心轴在机床中的安装精度

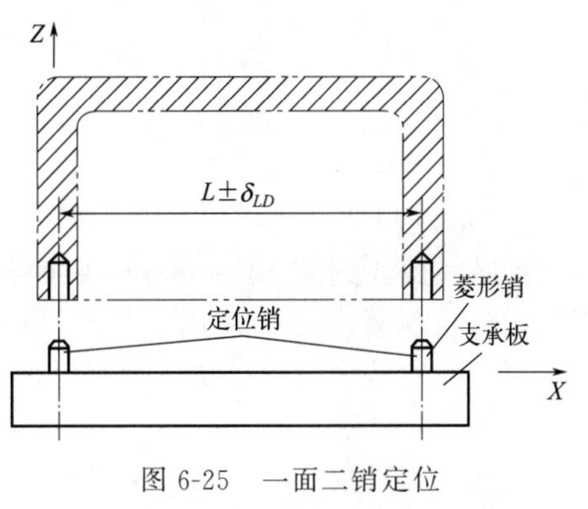

图 6-25　一面二销定位

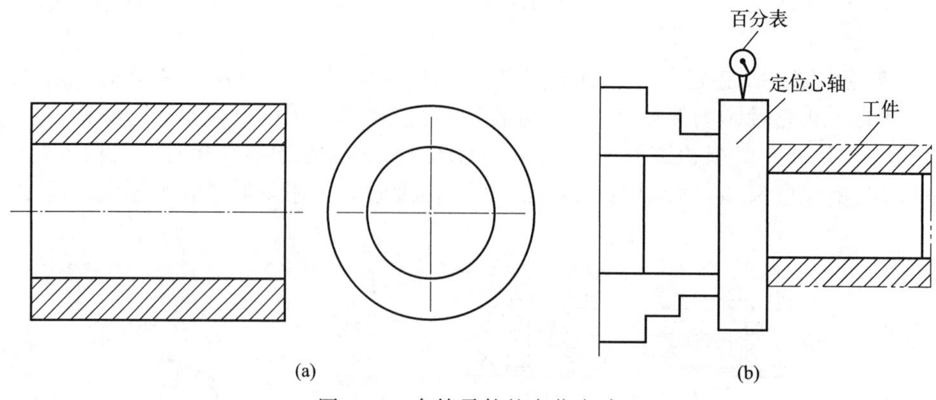

图 6-26　套筒零件的定位方式

对工件的加工精度有很大影响。

3）找正方式

首先将百分表固定在床身上，百分表表针顶在心轴圆柱面上使其接触，手动旋转卡盘，此时表针会在表盘刻度一定范围内跳动，当表针指示跳动范围内的最大刻度时，表明此时表针对应的心轴圆柱面位置偏高，此时，用橡胶锤子轻轻敲击高点位置，待表针数值跳动到指示范围中间位置时，说明心轴轴线与主轴轴线重合。

(2) 典型铣削零件的安装与找正

1）定位方式的选择

如图 6-27 所示在加工中心机床上铣槽，其中槽宽 (20±0.05)mm 取决于铣刀的尺寸；为了保证槽底面与 A 面的平行度和尺寸 $60_{-0.2}^{\ 0}$mm 两项加工要求，必须限制绕坐标轴 X，Y 转动和 Z 方向的 3 个移动自由度；为了保证槽侧面与 B 面的平行度和尺寸 (30±0.1)mm 两项加工要求，必须限制绕坐标轴 Z 转动和 X 方向的移动 2 个自由度；由于所铣的槽不是通槽，在长度方向上，槽的端部距离工件右端面的尺寸是 50mm，所以必须限制坐标轴 Y 方向移动的自由度。为此，应对工件采用完全定位的方式，选 A 面、B 面和右端面作定位基准。

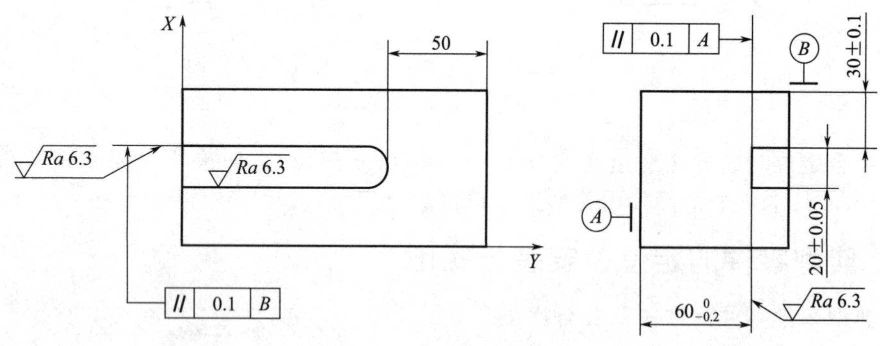

图 6-27　键槽零件

2）安装方式

如图 6-28 所示，用平口钳装夹工件，其中工件基准面 A 紧贴平行垫铁，基准面 B 紧贴固定钳口，为满足批量加工的需求，在精密平口钳左侧的螺纹孔中安装挡板，工件左端面紧贴挡板，此安装方式简单快捷且满足加工要求。

3）调整方式

在安装工件前，需对精密平口钳进行找正，首先用 T 形螺母将精密平口钳与工作台连接，注意此时不要将 T 形螺母拧紧，如图 6-29 所示：

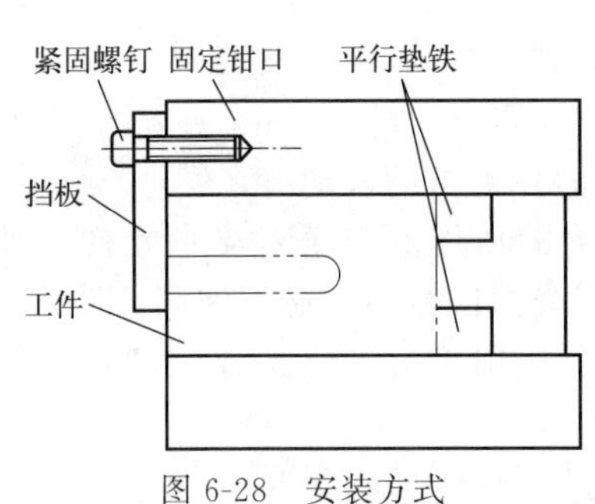

图 6-28　安装方式

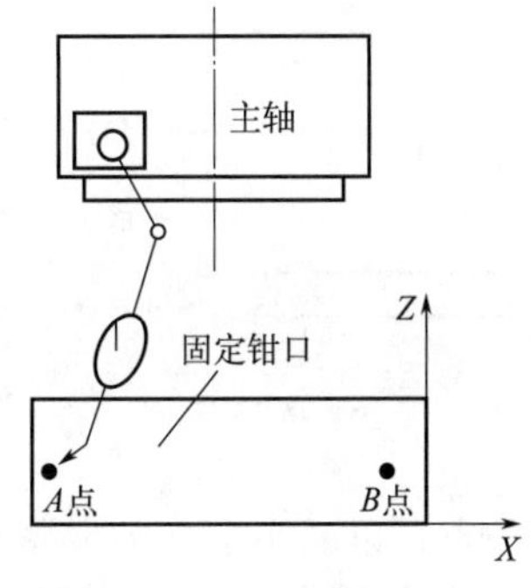

图 6-29　平口钳找正方式

① 首先打开平口钳的钳口，然后将百分表吸附在主轴上。

② 使百分表测量杆触头与平口钳的固定钳口垂直接触，如图中所示的 A 点位置，使测量触点接触钳口平面，测量杆压缩约 0.3～0.5mm。

③ 然后手动沿 X 轴移动工作台，使百分表触点从左向右移动至 B 点，观察百分表的移动波动方向。

④ 如果其逆时针波动，则表示平口钳倾斜至操作员左侧。这时，我们应该用一根铜棒（铜锤）敲击平口钳的左下角，敲击到百分表波动量的一半。

⑤ 如果百分表顺时针波动，则表示平口钳倾斜至操作员右侧。这时，我们用一根铜棒（铜锤）轻敲平口钳的右下部分，敲击到百分表波动量的一半。

⑥ 重复移动调整，直到沿固定钳口移动工作台时仪表指针不再波动或波动为 0.01mm，表面固定钳口平行于工作台的进给方向，拧紧 T 形螺母。

6.2.4　工件在夹具中的夹紧

将工件定位问题解决后，只完成了工件装夹任务的前半部分——单纯定好位，在大多数情况下还无法进行加工。工件在定位元件上定位以后，必须用特定的装置或机构将它压牢，以保证在加工过程中不会产生位移和振动，这样才完成了工件在夹具中装夹的全部任务。

(1) 对夹紧装置的要求

夹紧装置是夹具中的重要组成部分，其设计或选用是否合理，对于能否保证加工质量、提高生产效率、降低成本及创造良好的工作条件都有很大影响，因此，设计夹紧装置时应满足以下基本要求：

① 在夹紧过程中应能保持工件定位时所获得的正确位置；

② 夹紧应可靠和适当；

③ 夹紧装置应操作方便、省力、安全；

④ 夹紧装置的复杂程度与自动化程度应与工件的生产批量和生产方式相适应。

(2) 夹紧力方向和作用点的选择

1）夹紧力方向的选择

① 夹紧力作用方向应有利于定位，不应破坏定位。

② 主要夹紧力的作用方向应指向工件主要定位基准面，以保证工件的加工要求。

③ 夹紧力的作用方向应尽量与工件刚度大的方向相一致，以减小工件夹紧变形。

④ 夹紧力的作用方向应尽可能有利于减小夹紧力，以减小夹紧装置的体积。

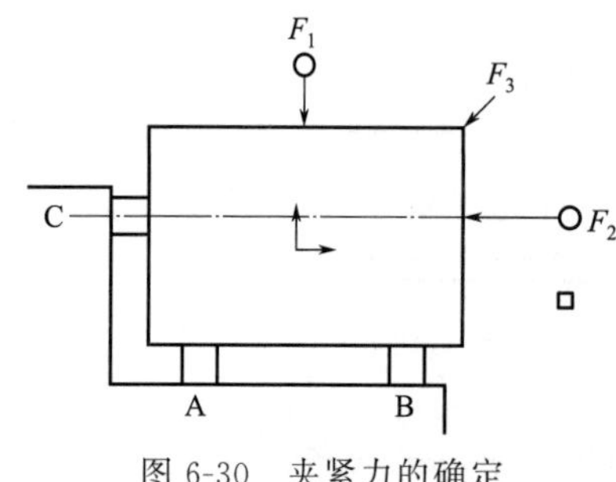

图 6-30 夹紧力的确定

如图 6-30 所示，F_1 作用在主要支承面上，夹紧力方向可行；F_2 作用在非主要支承面上，如果仅用 F_2 夹紧，不合适，且 F_2 要与支承 C 共线，否则，F_2 将使工件产生翻转；F_3 在两个支承面的方向均产生夹紧力，夹紧力方向可行。综上，F_3 夹紧力方向最好。

2）夹紧力作用点的确定

① 夹紧力的作用点应正对支承元件或处于支承元件构成的稳定受力区域内，避免破坏工件的正确定位。

② 夹紧力作用点应处于工件刚性较好的部位或使夹紧力均匀分布，以减小工件的夹紧变形。

③ 夹紧力的作用点应尽量靠近加工部位，以防工件振动或变形。

如图 6-31 所示，图（a）F 作用点处于工件刚性较差的部位，会导致工件的变形，所以图(a) 中夹紧力作用点不合理；图(b) 中夹紧力作用点正对支承元件，且作用点位于工件刚性较好的位置，因此图（b）的夹紧力作用点合适。

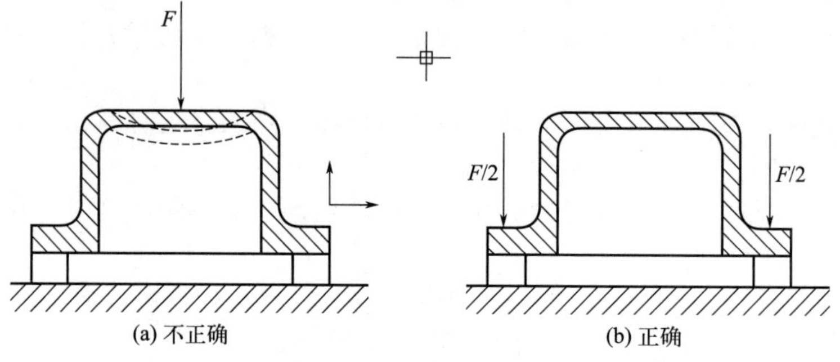

图 6-31 夹紧力作用点

6.3 专用夹具设计与应用（案例）

6.3.1 简易专用夹具介绍

(1) 专用夹具的概念

专为某一工件的某道工序设计制造的夹具，称为专用夹具。在产品相对稳定、批量较大的生产中，采用各种专用夹具，可获得较高的生产率和加工精度。专用夹具的设计周期较长、投资较大，故一般在批量生产中使用。除大批大量生产之外，中小批量生产中也需要采用一些专用夹具，但在结构设计时要进行具体的技术经济分析。

(2) 专用夹具的优点

针对性强，可夹持一般夹具无法夹持的工件。

6.3.2 数控车床夹具

(1) 明确设计任务

如图 6-32 所示的蜗轮蜗杆传动箱体零件，$\phi40$ 的蜗杆传动孔的尺寸精度、垂直度以及表面粗糙度要求较高，在本工序中，选择数控车床完成镗孔加工，需设计一种车削专用夹具。

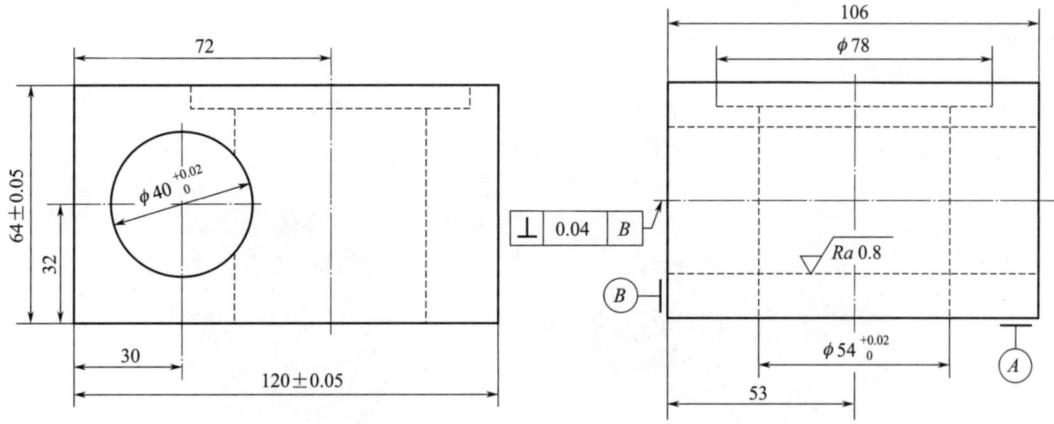

图 6-32　蜗轮蜗杆传动箱体零件

(2) 确定定位方案与定位元件

① 定位方案的选择，如图 6-33 所示，以工件 A 基准面和 B 基准面作为定位基准面。

② 定位元件的选择。如图 6-33 所示，选择角钢(俗称角铁，角铁支承面消除工件 3 个自由度)、两个支承钉（消除工件 2 个自由度）和削边心轴（消除工件 1 个自由度)。

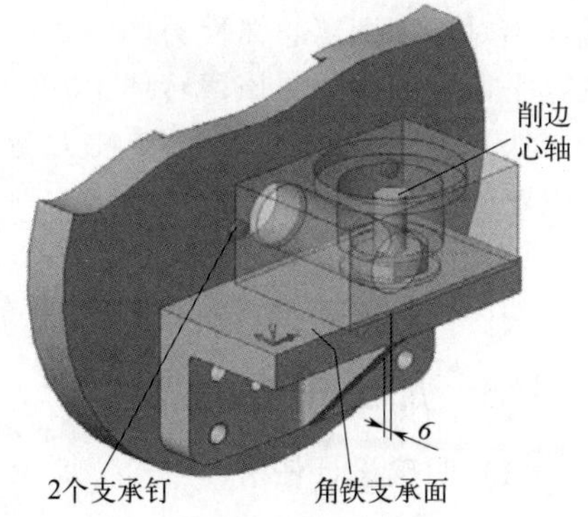

图 6-33　定位元件

(3) 夹具结构的设计

① 定位心轴的结构设计　削边定位心轴与蜗轮孔为间隙配合，为保证顺利安装，同时保证蜗杆孔中心轴线到蜗轮孔中心轴线的距离，减少定位误差，定位心轴安装后其轴线对夹具体中心轴线的垂直度不能过大。

② 支承钉　两个支承钉在夹具体上等高布置且位置不低于回转中心（相对角铁支承面），两个支承钉相隔距离应尽量大（分别靠近工件的两端）。

(4) 夹紧方案及夹紧装置的设计

选择螺旋旋转夹紧机构，该夹紧机构结构简单，易于拆装和更换，如图 6-34 所示，夹紧力方向指向固定基准面 M，在此夹紧机构中，压板采用削边圆形设计，如图 6-35 所示，

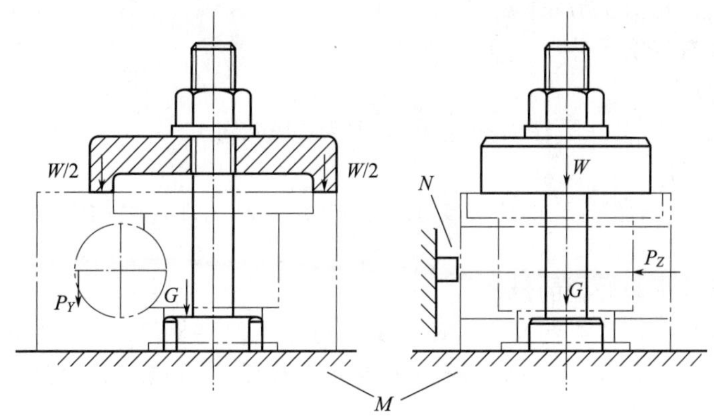

图 6-34　夹紧方案的设计

是为了保证压板轮廓不超出工件宽度，压板削边一侧开口，则可实现工件在夹具上方便、快速地拆装。

(5) 夹具体设计

如图 6-36 所示，夹具体应根据被加工零件的尺寸、角铁的大小、配重块的安装以及车床的最大回转直径要求等因素来确定其径向尺寸。

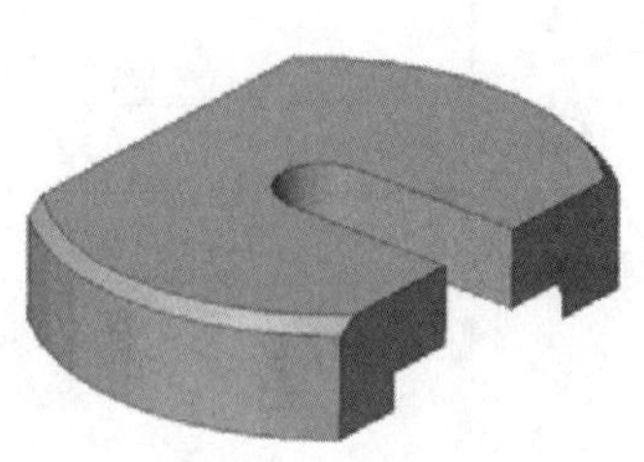

图 6-35　压板设计

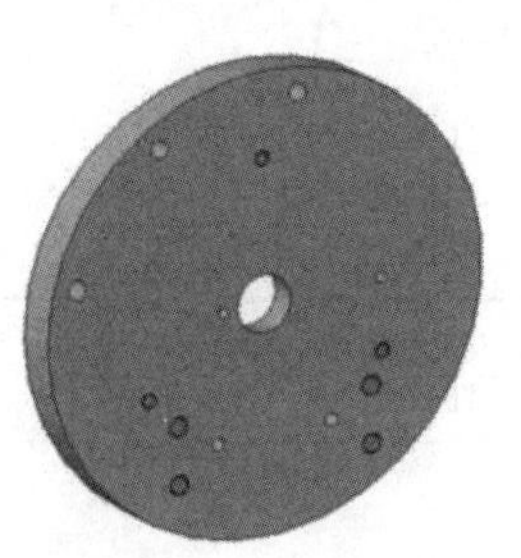

图 6-36　夹具体

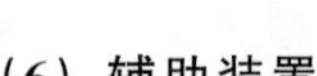

(6) 辅助装置

由于工件和夹具上各元件相对机床主轴的旋转轴线不对称，即离心惯性力的合力不为零，因此欲使其平衡，则需要在该回转体上加一平衡质量（即配重块），使它产生的离心惯性力与原有各质量所产生的离心惯性力的合力等于零。

(7) 夹具总装图

如图 6-37 所示为蜗轮蜗杆箱体零件总装图。

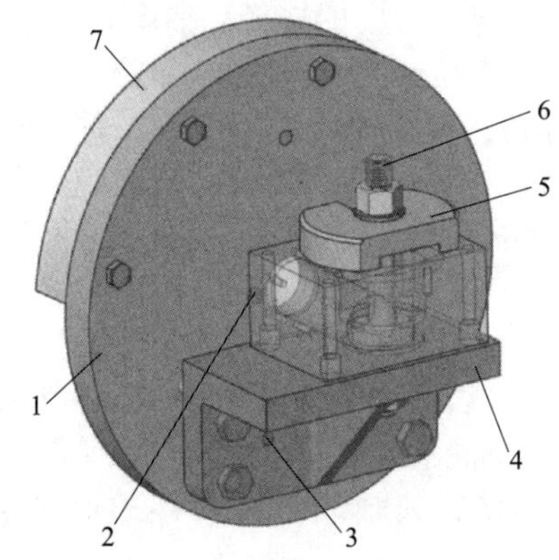

图 6-37　箱体零件总装图

1—夹具体；2—支承钉；3—定位销；4—角铁；5—压板；6—定位心轴；7—配重块

6.3.3　加工中心夹具

(1) 明确设计任务

1）套筒零件图

在加工中心上加工如图 6-38 所示的套筒零件。

2）工件的加工工艺分析

① 键槽槽宽 $6^{+0.03}_{0}$ mm 由键槽铣刀保证。

② 槽两侧对称平面对 ϕ45h6 轴线的对称度 0.05mm，平行度 0.1mm。

③ 槽深尺寸 8mm。

④ M4 螺纹孔，孔深 16mm。

(2) 定位方案与定位元件

1）确定定位方案

如图 6-39 所示，以工件圆柱面和底面作为定位基准面。

2）选择定位元件

如图 6-40 所示，选择长 V 形块和支承套筒作为定位元件，限制 5 个自由度，满足加工需求。

(3) 夹紧方案及夹紧装置的设计

选择偏心夹紧机构，该机构操作方便，夹紧迅速，但夹紧行程和夹紧力不大。套筒键槽的铣削加工和螺纹孔的加工，切削力较小，因此选择偏心机构夹紧合适。如图 6-41 所示，选择一活动平板作为夹紧装置的元件之一。

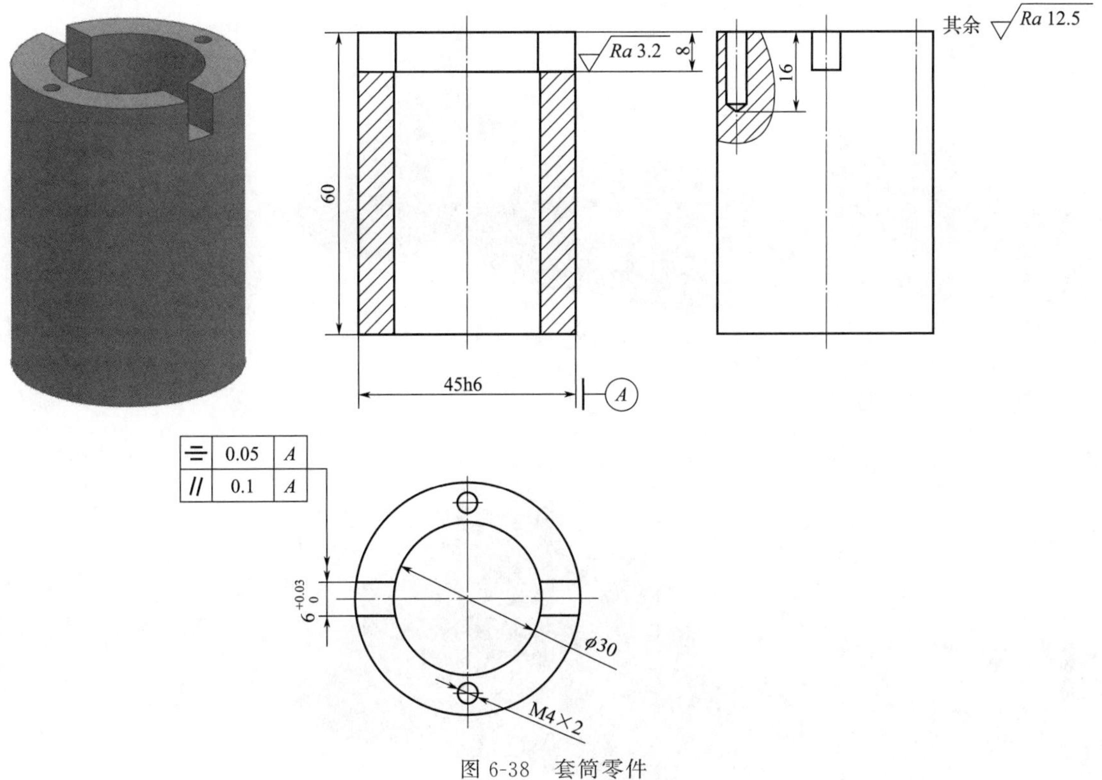

图 6-38　套筒零件

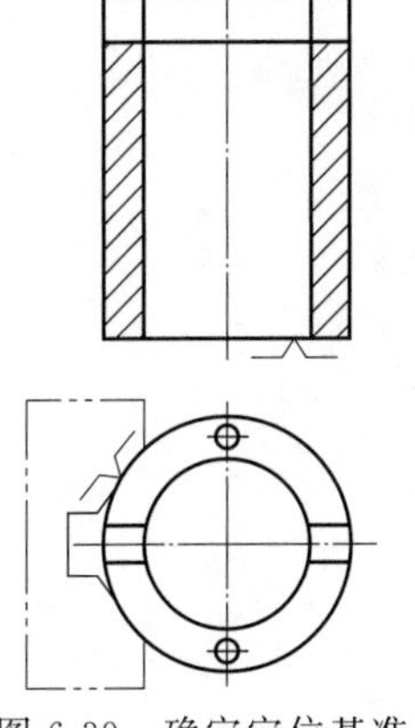

图 6-39　确定定位基准

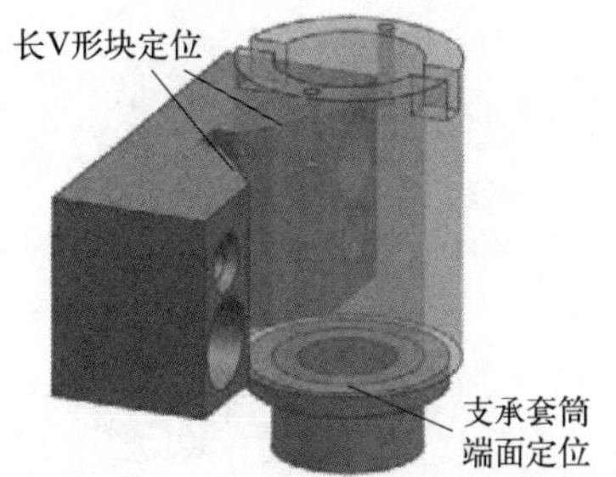

图 6-40　选择定位元件

(4）导向机构和自动松开机构

如图 6-41 所示，活动平板移动方向的限制，采用导向设定，配合活动平板和 V 形块的定位孔，实现活动平板沿夹紧方向夹紧。为节约加工时间，采用自动松开装置，在导向装置上安装弹簧，转动偏心机构，活动平板自动松开。

(5）夹具体设计

如图 6-42 所示。

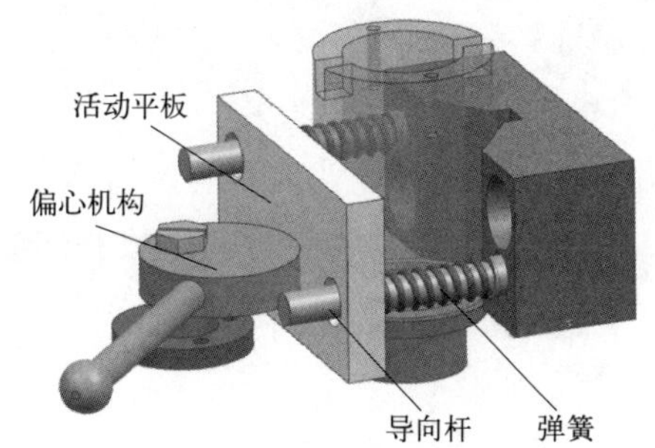

图 6-41　夹紧装置

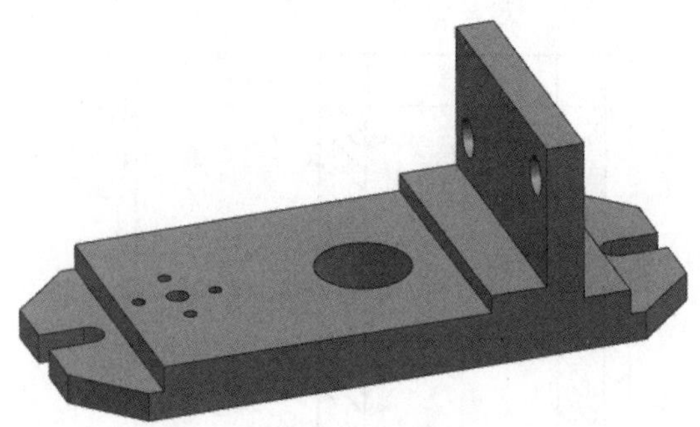

图 6-42　夹具体

(6) 夹具总装图

如图 6-43 所示。

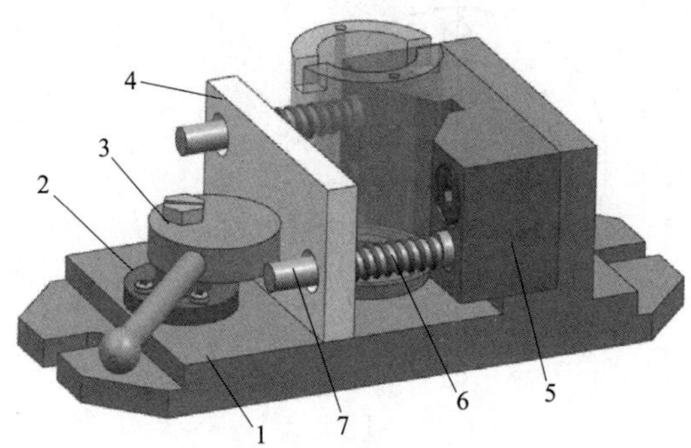

图 6-43　夹具总装图

1—夹具体；2—偏心轮支架；3—偏心轮；4—活动平板；5—固定 V 形块；6—弹簧；7—圆柱导向轴

第7章

多工序数控加工刀具

教学目标

1. 知识目标

① 掌握常规刀具分类。

② 掌握常规刀具选择方法。

③ 了解非常规刀具的特点。

2. 能力目标

① 能够掌握常规刀具的加工特性。

② 能够掌握常规刀具的选择方法。

3. 素质目标

① 培养攻坚克难、不放弃的精神。

② 养成精益求精的习惯，培养大国工匠精神。

教学内容

通过掌握常规刀具的切削性能及特点，根据加工特征的要求，选择合理的刀具。根据选用的刀具，能够独立编辑数控刀具卡片。

7.1 数控车削刀具

7.1.1 常用刀具

车削加工常用刀具按照不同的分类方式分为很多种类，下面通过不同的分类方法进行介绍。

(1) 按用途分类

① 外圆车刀　按主偏角角度分，有95°（用于外圆及端面的半精加工及精加工）、45°（用于外圆及端面，主要用于粗车）、75°（主要用于外圆粗车）、93°（主要用于仿形精加工）、90°（用于外圆粗精车削）。

② 切槽刀　外切槽车刀主要用于外圆切槽和切断，内切槽车刀主要用于内沟槽加工。

③ 螺纹车刀　螺纹车刀主要有外螺纹车刀和内螺纹车刀两类，其中外螺纹车刀主要用于外螺纹加工，内螺纹车刀主要用于内螺纹加工。

④ 内孔车刀　主要用于内孔加工。根据内腔的不同形状，选择不同的刀具角度，角度分类与外圆车刀基本相同。

(2) 按结构分类

① 整体式［图 7-1(a)］ 刀具为一体，由一个坯料制造而成，不分体，且易磨成锋利车削刃，刀具刚度好，适用于小型车刀和加工有色金属车刀。

② 焊接式［图 7-1(b)］ 采用焊接方法连接，分刀头与刀杆，结构紧凑，制造方便，适用于各类车刀，特别是小刀具较为突出。

③ 机夹式［图 7-1(c)］ 机夹式车刀是数控车床上用得比较多的一种车刀，它又分为机夹式可重磨车刀和机夹式不可重磨车刀。机夹式可重磨车刀是将普通硬质合金刀片用机械夹固的方法安装在刀杆上，刀片用钝后可以修磨。修磨后，通过调节螺钉把刃口调整到适当位置，压紧后便可以继续使用。

机夹式不可重磨车刀刀片为多边形，有多条切削刃，当某条切削刃磨钝后，只需松开夹固元件，将刀片转一个位置便可以继续使用。

④ 特殊式 如复合式刀具、减振式刀具等。

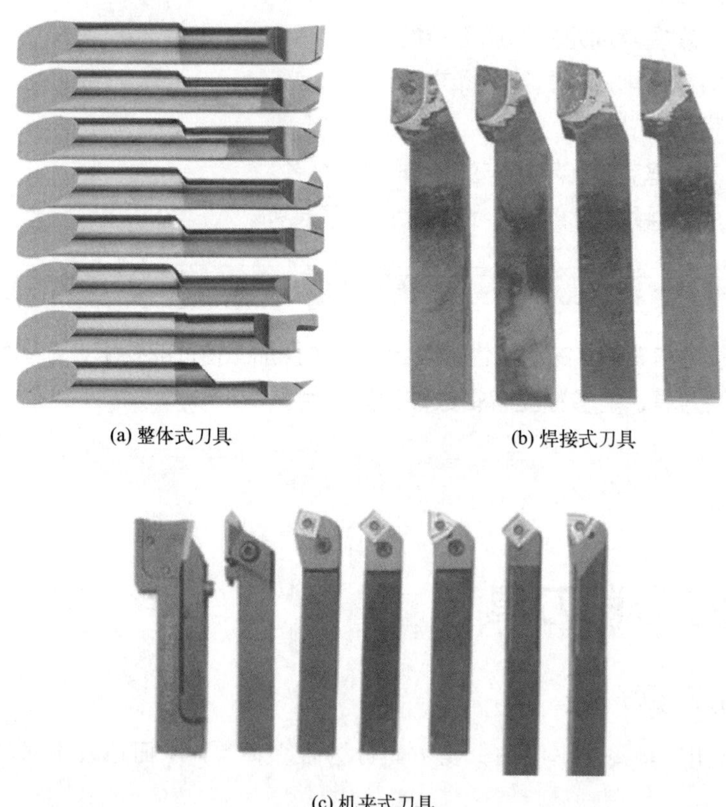

(a) 整体式刀具　(b) 焊接式刀具

(c) 机夹式刀具

图 7-1 刀具分类

(3) 按车刀材料分类

① 高速钢刀具 采用高速钢制造，可以不断修磨，是粗加工半精加工的通用刀具。

② 硬质合金刀具 刀片采用硬质合金制造，用于切削铸铁、有色金属、塑料、化纤、石墨、玻璃、石材和普通钢材，也可以用来切削耐热钢、不锈钢、高锰钢、工具钢等难加工的材料。

③ 金刚石刀具 刀片镶嵌金刚石，具有极高的硬度和耐磨性、低摩擦系数、高弹性模量、高导热性、低热胀系数，以及与非铁金属亲和力小等优势，可以用于非金属脆硬材料如石墨、高耐磨材料、复合材料、高硅铝合金及其他高韧性有色金属材料的精密

加工。

④ 其他材料　如立方氮化硼刀具、陶瓷刀具等，正向高硬度合金铸铁粗加工、断续切削方向发展。

(4) 按照加工方向分类

根据车削加工的方向可分为左偏刀和右偏刀两种。

7.1.2　刀具选择

刀具的选择是在数控加工过程中的人机交互状态下进行的。编程人员可根据车床的加工能力、加工工序、工件材料的性能、切削用量等因素正确选用刀具。刀具选择总的原则是：刚性好、耐用度和精度高、安装调整方便。

① 从经济方面考虑　数控车床的加工过程中，由于刀具的刃磨、测量和更换由人工手动进行，占用辅助时间较长，因此，需合理安排刀具的排列顺序，减少辅助加工时间。通常应遵循以下原则：尽量减少刀具数量，一把刀具装夹后，应完成其所能进行的所有加工步骤；粗精加工的刀具应分开使用，即使是相同尺寸规格的刀具，也要先进行表面粗加工，后进行表面精加工。

② 从加工用途方面考虑　外圆车刀选取时，要使刀具的尺寸与被加工工件的表面尺寸相适应；在进行曲面、锥面加工时，要防止刀具干涉现象，一般会选择角度较大的刀具；在槽类零件切削时，切削刃宽度要小于槽宽，切削刀头要满足槽深要求，一般选择比槽深略长的规格；内孔车刀选取时，应考虑刀具尺寸与底孔的尺寸是否匹配，刀具不能和底孔产生干涉，一般选择旋转直径比底孔直径略小的刀具。

③ 从材料方面考虑　一般来说高硬度的工件材料，必须用更高硬度的刀具来加工，刀具材料的硬度必须高于工件材料的硬度，一般要求在 60HRC 以上。刀具材料的硬度越高，其耐磨性就越好。如，硬质合金中含钴量增多时，其强度和韧性增加，硬度降低，适合于粗加工；含钴量减少时，其硬度及耐磨性增加，适合于精加工。

刀具材料硬度顺序为：金刚石刀具＞立方氮化硼刀具＞陶瓷刀具＞硬质合金刀具＞高速钢刀具。

刀具材料的抗弯强度顺序为：高速钢刀具＞硬质合金刀具＞陶瓷刀具＞金刚石和立方氮化硼刀具。

刀具材料的韧度大小顺序为：高速钢刀具＞硬质合金刀具＞立方氮化硼、金刚石和陶瓷刀具。

④ 从结构方面考虑

a. 整体式车刀主要是整体式高速钢车刀，它由高速钢刀条按要求磨制而成。其刀杆截面大多为正方形或矩形——俗称“白钢刀”，使用时其刀刃和切削角度可根据用途进行修磨。通常用于小型车刀、螺纹车刀和形状比较复杂的成形车刀。它具有抗弯强度高、冲击韧性好、制造简单和刃磨方便、刃口锋利等特点。

b. 焊接式车刀是将硬质合金刀片用焊接的方法固定在刀体上，经刃磨而成的车刀。这种车刀结构简单，制造方便，刚性较好，但抗弯强度低，冲击韧性差，切削刃不如高速钢车刀锋利，不易制作复杂刀具。

c. 机夹式车刀是数控车床上用得最为广泛的一种车刀，其最大优点是车刀刀片更换简单，方便快捷，切削性能稳定，刀杆和刀片已标准化，加工质量好。其缺点是刚性不如焊接式刀具强，抗冲击韧性不如高速钢车刀。但其综合性能比较好，所以应用比较广泛。

7.1.3 刀柄的选择

刀柄在加工过程中起到支承切削刃作用，车刀刀柄一般为方形和圆形。其大小主要是根据加工工件的尺寸和切削力的需要而定。在满足加工要求的前提下，尽量选择较短的刀柄，以提高刀具加工的刚性，减少加工时的振动。

7.1.4 刀具切削用量

切削用量（a_p、f、v_c）选择是否合理，对于能否充分发挥机床潜力与刀具切削性能，实现优质、高产、低成本和安全操作具有很重要的作用。针对车削用量的选择原则进行论述：粗车时，首先考虑选择一个尽可能大的背吃刀量 a_p，其次选择一个较大的进给量 f，最后确定一个合适的切削速度 v_c。增大背吃刀量 a_p 可使走刀次数减少，增大进给量，有利于断屑。因此根据以上原则选择粗车切削用量对于提高生产效率、减少刀具消耗、降低加工成本是有利的。

精车时，加工精度和表面粗糙度要求较高，加工余量不大且较均匀，因此选择精车切削用量时，应着重考虑如何保证加工质量，并在此基础上尽量提高生产率。因此精车时应选用较小（但不太小）的背吃刀量 a_p 和进给量 f，并选用切削性能高的刀具材料和合理的几何参数，以尽可能提高切削速度 v_c。

（1）背吃刀量 a_p 的确定

在工艺系统刚度和机床功率允许的情况下，尽可能选取较大的背吃刀量，以减少进给次数。当零件精度要求较高时，则应考虑留出精车余量，其所留的精车余量一般比普通车削时所留余量小，常取 0.1～0.5mm。

（2）进给量 f（有些数控机床用进给速度 v_f）

进给量的选取应该与背吃刀量和主轴转速相适应。在保证工件加工质量的前提下，可以选择较高的进给速度（2000mm/min 以下）。在切断、车削深孔或精车时，应选择较低的进给速度。当刀具空行程特别是远距离“回零”时，可以设定尽量高的进给速度。进给量的选择见表 7-1。

表 7-1 进给量 f 选取范围

加工方式	f/(mm/r)
粗车	0.3～0.8
精车	0.1～0.3
切断	0.05～0.2

（3）主轴转速 n 的确定

1）车外圆时主轴的转速

车外圆时主轴转速应根据零件上被加工部位的直径，并按零件和刀具材料以及加工性质等条件所允许的切削速度来确定。

需要注意的是，交流变频调速的数控车床低速输出力矩小，因而切削速度不能太低。

切削速度确定后，采用公式 $n=\dfrac{1000v_c}{\pi D_m}$ 计算主轴转速 n(r/min)。

如何确定加工时的切削速度？除了计算或参考表 7-2 列出的数值外，主要根据实践经验进行确定。

表 7-2　硬质合金外圆车刀切削速度的参考值

工件材料	热处理状态	a_p/mm		
		(0.3,2]	(2,6]	(6,10]
		f/(mm·r^{-1})		
		(0.08,0.3]	(0.3,0.6]	(0.6,1)
		v_c/(mm·min^{-1})		
低碳钢、易切钢	热轧	140～180	100～120	70～90
中碳钢	热轧	130～160	90～110	60～80
	调质	100～130	70～90	50～70
合金结构钢	热轧	100～130	70～90	50～70
	调质	80～110	50～70	40～60
工具钢	退火	90～120	60～80	50～70
灰铸铁	HBS＜190	90～120	60～80	50～70
	HBS＝190～225	80～110	50～70	40～60
高锰钢			10～20	
铜及铜合金		200～250	120～180	90～120
铝及铝合金		300～600	200～400	150～200
铸铝合金[w(Si)为 13%]		100～180	80～150	60～80

注：切削钢及灰铸铁时刀具耐用度约为 60min。

2）车螺纹时主轴的转速

在车削螺纹时，车床的主轴转速将受到螺纹的螺距 P（或导程）大小、驱动电机的升降频特性，以及螺纹插补运算速度等多种因素影响，故对于不同的数控系统，推荐不同的主轴转速选择范围。大多数经济型数控车床推荐车螺纹时的主轴转速 n(r/min）为：

$$n \leqslant (1200/P) - K$$

式中　P——被加工螺纹螺距，mm；

K——保险系数，一般取为 80。

此外，在安排粗、精车削用量时，应注意机床说明书给定的允许切削用量范围，对于主轴采用交流变频调速的数控车床，由于主轴在低转速时扭矩降低，尤其应注意此时的切削用量选择。

7.2　数控铣削刀具

7.2.1　常用刀具

加工中心的刀具种类很多，通常可按照以下方法进行分类：

① 从制造所采用的材料可分为：高速钢刀具、硬质合金刀具、陶瓷刀具、超硬刀具。

② 从结构上可分为：

a. 整体式［图 7-2(a)］、镶嵌式［图 7-2(b)］。镶嵌式刀具可分为焊接式和机夹式两种。机夹式根据刀体结构不同，也可分为可转位和不转位。

b. 减振式、内冷式。内冷式即切削液通过刀体内部由喷口喷射到刀具的切削刃部，起到冷却刀具和工件，并冲走切屑的作用。另外，还有特殊形式刀具，如复合刀具、可逆螺纹刀具等。

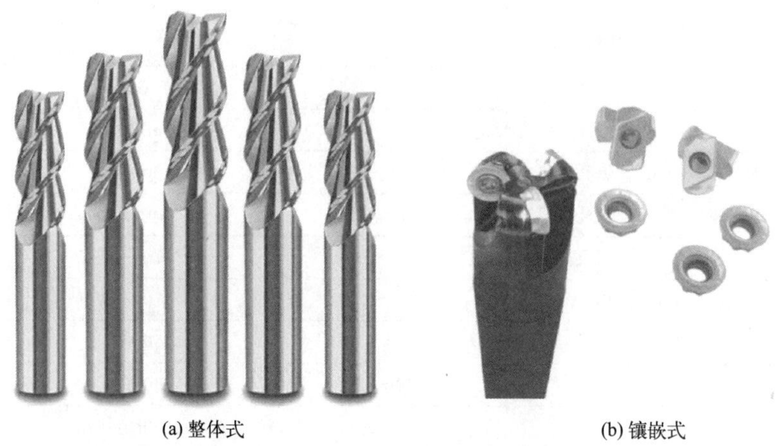

(a) 整体式　　(b) 镶嵌式

图 7-2　整体式和镶嵌式刀具

③ 从切削工艺上可分为：

a. 铣削刀具，包括面铣刀、立铣刀、圆鼻刀、模具铣刀、键槽铣刀、鼓形铣刀、T形刀、内R铣刀、燕尾刀、滚压刀、旋转锉等。

b. 孔加工刀具，包括定点钻、中心钻、群钻、麻花钻、扩孔钻、铰刀、镗孔刀等。

为了适应数控机床对刀具耐用、稳定、易调、可换等要求，近几年机夹式可转位刀具得到了广泛应用，在数量上达到了整个数控刀具的 30%～40%，金属切除量占总数的 80%～90%。

7.2.2 刀具选择

刀具的选择是在数控编程的人机交互状态下进行的。应根据机床的加工能力、工件材料的性能、加工工序、切削用量以及其他相关因素正确选用刀具及刀柄。

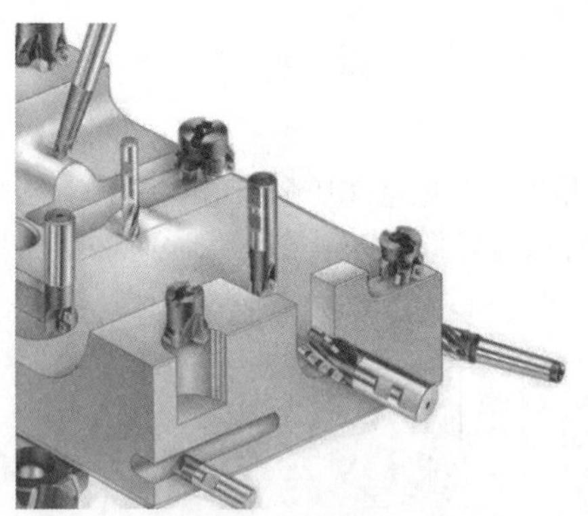

图 7-3　刀具选择方式

刀具选择总的原则是：安装调整方便，刚性好，耐用度和精度高。在满足加工要求的前提下，尽量选择较短的刀柄，以提高刀具加工的刚性。

选取刀具时，要使刀具的尺寸与被加工工件的表面尺寸相适应（如图 7-3）。

平面零件周边轮廓的加工，常采用立铣刀；铣削平面时，应选硬质合金刀片铣刀；加工凸台、凹槽时，选高速钢立铣刀；加工毛坯表面或粗加工孔时，可选取镶硬质合金刀片的玉米铣刀；立体型面和变斜角轮廓外形的加工，常采用球头铣刀、环形铣刀、锥形铣刀和盘形铣刀。在进行自由曲面加工时，由于球头刀具的端部切削速度为零，因此，为保证加工精度，切削行距一般取得很密，故球头刀常用于曲面的精加工。而平头刀具在表面加工质量和切削效率方面都优于球头刀，因此，只要在保证不过切的前提下，无论是曲面的粗加工还是精加工，都应优先选择平头刀。在大多数情况下，选择好的刀具虽然增加了刀具成本，但由此带来的加工质量和加工效率的提高，则可以使整个加工成本大大降低。

7.2.3 刀柄的选择

(1) 工件因素影响刀柄选择

影响刀柄选择的因素包括每个作业中工件材料的可加工性以及最终零件的配置，这些因素可确定到达特定轮廓或特征所需的刀柄尺寸。刀柄应尽可能简单且易于使用，以尽量减少操作员出错的可能性。

机床的基本构件起着关键作用，具有线性导轨的快速机床将充分利用专为高速应用而设计的刀柄，而具有箱型槽的机床则为重载加工提供支持。多任务机床可同时完成车削和铣削/钻削工序，也可以根据加工策略选择刀柄。例如，为了在高速切削（HSC）工序中或在高性能切削（HPC）应用中最大限度地提高生产率，车间会选用不同的刀具，前者涉及较浅的切削深度，后者重点关注在功率充足但速度有限的机床上产生较高的金属切除率。较低的可重复径向跳动有助于确保恒定的刀具啮合量，从而减少振动并最大限度地延长刀具寿命。平衡至关重要，高质量刀柄应在 G2.5-25000r/min 质量（1g・mm）下达到精密动平衡。加工车间可以根据实际情况，或咨询刀具供应商，确定能够以经济高效的方式满足其生产需求的刀柄系统。

(2) 刀柄应符合特定的工序要求

无论是简单的侧固式、夹套式、热缩式、机械式还是液压式，刀柄都应符合特定的工序要求。弹簧夹头和可互换夹套是最常用的圆形刀柄技术。经济高效的 ER 式提供各种尺寸，并提供足够的夹持力，以实现可靠的轻铣削和钻削工序。高精度 ER 夹套式刀柄具有较低的径向跳动（在刀尖处＜5μm）和可平衡性，而加强型则可用于重载加工。ER 刀柄便于快速转换，可适应各种刀具直径。热胀刀柄可提供强大的夹紧力，在 3*D* 处具有 3μm 的同心度，且具有极佳的动平衡质量。小巧的刀柄设计可以很好地够到棘手的零件特征。增强型刀柄可进行中等至重载铣削，但夹持力取决于刀杆和刀柄的内径公差。热胀式刀具需要购买特殊加热装置，加热/冷却过程比简单地切换夹套需要更多的安装时间。

7.2.4 刀具切削用量

铣削时采用的切削用量，应在保证工件加工精度和刀具耐用度、不超过加工中心允许的动力和扭矩前提下，获得最高的生产率和最低的成本。铣削过程中，如果能在一定的时间内切除较多的金属，就有较高的生产率，从刀具耐用度的角度考虑，切削用量选择的次序是：根据侧吃刀量 a_e 先选大的背吃刀量 a_p（见图 7-4），再选大的进给量 f，最后选大的铣削速度 v（最后转换为主轴转速 S）。

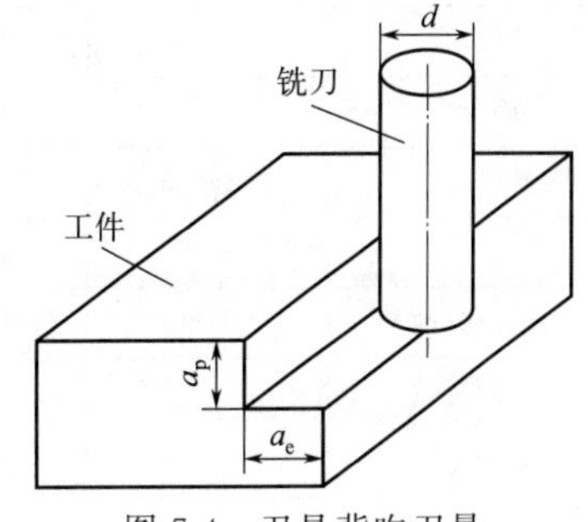

图 7-4　刀具背吃刀量

对于高速加工中心（主轴转速在 10000r/min 以上），为发挥其高速旋转的特性、减少主轴的重载磨损，其切削用量选择的次序应是：$v \rightarrow f \rightarrow a_p$（$a_e$）。

(1) 背吃刀量 a_p 的选择

当侧吃刀量 $a_e < d/2$（d 为铣刀直径）时，取 $a_p=(1/3+1/2)d$；当侧吃刀量 $d/2 \leqslant a_e \leqslant d$ 时，取 $a_p=(1/4 \sim 1/3)d$；当侧吃刀量 $a_e=d$（即满刀切削）时，取 $a_p=(1/5 \sim 1/4)d$。当机床的刚性较好，且刀具的直径较大时，a_p 可取得更大。

(2) 进给量 f 的选择

粗铣时铣削力大，进给量的提高主要受刀具强度，机床、夹具等工艺系统刚性的限制，根据刀具形状、材料以及被加工工件材质的不同，在强度刚度许可的条件下，进给量应尽量取大；精铣时限制进给量的主要因素是加工表面的粗糙度，为了减小工艺系统的弹性变形，减小已加工表面的粗糙度，一般采用较小的进给量，具体参见表 7-3。进给速度 F 与铣刀每齿进给量 f、铣刀齿数 z 及主轴转速 S(r/min) 的关系为：

$$F=fz(\text{mm/r})\text{或} F=Sfz(\text{mm/min})$$

表 7-3　铣刀每齿进给量 f，推荐值 (mm/r)

工件材料	工件材料硬度(HB)	硬质合金		高速钢	
		端铣刀	立铣刀	端铣刀	立铁刀
低碳钢	150～200	0.2～0.35	0.07～0.12	0.15～0.3	0.03～0.18
中、高碳钢	220～300	0.12～0.25	0.07～0.1	0.1～0.2	0.03～0.15
灰铸铁	180～220	0.2～0.4	0.1～0.16	0.15～0.3	0.05～0.15
可锻铸铁	240～280	0.1～0.3	0.06～0.09	0.1～0.2	0.02～0.08
合金钢	220～280	0.1～0.3	0.05～0.08	0.07～0.12	0.03～0.08
铝镁合金	95～100	0.15～0.38	0.08～0.14	0.2～0.3	0.05～0.15

(3) 铣削速度 v 的选择

在背吃刀量和进给量选好后，应在保证合理的刀具耐用度、机床功率等因素的前提下确定，具体参见表 7-4。主轴转速 S(r/min) 与铣削速度 v(m/min) 及铣刀直径 d(mm) 的关系为：

$$S=\frac{1000v}{\pi d}$$

即

$$v=\frac{S\pi d}{1000}$$

表 7-4　铣刀的铣削速度 v(m/min)

工件材料	铣刀材料					
	碳素钢	高速钢	超高速钢	合金钢	碳化钛	碳化钨
铝合金	75～150	180～300		240～460		300～600
镁合金		180～270				150～600
钼合金		45～100				120～190
黄铜(软)	12～25	20～25		45～75		100～180
黄铜	10～20	20～40		30～50		60～130
灰铸铁(硬)		10～15	10～20	18～28		45～60
冷硬铸铁			10～15	12～18		30～60
可锻铸铁	10～15	20～30	25～40	35～45		75～110
钢(低碳)	10～14	18～28	20～30		45～70	
钢(中碳)	10～15	15～25	18～28		40～60	
钢(高碳)		10～15	12～20		30～45	
合金钢					35～80	
合金钢(硬)					30～60	
高速钢			12～25		45～70	

7.3 数控孔系加工刀具

孔加工的刀具一般可以分为两大类：一类是从实体材料中加工孔的刀具，常用的有中心钻、麻花钻、快速钻、深孔钻等；另一类则是在工件的预先加工的孔中进行半精加工、精加工的刀具，常用的有扩孔刀、铰刀及镗刀等。由于孔加工是对零件内表面的加工，对加工过程的观察、控制困难，其加工难度要比加工外圆表面等开放型表面大很多。所以，在孔加工中，必须解决好以下问题：①冷却问题；②排屑问题；③刚性和导向问题；④速度（效率）问题。虽然在不同的加工方法中，这些问题的影响程度不同，但每一种孔的切削都必须在解决以上相应问题的基础上才能进行。

7.3.1 麻花钻

麻花钻是钻削加工最常见的刀具。其用于孔的粗加工，常用的规格从 ϕ0.1～580。按柄部形状可分为直柄和锥柄，ϕ13 以上的标准麻花钻通常是锥柄的。按照材料不同可分为高速钢（HSS）麻花钻和硬质合金麻花钻。从成本出发考虑，一般硬质合金麻花钻 ϕ12 以下的通常制成整体式。从 ϕ10 以上就可制成焊接式了，但随着人们对效率要求和复磨技术的提高，现国内外一般标准麻花钻已能提供到 ϕ20。

麻花钻的结构（见图 7-5）由切削部分、导向部分和柄部组成。切削部分主要承担的是切削工作，其结构主要由主切削刃、前后刀面、横刃、副切削刃、刀尖组成。导向部分在切削过程中起导向作用并作为切削的后备部分，包含沟槽、刃带等。柄部用于装夹和动力传递。

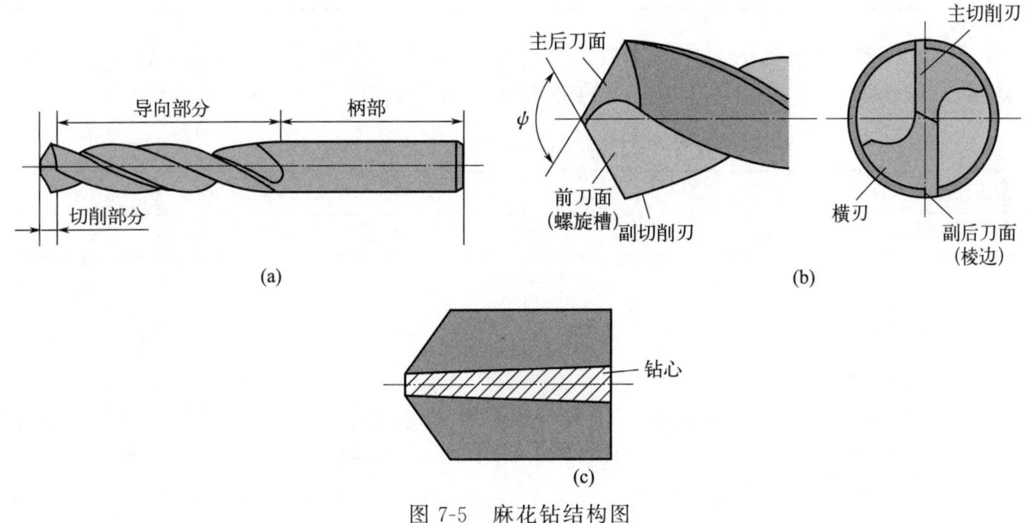

图 7-5　麻花钻结构图

（1）麻花钻的结构参数

① 螺旋角 β　钻头刃带棱边螺旋线展开成直线后与钻头轴线的夹角即螺旋角，一般麻花钻的螺旋角为 25°～32°。增大螺旋角有利于排屑，能获得较大前角，使切削轻快，但钻头的刚性变差。小径钻头为提高刚性，螺旋角 β 可取小一点；加工软材料如铝合金、不锈钢，为改善排屑效果，螺旋角可取大点。

② 顶角 ψ　顶角也称锋角，它是两主切削刃在与其平行平面内投影的夹角，顶角越小，主切削刃越长，切削宽度增加，轴向力减小，对钻头的轴向稳定性有利。但减小顶角会使钻

尖强度减弱，切屑变形增大，导致扭矩的增加。标准麻花钻的顶角 ψ 约为 118°，通常用于加工低碳钢、铝等软金属。这种角度的设计通常是不具备自定心功能的，这意味着无可避免地要先加工定心孔。135°的顶角通常具有自定心功能，由于无须加工定心孔，这将会让单独钻定心孔不再成为必要的工序，从而节省大量的时间。

③ 直径 D　麻花钻的直径是钻头刃带之间的垂直距离，其大小按标准尺寸系列和螺纹孔的底孔直径设计。

(2) 选用原则

① 根据加工材料的材质和制造成本选择麻花钻的材质。

② 根据加工孔的尺寸进行选择，包含孔径和深度。

③ 根据柄部形状进行选择。一般直径 ϕ13mm 以上钻头采用莫氏锥柄，以下采用直柄。

④ 根据螺旋角选择。一般麻花钻选择 30°。

⑤ 顶角的选择。一般顶角选择 118°。

(3) 钻削用量的选择方法

① 钻削速度的选择　钻削速度对钻头的寿命影响较大，应选取一个合理数值，在实际应用中，钻削速度往往按经验数值选取，见表 7-5，然后根据公式将选定的钻削速度换算为钻床转速 n。

$$n=1000v/\pi D(\mathrm{r/min})$$

表 7-5　标准麻花钻的钻削速度

钻削材料	钻削速度/(m/min)	钻削材料	钻削速度/(m/min)
铸铁	12～30	合金钢	10～18
中碳钢	12～22	铜合金	30～60

② 进给量的选择　孔的表面粗糙度要求较小和精度要求较高时，应选择较小的进给量；钻孔较深、钻头较长时，也应选择较小的进给量，见表 7-6。

表 7-6　常用标准麻花钻的进给量数值

钻头直径 D/mm	<3	3～6	6～12	12～25	>25
进给量 f/(mm/r)	0.025～0.05	0.05～0.1	0.1～0.18	0.18～0.38	0.38～0.62

7.3.2　定位钻

(1) 定位钻分类

① 中心钻　用于孔加工的预制精确定位，引导麻花钻进行孔加工，减少误差。主要用于轴类等零件端面上的中心孔加工。中心钻（图 7-6）常用的有两种型式：A 型——不带护锥的中心钻；B 型——带护锥的中心钻。加工直径 $d=2$～10mm 的中心孔时，通常采用不带护锥的中心钻（A 型）；工序较长、精度要求较高的工件，为了避免 60°定心锥被损坏，一般采用带护锥的中心钻（B 型）。

② 定心钻　定心钻（图 7-7）主要用于钻孔前的中心定位和孔口倒角加工。中心定位加工可提高孔的位置精度，倒角加工可防止攻螺纹时在端面产生毛刺。

(2) 中心孔的钻削方法

① 根据图纸的要求选择不同种类和不同规格的中心钻，中心孔的深度：A 型中心钻可钻出 60°锥角的 1/3～2/3，B 型中心钻必须要将 120°的保护锥钻出。

② 钻中心孔时，由于在工件轴心线上钻削，钻削线速度低，必须选用较高的转速

（500～1000r/min 左右），进给量要小。

③ 定心钻起钻时，进给速度要慢，钻削时加注切削液并及时退屑冷却，使钻削顺利，完毕时定心钻应停留在孔底 2～3s，然后退出，使中心孔光、圆、准确。

图 7-6　中心钻

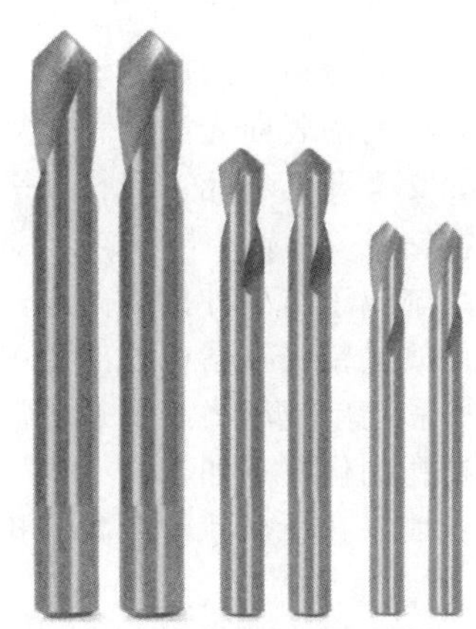
图 7-7　定心钻

7.3.3　可转位刀片快速钻

可转位刀片快速钻（图 7-8）通常用于数控机床和加工中心上的高效率孔加工。其将钢制钻柄的韧性和可转位刀片的耐磨性结合在一起，可更换刀片，使钻头的寿命更长，可以适应各种不同的应用要求，其加工效率、可靠性和加工精度都比以往的任何钻头要高。对于在其加工能力范围内的孔，可转位刀片快速钻（钻头）在大部分应用场合都有明显的优势。因此，应考虑将这些可转位刀片作为固定钻和旋转钻的首选。

图 7-8　可转位刀片快速钻

（1）可转位刀片钻头加工范围

常用的可转位刀片钻头加工范围为 $\phi 14$～60，钻头长度一般可以达到 $4D$（对于直径大于 $\phi 60$～110 的孔，可采用可转位套孔钻）。其工作部分由中心刀片和周边刀片组成。普通的快速钻中心刀片和周边刀片是使用同一种形状及材质。

（2）可转位刀片钻头的选择原则

选择原则：确定孔的直径、深度和质量要求—选择钻头类型—选择刀片的牌号—选择刀片的槽型—选择钻头柄的类型。

（3）可转位刀片快速钻的使用注意事项

使用快速钻时尽量使用高压中心出水，以增加刀片寿命及良好地排屑。使用 CNC 车床时刀具中心点和机床中心点尽量平行；CNC 车床使用时如需扩孔，刀片外刃必须和刀塔移动角度平行。

（4）可转位刀片快速钻的表示方法

可转位刀片快速钻型号表示示例：C32-SD25-75L。

表示：削平直柄的直径-钻头直径（孔径）-有效长度。

7.3.4 深孔钻

深孔钻削是指钻孔长度（或深度）大于等于孔直径的3倍及以上。目前常用的深孔钻削加工系统有枪钻、BTA单管钻、喷吸钻、U钻、套料钻等。它们代表着先进、高效的孔加工技术，可以获得精密的加工效果，加工出来的孔位置准确，尺寸精度好；直线度、同轴度高，并且有很高的表面光洁度和重复性。能够方便地加工各种形式的深孔，对于特殊形式的深孔，比如交叉孔、斜孔、盲孔及平底盲孔等也能很好地解决。下面简要介绍各深孔钻。

(1) 枪钻

枪钻系统属于内冷外排屑方式，切削液通过中空的钻杆内部，到达钻头头部进行冷却润滑，并将切屑从钻头及钻杆外部的V形槽排出。该系统主要用于小直径（1～30mm）的深孔加工，所需切削液压力高，是最常见的深孔钻削加工方式。

枪钻钻孔的优缺点如下。

优点：加工孔径尺寸精度高；孔深大；加工孔偏斜度小；枪钻可重磨，一支刀的总加工深度大。

缺点：因钻杆上有V形排屑槽，钻杆强度较差，加工效率低；铁屑会和加工过的内表面摩擦，降低加工粗糙度；钻头角度较复杂，需要专用的重磨工装及专业人员才能重磨；整体焊接式的枪钻，更换较麻烦。

(2) 喷吸钻

喷吸钻系统属于内排屑深孔钻削加工方式。切削液由联结器上输油口进入，其中大部分的切削液向前进入内外钻杆之间的环形空间，到达刀具头部进行冷却润滑，并将切屑推入内钻杆内腔向后排出；另外小部分的切削液，利用了流体力学的喷射效应，由内钻杆上月牙状喷嘴高速喷入内钻杆后部，在内钻杆内腔形成一个低压区，对切削区排出的切削液和切屑产生向后的抽吸，在推吸双重作用下，促使切屑迅速向外排出。由于钻管为双层结构，所以喷吸钻加工最小直径范围受到限制，一般不能小于ϕ18mm。

喷吸钻钻孔的优缺点如下。

优点：密封要求不高，适合加工断续的深孔；孔深大；普通机床可以改造使用；铁屑与加工过的孔壁不接触，内孔粗糙度较好。

缺点：双层管路，钻管成本高，制作难度大；切削液从外管和内管之间进入，因油路狭小，所需油压较高；铁屑从内管内孔排出，因管径较小，排屑空间不足，对铁屑形状要求较高，不易排屑；加工效率比枪钻高，比BTA单管钻低。

(3) BTA单管钻

BTA单管钻（图7-9）系统属于外冷内排屑方式，切削液通过授油器从钻杆外壁与工件已加工表面之间进入，到达刀具头部进行冷却润滑，并将切屑由钻杆内部推出。

授油器除了具有导向功用之外，还提供了向切削区输油的通道。该系统使用广泛，但受钻杆内孔排屑空间的限制，主要用于直径大于13mm的深孔钻削加工。

与喷吸钻相比，BTA单管钻系统更加可靠，当钻削难以断屑的材料（如低碳钢和不锈钢等）时尤为如此。相较喷吸钻来说，BTA单管钻系统是大批量、高负荷连续加工的首选。

BTA单管钻钻孔的优缺点如下。

优点：钻杆强度好，加工效率高（同等孔径规格，加工效率是枪钻的2～4倍，喷吸钻的1～2倍）；加工孔深大；钻杆内部排屑空间大，有利于排屑；钻杆制作简单，成本低；刀头更换快捷，刀头便宜；机夹式刀片更换更方便，辅助时间少；铁屑与加工过的孔壁不接触，内孔粗糙度较好（如采用涂层钻头，加工孔粗糙度、圆度、孔径尺寸会更好）；加工性价比最好。

缺点：不能加工小于 ϕ13mm 的孔径；机夹式钻头目前只能提供 ϕ25mm 以上规格；ϕ25mm 以下规格钻头，不能重磨，刀头或刀片损坏后，只能丢弃。

(4) U 钻（快速钻）

U 钻（图 7-10）系统属于内冷外排屑加工方式。排屑槽为大螺旋结构。切削加工方式常采用刀具高转速、低进给方式。正常加工时，铁屑呈 C 形。U 钻为双出水孔，但压力较低，在排屑效果上不如 BTA 单管钻流畅，孔深较小时非常适合。

图 7-9　BTA 单管钻

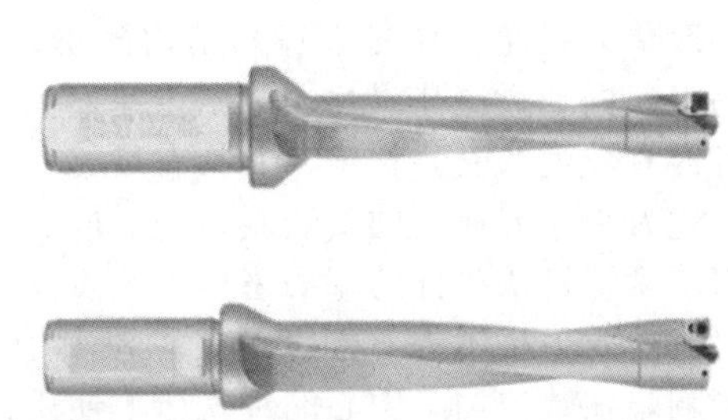

图 7-10　U 钻

U 钻钻孔的优缺点如下。

优点：可加工斜孔、相交孔、半圆孔等，适用范围广；不需要导向套，可适用于较简单的机床；刀片更换快捷方便；加工效率较高，和 BTA 单管钻的方式类似。

缺点：排屑不稳定，易堵屑；铁屑及冷却液属于开放式排放，不便回收；刀杆价格等级差别大。

(5) 套料钻

对于大直径的全直径深孔，可采用套料钻钻孔。套料钻刀具有单齿和多齿之分，标准套料刀具钻头上可分为切削部分和支承部分。

套料钻钻孔的优缺点：在切削时只切削一个环形孔，所以所需要的功率较小；刀尖处没有零切削速度。另外套口留下的“料心”可用于其他零件的生产。

7.3.5　扩孔钻

用扩孔钻对已钻出的孔作扩大加工称为扩孔（图 7-11）。扩孔所用的刀具是扩孔钻。由于扩孔钻（图 7-12）刚性好，无横刃，导向性好，所以扩孔尺寸公差等级有了提高，可达 IT10～IT9，表面粗糙度 Ra 值可达 3.2μm。扩孔可作为终加工，也可作为铰孔前的预加工。多刃、配置各种数控工具柄及模块式可调微型刀夹的结构形式是目前扩（锪）孔刀具发展方向。

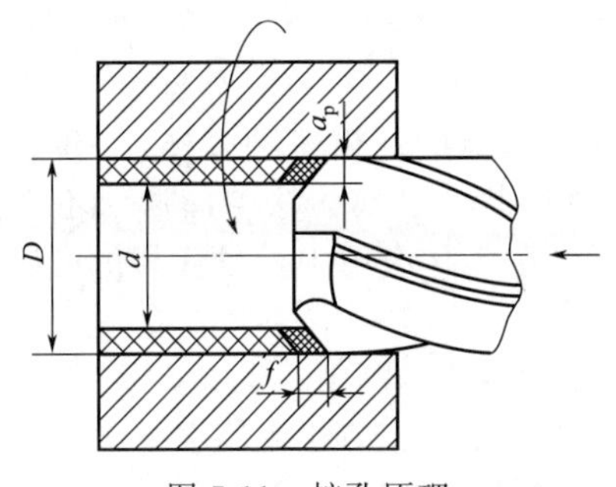

图 7-11　扩孔原理

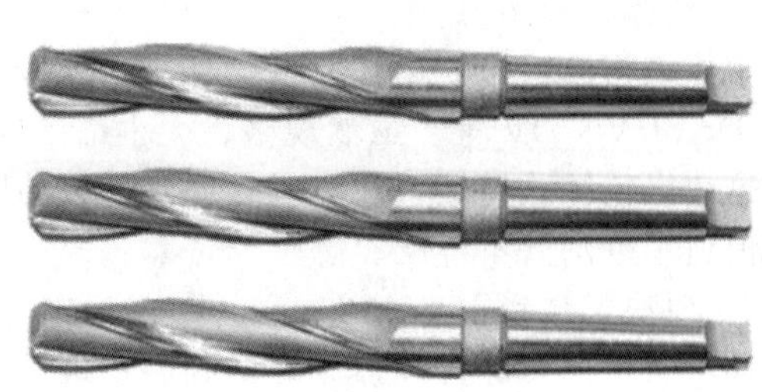

图 7-12　扩孔钻

7.3.6 镗刀

镗刀用于加工各类直径较大的孔，特别是位置精度要求较高的孔和孔系。镗刀的类型按功能可分为粗镗刀、精镗刀；按切削刃数量可分为单刃镗刀、双刃镗刀和多刃镗刀；按照工件加工表面特征可分为通孔镗刀、盲孔镗刀、阶梯孔镗刀和端面镗刀；按刀具结构可分为整体式、模块式等。

(1) 粗镗刀

粗镗刀应用于孔的半精加工。常用的粗镗刀按结构可分为单刃和双刃；根据不同的加工场合，也有通孔专用和盲孔加工专用。

一般单刃粗镗刀（图 7-13）结构简单、制造方便、通用性很强。但是这种刀具刚性较差，易引起振动，镗孔尺寸调节不方便，生产效率低，对工人技术要求较高。为了使镗刀头在镗杆内有较大的安装长度，并具有足够的位置安装压紧螺钉和调节螺钉，在镗盲孔或阶梯孔时，镗刀头在刀杆上的安装斜角一般取 45°。镗通孔时取 0°，以便于镗杆的制造。通常通孔镗刀压紧螺钉从镗杆的端面来压紧镗刀头，盲孔镗刀则从侧面压紧镗刀头。

可调式双刃粗镗刀（图 7-14）两端都有切削刃，切削时受力均匀，可消除径向力对镗杆的影响，在数控加工中心的镗铣床上使用得越来越多。适用范围广泛，通过各类调整可发挥不同的作用。例如：将一刃调小后可作单刃镗孔，在刀夹下加垫片可作高低台阶刃镗孔，镗孔范围可达 25～450mm。可调式双刃粗镗刀最适合在各类型的加工中心或数控铣床上面使用。通常为模块式，加工深度可配合延长杆延伸至所需长度。其侧面的刻度，让使用者调整起来更加简单方便。

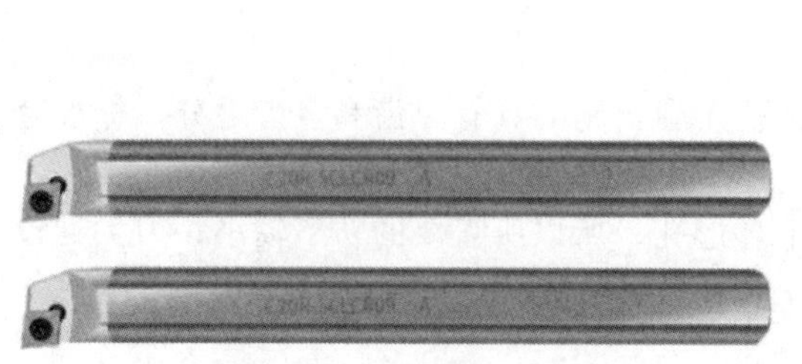

图 7-13　单刃粗镗刀

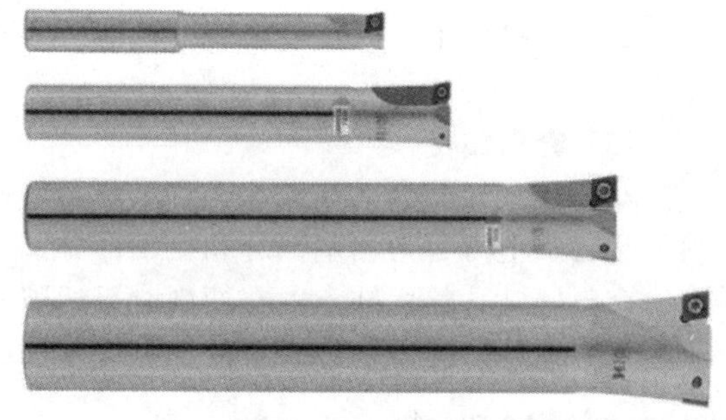

图 7-14　双刃粗镗刀

(2) 精镗刀

精镗刀应用于孔的精加工场合，能获得较大的直径和较高的位置精度和光洁度。为了在孔加工中能获得更高的精度，一般精镗刀采用的都是单刃形式，刀头带有微调结构，以获得更高的调整精度和调整效率。根据其结构，精镗刀可分为整体式精镗刀、模块式精镗刀和小径精镗刀，均广泛地使用于数控铣床、镗床和加工中心上。

1）整体式精镗刀

整体式精镗刀主要用在批量产品的生产线，但实际上机器的规格多种多样：NT、MT、BT、IV、CV、DV 等。虽然规格、大小都一样，但拉钉形状、螺纹、法兰面形状不一定相同。这使得整体式精镗刀在对应上遇到很大的困难。所以在实际应用中，尽管其价格比较低廉，但适用范围并不广泛。

2）模块式精镗刀

模块式精镗刀即将镗刀分为基础柄、延长杆、变径杆、镗头、刀片座等多个部分，然后根据具体的加工内容（粗镗、精镗，孔的直径、深度、形状，工件材料，等）进行自由组合。这样不但大大地减少了刀柄的数量，降低了成本，也可以迅速对应各种加工要求，并延长刀具整体的寿命。现在市场上存在着各种各样的模块式镗刀系统，它们的连接方式各有区别。诸如：

BIG-KAISER方式：它只要靠一颗锥度为15°的锥形螺栓来连接，固定时也只需要一支六角小扳手，操作非常方便。侧固式：这种连接方式仅仅是达到固定的目的，它的旋紧力的绝大部分都向着径向；不但连接体的端面不能密接，径向位置也会发生变化。旋入式：虽然端面得到连接，但刀尖在圆周上的相位会发生变化。后部拉紧式：端面的连接和跳动都较好，但操作性很差。

3）小径精镗刀

小径精镗刀是通过更换前部刀杆和调整刀杆偏心达到调整直径目的的。由于调整范围广，且可加工小径孔，所以在工、模具和产品的单件、小批量生产中得以广泛应用。这种刀具的特点是：

① 通过更换不同的刀杆，可以加工 ϕ8～50mm的孔，可调范围大，所以成本较低；

② 对于长径比较大的孔，可采用钨钢防振刀杆进行加工；

③ 对于 ϕ20mm以上的孔，由于其刚性和稳定性不如模块式镗刀，所以如果在批量生产的情况下，尽量使用模块式镗刀。

7.3.7 铰刀

铰刀（图7-15）是具有一个或多个刀齿，用以切除已加工孔表面薄层金属的旋转刀具，它是一种具有直刃或螺旋刃的旋转精加工刀具，用于扩孔或修孔。铰刀因切削量少其加工精度要求通常高于钻头，可以手动操作或安装在钻床、铣床、加工中心等机床上工作。

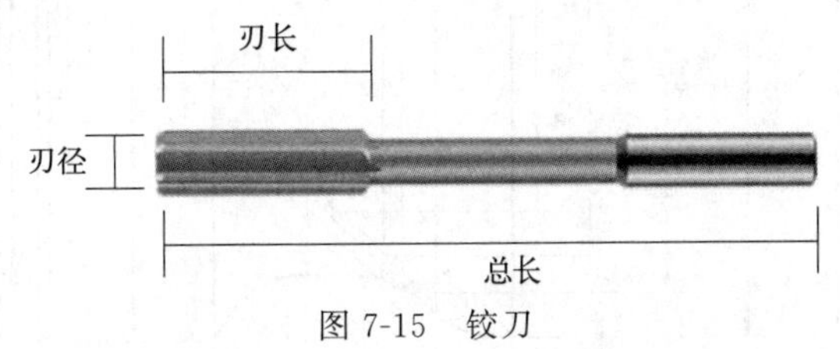

图7-15 铰刀

铰刀用于铰削工件上已钻削（或扩孔）加工后的孔，主要是为了提高孔的加工精度，降低其表面粗糙度，是用于孔的精加工和半精加工的刀具，加工余量一般很小。用来加工圆柱形孔的铰刀比较常用。铰刀结构大部分由工作部分及柄部组成。工作部分主要起切削和校准功能，校准处直径有倒锥度；而柄部则用于被夹具夹持。

（1）铰刀的分类

① 按铰孔形状分：有圆柱铰刀、圆锥铰刀和阶梯铰刀。其中标准圆锥铰刀有1∶50锥度销子铰刀和莫氏锥度铰刀两种类型。

② 按使用方式分：有手用铰刀和机用铰刀。

③ 按夹持形状分：有直柄铰刀和锥柄铰刀，手用的则是直柄型的。

④ 按型号分：铰刀可分为许多种，因此关于铰刀的标准也比较多，我们较常用的一些标准有GB/T 1131.1/2手用铰刀、GB/T 1132直柄机用铰刀、GB/T 1139莫氏圆锥铰刀等。

⑤ 按铰刀的容屑槽方向分：有直槽和螺旋槽。

⑥ 按材质分：有高速钢、硬质合金镶片，其中手用铰刀一般材质为合金工具钢（9SiCr），机用铰刀材料为高速钢（HSS）。

⑦ 铰刀精度有D4、H7、H8、H9等精度等级。

⑧ 按装夹方法分为带柄式和套装式两种。

（2）铰削的加工余量及精度

粗铰的切削深度（单边加工余量）为0.3～0.8mm，加工精度可达IT10～IT9，表面

粗糙度为 $Ra10 \sim 1.25\mu m$。精铰的切削深度为 0.06～0.3mm，加工精度可达 IT8～IT6，表面粗糙度为 $Ra1.25 \sim 0.08\mu m$。铰孔的切削速度较低，例如用硬质合金圆柱形多刃铰刀对钢件铰孔时，当孔径为 40～100mm 时，切削速度为 6～12m/min，进给量为 0.3～2mm/r。正确选用煤油、机械油或乳化液等切削液可提高铰孔质量和刀具寿命，并有利于减小振动。

7.4 案例分析（刀具选择流程）

7.4.1 案例 1

（1）图纸分析

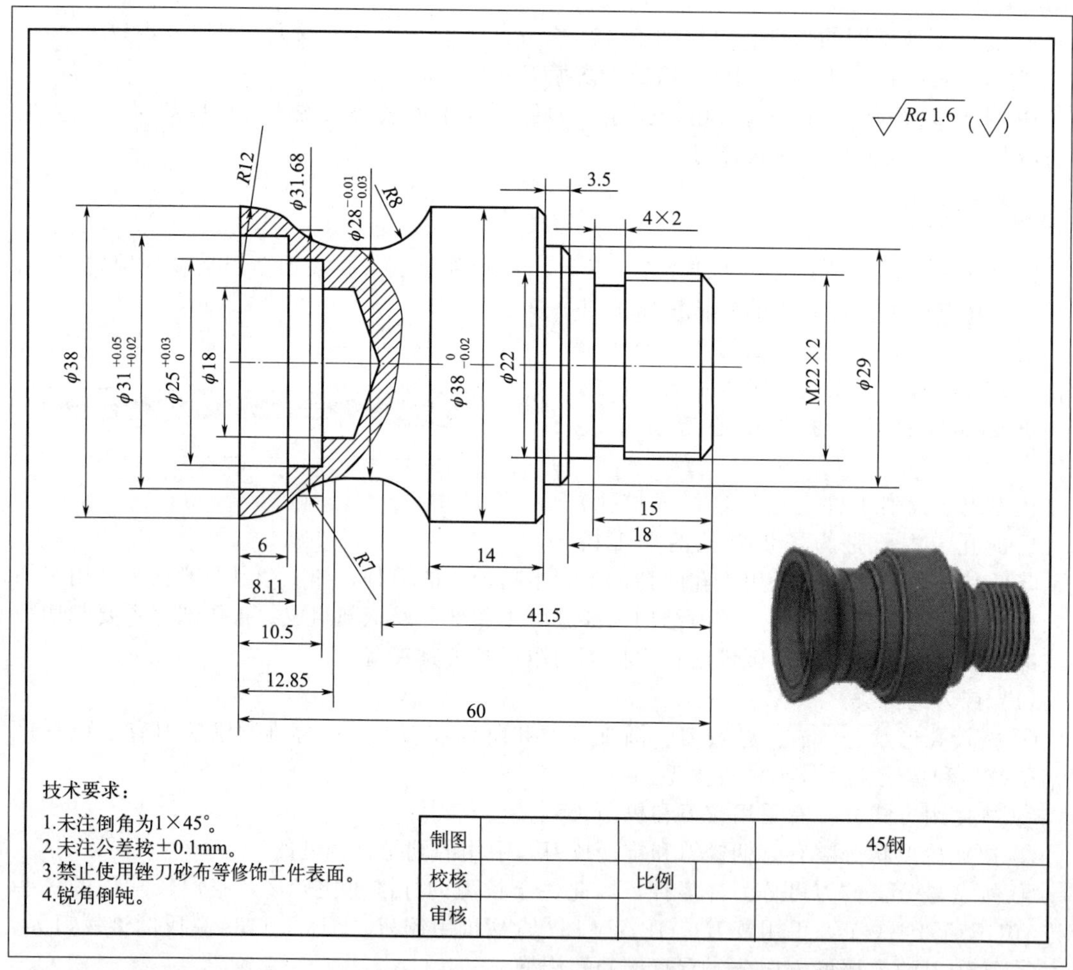

零件特征包含外圆台阶、内腔台阶、内凹台阶、槽和外螺纹。根据零件形状选用外圆车刀、切槽刀、外螺纹刀和内孔车刀。根据零件尺寸，加工槽的宽度尺寸为 4mm，选用刀宽为 3mm 切槽刀；凹形尺寸为 R7mm，为防止刀具干涉选用 93°外圆车刀；型腔最小直径为 18mm，选用刀杆 ϕ12mm、最小加工范围 14mm 内孔车刀。根据加工尺寸精度要求选用精、粗加工刀具进行。产品材料为 45 钢，根据毛坯材料选用硬质合金刀具。加工强度不是很大，加工余量不是太多，为方便刀具的更换、节约，可选用机夹式刀具。

(2) 刀具表（表 7-7、表 7-8）

表 7-7　案例 1 刀具表 1

数控加工刀具卡片			机床名称		数控车床 1
刀具名称	刀具规格	材料	数量	刀具用途	备注
外圆车刀	95°机夹车刀	硬质合金	1	粗加工外形	T01
外圆车刀	93°机夹车刀	硬质合金	1	精加工外形、内凹形轮廓	T02
切槽刀	3mm 机夹车刀	硬质合金	1	切槽	T03
外螺纹刀	60°机夹车刀	硬质合金	1	切削外螺纹	T04

表 7-8　案例 1 刀具表 2

数控加工刀具卡片			机床名称		数控车床 2
刀具名称	刀具规格	材料	数量	刀具用途	备注
外圆车刀	95°机夹车刀	硬质合金	1	粗加工外形	T01
外圆车刀	93°机夹车刀	硬质合金	1	精加工外形、内凹形轮廓	T02
内孔车刀	95°机夹车刀	硬质合金	1	粗加工内孔	T03
内孔车刀	93°机夹车刀	硬质合金	1	精加工内孔	T04

7.4.2 案例 2

(1) 图纸分析

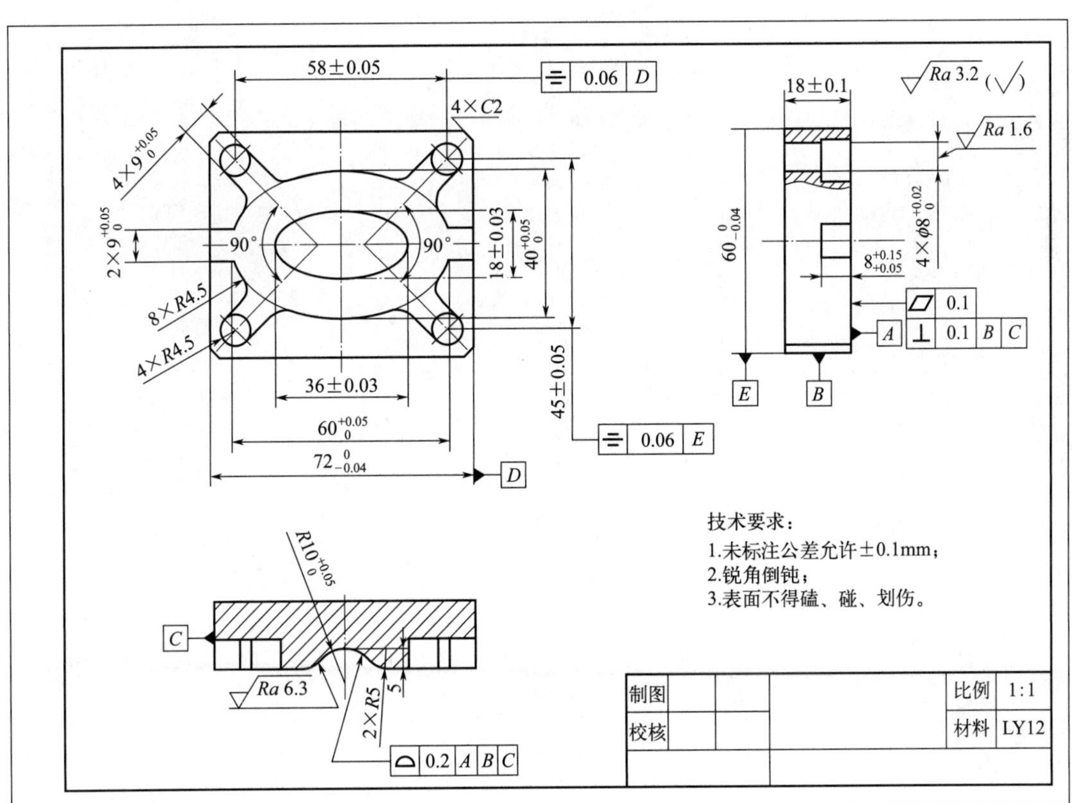

零件特征包含外形、腔槽、孔和曲面。根据零件形状选用平底立铣刀、球头立铣刀、麻花钻和中心钻。根据零件尺寸，外形尺寸为开放尺寸，可选用 ϕ12mm 立铣刀；加工内腔的宽度最小为 9mm，选用直径为 8mm 立铣刀；曲面凹形尺寸为 R5mm，为防止刀具干涉选用半径为 4mm 球头立铣刀；孔直径为 9mm，则选用直径 7.8mm 麻花钻，留有精加工余量。根据加工尺寸精度要求选用精、粗立铣刀进行。孔的尺寸精度较高，精加工采用铰削，选取直径 8mm 精度为 H7 级铰刀；孔的位置精度较高，选用中心钻进行定位。产品材料为硬铝，根据毛坯材料选用高速钢刀具。

(2) 刀具表（表 7-9)

表 7-9　案例 2 刀具表

数控加工刀具卡片			机床名称		加工中心
刀具名称	刀具规格	材料	数量	刀具用途	备注
立铣刀	ϕ12mm	高速钢	1	平面加工,轮廓粗加工	T01
立铣刀	ϕ8mm	高速钢	2	轮廓粗加工,型槽粗加工等	T02
				轮廓精加工,型槽精加工等	T03
中心钻	ϕ3mm	高速钢	1	钻中心孔	T04
麻花钻	ϕ7.8mm	高速钢	1	钻孔	T05
铰刀	ϕ8H7mm	高速钢	1	孔精加工	T06
球头铣刀	ϕ8R4mm	高速钢	1	用于曲面加工	T07

第8章

切削冷却

课程导读

教学目标

1. 知识目标

掌握切削液的作用、使用注意事项，熟悉不同切削液的组成成分。

2. 能力目标

掌握选用切削液的方法。

3. 素质目标

培养学生严谨、认真、安全文明生产的职业态度。

教学内容

① 切削液的种类特点以及切削液的作用。

② 合理地选用切削液。

8.1 冷却分类

切削液分为油基切削液和水基切削液两大类，如表 8-1 所示。

表 8-1　切削液分类

切削液	油基切削液	1. 纯矿物油主要采用煤油、柴油等轻质油
		2. 脂肪油(或油性添加剂)＋矿物油,脂肪油曾被广泛用作切削液
		3. 非活性极压切削液由矿物油＋非活性极压添加剂组成
		4. 活性极压切削液由矿物油＋反应性强的硫系极压添加剂配制而成
		5. 复合切削液由矿物油＋油性添加剂和极压添加剂配制而成
	水基切削液	1. 防锈乳化液由矿物油、乳化剂、防锈剂等组成,与油基切削液相比,乳化液的优点在于冷却效果好,成本低,使用安全。乳化液最大的缺点是稳定性差,易受细菌的侵蚀而发臭变质,使用周期短
		2. 防锈润滑冷却液这类乳化液含有动植物脂肪或长链脂肪酸(如油酸),具有较好的润滑性
		3. 极压乳化液这类乳化液含有油溶性的硫、磷、氯型极压添加剂,具有强的极压润滑性,可用于攻螺纹、拉削、带锯切削等重切削加工,也用于不锈钢、耐热合金钢等难切削材料的加工

续表

<table>
<tr><td rowspan="4">切削液</td><td rowspan="2">油基切削液</td><td>4. 微乳液这类乳化液含油量较少(约 10%～30%),含表面活性剂量大,可在水中形成半透明状的微乳液,乳化颗粒在 0.1μm 以下(一般乳化液的颗粒>1μm)。微乳液的优点是稳定性较乳化液大大提高,使用周期也比乳化液长</td></tr>
<tr><td>5. 极压微乳液含有硫、磷、氯型极压添加剂,具有较好的极压润滑性,可用于重型负荷切削材料的加工</td></tr>
<tr><td rowspan="2">水基切削液</td><td>6. 化学合成切削液,包括两种:一种是含有水溶性防锈剂的真溶液,如亚硝酸钠、碳酸钠、三乙醇胺等组成的水溶性溶液;另一种合成液是由表面活性剂、水溶性防锈剂和水溶性润滑剂组成,是一种颗粒极小的胶体溶液。这种切削液表面张力低,一般小于 400Pa,其润湿性好,渗透能力强,冷却和清洗性能好,也有一定的润滑作用</td></tr>
<tr><td>7. 极压化学全盛切削液,这种切削液是包含有水溶性极压添加剂的化学全盛切削液,如硫化脂肪酸皂、氯化脂肪聚醚等,可以使切削液的极压润滑性大幅度提高</td></tr>
</table>

8.2 冷却目的

在金属切削过程中，正确使用切削液，可以减少切屑、工件与刀具的摩擦，降低切削温度和切削力，减缓刀具磨损。切削液还可以减少刀具与切屑黏结，抑制积屑瘤和鳞刺的生长；减小已加工表面粗糙度值，减少工件热变形，保证加工精度和提高生产效率。

切削液的冷却作用：主要靠热传导带走大量的切削热，从而降低切削温度，提高刀具耐用度；减少工件、刀具的热变形，提高加工精度；降低断续切削时的热应力，防止刀具热裂破损等。在切削速度高，刀具、工件材料导热性差，热胀系数较大的情况下，切削液的冷却作用尤显重要。

切削液的冷却性能取决于它的热导率、比热容、汽化热、汽化速度、流量、流速等。水溶液的热导率、比热容比油大得多，故水溶液的冷却性能要比油类好。乳化液介于两者之间。

金属切削时切屑、工件与刀具界面的摩擦可分为干摩擦、流体润滑摩擦和边界润滑摩擦三类。如不用切削液（干切削），则形成金属与金属接触的干摩擦，此时摩擦系数较大。如果在加切削液后，切屑、工件与刀面之间形成完全的润滑油膜，金属直接接触面积很小或接近于零，则成为流体润滑摩擦。流体润滑时摩擦系数很小。但在很多情况下，由于切屑、工件与刀具界面承受载荷（压力很高），温度也较高，流体油膜大部分被破坏，造成部分金属直接接触；由于润滑液的渗透和吸附作用，部分接触面仍存在着润滑液的吸附膜，起到降低摩擦系数的作用，这种状态称之为边界润滑摩擦。边界润滑摩擦时的摩擦系数大于流体润滑摩擦，但小于干摩擦。金属切削中的润滑大都属于边界润滑状态。

切削液的润滑性能与其渗透性以及形成吸附膜的牢固程度有关。在切削液添加含硫、氯等元素的极压添加剂后会与金属表面起化学反应，生成化学膜。它可以在高温下（达 400～800℃）使边界润滑层保持较好的润滑性能。

切削液具有冲刷切削中产生的碎屑（如切铸铁）或磨粉（磨削）的作用。清洗性能的好坏，与切削液的渗透性、流动性和使用的压力有关。切削液的清洗作用对于磨削精密加工和自动线加工十分重要，而深孔加工时，要利用高压切削液来排屑。

切削液应具有一定的防锈作用，以减少工件、机床、刀具的腐蚀。防锈作用的好坏，取决于切削液本身的性能和加入的防锈添加剂的性质。

除了上述作用外，切削液还应当是价廉、配置方便、稳定性好、不污染环境与不影响人体健康的。

8.3　冷却方式

在金属切削过程中，切削液不仅能带走大量切削热，降低切削区温度，而且由于它的润滑作用，还能减少摩擦，从而降低切削力。因此，切削液能提高加工表面质量，保证加工精度，降低动力消耗，提高刀具耐用度和生产效率。通常要求切削液有冷却、润滑、清洗、防锈及防腐蚀性等特点。根据冷却介质的不同，可将冷却分为如图 8-1 所示的不同类型。

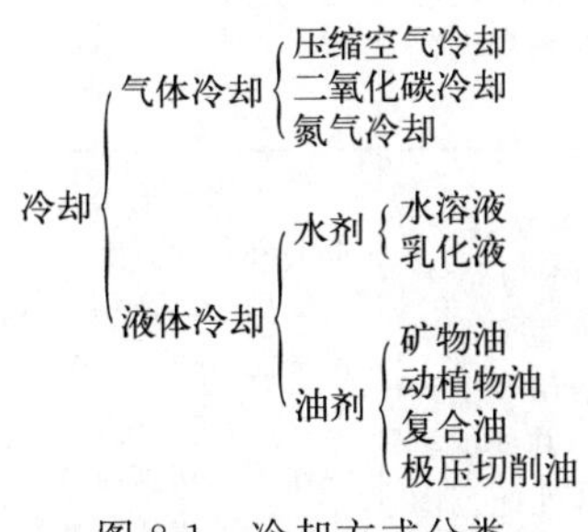

图 8-1　冷却方式分类

8.4　案例分析

合理选用切削液，可以有效地减小切削过程中的摩擦，改善散热条件，降低切削力、切削温度和刀具磨损，提高刀具耐用度和切削效率，保证已加工表面质量和降低产品的加工成本。随着科学技术和机械加工工业不断发展，一些新型、高性能的工程材料得到广泛应用。这些材料大都属于切削加工性很差的难切削材料，这就给切削加工带来了难题。为了使难切削材料的加工难题得到解决，除合理选择刀具材料、刀具几何参数、切削用量及掌握操作技术等切削条件外，合理选用切削液也是尤为重要的条件。下面就对几种不同材料适用的切削液进行选择（如表 8-2 所示）。

表 8-2　不同材料对切削液的选择

材料选择	材料特点	切削液选择
不锈钢	具有良好的耐蚀性、耐热性、低温强度和力学性能，冲压弯曲等热加工性好，无热处理硬化现象，无磁性	在粗加工时，选用 3%～5%乳化液或 10%～15%极压乳化液、极压切削油、硫化油；在精加工时，选用极压切削油或 10%～20%极压乳化液、硫化油、硫化油 80%～85%加 CCl_4 15%～20%、矿物油 78%～80%加黑机油或植物油和猪油约 18%加硫约 1.7%、全损耗系统用油 90%加 CCl_4 10%、煤油 50%加油酸 25%加植物油 25%、煤油 60%加松节油 20%加油酸 20%
铝合金	铝合金密度低，但强度比较高，接近或超过优质钢，塑性好，可加工成各种型材，具有优良的导电性、导热性和抗蚀性，工业上广泛使用，使用量仅次于钢	铝合金切削液的选择非常重要，必须保证良好的润滑性、冷却性、过滤性和防锈性。根据加工条件和加工精度的不同要求，应选择不同的切削液。由于高速加工可产生大量的热量，如高速切削、钻孔等，如果产生的热量不能及时地被切削液带走，将会发生粘刀现象，甚至会出现积屑瘤，将严重地影响工件的加工粗糙度和刀具的使用寿命，同时热量也会使工件发生变形，严重影响工件的精度。因此切削液的选择既要考虑其本身的润滑性，也要考虑其冷却性能

续表

材料选择	材料特点	切削液选择
硬质合金	硬质合金具有很高的硬度、强度、耐磨性和耐腐蚀性，被誉为“工业牙齿”，用于制造切削工具、刀具、钻具和耐磨零部件，广泛应用于军工、航天航空、机械加工、冶金、矿山工具、电子通信、建筑等领域。伴随下游产业的发展，硬质合金市场需求不断加大，并且未来高新技术武器装备制造、尖端科学技术的进步以及核能源的快速发展，将大力提高对高技术含量和高质量稳定性的硬质合金产品的需求	由于硬质合金刀具对骤热比较敏感，要尽可能使刀具均匀受热和均匀冷却，否则容易造成崩刃。所以，通常采用导热比较温和的油基切削液，并添加适量的抗磨添加剂。高速切削时，要用大流量切削液喷淋刀具，以免造成受热不均的情况。而且这种方法还可以有效降低温度，减少油雾的出现
碳素钢	碳素钢是含碳量小于1.35%，除铁、碳和限量以内的硅、锰、磷、硫等杂质外，不含其他合金元素的钢。碳素钢的性能主要取决于含碳量。含碳量增加，钢的强度、硬度升高，塑性、韧性和可焊性降低。与其他钢类相比，碳素钢使用最早，成本低，性能范围宽，用量最大。适用于公称压力PN≤32.0MPa，温度为−30～425℃的水、蒸汽、空气、氢、氨、氮及石油制品等介质。常用牌号有WC1、WCB、ZG25及优质钢20、25、30及低合金结构钢16Mn	①用于高速工具钢刀具粗车碳素钢工件时，应选用质量分数低的乳化液（如3%～5%的乳化液），也可以选用合成切削液 ②用于高速钢刀具精车碳素钢工件时，切削液应具有良好的渗透能力、良好的润滑性能和一定的冷却性能。在较低的切削速度（小于10m/min）下，由于在切削过程中主要是机械磨损，因此要求切削液具有良好的润滑性和一定的流动性，使切削液能很快地渗透到切削区域，减少摩擦和粘接，抑制切屑瘤和鳞刺，从而提高工件的精度和降低表面粗糙度值，提高刀具的寿命，此时应选用10%～15%的乳化液或10%～20%的极压乳化液 ③用硬质合金刀具精加工碳素钢工件时，可以不用切削液，也可用10%～25%的乳化液或10%～20%的极压乳化液

第9章

多工序加工工艺

教学目标

1. 知识目标

① 学习分析图纸并进行多工序加工工艺分析。

② 学习多工序加工工艺过程。

③ 学习加工工序卡片编辑方法。

2. 能力目标

① 能在正确识读图样的基础上，通过查阅国家标准等相关资料，正确分析零件加工工艺。

② 能够正确编制零件的数控加工工序卡片。

3. 素质目标

① 提高节约意识和效益意识，优化合理安排。

② 提高精益求精的意识，培养大国工匠精神。

教学内容

通过学习加工工序的知识，了解加工工序安排的原则。学会分析图纸，能够独立编辑工艺过程卡片和工序卡片。

9.1 加工工艺文件制定原则

数控加工工序是指在数控机床上进行零件制造的一种工艺方法，数控机床与传统机床的工艺规程从总体上说是一致的，它是解决零件品种多变、批量小、形状复杂、精度高等问题和实现高效化和自动化的有效途径。下面简单介绍下数控工序划分的原则。

9.1.1 加工流程划定原则

(1) 以零件的装夹定位方式划分工序

由于每个零件结构形状不同，各个表面的技术要求也不同，其定位方式就各有差异。一般切削零件外形时，以内形定位；在切削零件内形时，以外形定位。可根据定位方式的不同来划分工序。

(2) 按粗、精加工划分工序

根据零件的精度、刚度和变形等因素来划分工序时，可按粗、精加工分开的原则来进行工序划分，即先进行粗加工，再进行精加工。此时可以使用不同的机床或不同的刀具进行。通常在一次安装中，不允许将零件的某一部分表面加工完毕后，再加工零件的其他表面。

(3) 按照集中工序划分工序

为了减少换刀次数，缩短空行程运行时间，减少不必要的定位误差，可以按照使用相同刀具来集中工序的方法进行零件的工序划分。尽可能使用同一把刀具切削出能加工的所有部位，然后再更换另一把刀具切削零件的其他部位。在专用数控机床和数控中心中常常采用这种方法。

9.1.2 工序工步划分原则

工步的划分主要从精度和效率两方面来考虑。在一个工序内往往需要采用不同的切削刀具和切削用量对不同的表面进行加工。为了便于分析和描述复杂的零件，在工序内又细分为工步。工步划分的原则是：

① 同一表面按粗加工、半精加工、精加工依次完成，或全部表面按先粗后精分开进行。

② 对于既有铣削平面又有镗孔表面的零件，可按先铣削平面后镗孔进行。因为按此方法划分工步，可以提高孔的精度。因为铣削平面时切削力较大，零件易发生变形，先铣削平面后镗孔，可以使其有一段时间恢复变形，并减少由此变形引起的对孔的精度的影响。

③ 按使用刀具来划分工步。某些机床回转时间比换刀时间短，可以采用按使用刀具划分工步，以减少换刀次数，提高效率。

9.2 加工工艺文件制定内容

9.2.1 工艺过程卡片

数控加工工艺过程卡片				产品型号		零件图号		共 页	
				产品名称		零件名称		第 页	
工序号	工序名称	工序内容	工艺装备	车间	材料	设备	件数	工序工时	
								准终	单件
					编制（日期）	审核（日期）		会签（日期）	
标记	处计	更改文件号	日期	签字					

9.2.2　工序卡片

<table>
<tr><td colspan="4" rowspan="2">数控加工工序卡片</td><td colspan="4" rowspan="2"></td><td>产品型号</td><td></td><td>零件图号</td><td></td><td>共　页</td></tr>
<tr><td>产品名称</td><td></td><td>零件名称</td><td></td><td>第　页</td></tr>
<tr><td colspan="7" rowspan="7">（工序简图）</td><td>工序名称</td><td>工序号</td><td>车间</td><td>机床名称</td><td>机床型号</td><td>设备编号</td></tr>
<tr><td></td><td></td><td></td><td></td><td></td><td></td></tr>
<tr><td>毛坯种类</td><td>毛坯尺寸</td><td>材料牌号</td><td>加工件数</td><td>毛坯件数</td><td>冷却液</td></tr>
<tr><td></td><td></td><td></td><td></td><td></td><td></td></tr>
<tr><td>夹具标号</td><td>夹具名称</td><td>数控系统</td><td>数控系统型号</td><td colspan="2">工序工时</td></tr>
<tr><td rowspan="2"></td><td rowspan="2"></td><td rowspan="2"></td><td rowspan="2"></td><td>准终</td><td>单件</td></tr>
<tr><td></td><td></td></tr>
<tr><td rowspan="2">工序号</td><td rowspan="2">工步号</td><td rowspan="2">工步名称</td><td rowspan="2">工步内容</td><td rowspan="2">刀具号</td><td rowspan="2">刀具名称</td><td rowspan="2">主轴转速/(r/min)</td><td rowspan="2">进给量/(mm/min)</td><td rowspan="2">背吃刀量 a_p/mm</td><td rowspan="2">冷却方式</td><td rowspan="2">工艺装备</td><td>工时定额</td><td rowspan="2">备注</td></tr>
<tr><td>机动/辅助</td></tr>
<tr><td></td><td></td><td></td><td></td><td></td><td></td><td></td><td></td><td></td><td></td><td></td><td></td><td></td></tr>
<tr><td></td><td></td><td></td><td></td><td></td><td></td><td></td><td></td><td></td><td></td><td></td><td></td><td></td></tr>
<tr><td></td><td></td><td></td><td></td><td></td><td></td><td></td><td></td><td></td><td></td><td></td><td></td><td></td></tr>
<tr><td></td><td></td><td></td><td></td><td></td><td></td><td></td><td></td><td></td><td></td><td></td><td></td><td></td></tr>
<tr><td></td><td></td><td></td><td></td><td></td><td></td><td></td><td></td><td></td><td></td><td></td><td></td><td></td></tr>
<tr><td></td><td></td><td></td><td></td><td></td><td></td><td></td><td></td><td></td><td></td><td></td><td></td><td></td></tr>
<tr><td colspan="3"></td><td></td><td colspan="4"></td><td colspan="2">编制(日期)</td><td>审核(日期)</td><td colspan="2">会签(日期)</td></tr>
<tr><td colspan="3">标记</td><td>处计</td><td colspan="2">更改文件号</td><td colspan="2">签字</td><td colspan="2"></td><td></td><td colspan="2"></td></tr>
</table>

9.2.3 刀具卡片

数控加工刀具卡片							产品型号			零件图号		
							产品名称			零件名称		
工序名称			工序号	设备名称	设备型号	冷却方式	冷却液	毛坯种类	毛坯尺寸	毛坯材质牌号		车间
工序号	工步号	刀具号	刀具名称	刀具材质	刀具				刀柄名称规格	数量	刀具半径补偿量	备注
					直径	刀尖圆角	长度	装夹长度				
编制				审核		批准			日期		共　页	第　页

9.2.4 量具卡片（含测量夹具）

序号	量具名称	规格	精度/mm	测量夹具	备注
1					
2					
3					
4					
5					
6					
序号	测量仪器设备	检测方式	精度	测量夹具	备注
1					
2					
3					
4					
5					

9.2.5 程序卡片

加工零件名称	图号	坯料类型	零件材料	生产类型（数量）	加工方法	加工设备

程序号	程序内容	备注

9.3 车削多工序加工工艺

9.3.1 图纸分析

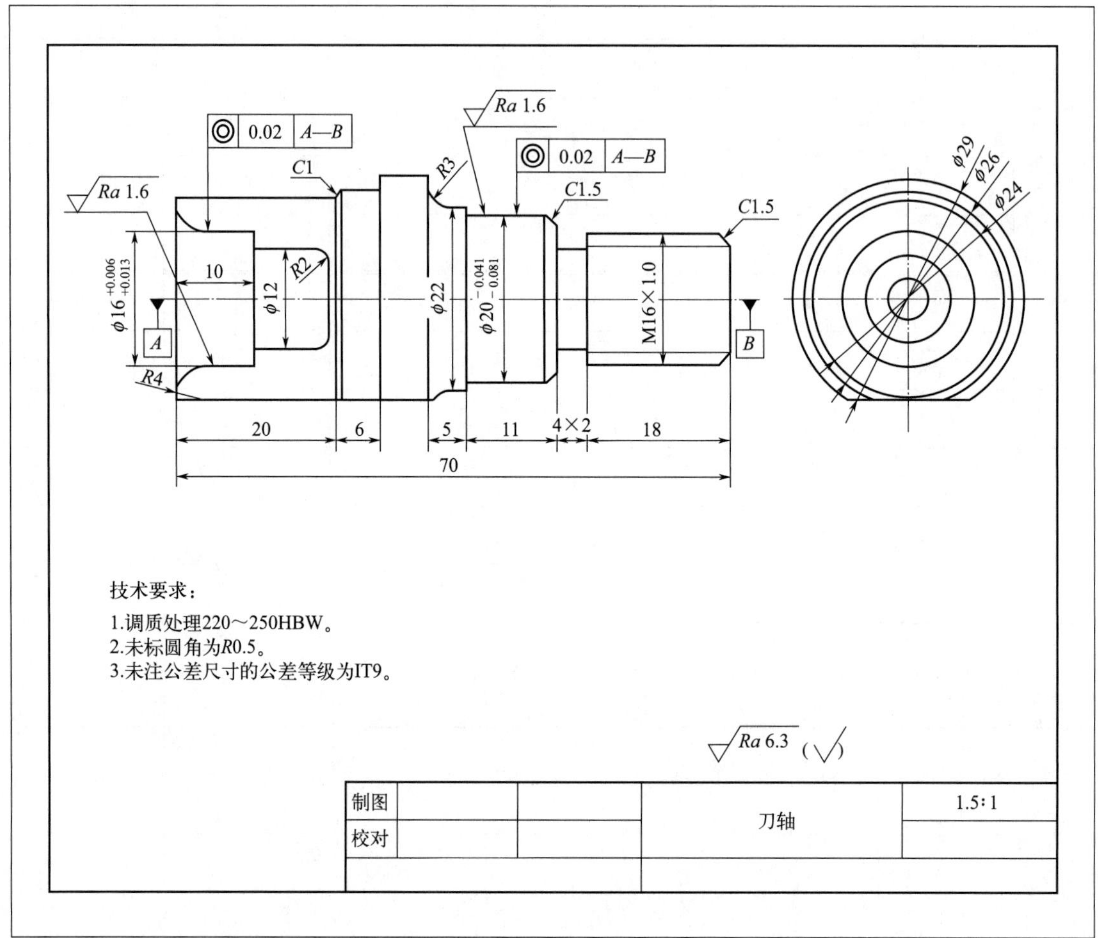

该图包含外圆台阶、内孔台阶、退刀槽和外螺纹，加工最大的轴径为 ϕ29mm，最小内孔直径为 ϕ10mm，槽宽为 6mm，ϕ16 内孔和 ϕ22 外圆要求同轴度 0.02mm，零件全长 70mm，平面加工去除 2mm，未标注尺寸等级要求为 9 级。

9.3.2 工艺性分析

本产品用于安装砂轮、锯片等刀具的转轴。根据图纸分析本工件采用车削多工序加工，共三道工序。首先车削右侧外圆、退刀槽和紧固螺纹，ϕ20 处为轴颈安装支承轴承，螺纹 M16 实现轴承的轴向固定。第二步车削左侧外圆及内孔，ϕ26 处安装刀具，ϕ16 内孔处安装轴承，与 ϕ20 处轴承共同支承轴，因此要求两处同轴度为 0.02mm，两处的加工公差要求也相对较高。最后车削平面，该平面进行刀具的周向定位，平面与 ϕ24 平面相切。

9.3.3 确定工艺过程

数控加工工艺过程卡片		刀轴		产品型号	DJ-ZZ	零件图号	DZ-1	共 1 页	
				产品名称	刀具主轴	零件名称	刀轴零件	第 1 页	
工序号	工序名称	工序内容	工艺装备	车间	材料	设备	件数	工序工时	
								准终	单件
1	下料	锯割 ϕ30、72mm 长圆棒料	车削加工		45 钢	锯床	200	1	3
2	粗加工左侧外形	粗加工 ϕ24 外圆，ϕ16、ϕ10 内孔	车削加工		45 钢	数控车床	200	3	20
3	右侧外形加工	加工 ϕ29、ϕ22 外圆，槽和螺纹坯件外圆	车削加工		45 钢	数控车床	200	3	20
4	精加工左侧外形	精加工 ϕ24 外圆，ϕ16、ϕ10 内孔	车削加工		45 钢	数控车床	200	5	20
5	平面加工	加工厚度 27mm 的定位面	车削加工		45 钢	数控车床	200	3	5
6	钳工	锐角倒钝，去除毛刺	台虎钳			钳台	200	1	3
7	清洁	用清洁剂清洗零件						2	
8	检验	按图纸尺寸检测						3	
					编制（日期）	审核（日期）		会签（日期）	
标记	处计	更改文件号	日期	签字					

9.3.4 制定加工工艺方案

数控加工工序卡片	刀轴	产品型号	DJ-ZZ	零件图号	DZ-1	共 5 页
		产品名称	刀具主轴	零件名称	刀轴零件	第 1 页
72 $\phi30$	工序名称	工序号	车间	机床名称	机床型号	设备编号
	下料	1	备料室	锯床		
	毛坯种类	毛坯尺寸	材料牌号	加工件数	毛坯件数	冷却液
	棒料	$\phi30\times72$	45	100	100	乳化液
	夹具标号	夹具名称	数控系统	数控系统型号	工序工时	
					准终	单件
					1min	30s

工序号	工步号	工步名称	工步内容	刀具号	刀具名称	主轴转速 /(r/min)	进给量 /(mm/min)	背吃刀量 a_p /mm	冷却方式	工艺装备	工时定额 机动/辅助	备注
1	1	下料	锯割 $\phi30$ 圆棒毛坯料，保证长度 72mm			100	15		切削液	机械平口钳	机动	

				编制(日期)	审核(日期)	会签(日期)
标记	处计	更改文件号	签字			

续表

数控加工工序卡片	刀轴	产品型号	DJ-ZZ	零件图号	DZ-1	共 5 页
		产品名称	刀具主轴	零件名称	刀轴零件	第 2 页
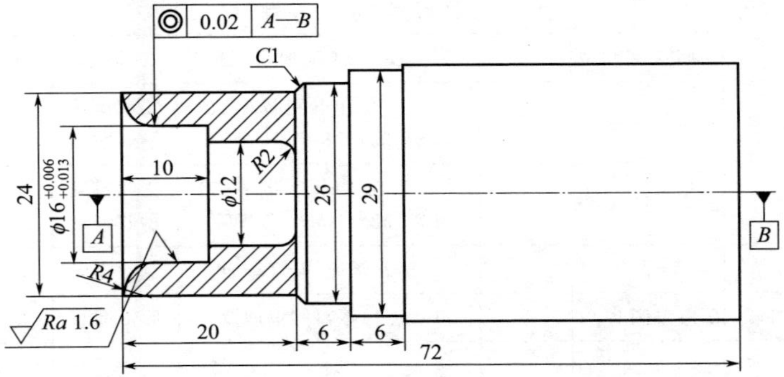	工序名称	工序号	车间	机床名称	机床型号	设备编号
	粗加工左侧外形	2		数控车床	CKA6150	
	毛坯种类	毛坯尺寸	材料牌号	加工件数	毛坯件数	冷却液
	棒类	$\phi30\times72$		100	100	
	夹具标号	夹具名称	数控系统	数控系统型号	工序工时	
					准终	单件

工序号	工步号	工步名称	工步内容	刀具号	刀具名称	主轴转速/(r/min)	进给量/(mm/r)	背吃刀量 a_p/mm	冷却方式	工艺装备	工时定额 机动/辅助	备注
2	1	装夹毛坯	三爪卡盘夹持，留35mm长							三爪卡盘、标尺	辅助	
2	2	左侧外轮廓粗加工	粗加工 $\phi24$、$\phi26$、$\phi29$ 外圆并倒角	1	95°外圆粗车刀	1200	0.2	0.5	切削液	三爪卡盘	机动	
2	3	钻底孔	钻削 $\phi10$ 底孔，深度20mm		钻头	500	0.2		切削液	三爪卡盘、尾座	辅助	
2	4	左侧内轮廓粗加工	粗加工 $\phi16$、$\phi12$ 内孔并倒角，留0.5mm精加工余量	2	镗孔刀	1200	0.2	0.2	切削液	三爪卡盘	机动	
								编制(日期)		审核(日期)	会签(日期)	
标记		处计		更改文件号		签字						

续表

数控加工工序卡片	刀轴	产品型号	DJ-ZZ	零件图号	DZ-1	共 5 页
		产品名称	刀具主轴	零件名称	刀轴零件	第 3 页
工序名称	工序号	车间	机床名称	机床型号	设备编号	
右侧外形加工	3		数控车床	CKA6150		
毛坯种类	毛坯尺寸	材料牌号	加工件数	毛坯件数	冷却液	
棒类	ϕ30×72		100	100		
夹具标号	夹具名称	数控系统	数控系统型号	工序工时		
				准终	单件	

工序号	工步号	工步名称	工步内容	刀具号	刀具名称	主轴转速/(r/min)	进给量/(mm/r)	背吃刀量 a_p/mm	冷却方式	工艺装备	工时定额 机动/辅助	备注
3	1	装夹工件	三爪卡盘装夹上序 ϕ24 部位							三爪卡盘、百分表	辅助	
3	2	端面车削	端面车削保全长 70mm	1	95°外圆粗车刀	1200	0.2	0.5	切削液	三爪卡盘	机动	
3	3	钻中心孔	钻中心孔，顶尖支撑		中心钻	800	0.2		切削液	三爪卡盘、尾座	辅助	
3	4	右侧外轮廓粗加工	加工 ϕ29、ϕ22、ϕ20、ϕ15.9 外圆并倒角	1	95°外圆粗车刀	1200	0.2	0.5	切削液	三爪卡盘	机动	
3	5	右侧外轮廓精加工	加工 ϕ29、ϕ22、ϕ20、ϕ15.9 外圆并倒角	2	93°外圆精车刀	1500	0.1	0.2	切削液	三爪卡盘	机动	
3	6	槽加工	粗、精加工 4×2 槽	3	宽 3mm 切断刀	500	0.05		切削液	三爪卡盘	机动	
3	7	螺纹加工	粗、精加工 M16 普通螺纹	4	外螺纹刀	500		0.5	切削液	三爪卡盘	机动	
								编制(日期)		审核(日期)	会签(日期)	
标记		处计		更改文件号		签字						

续表

数控加工工序卡片	刀轴	产品型号	DJ-ZZ	零件图号	DZ-1	共 5 页
		产品名称	刀具主轴	零件名称	刀轴零件	第 4 页
	工序名称	工序号	车间	机床名称	机床型号	设备编号
	精加工左侧外形	4		数控车床	CKA6150	
	毛坯种类	毛坯尺寸	材料牌号	加工件数	毛坯件数	冷却液
	棒类	$\phi30\times72$		100	100	
	夹具标号	夹具名称	数控系统	数控系统型号	工序工时	
					准终	单件

工序号	工步号	工步名称	工步内容	刀具号	刀具名称	主轴转速/(r/min)	进给量/(mm/r)	背吃刀量 a_p/mm	冷却方式	工艺装备	工时定额 机动/辅助	备注
4	1	装夹工件	三爪卡盘安装夹具，弹簧套夹持 $\phi20$ 部位，$\phi24$ 外圆处打表保证同轴度							三爪卡盘、同轴弹簧套、百分表	辅助	
4	2	左侧外轮廓精加工	精加工 $\phi24$、$\phi26$、$\phi29$ 外圆并倒角	1	95°外圆粗车刀	1500	0.1	0.2	切削液	三爪卡盘、同轴弹簧套	机动	
4	3	左侧内轮廓精加工	精加工 $\phi16$、$\phi12$ 内孔并倒角	2	内孔车刀	1500	0.05	0.2	切削液	三爪卡盘、同轴弹簧套	机动	
								编制(日期)		审核(日期)	会签(日期)	
标记		处计		更改文件号		签字						

续表

数控加工工序卡片	刀轴	产品型号	DJ-ZZ	零件图号	DZ-1	共 5 页
		产品名称	刀具主轴	零件名称	刀轴零件	第 5 页
	工序名称	工序号	车间	机床名称	机床型号	设备编号
	平面加工	5		数控车床	CKA6150	
	毛坯种类	毛坯尺寸	材料牌号	加工件数	毛坯件数	冷却液
	棒类	$\phi30\times72$		100	100	
	夹具标号	夹具名称	数控系统	数控系统型号	工序工时	
					准终	单件

工序号	工步号	工步名称	工步内容	刀具号	刀具名称	主轴转速/(r/min)	进给量/(mm/r)	背吃刀量 a_p/mm	冷却方式	工艺装备	工时定额 机动/辅助	备注
5	1	装夹工件	三爪卡盘安装专用夹具，专用夹具采用螺纹加顶针装夹工件，对工件进行调平							三爪卡盘、专用夹具、百分表	辅助	
5	2	粗车平面	粗车厚度 26.5mm 平面	1	95°外圆粗车刀	1200	0.2	0.5	切削液	三爪卡盘、专用夹具	机动	
5	3	精车平面	精车厚度 26.5mm 平面	2	93°外圆精车刀	1500	0.1	0.2	切削液	三爪卡盘、专用夹具	机动	
								编制(日期)		审核(日期)	会签(日期)	
标记			处计	更改文件号		签字						

9.4 铣削多工序加工工艺

9.4.1 图纸分析

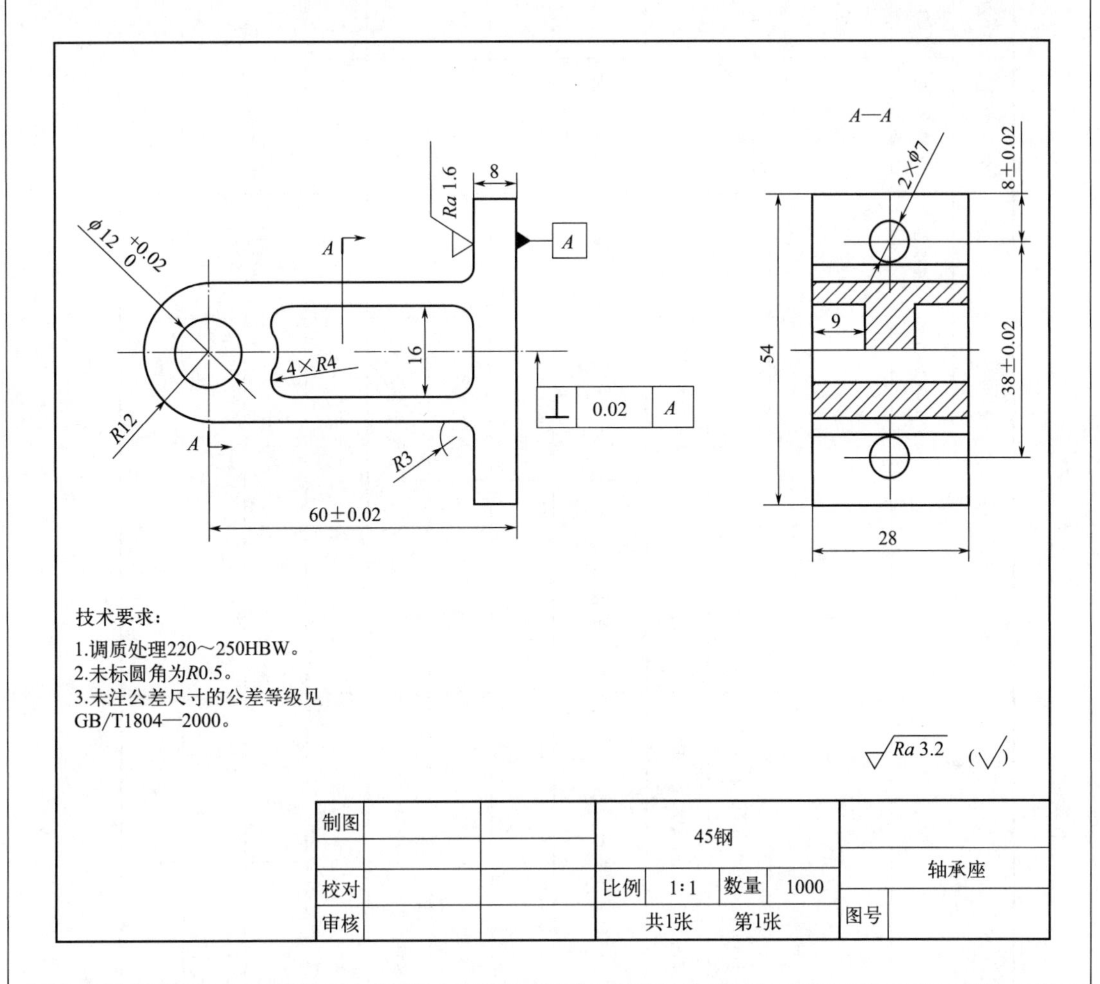

该图产品为轴承座，包含台阶、腔体和孔，生产数量为 500 个。加工最高台阶为 52mm，腔体内圆最小半径为 R4mm，孔的最小直径为 ϕ7 且关于中心线对称，孔 ϕ12 与轴承配合要求公差在 0.02mm 以内，零件高 72mm，长度 54mm，宽度 28mm，未标注尺寸等级要求为 9 级。

9.4.2 工艺性分析

本产品主要用于轴承支撑，为定制尺寸，共生产 500 个零件。根据图纸分析，本工件采用铣削多工序加工，共三道工序。首先铣削工件宽度 15mm 的腔体和钻削、铰削 ϕ12 孔，保证孔的尺寸精度。第二，利用第一道工序加工特征，采用专用夹具进行装夹工件，加工外形及反面型腔，保证外形尺寸的加工精度和关于 ϕ12 孔的对称性。第三，钻削 ϕ7 两定位孔，保证两孔的中心距及对称性。

9.4.3 确定工艺流程

数控加工工艺过程卡片		轴承座		产品型号	ZCZ	零件图号	ZCZ-1	共 1 页	
				产品名称	轴承座	零件名称	轴承座	第 1 页	
工序号	工序名称	工序内容	工艺装备	车间	材料	设备	件数	工序工时	
								准终	单件
1	下料	锯割 75mm×54mm×30mm 方料	锯削加工		45 钢	锯床	500	1	2
2	型腔及孔加工	加工轴承座上表面、宽 15mm 型腔和 $\phi12$ 孔	铣、钻、铰削加工		45 钢	加工中心	500	2	20
3	外形及反面型腔加工	加工 15mm 型腔和轴承座外形	铣削加工		45 钢	加工中心	500	3	30
4	底面孔加工	加工 $\phi7$ 孔	钻削加工		45 钢	加工中心	500	3	15
5	钳工	锐角倒钝，去除毛刺	台虎钳			钳台	500	1	3
6	清洁	用清洁剂清洗零件						2	
7	检验	按图纸尺寸检测						3	
					编制（日期）	审核（日期）		会签（日期）	
标记	处计	更改文件号	日期	签字					

9.4.4 制定加工工艺方案

数控加工工序卡片	轴承座	产品型号	ZCZ	零件图号	ZCZ-1	共4页
		产品名称	轴承座	零件名称	轴承座	第1页

60　75　30

工序名称	工序号	车间	机床名称	机床型号	设备编号
下料	1	备料室	锯床		
毛坯种类	毛坯尺寸	材料牌号	加工件数	毛坯件数	冷却液
方料	60mm×30mm×75mm	45	500	500	乳化液
夹具标号	夹具名称	数控系统	数控系统型号	工序工时	
				准终	单件
				1min	30s

工序号	工步号	工步名称	工步内容	刀具号	刀具名称	主轴转速/(r/min)	进给量/(mm/min)	背吃刀量 a_p/mm	冷却方式	工艺装备	工时定额 机动/辅助	备注
1	1	下料	锯割60mm×30mm×75mm毛坯料			100	15		切削液	机械平口钳	机动	

				编制(日期)	审核(日期)	会签(日期)
标记	处计	更改文件号	签字			

续表

数控加工工序卡片	轴承座	产品型号	ZCZ	零件图号	ZCZ-1	共 4 页
		产品名称	轴承座	零件名称	轴承座	第 2 页

工序名称	工序号	车间	机床名称	机床型号	设备编号
型腔及孔加工	2		加工中心	VDL600A	JGZX-1
毛坯种类	毛坯尺寸	材料牌号	加工件数	毛坯件数	冷却液
方料	60mm×30mm×75mm	45	500	500	乳化液
夹具标号	夹具名称	数控系统	数控系统型号	工序工时	
				准终	单件

工序号	工步号	工步名称	工步内容	刀具号	刀具名称	主轴转速/(r/min)	进给量/(mm/min)	背吃刀量 a_p/mm	冷却方式	工艺装备	工时定额 机动/辅助	备注
2	1	装夹毛坯	采用液压平口钳进行夹持							液压平口钳	辅助	
2	2	粗铣型腔	粗加工宽度 15mm 型腔	1	$\phi4$ 立铣刀	1700	150	2	切削液	液压平口钳	机动	
2	3	精铣型腔	精加工宽度 15mm 型腔	2	$\phi3$ 立铣刀	2000	100	0.2	切削液	液压平口钳	机动	
2	4	钻中心孔	钻中心孔	3	中心钻	1200	50		切削液			
2	5	钻孔	钻 $\phi12$ 孔	4	$\phi12$ 麻花钻	1500	30		切削液	液压平口钳	机动	
2	6	铰孔	对 $\phi12$ 孔进行铰孔，保证精度	5	$\phi12$ 铰刀	120	24		切削液	液压平口钳	机动	

				编制（日期）	审核（日期）	会签（日期）
标记	处计	更改文件号	签字			

续表

数控加工工序卡片	轴承座	产品型号	ZCZ	零件图号	ZCZ-1	共 4 页
		产品名称	轴承座	零件名称	轴承座	第 3 页

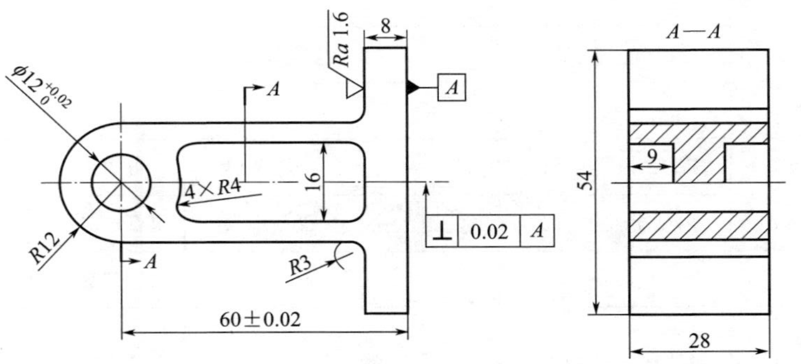

工序名称	工序号	车间	机床名称	机床型号	设备编号
外形及反面型腔加工	3		加工中心	VDL600A	JGZX-1
毛坯种类	毛坯尺寸	材料牌号	加工件数	毛坯件数	冷却液
方料	60mm×30mm×75mm	45	500	500	乳化液
夹具标号	夹具名称	数控系统	数控系统型号	工序工时	
				准终	单件

工序号	工步号	工步名称	工步内容	刀具号	刀具名称	主轴转速/(r/min)	进给量/(mm/min)	背吃刀量 a_p/mm	冷却方式	工艺装备	工时定额 机动/辅助	备注
3	1	装夹工件	专用夹具装夹工件							专用夹具	辅助	
3	2	粗铣型腔	粗加工宽度 15mm 型腔	1	ϕ10 立铣刀	1700	150	2	切削液	专用夹具	机动	
3	3	精铣型腔	精加工宽度 15mm 型腔	2	ϕ6 立铣刀	2000	100	0.2	切削液	专用夹具	机动	
3	4	粗铣外形	粗加工轴承座外形尺寸	1	ϕ10 立铣刀	1700	150	2	切削液	专用夹具	机动	
3	5	精铣外形	精加工轴承座外形尺寸	2	ϕ6 立铣刀	2000	100	0.2	切削液	专用夹具	机动	

				编制(日期)	审核(日期)	会签(日期)
标记	处计	更改文件号	签字			

续表

数控加工工序卡片	轴承座	产品型号	ZCZ	零件图号	ZCZ-1	共 4 页
		产品名称	轴承座	零件名称	轴承座	第 4 页

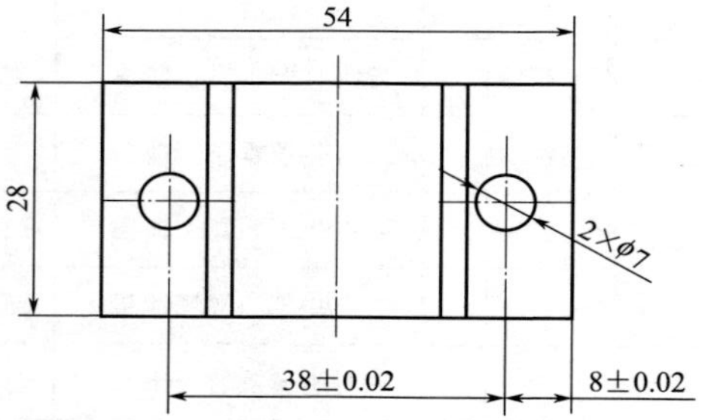

工序名称	工序号	车间	机床名称	机床型号	设备编号
底面孔加工	4		加工中心	VDL600A	JGZX-1
毛坯种类	毛坯尺寸	材料牌号	加工件数	毛坯件数	冷却液
方料	60mm×30mm×75mm	45	500	500	乳化液
夹具标号	夹具名称	数控系统	数控系统型号	工序工时	
				准终	单件

54
28
2×φ7
38±0.02
8±0.02

工序号	工步号	工步名称	工步内容	刀具号	刀具名称	主轴转速/(r/min)	进给量/(mm/min)	背吃刀量 a_p/mm	冷却方式	工艺装备	工时定额 机动/辅助	备注
4	1	装夹工件	装夹工件							液压平口钳	辅助	
4	2	钻中心孔	钻中心孔	1	中心钻	1200	50		切削液	液压平口钳	机动	
4	3	钻孔	钻 $\phi7$ 孔	2	$\phi7$ 麻花钻	1500	30		切削液	液压平口钳	机动	

				编制（日期）	审核（日期）	会签（日期）
标记	处计	更改文件号	签字			

9.5　复合多工序加工工艺

9.5.1　图纸分析

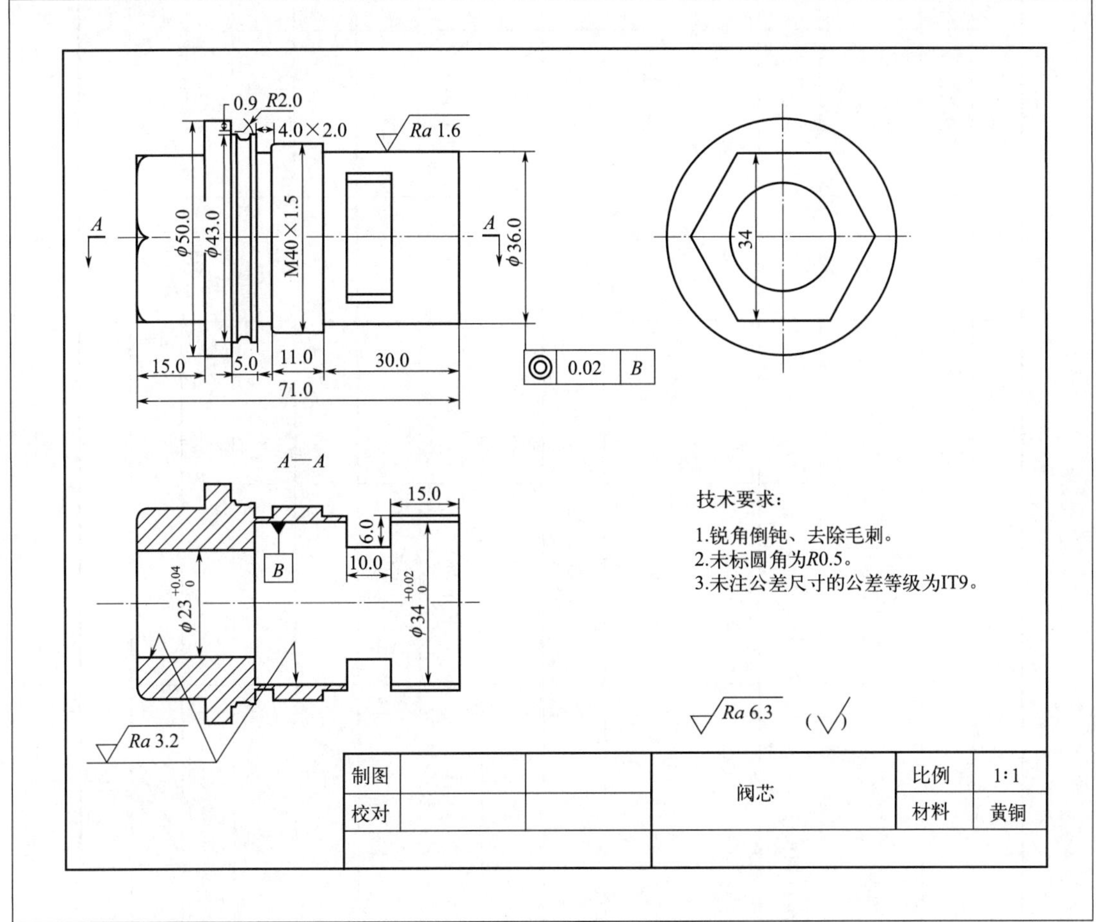

该图产品为阀芯壳体，包含六方凸台、外圆台阶、内孔台阶、侧壁孔、槽和螺纹等特征，生产数量为 500 个。加工最大外圆为 ϕ50mm，腔体内圆最小为 ϕ23mm，最窄槽宽为 4mm，圆弧槽半径为 R2mm，ϕ23mm 与 ϕ34mm 内孔同轴度公差 0.02mm 以内，零件长度 71mm，未标注尺寸等级要求为 9 级。

9.5.2　工艺性分析

本产品主要用于设备油路管道控制阀，为定制尺寸，共生产 500 个零件。根据图纸分析，本工件采用车、铣削多工序加工，共五道工序。首先车削工件内孔 ϕ23、ϕ34mm，保证孔的尺寸精度。第二，利用第一道工序加工特征，采用专用夹具进行装夹工件，加工右侧外形，保证外圆与内孔同轴。第三，采用专用夹具装夹零件，加工左侧六方外圆。第四，采用专用夹具装夹零件，加工六方体。第五，采用专用夹具装夹零件，加工宽 10mm 槽。

9.5.3 确定工艺流程

数控加工工艺过程卡片		阀芯壳体		产品型号	FX	零件图号	FXKT	共 1 页	
				产品名称	阀芯	零件名称	阀芯壳体	第 1 页	
工序号	工序名称	工序内容	工艺装备	车间	材料	设备	件数	工序工时	
								准终	单件
1	下料	锯割 ϕ55mm，长度 72mm 圆棒料	锯削加工		铜	锯床	500	1	2
2	车削内孔	车削 ϕ23mm、ϕ34mm 内孔	钻、车削加工		铜	数控车床	500	2	20
3	车削右侧外形	加工 ϕ36mm 外圆、M40×1.5 螺纹、退刀槽、圆槽	车削加工		铜	数控车床	500	3	30
4	车削左侧六方外圆	加工 ϕ40mm 外圆	车削加工		铜	数控车床	500	2	10
5	铣削六方体	加工宽度 34mm 六方体	铣削加工		铜	加工中心	500	2	10
6	铣削槽	加工宽度 10.0mm 槽	铣削加工		铜	加工中心	500	2	20
7	钳工	锐角倒钝，去除毛刺	台虎钳			钳台	500	1	3
8	清洁	用清洁剂清洗零件						2	
9	检验	按图纸尺寸检测						3	
					编制（日期）	审核（日期）		会签（日期）	
标记	处计	更改文件号	日期	签字					

9.5.4　制定加工工艺方案

<table>
<tr><td colspan="4" rowspan="2">数控加工工序卡片</td><td colspan="4" rowspan="2">阀芯壳体</td><td>产品型号</td><td>FX</td><td>零件图号</td><td>FXKT</td><td>共 6 页</td></tr>
<tr><td>产品名称</td><td>阀芯</td><td>零件名称</td><td>阀芯壳体</td><td>第 1 页</td></tr>
<tr><td colspan="7" rowspan="7">72.0
55.0</td><td>工序名称</td><td>工序号</td><td>车间</td><td>机床名称</td><td>机床型号</td><td>设备编号</td></tr>
<tr><td>下料</td><td>1</td><td>备料室</td><td>锯床</td><td></td><td></td></tr>
<tr><td>毛坯种类</td><td>毛坯尺寸</td><td>材料牌号</td><td>加工件数</td><td>毛坯件数</td><td>冷却液</td></tr>
<tr><td>棒料</td><td>ϕ55mm×72mm</td><td>铜</td><td>500</td><td>500</td><td>乳化液</td></tr>
<tr><td>夹具标号</td><td>夹具名称</td><td>数控系统</td><td>数控系统型号</td><td colspan="2">工序工时</td></tr>
<tr><td rowspan="2"></td><td rowspan="2">平口钳、V 形块</td><td rowspan="2"></td><td rowspan="2"></td><td>准终</td><td>单件</td></tr>
<tr><td>1min</td><td>30s</td></tr>
<tr><td rowspan="2">工序号</td><td rowspan="2">工步号</td><td rowspan="2">工步名称</td><td rowspan="2">工步内容</td><td rowspan="2">刀具号</td><td rowspan="2">刀具名称</td><td rowspan="2">主轴转速/(r/min)</td><td rowspan="2">进给量/(mm/min)</td><td rowspan="2">背吃刀量 a_p/mm</td><td rowspan="2">冷却方式</td><td rowspan="2">工艺装备</td><td>工时定额</td><td rowspan="2">备注</td></tr>
<tr><td>机动/辅助</td></tr>
<tr><td>1</td><td>1</td><td>下料</td><td>锯割 ϕ55mm × 72mm 毛坯料</td><td></td><td></td><td>100</td><td>15</td><td></td><td>切削液</td><td>机械平口钳、V 形块</td><td>机动</td><td></td></tr>
<tr><td></td><td></td><td></td><td></td><td></td><td></td><td></td><td></td><td></td><td></td><td></td><td></td><td></td></tr>
<tr><td></td><td></td><td></td><td></td><td></td><td></td><td></td><td></td><td></td><td></td><td></td><td></td><td></td></tr>
<tr><td colspan="3"></td><td></td><td colspan="2"></td><td colspan="2"></td><td colspan="2">编制(日期)</td><td>审核(日期)</td><td colspan="2">会签(日期)</td></tr>
<tr><td colspan="3">标记</td><td>处计</td><td colspan="2">更改文件号</td><td colspan="2">签字</td><td colspan="2"></td><td></td><td colspan="2"></td></tr>
</table>

续表

数控加工工序卡片				阀芯壳体				产品型号	FX	零件图号	FXKT	共 6 页
								产品名称	阀芯	零件名称	阀芯壳体	第 2 页
$\phi23^{+0.04}_{0}$ $Ra\,3.2$ $\phi34^{+0.02}_{0}$ $Ra\,3.2$							工序名称	工序号	车间	机床名称	机床型号	设备编号
							车削内孔	2		数控车床	CKA6150	SKCC-1
							毛坯种类	毛坯尺寸	材料牌号	加工件数	毛坯件数	冷却液
							棒料	ϕ55mm×72mm	铜	500	500	乳化液
							夹具标号	夹具名称	数控系统	数控系统型号	工序工时	
											准终	单件
工序号	工步号	工步名称	工步内容	刀具号	刀具名称	主轴转速/(r/min)	进给量/(mm/r)	背吃刀量 a_p/mm	冷却方式	工艺装备	工时定额	备注
											机动/辅助	
2	1	装夹毛坯	三爪卡盘夹持							三爪卡盘	辅助	
2	2	钻孔	钻 ϕ20 孔		ϕ20 莫氏锥柄钻头	500			切削液	三爪卡盘、尾座	机动	
2	3	粗车内台阶孔	粗加工 ϕ23、ϕ34 台阶内孔	1	95°内孔粗车刀	800	0.1	0.2	切削液	三爪卡盘	机动	
2	4	精车内台阶孔	精加工 ϕ23、ϕ34 台阶内孔	2	93°内孔精车刀	1000	0.05	0.2	切削液	三爪卡盘	机动	
								编制(日期)		审核(日期)	会签(日期)	
标记			处计	更改文件号		签字						

续表

数控加工工序卡片	阀芯壳体	产品型号	FX	零件图号	FXKT	共 6 页
		产品名称	阀芯	零件名称	阀芯壳体	第 3 页

工序名称	工序号	车间	机床名称	机床型号	设备编号
车削右侧外形	3		数控车床	CKA6150	SKCC-2
毛坯种类	毛坯尺寸	材料牌号	加工件数	毛坯件数	冷却液
棒料	ϕ55mm×72mm	铜	500	500	乳化液
夹具标号	夹具名称	数控系统	数控系统型号	工序工时	
				准终	单件

工序号	工步号	工步名称	工步内容	刀具号	刀具名称	主轴转速/(r/min)	进给量/(mm/r)	背吃刀量 a_p/mm	冷却方式	工艺装备	工时定额 机动/辅助	备注
3	1	装夹工件	采用专用夹具装夹工件，专用夹具装夹到三爪卡盘							三爪卡盘、专用夹具	辅助	
3	2	车削端面	车削工件右端面	1	90°车刀	1200	0.1	0.5	切削液	三爪卡盘、专用夹具	机动	
3	3	粗车外形	车削 ϕ36、ϕ39.85、ϕ43外圆	2	95°车刀	1200	0.2	0.3	切削液	三爪卡盘、专用夹具	机动	
3	4	精车外形	车削 ϕ36、ϕ39.85、ϕ43外圆	3	93°车刀	1500	0.05	0.1	切削液	三爪卡盘、专用夹具	机动	
3	5	粗车槽	粗车削 4mm×2mm 退刀槽	4	3mm 槽刀	500	0.05		切削液	三爪卡盘、专用夹具	机动	
3	6	精车槽	精车削 4mm×2mm 退刀槽	4	3mm 槽刀	500	0.05		切削液	三爪卡盘、专用夹具	机动	
3	7	车圆槽	车削 R2.0 圆槽	5	R2 仿形刀	500	0.05		切削液	三爪卡盘、专用夹具	机动	
3	8	粗车螺纹	粗车削 M40×1.5 螺纹	6	螺纹车刀	300			切削液	三爪卡盘、专用夹具	机动	
3	9	精车螺纹	精车削 M40×1.5 螺纹	6	螺纹车刀	300			切削液	三爪卡盘、专用夹具	机动	
								编制(日期)		审核(日期)	会签(日期)	
标记			处计	更改文件号		签字						

续表

数控加工工序卡片	阀芯壳体	产品型号	FX	零件图号	FXKT	共 6 页
		产品名称	阀芯	零件名称	阀芯壳体	第 4 页
	工序名称	工序号	车间	机床名称	机床型号	设备编号
	车削左侧六方外圆	4		数控车床	CKA6150	SKCC-3
	毛坯种类	毛坯尺寸	材料牌号	加工件数	毛坯件数	冷却液
	棒料	ϕ55mm×72mm	铜	500	500	乳化液
	夹具标号	夹具名称	数控系统	数控系统型号	工序工时	
					准终	单件

工序号	工步号	工步名称	工步内容	刀具号	刀具名称	主轴转速/(r/min)	进给量/(mm/r)	背吃刀量 a_p/mm	冷却方式	工艺装备	工时定额 机动/辅助	备注
4	1	装夹工件	采用专用夹具装夹工件,专用夹具装夹到三爪卡盘							三爪卡盘、专用夹具	辅助	
4	2	车削端面	车削工件左端面,保证71mm全长	1	90°车刀	1200	0.1	0.5	切削液	三爪卡盘、专用夹具	机动	
4	3	粗车外形	车削 ϕ40、ϕ50 外圆	2	95°车刀	1200	0.2	0.3	切削液	三爪卡盘、专用夹具	机动	
4	4	精车外形	车削 ϕ40、ϕ50 外圆	3	93°车刀	1500	0.05	0.1	切削液	三爪卡盘、专用夹具	机动	
								编制(日期)		审核(日期)	会签(日期)	
标记		处计		更改文件号		签字						

续表

数控加工工序卡片	阀芯壳体	产品型号	FX	零件图号	FXKT	共 6 页
		产品名称	阀芯	零件名称	阀芯壳体	第 5 页
	工序名称	工序号	车间	机床名称	机床型号	设备编号
	铣削六方体	5		加工中心	VDL600A	JGZX-1
	毛坯种类	毛坯尺寸	材料牌号	加工件数	毛坯件数	冷却液
	棒料	ϕ55mm×72mm	铜	500	500	乳化液
	夹具标号	夹具名称	数控系统	数控系统型号	工序工时	
					准终	单件

工序号	工步号	工步名称	工步内容	刀具号	刀具名称	主轴转速/(r/min)	进给量/(mm/min)	背吃刀量 a_p/mm	冷却方式	工艺装备	工时定额 机动/辅助	备注
5	1	装夹工件	采用专用夹具装夹工件,专用夹具装夹到三爪卡盘							三爪卡盘、专用夹具	辅助	
5	2	粗铣六方体	粗铣六方形体	1	ϕ12 立铣刀	2000	200	5	切削液	三爪卡盘、专用夹具	机动	
5	3	精铣六方体	精铣六方形体	2	ϕ8 立铣刀	2000	150	0.2	切削液	三爪卡盘、专用夹具	机动	

				编制(日期)	审核(日期)	会签(日期)
标记	处计	更改文件号	签字			

续表

数控加工工序卡片	阀芯壳体	产品型号	FX	零件图号	FXKT	共 6 页
		产品名称	阀芯	零件名称	阀芯壳体	第 6 页
	工序名称	工序号	车间	机床名称	机床型号	设备编号
	铣削槽	6		加工中心	VDL600A	JGZX-2
	毛坯种类	毛坯尺寸	材料牌号	加工件数	毛坯件数	冷却液
	棒料	ϕ55mm×72mm	铜	500	500	乳化液
	夹具标号	夹具名称	数控系统	数控系统型号	工序工时	
					准终	单件

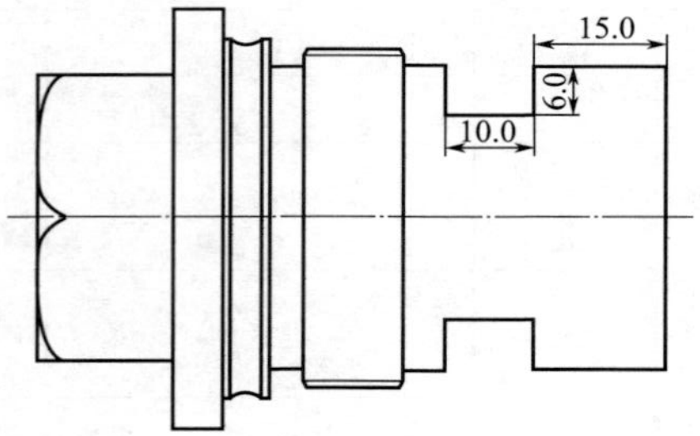

工序号	工步号	工步名称	工步内容	刀具号	刀具名称	主轴转速/(r/min)	进给量/(mm/min)	背吃刀量 a_p/mm	冷却方式	工艺装备	工时定额 机动/辅助	备注
6	1	装夹工件	采用专用夹具装夹工件,专用夹具装夹到三爪卡盘							三爪卡盘、专用夹具	辅助	
6	2	粗铣槽	粗铣宽 10.0mm,深 6.0mm 槽	1	ϕ8 立铣刀	2000	200	5	切削液	三爪卡盘、专用夹具	机动	
6	3	精铣槽	精铣槽	2	ϕ6 立铣刀	2000	150	0.2	切削液	三爪卡盘、专用夹具	机动	

				编制(日期)	审核(日期)	会签(日期)
标记	处计	更改文件号	签字			

第10章

数控手工编程与校验

课程导读

教学目标

1. 知识目标

① 学习数控编程基本知识。

② 学习常用编程指令的格式。

③ 学习数控车削加工编程特点及方法。

④ 学习数控铣床/加工中心编程特点及方法。

2. 能力目标

① 能够熟练掌握数控编程基本指令，并对其标准及格式熟练应用。

② 能分析典型零部件的加工工艺，并选择相应的加工方式。

③ 能够熟练掌握数控车削的编程特点并编写程序。

④ 能够熟练掌握数控铣床/加工中心的编程特点并编写程序。

3. 素质目标

① 增强创新意识，提高工作效率，培养良好的职业习惯。

② 提高团队合作意识，培养大国工匠精神。

教学内容

通过对零件图样的分析，选择合理的加工方式，并根据零件的特征形状编写合理的加工程序，同时能够对加工程序进行优化，减少加工时间，提升工作效率。

10.1 数控加工编程概述

10.1.1 数控机床与数控加工

数控机床是按照事先编制好的零件加工程序自动地对工件进行加工的高效自动化设备。在数控编程之前，编程人员首先应了解所用数控机床的规格、性能、功能及编程指令格式等。编制程序时，应先对图纸规定的技术要求，零件的几何形状、尺寸及工艺要求进行分析，确定加工方法和加工路线，再进行数学计算，获得刀位数据，然后按数控机床规定的代码和程序格式，将工件的尺寸、刀具运动中心轨迹、位移量、切削参数以及辅助功能（换刀、主轴正反转、冷却液开关等）编制成加工程序，并输入数控系统，由数控系统控制机床自动地进行加工。

10.1.2 数控编程的步骤

一般来讲，程序编制包括以下几个方面的工作：

(1) 加工工艺分析

编程人员首先要根据零件图，对零件的材料、形状、尺寸、精度和热处理要求等，进行加工工艺分析。合理地选择加工方案，确定加工顺序、加工路线、装卡方式、刀具及切削参数等；同时还要考虑所用数控机床的指令功能，充分发挥机床的效能；加工路线要短，换刀次数要少。

(2) 数值计算

根据零件图的几何尺寸确定工艺路线及设定坐标系，计算零件粗、精加工运动的轨迹，得到刀位数据。对于形状比较简单的零件（如直线和圆弧组成的零件）的轮廓加工，要计算出几何元素的起点、终点，圆弧的圆心，两几何元素的交点或切点的坐标值，有的还要计算刀具中心的运动轨迹坐标值。对于形状比较复杂的零件（如非圆曲线、曲面组成的零件），需要用直线段或圆弧段逼近，根据加工精度的要求计算出节点坐标值，这种数值计算一般要用计算机来完成。

(3) 编写加工程序

加工路线、工艺参数及刀位数据确定后，编程人员就可以根据数控系统规定的功能指令代码及程序段的格式，逐段编写加工程序。如果编程人员与加工人员是分开的话，还应附上必要的加工示意图、刀具参数表、机床调整卡、工艺卡以及相关的文字说明。

(4) 制备控制介质

把编制好的程序记录到控制介质上，作为数控装置的输入信息。可用人工输入、存储卡或网络传输的方式送入数控系统。

(5) 程序校对和首件试切

编写的程序和制备好的控制介质，必须经过校验和试切后才能正式使用。校验的方法是直接将数控程序输入到数控系统中后，让机床空运行，以检查机床的运动轨迹是否正确，或者通过数控系统提供的图形仿真功能，在 CRT 屏幕上，模拟刀具的运动轨迹。但这些方法只能检验运动是否正确，不能检验被加工零件的加工精度。因此，要进行零件的首件试切。当发现有加工误差时，分析误差产生的原因，找出问题所在，加以修正。

10.1.3 数控编程有关标准

为了满足设计、制造、维修和普及的需要，在输入代码、坐标系统、加工指令、辅助功能及程序格式等方面，国际上已形成了两种通用的标准，即国际标准化组织（ISO）标准和美国电子工业协会（EIA）标准。这些标准是数控加工编程的基本原则。

在数控加工编程中常用的标准主要有：

① 数控纸带的规格；

② 数控机床坐标轴和运动方向；

③ 数控编程的编码字符；

④ 数控编程的程序段格式；

⑤ 数控编程的功能代码。

我国根据 ISO 标准制定了《数字控制机床用七单位编码字符》（JB 3050—82）、《数控机床 坐标和运动方向的命名》（JB/T 3051—1999）、《数控机床 穿孔带程序段格式中的准备功能 G 和辅助功能 M 的代码》（JB/T 3208—1999）。但是由于各个数控机床生产厂家所用的标准尚未完全统一，其所用的代码、指令及其含义不完全相同，因此，在数控编程时必须按所用数控机床编程手册中的规定进行。

10.1.4　程序的结构与格式

为运行机床而送到 CNC 的一组指令称为程序。按照指定的指令，刀具沿着直线或圆弧移动，主轴电机按照指令旋转或停止。在程序中，以刀具实际移动的顺序来指定指令。一组单步的顺序指令称为程序段。一个程序段从识别程序段的顺序号开始，到程序段结束代码结束。在本书中，用“;”（LF）或回车符（CR）来表示程序段结束代码（在 ISO 代码中为 LF，而在 EIA 代码中为 CR）。

加工程序是由若干程序段组成；而程序段是由一个或若干个指令字组成，指令字代表某一信息单元；每个指令字由地址符和数字组成，它代表机床的一个位置或一个动作；每个程序段结束处应有“LF”或“CR”表示该程序段结束转入下一个程序段。地址符由字母组成，每一个字母、数字和符号都称为字符。

程序范例见表 10-1，常用地址符含义见表 10-2。

表 10-1　程序范例

程序内容	注释
O8200	程序号
N1 G00 G40 G97 G99 T0101 M03;	第一程序段
S600;	第二程序段
N2 G00 X32.0 Z2.0;	
N3 G71 U1.0 R0.5 ;	
N4 G71 P100 Q200 U0.2 W0;	
N100 G00 X0;	
G1 X0 F0.1;	
……	
N200 X32.0;	
N5 G00 X100.0 Z200.0;	程序结束
N6 M05;	
N7 M30;	

表 10-2　常用地址符的含义

地址符	功能	含义	地址符	功能	含义
A	坐标字	绕 X 轴旋转	K	坐标字	圆弧中心 Z 轴向坐标
B	坐标字	绕 Y 轴旋转	L	重复次数	固定循环及子程序的重复次数
C	坐标字	绕 Z 轴旋转	M	辅助功能	指令机床辅助动作
D	补偿号	刀具半径补偿指令	N	顺序号	程序段顺序号
E		第二进给功能	O	程序号	程序号、子程序号的指定
F	进给功能	进给速度的指令	P		暂停或程序中某功能的开始使用的顺序号
G	准备功能	指令动作方式			
H	补偿号	补偿号的指定	Q		固定循环中的定距或固定循环终止段号
I	坐标字	圆弧中心 X 轴向坐标	R	坐标字	固定循环中的定距或圆弧半径的指定
J	坐标字	圆弧中心 Y 轴向坐标			

续表

地址符	功能	含义	地址符	功能	含义
S	主轴功能	主轴转速的指令	W	坐标字	与 Z 轴平行的附加轴的增量坐标值
T	刀具功能	刀具编号的指令			
U	坐标字	与 X 轴平行的附加轴的增量坐标值	X	坐标字	X 轴的绝对坐标值或暂停时间
V	坐标字	与 Y 轴平行的附加轴的增量坐标值	Y	坐标字	Y 轴的绝对坐标值
			Z	坐标字	Z 轴的绝对坐标值

程序段格式是指令字在程序段中排列的顺序，不同数控系统有不同的程序段格式。格式不符合规定，有些数控装置就会报警，不执行。常见程序段格式如表 10-3 所示。

表 10-3　常见程序段的格式

1	2	3	4	5	6	7	8	9	10	11
N_	G_	X_U_Q_	Y_V_P_	Z_W_R_	I_J_K_R_	F_	S_	T_	M_	LF
顺序号	准备功能	坐标字				进给功能	主轴功能	刀具功能	辅助功能	结束符号

① 程序段序号（简称顺序号）：通常用 4 位数字表示，即“0000”～“9999”，在数字前还冠有标识符号“N”，如 N0001 等。

② 准备功能（简称 G 功能）：它由表示准备功能地址符“G”和两位数字所组成。

③ 坐标字：由坐标地址符及数字组成，且按一定的顺序进行排列，各组数字必须由作为地址代码的字母（如 X、Y 等）开头。各坐标轴的地址符一般按下列顺序排列：X、Y、Z、U、V、W、Q、R、A、B、C、D、E。

④ 进给功能 F：由进给地址符 F 及数字组成，数字表示所选定的进给速度，一般为四位数字码，单位一般为“mm/min”或“mm/r”。

⑤ 主轴功能 S：由主轴地址符 S 及数字组成，数字表示主轴转速，单位为“r/min”。

⑥ 刀具功能 T：由地址符 T 和数字组成，用以指定刀具的号码。

⑦ 辅助功能（简称 M 功能）：由辅助操作地址符“M”和两位数字组成。M 功能的代码已标准化。

⑧ 程序段结束符号：列在程序段的最后一个有用的字符之后，表示程序段结束。

需要说明的是，数控机床的指令格式在国际上有很多格式标准规定，它们之间并不完全一致。随着数控机床的发展，数控系统不断改进和创新，其功能更加强大并且使用方便。但在不同的数控系统之间，程序格式上存在一定的差异，因此，在具体掌握某一数控机床时要仔细了解其数控系统的编程格式。

10. 2　常用编程指令

一般可编程功能分为两类：一类用来实现刀具轨迹控制，即各进给轴的运动，如直线/圆弧插补、进给控制、坐标系原点偏置及变换、尺寸单位设定、刀具偏置及补偿等，这一类功能被称为准备功能，以字母 G 以及两位数字组成，也被称为 G 代码；另一类功能被称为辅助功能，用来完成程序的执行控制、主轴控制、刀具控制、辅助设备控制等功能。

G 代码被分为了不同的组，这是由于大多数的 G 代码是模态的，所谓模态 G 代码，是指这些 G 代码不只在当前的程序段中起作用，而且在以后的程序段中一直起作用，直到程序中出现另一个同组的 G 代码为止，同组的模态 G 代码控制同一个目标但起不同的作用，它们之间是不相容的。00 组的 G 代码是非模态的，这些 G 代码只在它们所在的程序段中起作用。标有◤的 G 代码是数控系统启动后默认的初始状态。对于 G01 和 G00、G90 和 G91 这两组指令，数控系统启动后默认的初始状态由系统参数指定。

同一程序段中可以有几个 G 代码出现，但当两个或两个以上的同组 G 代码出现时，最后出现的一个（同组的）G 代码有效。在固定循环模态下，任何一个 01 组的 G 代码都将使固定循环模态自动取消，成为 G80 模态。

10.2.1　绝对值和增量值编程指令

有两种指令刀具运动的方法：绝对值指令和增量值指令。见表 10-4。

绝对值指令：绝对值指令是刀具移动到“距坐标系零点某一距离”的点，即刀具移动到坐标值的位置。

增量值指令：指令刀具从前一个位置移动到下一个位置的位移量。

在绝对值指令模态下，指定的是运动终点在当前坐标系中的坐标值；而在增量值指令模态下，指定的则是各轴运动的距离。G90 和 G91 这对指令被用来选择使用绝对值模态或增量值模态。

表 10-4　绝对值和增量值编程指令

G 代码	分组	功能
◤ G90	03	绝对值指令方式
◤ G91		增量值指令方式

如图 10-1 所示的实例，可以更好地理解绝对值指令方式和增量值指令方式的编程。

由 *A* 点到 *B* 点的编程指令为：

绝对值编程指令：G90 X20.0 Y100.0。

增量值编程指令：G91 X-130.0 Y50.0。

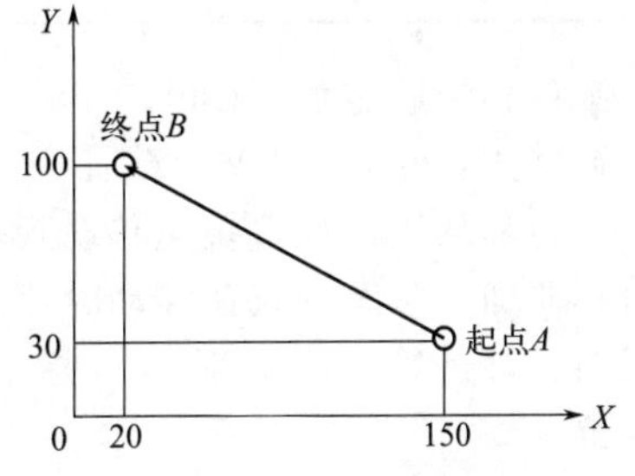

图 10-1　绝对值指令方式和增量值指令方式

10.2.2　进给功能指令

为切削工件，刀具以指定速度移动称为进给。指定进给速度的功能称为进给功能。

（1）进给速度

数控机床的进给一般分为两类：快速定位进给及切削进给。

快速定位在指令 G00、手动快速移动以及固定循环时的快速进给和点位之间运动时出现。快速定位进给的速度是由机床参数给定的，所以，快速移动速度不需要编程指定。用机床操作面板上的开关，可以对快速移动速度施加倍率，倍率值为：LOW（F0），25%，50%，100%。其中 LOW（F0），由机床参数设定每个轴的固定速度。

切削进给出现在 G01、G02/03 以及固定循环中的加工进给的情况下，切削进给的速度由地址符 F 在程序中指定。在加工程序中，F 是一个模态的值，即在给定一个新的 F 值之前，原来编程的 F 值一直有效。CNC 系统刚刚通电时，F 的值由机床参数给定，通常该参数在机床出厂时被设为 0。切削进给的速度是一个有方向的量，它的方向是刀具运动的方向，速度值大小为F的值。参与进给的各轴之间是插补的关系，它们的运动合成即是切削进给运动。

F的最大值也由机床参数控制，如果编程的F值大于此值，实际的切削进给速度将限制为最大值。

切削进给的速度还可以由操作面板上的进给倍率开关来控制，实际的切削进给速度应该为F的给定值与倍率开关给定倍率的乘积。

(2) 暂停 (G04) (表10-5)

表10-5 进给功能指令

G代码	分组	功能
G04	00	暂停,精确停止

作用：使刀具做短时间无进给加工或机床空运转，使加工表面降低表面粗糙度。

格式：G04 P__；或G04 X__；

例如：G04 P1600；G04 X1.6；均代表1.6s。

地址符P或X给定暂停的时间，以秒为单位，范围是0.001～9999.999s。如果没有P或X，G04在程序中的作用与G09相同。

10.2.3 快速定位与插补功能指令

表10-6 快速定位与插补功能指令

G代码	分组	功能
◤ G00	01	快速定位
◤ G01		直线插补(进给速度)
G02		顺时针圆弧插补
G03		逆时针圆弧插补

(1) 快速定位 (G00)

格式：G00 X__Y__Z__；

刀具从当前位置快速移动到切削开始前的位置，在切削完之后，快速离开工件。一般在刀具非加工状态的快速移动时使用，该指令只是快速定位，其运动轨迹因具体的控制系统不同而异，进给速度F对G00指令无效。快速定位有两种方法即非直线插补定位和直线插补定位。

① 非直线插补定位　刀具分别以每轴的快速移动速度定位。刀具轨迹一般不是直线。

② 直线插补定位　刀具轨迹与直线插补（G01）相同。刀具以不超过每轴的快速移动速度，在最短的时间内定位。

这两种插补方式的区别如图10-2所示。

(2) 直线插补 (G01)

格式：G01 X__Y__Z__F__；

G01指令使当前的插补模态成为直线插补模态，刀具从当前位置移动到X、Y、Z指定的位置，其轨迹是一条直线，F指定了刀具沿直线运动的速度，单位为mm/min(*X*、*Y*、*Z*轴)。第一次出现G01指令时，必须指定F值，否则机床报警。

假设当前刀具所在点为（X-50. Y-75.），则下面的程序段将使刀具走出如图10-3所示轨迹。

```
N1 G01 X150. Y25. F100;
N2 X50. Y75. ;
```

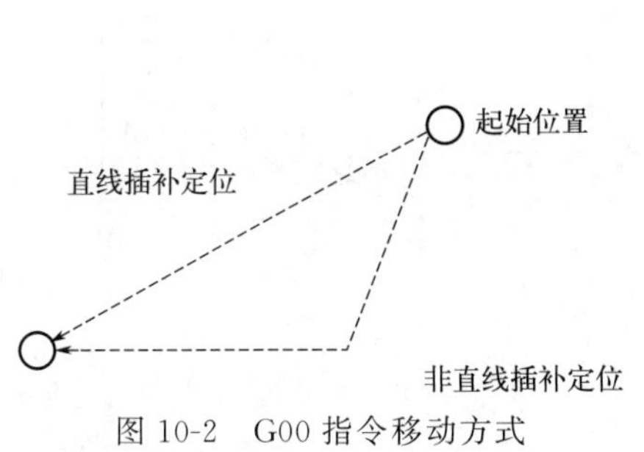

图 10-2　G00 指令移动方式

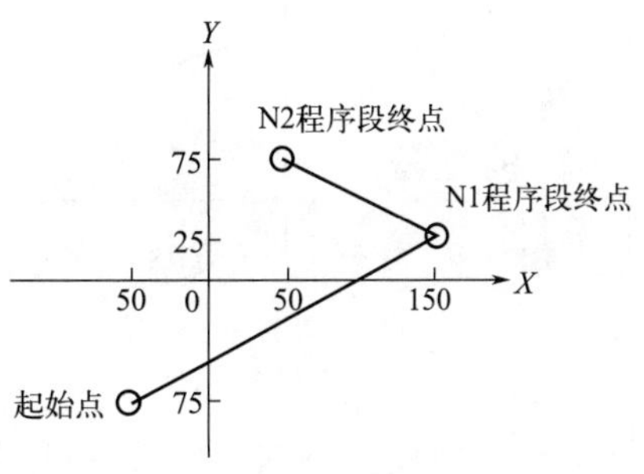

图 10-3　G01 指令移动轨迹

可以看到，程序段 N2 并没有指令 G01，但由于 G01 指令为模态指令，所以 N1 程序段中所指令的 G01 在 N2 程序段中继续有效，同样地，指令 F100 在 N2 程序段也继续有效，即刀具沿两段直线的运动速度都是 100mm/min。

(3) 圆弧插补 (G02/G03)

下面所列的指令可以使刀具沿圆弧轨迹运动：

在 X—Y 平面：

G17{G02/G03}X____Y__{(I__J____)/R__}F____;

在 X—Z 平面：

G18{G02/G03}X____Z__{(I__K__)/R____}F____;

在 Y—Z 平面：

G19{G02/G03}Y____Z__ { (J__K__) /R____} F____;

例：编制图 10-4 圆弧加工的程序。

上面指令中字母的解释如表 10-7 所列。

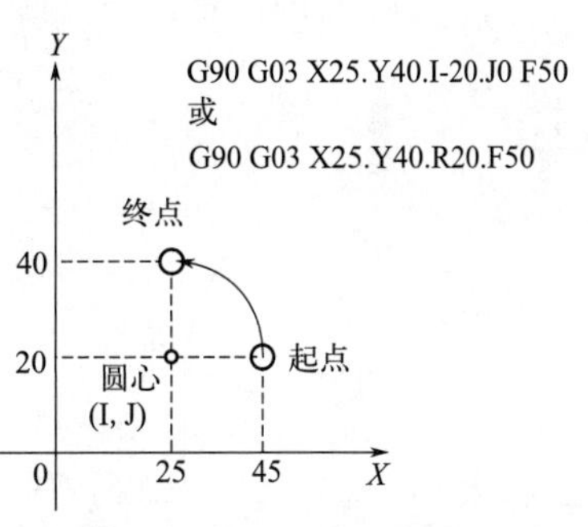

图 10-4　G03 指令移动轨迹

表 10-7　G02/G03 指令解释

序号	数据内容		指令	含义
1	平面选择		G17	指定 X—Y 平面上的圆弧插补
			G18	指定 X—Z 平面上的圆弧插补
			G19	指定 Y—Z 平面上的圆弧插补
2	圆弧方向		G02	顺时针方向的圆弧插补
			G03	逆时针方向的圆弧插补
3	终点位置	G90 模态	X、Y、Z 中的两轴指令	当前工件坐标系中终点位置的坐标值
		G91 模态	X、Y、Z 中的两轴指令	从起点到终点的距离(有方向)
4	起点到圆心的距离		I、J、K 中的两轴指令	从起点到圆心的距离(有方向)
	圆弧半径		R	圆弧半径
5	进给率		F	沿圆弧运动的速度

在这里的圆弧方向，对于 X—Y 平面来说，是由 Z 轴的正向往 Z 轴的负向看 X—Y 平面所看到的圆弧方向；同样，对于 X—Z 平面或 Y—Z 平面来说，观测的方向则应该是从 Y 轴或 X 轴的正向到 Y 轴或 X 轴的负向（适用于右手坐标系，如图 10-5 所示）。

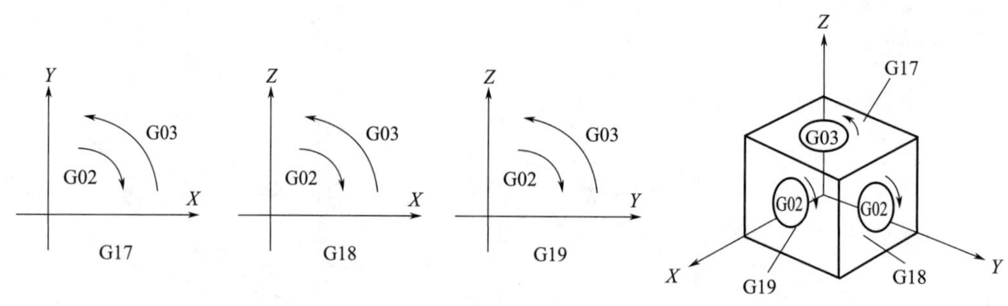

图 10-5 圆弧方向

圆弧的终点由地址符 X、Y 和 Z 来确定。在 G90 模态，即绝对值模态下，地址符 X、Y、Z 给出了圆弧终点在当前坐标系中的坐标值；在 G91 模态，即增量值模态下，地址符 X、Y、Z 给出的则是在各坐标轴方向上当前刀具所在点到终点的距离。

从起点到圆弧中心，用地址符 I、J 和 K 分别指 X_p、Y_p 或 Z_p 轴向的圆弧中心位置。I、J 或 K 的距离数值是从起点向圆弧中心方向的矢量分量，并且，不管指定 G90 还是指定 G91，I、J 和 K 的值总是增量值，如图 10-6 所示。

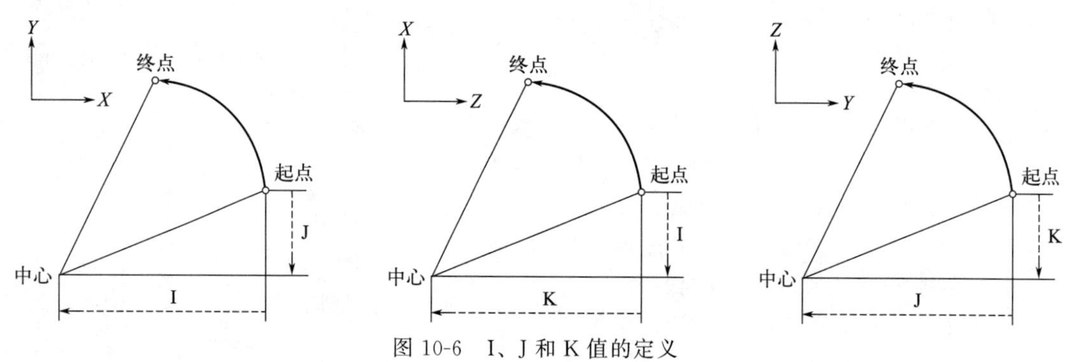

图 10-6 I、J 和 K 值的定义

I、J 和 K 必须根据方向指定其符号（正或负）。

I_0、J_0 和 K_0 可以省略。当 X_p、Y_p 或 Z_p 省略（终点与起点相同），并且中心用 I、J 和 K 指定时，移动轨迹为 360°的圆弧（整圆）。例如：G02 I_；指令一个整圆。

如果起点和终点之间的半径差在终点超过了系统参数中的允许值时，则机床报警。

对一段圆弧进行编程，除了用给定终点位置和圆心位置的方法外，还可以用给定半径和终点位置的方法对一段圆弧进行编程，用地址符 R 来指定半径值，替代给定圆心位置的地址。在这种情况下，如果圆弧小于 180°，半径 R 为正值；如果圆弧大于 180°，半径 R 用负值指定。如果 X_p、Y_p 或 Z_p 全都省略，即终点和起点位于相同位置，并且指定 R 时，程序编制出的圆弧为 0°。编程一个整圆一般使用给定圆心的方法，如果必须要用 R 来表示，可将整圆打断为 4 个部分，每个部分小于 180°。

10.2.4 常用辅助功能和其他功能

机床用 S 代码来对主轴转速进行编程，用 T 代码来进行选刀编程，其他可编程辅助功能由 M 代码来实现，一般地，一个程序段中，M 代码最多可以有一个（0i 系统最多可有三个）。M 代码列表见表 10-8 所示。

表 10-8　常用的 M 代码

M 代码	功能
M00	程序暂停
M01	条件程序暂停
M02	程序结束
M03	主轴正转
M04	主轴反转
M05	主轴停止
M06	刀具交换
M08	冷却液开
M09	冷却液关
M30	程序结束并返回程序头
M98	调用子程序
M99	子程序结束，返回主程序

(1) M 代码

在机床中，M 代码分为两类：一类由 NC 直接执行，用来控制程序的执行；另一类由 PMC 来执行，控制主轴、ATC 装置、冷却系统。

1）程序控制用 M 代码

用于程序控制的 M 代码有 M00、M01、M02、M30、M98、M99，其功能如下：

M00——程序暂停。NC 执行到 M00 时，中断程序的执行，按循环启动按钮可以继续执行程序。

M01——条件程序暂停。NC 执行到 M01 时，若 M01 有效开关置为上位，则 M01 与 M00 指令有同样效果，如果 M01 有效开关置下位，则 M01 指令不起任何作用。

M02——程序结束。遇到 M02 指令时，NC 认为该程序已经结束，停止程序的运行并发出一个复位信号。

M30——程序结束并返回程序头。在程序中，M30 除了起到与 M02 同样的作用外，还使程序返回程序头。

M98——调用子程序。

M99——子程序结束，返回主程序。

2）其他 M 代码

M03——主轴正转。使用该指令使主轴以当前指定的主轴转速逆时针（CCW）旋转。

M04——主轴反转。使用该指令使主轴以当前指定的主轴转速顺时针（CW）旋转。

M05——主轴停止。

M06——自动刀具交换（参阅机床操作说明书）。

M08——冷却液开。

M09——冷却液关。

机床厂家往往将自行开发的机床功能设置为 M 代码（例如机床开/关门），这些 M 代码请参阅机床自带的使用说明书。

(2) T 代码

机床刀具库使用任意选刀方式，即由两位的 T 代码指定刀具号而不必管这把刀在哪一个刀套中，地址符 T 的取值范围可以是 1～99 之间的任意整数，在 M06 之前必须有一个 T 代码，如果 T 代码和 M06 出现在同一程序段中，则 T 代码也要写在 M06 之前。

注意：刀具表一定要设定正确，如果与实际不符，将会严重损坏机床，并造成不可预计的后果。

(3) 主轴转速指令 (S 代码)

一般机床主轴转速范围是 20～8000r/min。高速机床可达上万转每分。主轴的转速指令由 S 代码给出，S 代码是模态的，即转速值给定后始终有效，直到另一个 S 代码改变模态值。主轴的旋转指令则由 M03 或 M04 实现。

10.3 数控车床手工编程基础

10.3.1 数控车床的编程特点

数控车床主要用于轴类回转体零件的加工，能自动完成内外圆柱面、圆锥面、母线为圆弧的旋转体、螺纹等工序的切削加工，并能进行切槽，钻、扩、铰孔及攻螺纹等工作。

数控车床的编程与数控铣床大同小异，基本指令的意义也是相同的。但由于两者在切削成形方面存在差异，因此，数控车床在编程方面有自己的特点。这里以 FANUC 车床数控系统为例，讲述其编程特点。

① 在一个程序段中，根据图样上标注的尺寸，可以采用绝对值编程、增量值编程或二者混合编程。

② 由于被加工零件的径向尺寸在图样上和测量时都是以直径值表示，所以用绝对值编程时，X 以直径值表示；用增量值编程时，以径向实际位移量的二倍值表示，并附上方向符号（正向可以省略）。

③ 为提高工件的径向尺寸精度，X 向的脉冲当量取 Z 向的一半。

④ 由于车削加工常用棒料或锻料作为毛坯，加工余量较大，所以为简化编程，数控装置常具备不同形式的固定循环，可进行多次重复循环切削。

⑤ 编程时，常认为车刀刀尖是一个点，而实际上为了提高刀具寿命和工件表面质量，车刀刀尖常做成一个半径不大的圆弧，因此为提高加工精度，当编制圆头车刀程序时，需要对刀具半径进行补偿。数控车床一般都具有刀具半径自动补偿功能（G41，G42），这时可直接按工件轮廓尺寸编程。

⑥ 许多数控车床用 X、Z 表示绝对坐标指令，用 U、W 表示增量坐标指令。而不用 G90、G91 指令。

10.3.2 工件零点偏置与主轴转速功能

(1) 可设定的零点偏置指令

指令代码：可设定的零点偏置指令有 G54、G55、G56、G57、G58、G59 等。

指令功能：可设定的零点偏置指令是以机床原点为基准的偏移，偏移后使刀具运行在工件坐标系中。通过对刀操作将工件原点在机床坐标系中的位置（偏移量）输入到数控系统相应的储器（G54、G55 等）中，运行程序时调用 G54、G55 等指令，实现刀具在工件坐标系中运行，如图 10-7 所示。

指令应用：

刀具由 1 点移动到 2 点，相应程序为：

```
N10 G00 X60. Z110.;    刀具运行到机床坐标系中坐标为(60,110)的位置
N20 G54;               调用 G54 零点偏置指令
N30 G00 X36. Z20.;     刀具运行到工件坐标系中坐标为(36,20)的位置
```

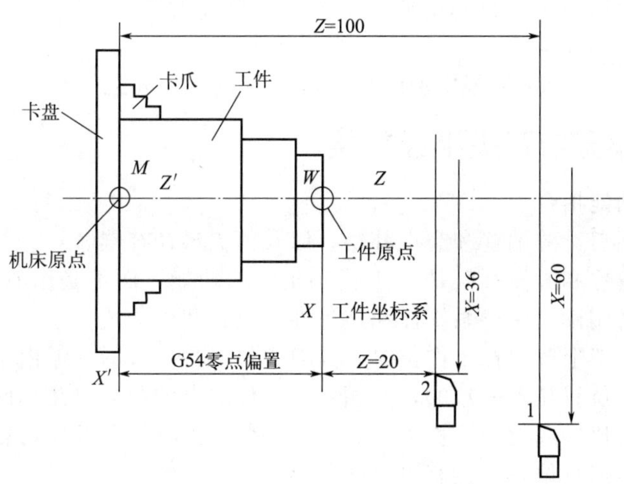

图 10-7　机床坐标系零点偏置情况

指令说明：

① 六个可设定的零点偏置指令均为模态有效代码，一经使用，一直有效。

② 六个可设定的零点偏置功能一样，使用其中任何一个皆可，G54 为开机默认指令。

③ 执行零点偏置指令后，机床并不做移动，只是在执行程序时把工件原点在机床坐标系中的位置量代入数控系统中进行内部计算。

④ FANUC 系统可以用 G53 指令取消可设定的零点偏置，使刀具运行在机床坐标系中。

（2）主轴转速功能指令

S(Spindle) 功能，也称主轴转速功能，作用是控制主轴的转速。单位用 G96 和 G97 两种方式指定（机床通电后默认为 G97 功能）。

G97——恒转速。格式：G97　S____；表示每分钟的主轴转速。如：G97 S1000；表示主轴每分钟转数为 1000，恒定不变。单位为 r/min。

G96——恒线速。格式：G96　S____；表示切削点的线速度不变，即切削时工件上任一点的切削速度是固定的。如：G96 S150；表示切削速度恒为 150m/min。此时转速会由数控系统自动控制做相应变化。

公式为

$$v = n\pi d / 1000$$

式中　v——切削速度，由刀具的耐用度决定，m/min；

d——工件直径，mm；

n——转速，r/min。

通常，数控机床默认状态为 G97，它主要用于直径变化不大的外圆车削和端面车削，例如螺纹车削、钻削、攻螺纹等。指令 G96 主要用于车削端面或工件直径变化较大的场合，例如切断加工。另外，有些车削件外形轮廓复杂，而表面质量要求较高，此时使用恒表面速度则具有更大的优势。利用恒表面速度指令，主轴转速将根据正在车削的直径（当前直径）自动增加或减少。该功能不仅节省编程时间，也允许刀具始终以恒切削量切除材料，从而避免刀具额外磨损，并可获得良好的表面加工质量。

在车削端面或工件直径变化较大时，为了保证车削表面质量的一致性，使用恒线速 G96 控制，当工件直径变化不大时，一般选用 G97 恒转速控制。用恒线速控制加工端面、锥面和圆弧面时，由于 X 轴的直径 D 值不断变化，当刀具接近工件的旋转中心时，主轴的转速会越来越高。采用主轴最高转速限定指令，可防止因主轴转速过高、离心力太大而产生危险及影响机床寿命。故用G96恒线速时必须配合G50限速使用。

格式：G50 S____；

例如：G50 S2000；表示限制主轴的最高转速为2000r/min。

10.3.3 刀具偏置与刀尖半径补偿

(1) 刀具补偿功能指令

刀具的补偿包括刀具的偏置和磨损补偿，以及刀尖半径补偿。

注意：刀具的偏置和磨损补偿是由T代码指定的功能，而不是由G代码规定的准备功能。但为了方便读者阅读，保持系统性和连贯性，改在此处描述。

编程时，设定刀架上各刀在工作位时，其刀尖位置是一致的。但由于刀具的几何形状及安装的不同，其刀尖位置是不一致的，其相对于工件原点的距离也是不同的。因此，需要将各刀具的位置值进行比较或设定，称为刀具偏置补偿。刀具偏置补偿可使加工程序不随刀尖位置的不同而改变。刀具偏置补偿有以下两种形式：

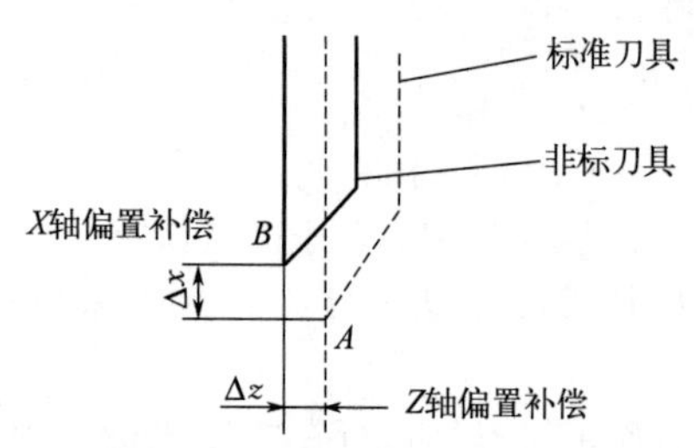

图10-8 刀具偏置的相对补偿

1）相对补偿形式

如图10-8所示，在对刀时，确定一把刀为标准刀具，并以其刀尖位置A为依据建立坐标系。这样，当其他各刀转到加工位置时，刀尖位置B相对于标准刀尖位置A就会出现偏置，原来建立的坐标系就不再适用。因此，应对非标刀具相对于标准刀具的偏置值Δx、Δz进行补偿，使刀尖位置B移至位置A。标准刀具偏置值为机床回到机床零点时，工件坐标系零点相对于工作位上标准刀具刀尖位置的有向距离。

2）绝对补偿形式

绝对补偿形式是指机床回到机床零点时，工件坐标系零点相对于刀架工作位上各刀刀尖位置的有向距离。当执行刀具偏置补偿时，各刀以此值设定各自的加工坐标系，如图10-9所示。

T ×× + ××

刀具号 + 刀具补偿号

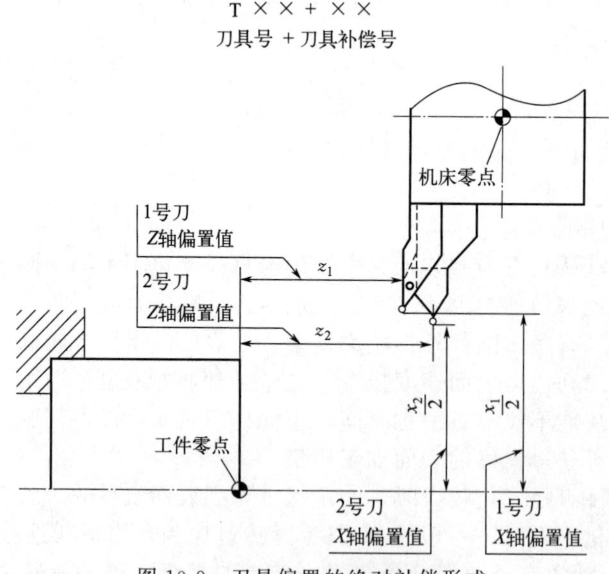

图10-9 刀具偏置的绝对补偿形式

刀具使用一段时间后的磨损也会使产品尺寸产生误差。因此，需要对其进行补偿。该补偿与刀具偏置补偿存放在同一个寄存器的地址号中。各刀的磨损补偿只对该刀有效（包括标准刀具）。

刀具的补偿功能由 T 代码指定，其后的 4 位数字分别表示选择的刀具号和刀具补偿号。T 代码的说明为

刀具补偿号是刀具偏置补偿寄存器的地址号。该寄存器存放刀具的 X 轴和 Z 轴偏置补偿值、刀具的 X 轴和 Z 轴磨损补偿值。

T 加补偿号表示开始补偿功能。补偿号为 00 表示补偿量为 0，即取消补偿功能。

系统对刀具的补偿或取消都是通过拖板的移动来实现的。补偿号可与刀具号相同，也可不同，即一把刀具可对应多个补偿号（值）。

如图 10-10 所示，如果补偿轨迹相对编程轨迹具有 X 向、Z 向上补偿值（由 X 向、Z 向上的补偿分量构成的矢量，称为补偿矢量），那么程序段中的终点位置加上或减去由 T 代码指定的补偿值（补偿矢量），即补偿轨迹终点位置。

如图 10-11 所示，先建立刀具偏置磨损补偿，后取消刀具偏置磨损补偿。

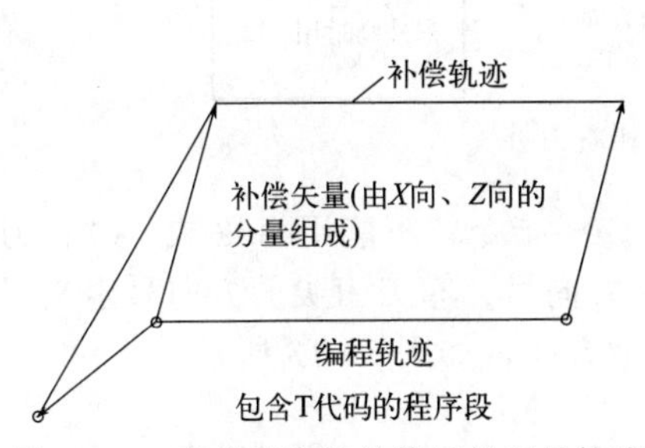

图 10-10　经偏置磨损补偿后的刀具轨迹

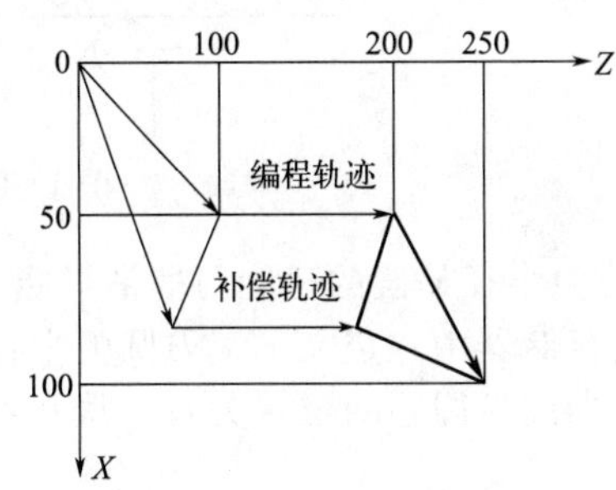

图 10-11　刀具偏置磨损补偿编程

(2) 刀尖（圆弧）半径补偿 G40、G41、G42

格式：

$$\begin{cases} G40 \\ G41 \\ G42 \end{cases} \begin{cases} G00 \\ G01 \end{cases} X\_\_\ Z\_\_;$$

说明：

数控程序一般是针对刀具上的某一点（即刀位点），按工件轮廓尺寸编制的。车刀的刀位点一般为理想状态下的假想刀尖 A 点或刀尖圆弧圆心 O 点。但实际加工中的车刀，因工艺或其他要求，刀尖往往不是一理想点，而是一段圆弧。当切削加工时，刀具切削点在刀尖圆弧上变动，造成实际切削点与刀位点之间的位置有偏差，故造成过切或少切。这种刀尖不是一理想点而是一段圆弧所造成的加工误差，可用刀尖圆弧半径补偿功能来消除。刀尖圆弧半径补偿是通过 G40、G41、G42 代码及 T 代码指定的刀尖圆弧半径补偿号，加入或取消半径补偿。

G40：取消刀尖半径补偿。

G41：左刀补（在刀具前进方向左侧补偿），如图 10-12 所示。

G42：右刀补（在刀具前进方向右侧补偿），如图 10-12 所示。

X，Z：G00/G01 的参数，即建立刀补或取消刀补的终点。

注意：①G40、G41、G42 都是模态代码，可相互注销。

② G41/G42 不带参数，其补偿号（代表所用刀具对应的刀尖半径补偿值）由 T 代码指

定。其刀尖圆弧半径补偿号与刀具补偿号对应。

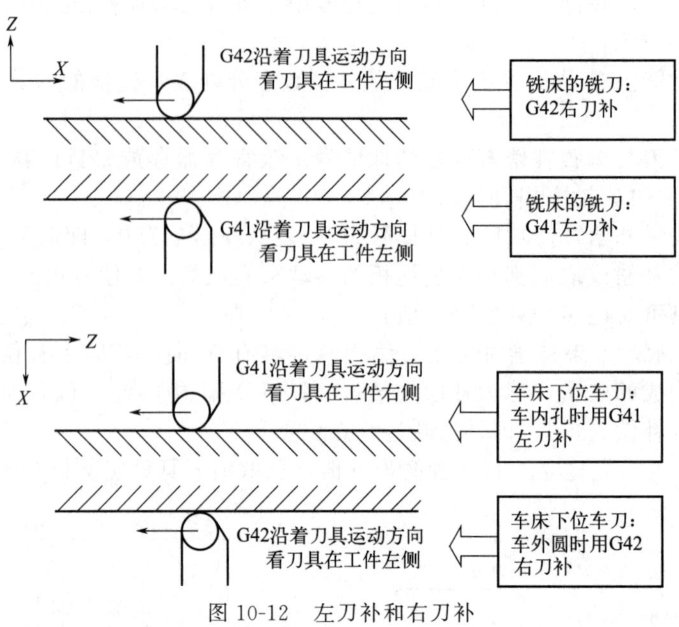

图 10-12　左刀补和右刀补

③ 刀尖半径补偿的建立与取消只能用 G00 或 G01 指令，不能用 G02 或 G03；刀尖圆弧半径补偿存储器中，定义了车刀圆弧半径及刀尖的方向号；车刀刀尖的方向号定义了刀具刀位点与刀尖圆弧圆心的位置关系，从 0 到 9 有 10 个方向，如图 10-13 所示。

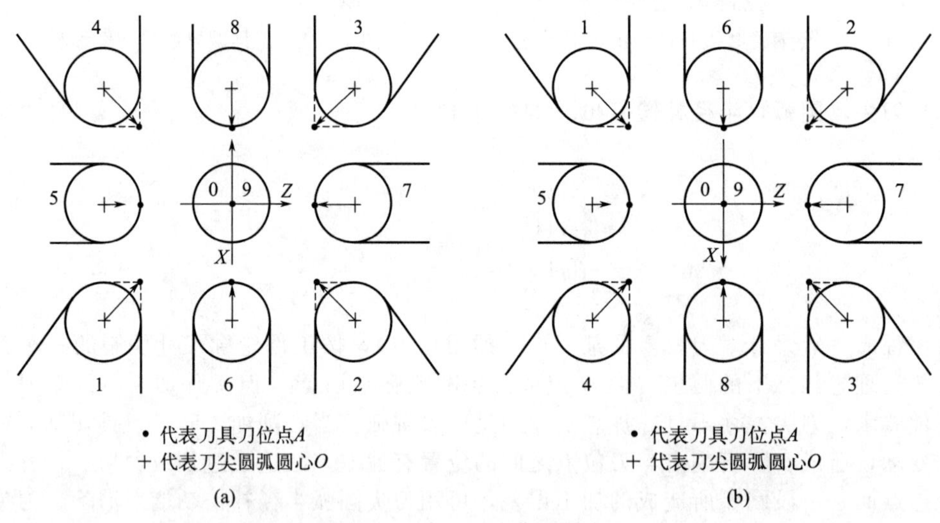

图 10-13　车刀刀尖位置码定义

10. 3. 4　外圆及端面切削循环

在数控车床上被加工工件的毛坯常为棒料或铸、锻件，所以车削加工时加工余量大，一般需要多次重复循环加工，才能车去全部加工余量。为了简化编程，在数控控制系统中，具备不同形式的固定循环功能，它们可以实现固定顺序动作自动循环切削。下面介绍几种常用的单一固定循环功能。

(1) 圆柱面内（外）径切削循环指令 G90

格式：G90　X（U）____Z（W）____F____；

说明：X、Z——绝对值编程时，为切削终点 C 在工件坐标系下的坐标；增量值编程时，为切削终点 C 相对于循环起点 A 的有向距离，图形中用 U、W 表示。该指令执行如图 10-14 所示 $A—B—C—D—A$ 的轨迹动作，虚线表示按快进速度运动，实线表示按工作进给速度运动。

例：如图 10-15 所示，采用 G90 编程如下。

```
01010;
...
G00 X62.0 Z2.0;
G90 X50.0 Z-40.0 F0.15;
X40.0;
X30.0;
G00 X200.0 Z100.0;
M05;
M30;
```

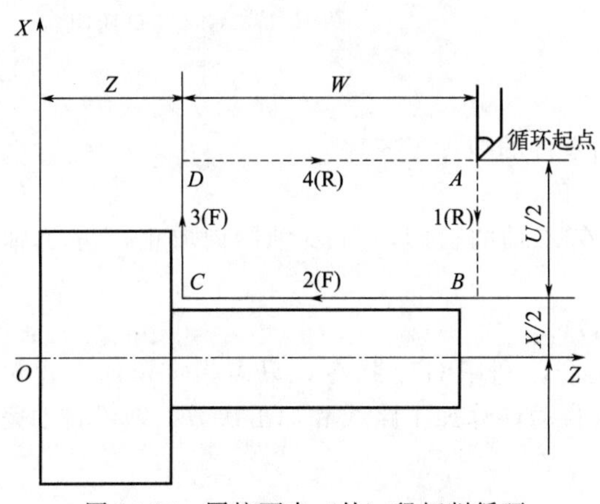

图 10-14　圆柱面内（外）径切削循环

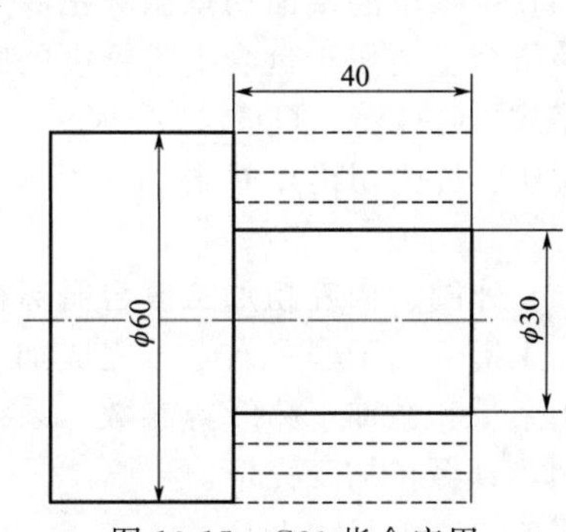

图 10-15　G90 指令应用

(2) 圆锥面内（外）径切削循环指令 G90

格式：G90　X(U)____Z(W)____R____F____；

说明：R 为圆锥体大小端的半径差。编程时，应注意 R 的符号，锥面起点坐标大于终点坐标时 R 为正，反之为负。图示位置 R 为负（R 亦可理解为切削起点至切削终点在 X 轴的矢量，若与轴正向同向为正，与轴正向反向为负）

(3) 端平面切削循环指令 G94

该指令主要用于盘套类零件的平面粗加工工序。

格式：G94　X(U)____Z(W)____F____；

说明：该指令执行如图 10-16 所示 $A—B—C—D—A$ 的轨迹动作。

例：如图 10-17 所示，用 G94 指令编写程序。

```
01234;
...
G00 X62.0 Z2.0;
G94 X10.0Z-3.0 F0.2;
```

```
Z-5.0;
X30.0Z-7.0;
Z-10.0;
G00 X200.0Z100.0;
...
```

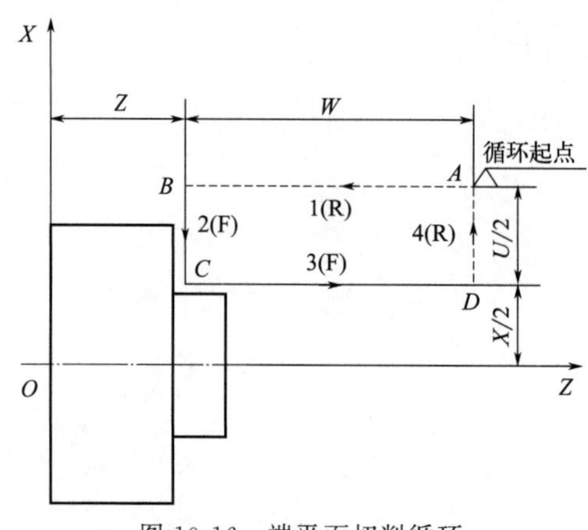

图 10-16　端平面切削循环

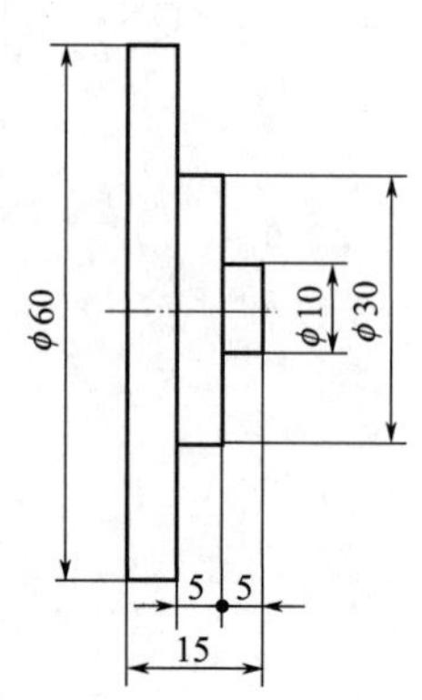

图 10-17　G94 指令应用

(4) 带锥度的端面切削循环指令 G94

该指令主要用于盘套类带锥度的圆锥面零件的粗加工工序。

格式：G94　X(U)____Z(W)____R____F____；

说明：R 为切出点 C 相对于切入点 B 在 Z 轴的投影，与 Z 轴同向取正，与 Z 轴反向取负。

(5) 外圆、内孔粗加工复合循环指令 G71

G71 指令用于非一次走刀完成加工的场合，利用 G71 指令，只需指定粗加工背吃刀量精加工余量和精加工路线等参数，系统便可自动计算加工路线和加工次数，即可自动完成重复切削，直至粗加工完毕。

格式：G71 U(Δd)R(e)；

　　　G71P(ns)0(nf)U(Δu)W(Δw)F(f)S(s)T(t)；

说明：

Δd——切削深度（每次切削量），半径值，指定时不加符号，方向由矢量 A—A'方向决定，如图 10-18 所示，该值为模态值，直到下一次指定之前均有效。也可用参数指定，根据程序指令，参数中的值也变化。

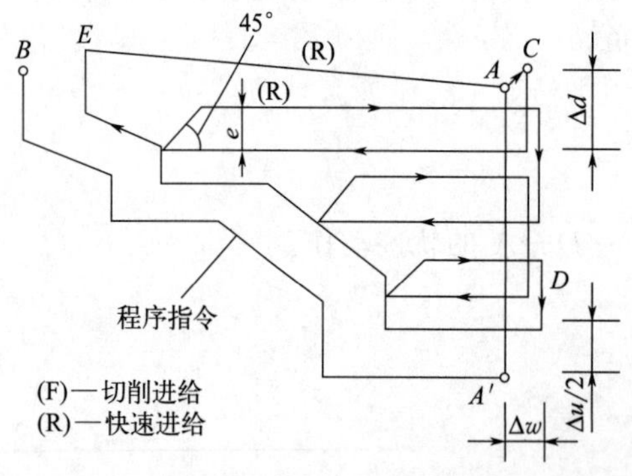

图 10-18　G71 走刀路线

e——每次退刀量，该值为模态值，在下次指定之前均有效。也可用参数指定，根据程序指令，参数中的值也变化。

ns——精加工形状开始程序段的顺序号。

nf——精加工形状结束程序段的顺序号。

Δu——X 方向精加工余量和方向，通常采用直径值。Δu 为负值时，表示内径粗车循环。

Δw——Z 方向精加工余量和方向。

f，s，t——只对粗加工循环有效。包含

在 ns 到 nf 程序段中的任何 F、S、T 功能在循环中都被忽略，但是，在 G71 程序段中或前面程序段指定的 F、S、T 指令功能有效。当有恒速控制功能时，在 ns 到 nf 程序段中的 G97 和 G96 也无效，粗车循环使用 G71 程序段之前指令中的 G96 或 G97 功能。

走刀路线：

G71 走刀路线如图 10-18 所示。外圆粗加工的刀具走刀运动步骤如表 10-9 所示。

表 10-9　外圆粗加工的刀具走刀运动步骤

步骤	说明
1	由 A 点退到 C 点，移动 $\Delta u/2$ 和 Δw 距离
2	平行于 $A—A'$ 移动 Δd，移动方式由程序号中的 ns 中的代码确定
3	切削运动，用 G01 到达轮廓 DE
4	以 Z 轴 45°方向退刀，X 方向退刀距离为 e
5	快速返回到 Z 轴的出发点
6	重复步骤 2～5，直到按工件小头尺寸已不能进行完整的循环为止
7	沿精加工余量轮廓 DE 加工
8	从 E 点快速返回到 A 点

使用 G71 编程时的注意事项：

① 由地址符 P 指定的 ns 程序段必须用指令 G00 或 G01，否则系统会报警

② 在 ns 到 nf 程序段中不能调用子程序。

③ 在 ns 到 nf 程序段中不能指定下列指令：

a. 除 G04 以外的非模态 G 代码；

b. 除 G00、G01、G02 和 G03 以外的所有 01 组 G 代码；

c. 06 组 G 代码；

d. M98/M99。

④ 刀具返回运动是自动的，因而在 ns 到 nf 程序段中不需要进行编程。

⑤ 在编制程序指令时，A 点在 G71 程序段之前指定，以保证进刀的安全。$A—A'$之间的刀具轨迹，在顺序号 ns 和程序段中指定，可以用 G00 或 G01 指令。当用 G00 指定时，$A—A'$为快速移动；当用 G01 指定时，$A—A'$为切削进给移动。

⑥ 外圆粗加工要求 $A—A'$的运动轨迹必须用垂直进刀，在程序中不能指定 Z 轴运动。$A'—B$ 之间的零件形状，在 X 轴与 Z 轴都必须是单调增大或单调减小的图形。

⑦ 在 MDI 方式中不能指令 G71，否则报警。

⑧ FANUC-0i Mate-TD 系统在 ns 到 nf 程序段中不应包含刀尖半径补偿，而应在调用循环前编写刀尖半径补偿。循环结束后应取消半径补偿。

(6) 外圆、内孔精加工循环指令 (G70)

用 G71（G72 或 G73）粗车循环完毕后，用精加工指令，使刀具进行 A—A′B 的精加工，通常用在 G71（G72 或 G73）粗车后，只能用于精加工已粗加工过的轮廓。

格式：G70 P(ns) Q(nf)；

说明：

ns——精加工路径第一程序段号；

nf——精加工路径最后程序段号。

当用 G71、G72、G73 粗车工件后，用 G70 来指定精车循环，切除粗加工留下的余量；在 G71、G72、G73 中的 F、S、T 无效，在执行 G70 时处于 ns 到 nf 程序段之间的 F、S、T 有效；在顺序号为 ns 到顺序号为 nf 的程序段中，不能调用子程序。G70 循环结束后，执行 G70 程序段的下一个程序段。

使用 G70 编程时注意事项：

① 由地址符 P 指定的 ns 程序段必须用指令 G00 或 G01，否则系统会报警。

② 在 ns 到 nf 程序段中不能调用子程序。

③ 在 ns 到 nf 程序段中不能指定下列指令：

a. 除 G04 以外的非模态 G 代码；

b. 除 G00、G01、G02 和 G03 以外的所有 01 组 G 代码；

c. 06 组 G 代码；

d. M98/M99。

④ 在 MDI 方式中不能指定 G71，否则报警。

⑤ 在 G71 程序段中指定的 F、S、T，在 G70 执行时无效，G70 执行顺序号 ns 到 nf 程序段指定的 F、S、T 功能。如果顺序号 ns 到 nf 程序段没有指定 F、S、T 功能，也可以在 G70 循环处理过程中为轮廓的精加工编写，如“N10 G70 P100 Q200 F0.08;”。

⑥ G71(G72 或 G73) 粗车循环结束后，都返回到循环起始点，因此，精车开始时，仍从循环起点出发，加工完毕再返回起始点。一般情况下，粗精加工所用刀具不相同，所以粗车循环结束后，换精加工刀具进行精车循环时，循环起点一定要与粗车循环起点重合。

(7) 端面粗车循环指令 G72

相比于 G71，G72 端面粗车循环常用于圆柱棒料毛坯的端面粗车，端面粗车循环适用于 Z 向余量小、X 向余量大的棒料粗加工。

格式：G72　W(Δd)R(e)；

　　　G72 P(ns)Q(nf)U(Δu)W(Δw)F(f)S(s)T(t)；

说明：

Δd——切削深度（每次切削量），该量无正负号，刀具的切削方向取决于 A—A'方向。该值是模态值，直到下次指定之前均有效。

e——每次退刀量，该值为模态值，在下次指定之前均有效。也可用参数指定，根据程序指令，参数中的值也变化。

ns——精加工形状开始程序段的顺序号。

nf——精加工形状结束程序段的顺序号。

Δu——X 方向精加工余量和方向，通常采用直径值。Δu 为负值时，表示内粗车循环。

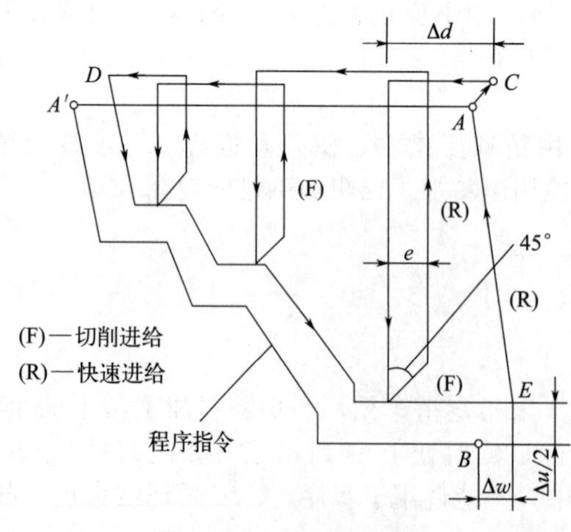

图 10-19　G72 走刀路线

Δw——Z 方向精加工余量和方向。

f、s、t——只对粗加工循环有效。包含在 ns 到 nf 程序段中的任何 F、S、T 功能在循环中都被忽略，但是，在 G72 程序段中或前面程序段指定的 F、S、T 指令功能有效。当有恒速控制功能时，在 ns 到 nf 程序段中的 G97 和 G96 也无效，粗车循环使用 G72 程序段之前指令中的 G96 或 G97 功能。

走刀路线：

G72 走刀路线如图 10-19 所示。

端面粗加工的刀具走刀运动步骤见表 10-10。

表 10-10　端面粗加工的刀具走刀运动步骤

步骤	说明
1	由 A 点退到 C 点，移动 $\Delta u/2$ 和 Δw 距离
2	平行于 A—A' 移动 Δd，移动方式由程序号中的 ns 中的代码确定
3	切削运动，用 G01 到达轮廓 DE
4	以 X 轴 45°方向退刀，Z 方向退刀距离为 e
5	快速返回到 Z 轴的出发点
6	重复步骤 2～5，直到按工件小头尺寸已不能进行完整的循环为止
7	沿精加工余量轮廓 DE 加工
8	从 E 点快速返回到 A 点

应用：G72 循环的各个方面都与 G71 相似，只需指定精加工路线和粗加工的背吃刀量、精车余量、进给量等参数，系统便会自动计算粗加工路线和加工次数，大大简化编程。唯一区别就是它从较大直径向主轴中心线垂直切削，其切削方向平行于 X 轴，在 ns 程序段中不能有 X 方向的移动指令，以去除端面上的多余材料。它主要用于端面切削粗加工圆柱，适用于圆盘类零件加工。

使用 G72 编程时的注意事项：

① 由地址符 P 指定的 ns 程序段必须用指令 G00 或 G01，否则系统会报警。

② 在 ns 到 nf 程序段中不能调用子程序。ns 到 nf 编程轨迹为 A'—A。

③ 在 ns 到 nf 程序段中不能指定下列指令：

a. 除 G04 以外的非模态 G 代码；

b. 除 G00、G01、G02 和 G03 以外的所有 01 组 G 代码；

c. 06 组 G 代码；

d. M98/M99。

④ 刀具返回运动是自动的，因而在 ns 到 nf 程序段中不需要进行编程。

⑤ 在编制程序指令时，A 点在 G72 程序段之前指定，以保证进刀的安全。A'—A 之间的刀具轨迹，在顺序号 ns 程序段中指定，可以用 G00 或 G01 指定，但不能有 X 轴运动。当用 G00 指定时，A'—A 为快速移动；当用 G01 指定时，A'—A 为切削进给移动。

⑥ A'—B 之间的零件形状，在 X 轴与 Z 轴都必须是呈单调增大或单调减小的图形。

⑦ 在 MDI 方式中不能指定 G72，否则报警。

⑧ FANUC-0i Mate-TD 系统在 ns 到 nf 程序段中不应包含刀尖半径补偿，而应在调用循环前编写刀尖半径补偿。循环结束后应取消半径补偿。

⑨ G72 粗加工循环最后一次走刀为 D—E—A，其加工顺序整体上为自左至右，故刀尖半径补偿判断与圆弧判断结果等与 G71 正好相反。通常加工外圆 G72 用 G41 左刀补。

(8) 固定形状粗车循环指令 G73

固定形状粗车循环可以按零件轮廓的形状重复车削，每次平移一个距离，直到把零件粗车至要求的尺寸。

格式：G73 U(Δi)W(Δk)R(d)；

G73 P(ns)Q(nf)U(Δu)W(Δw)F(f)S(s)T(t)；

N(ns) …

… (沿 A—A—B 的程序段号)

N(nf) …；

说明：

Δi——X 轴方向总退刀量或轴方向毛坯切除余量（半径指定，取正值），模态值。也可由 FANUC 系统参数指定，由程序指令改变。

Δk——Z 轴方向总退刀量或 Z 轴方向毛坯切除余量（取正值），也可由 FANUC 系统参数指定，由程序指令改变。

d——分割次数，等于粗车次数（总余量除以切削深度），模态值。也可由 FANUC 系统参数指定，由程序指令改变。可以不用小数点表示。

ns——精加工形状程序的第一个段号。

nf——精加工形状程序的最后一个段号。

Δu——X 方向精加工余量的距离及方向（通常用直径指定）。

Δu——Z 方向精加工余量的距离及方向。

f，s，t——顺序号 ns 至 nf 之间的程序段中所包含的任何 F、S、T 功能都被忽略，而在 G73 程序段中的 F、S、T 有效。

走刀路线：

G73 走刀路线如图 10-20 所示。

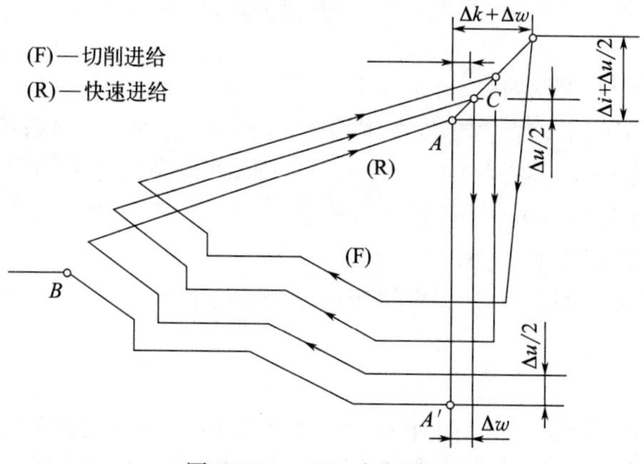

图 10-20　G73 走刀路线

应用：其目的是将毛坯材料中不规则形状切削时间限制在最低限度。这种车削循环对均匀余量的零件毛坯是适宜的，如锻造毛坯、铸造毛坯等，毛坯尺寸接近工件的成品形状尺寸，只是外径、长度较成品留有一定的余量，利用该指令可有效提高切削效率。

使用 G73 指令时的注意事项：

① 由地址符 P 指定的 ns 程序段必须采用指令 G00 或 G01，否则系统会报警。

② 在 ns 到 nf 程序段中不能调用子程序。

③ 在 ns 到 nf 程序段中不能指定下列指令：

a. 除 G04 以外的非模态 G 代码；

b. 除 G00、G01、G02 和 G03 以外的所有 01 组 G 代码；

c. 06 组 G 代码；

d. M98/M99。

④ 刀具返回运动是自动的，因而在 ns 到 nf 程序段中不需要进行编程。

⑤ 在 MDI 格式中不能使用指令 G73，否则会报警。

⑥ 区分 G73 与 G71 指令编程格式的相同与不同之处：格式中，关键参数 U(Δi) 中的毛坯余量要计算正确。

⑦ G73 指令用于棒料切削时，会有较多的空刀行程，因此应尽可能使用 G71 或 G72 指令切除余量。

⑧ G73 指令精加工路线应封闭。

⑨ G73 指令用于内孔加工时，必须注意是否有足够的退刀空间，否则会发生碰撞。

(9) 端面切槽（钻孔）复合循环指令 G74

刀具以编程指定的主轴转速和进给速度进行端面切槽或钻孔。

格式：G74　R(e)；

　　　G74　X(U)_Z(W)_P(Δi)O(Δk)R(Δd)F(f)；

说明：

e——返回量。该值属模态值，在指定其他值之前一直有效。此外，也可通过参数 No. 5139 进行设定，参数值随程序指令而改变。

X、Z——指定加工终点的绝对坐标值。

U、W——指定加工终点相对于循环起点的坐标增量值。

Δi——指定 X 轴方向的移动量。

Δk——指定 Z 轴方向的移动量。

Δd——切削谷底 C 位置的退刀量。

f——进给速度。

10. 3. 5　螺纹切削循环

(1) 螺纹切削加工指令 G32

用此指令可以加工以下各种等螺距螺纹：圆柱螺纹、圆锥螺纹、外螺纹、内螺纹、单线螺纹、多线螺纹、多段连续螺纹。

格式：G32　X(U)____Z(W)____F____；

说明：

① G32 为等螺距螺纹切削指令，属于模态指令。

② X(U)_Z(W)_为终点坐标位置，可以用绝对形式 X_Z_或相对形式 U_W_，也可以两种形式混用。

③ F 为长轴螺距，半径编程。装在主轴上的位置编码器实时地读取主轴转速，并转换为刀具的每分钟进给量。F 值的指令范围：公制输入 F=0. 0001～5000. 0000mm，英制输入 F=0. 000001～9. 000000in。

④ 锥形螺纹的导程用长轴方向的长度指令，如图 10-21 所示。当 $\alpha \leqslant 45°$时，导程为 L_z；当 $\alpha > 45°$时，导程为 L_x。

⑤ 螺纹切削是沿着同样的刀具轨迹从粗加工到精加工重复进行。因为螺纹切削是在主轴上的位置编码器输出一转信号开始的，所以螺纹切削是从固定点开始且刀具在工件上轨迹不变而重复切削螺纹。注意主轴速度从粗切削到精切削必须保持恒定，否则螺纹导程不正确。

⑥ 由于伺服系统滞后（加速运动和减速运动）会在螺纹切削的起点和终点产生不正确的导程，即造成螺纹头尾螺距减小（产生不完全螺纹），为了补偿，在编程时，头尾应让出一定距离，以消除伺服滞后造成的螺距误差。在螺纹加工之前和之后通常增加一段距离，分别称为引入距离 δ_1 与超越距离 δ_2。如图 10-22 所示。

⑦ 用 G32 编写螺纹加工程序时，车刀的切入、切出和返回均要编入程序。如果螺纹牙型深度较深，螺距较小，可分为数次进给，每次进给背吃刀量用螺纹深度减去精加工背吃刀量所得的差值按递减规律分配。

a. 单向切入法。如图 10-23(a) 所示，此切入法切削刃承受的弯曲压力小，状态较稳定，成屑形状较为有利，切深较大，侧向进刀时，齿间有足够空间排出切屑。用于加工螺距 4mm 以上的不锈钢等难加工材料的工件或刚性低易振动工件的螺纹。

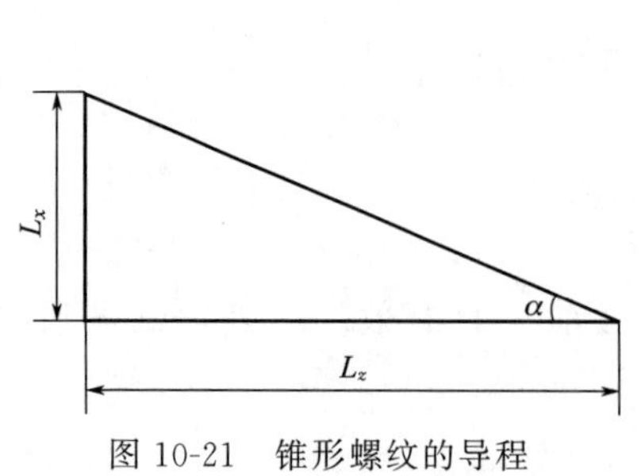

图 10-21　锥形螺纹的导程

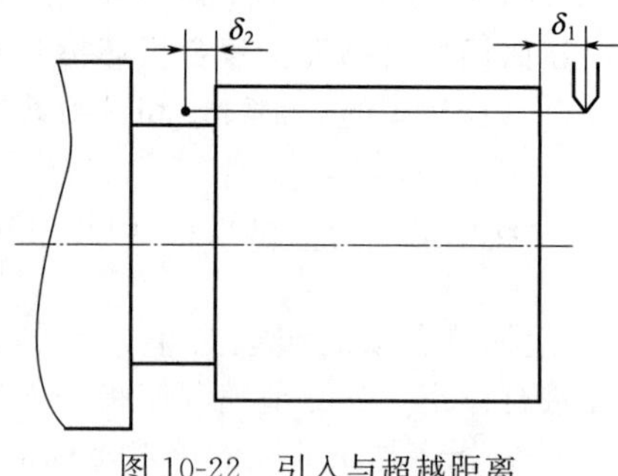

图 10-22　引入与超越距离

b. 直进切入法。如图 10-23(b) 所示，左右刀同时切削，产生的 V 形铁屑作用于切削刃口会引起较大弯曲力。加工时要求切深小，刀刃锋利，适用于加工螺距在 4mm 以下的一般螺纹。

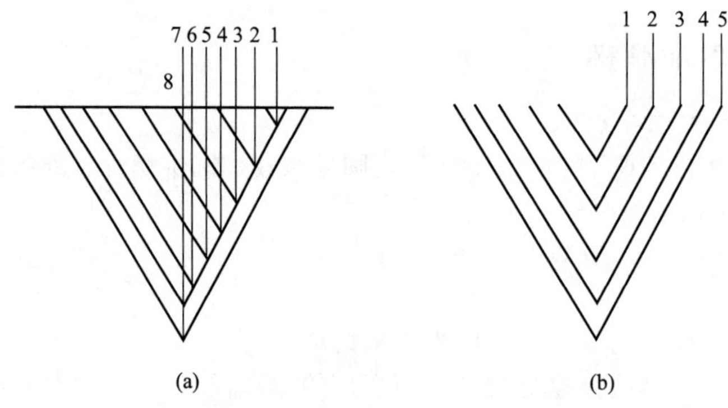

图 10-23　螺纹加工进刀方法

(2) 单一固定循环螺纹切削加工指令 G92

该指令可循环加工圆柱螺纹和圆锥螺纹，应用方式与 G90 外圆循环指令有类似之处。

圆柱螺纹指令格式：G92X(U)_Z(W)_F_；

说明：

X(U)_Z(W)_表示螺纹切削终点绝对（相对）坐标；

F 为螺纹导程，单线螺纹时为螺距。

圆柱螺纹走刀路线：

螺纹切削循环的四段轨迹如图 10-24 所示。刀具从循环点（起刀点 A）至快速返回循环点 A 的四个轨迹段自动循环。在加工时，只需一句指令，刀具便可加工完成四个轨迹的工作环节，这样大大优化了程序编制。

圆锥螺纹指令格式：G92X(U)_Z(W)_R_F_；

说明：

① X(U)_Z(W)_表示螺纹切削终点绝对（相对）坐标。

② F 为螺纹导程，单线螺纹时为螺距。

③ R 为圆锥螺纹切削起点与切削终点的半径之差，或者为刀具切出点到切入点距离在 X 方向的投影，与 X 轴方向相同时取正，与 X 轴方向相反时取负（半径值）。

(3) 复合螺纹切削循环指令 G76

G76 复合螺纹切削循环指令，是多次自动循环切削螺纹的一种编程加工方式。G76 指令

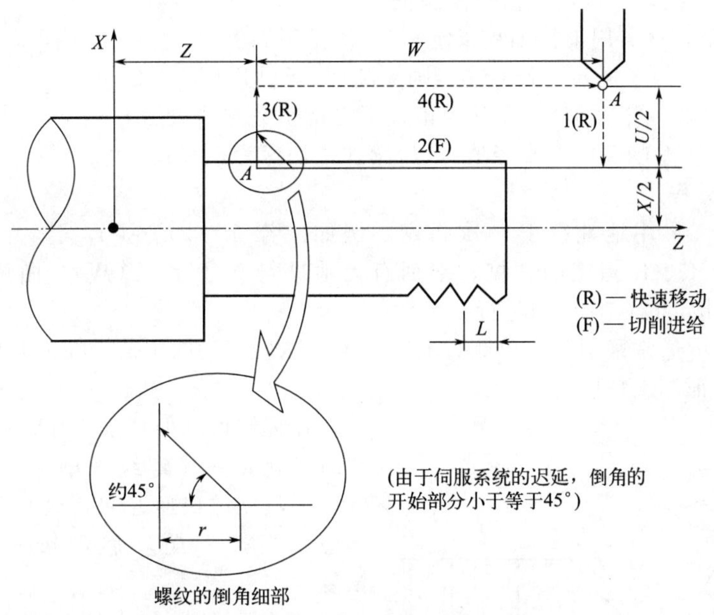

图 10-24　螺纹切削循环的四段轨迹

加工轨迹如图 10-25 所示，此循环加工中，刀具为单侧刃加工，从而使刀尖的负载可以减轻，避免出现“啃刀现象”。使用 G76 循环能在整个程序段中加工任何单线螺纹，螺纹加工时占程序很少的部分，在机床上修改程序也更为简单。

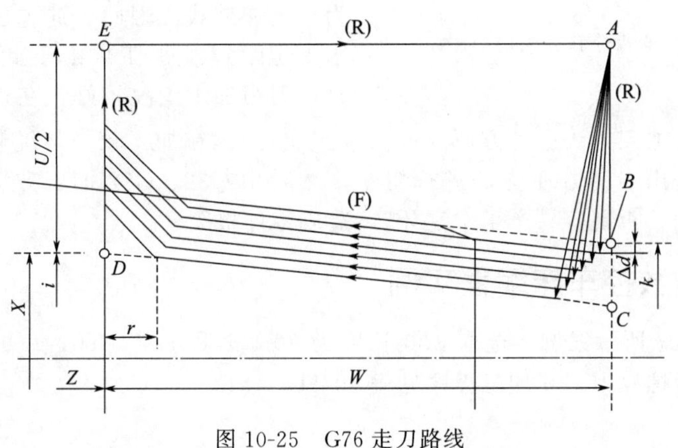

图 10-25　G76 走刀路线

格式：G76 P(m)(r)(a)Q(Δd)R(d)；

G76 X(U)_Z(W)_R(i)_P(k)Q(Δd)F(L)；

说明：

m——精加工次数（1～99)，该值为模态值。

r——退尾倒角量，00～99（单位为 0.1L，L 为螺纹螺距)，必须输入 2 位数。该值为模态值。

a——刀尖角度，即螺纹车刀的牙型角，可选 80°、60°、55°、30°、29°、0°共 6 种角度，两位数指定。该值是模态值。

Δd——最小切削深度（半径值)，当一次切入量（$\Delta d\sqrt{n}-\Delta d\sqrt{n-1}$）小于 Δd_{min} 时，

则用 Δd_{min} 作为一次切入量，该值是模态值。

d——精加工余量（用半径编程指定），该值是模态值。

i——螺纹两端的半径差，若 i=0，则为圆柱螺纹切削方式。

k——螺纹牙高（半径值），通常为正，不支持小数点输入。

Δd——第一次车削深度（半径值），后续加工切深为递减式。

L——螺纹导程。

注意：m、r、a 用地址符 P 一次指定。例如：若 m=2，r=1.2，a=60°，则指令为 P021260。用 P、Q、R 指定的数据，根据有无地址符 X(U)、Z(W)，循环动作由地址符 X(U)、Z(W) 指定的 G76 指令进行。

在螺纹加工中通常采用刀具单侧刃加工，可以减轻刀尖的负荷。在最后精加工时采用双刀刃切削，以保证加工精度。

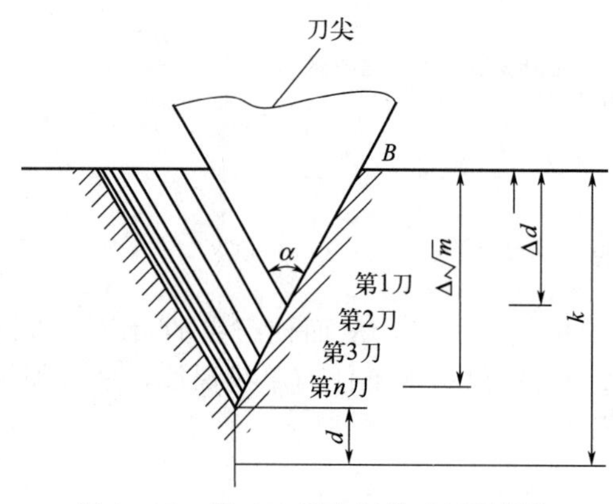

图 10-26　用 G76 指令斜进式切削螺纹

在螺纹切削循环加工中，按下进给暂停按钮时，就如同在螺纹切削循环终点的倒角一样，刀具立即快速退回，返回至该时刻的循环起点。当按下循环启动按钮时，螺纹循环恢复。

G76 斜进式切削方法，如图 10-26 所示，由于为单侧刃加工，加工刀刃容易损伤和磨损，使加工的螺纹面不直，刀尖角发生变化，从而造成牙型精度较差。但由于其为单侧刃工作，刀具负载较小，刀尖排屑容易，并且深度为自动递减式，因此，这种加工方法一般适用于大螺距螺纹加工。由于此加工方法排屑容易，刀刃加工工况较好，在螺纹精度要求不是很高的情况下，此加工方法更为方便（可以一次成形）。在加工较高精度螺纹时，可采用两刀加工完成，即先用 G76 加工方法进行粗车，然后用 G32、G92 加工方法精车。但要注意刀具起始点要准确，否则容易产生“乱牙”，造成零件报废。

10.3.6　典型数控车床编程实例

加工如图 10-27 所示案例，选取 $\phi30$ 长度为 80mm 毛坯料，T01 为 93°外圆车刀，T02 为切槽刀，T03 为螺纹刀，其加工程序见表 10-11。

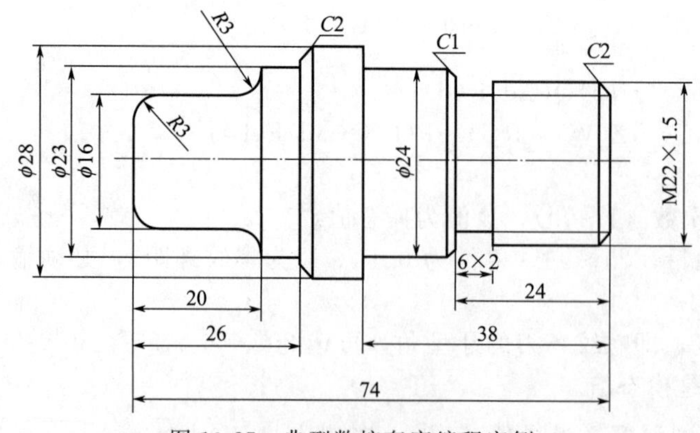

图 10-27　典型数控车床编程实例

表 10-11　程序范例

程序内容	程序内容
右端外轮廓加工	螺纹粗加工
O8601;	O8604;
N1;	G00 G40 G97 G99 S200 M03 T0303;
G00 G40 G97 G99 M03 S500 T0101 F0.1;	X25.0 Z3.0;
G00 G42 X32.0 Z2.0;	G92 X19.85 Z-19.5 F1.5;
G71 U0.5 R2.0;	X19.5;
G71 P100 Q200 U0.3 W0.0;	X19.3;
N100 G01 X12.8;	X19.0;
X19.85 Z-1.5;	X18.8;
Z-24.0;	X18.6;
X20.0;	X18.4;
X22.0 Z-25.0;	X18.2;
Z-38.0;	X18.1;
X29.0;	X18.05;
Z-49.0;	G00 X150.0 Z150.0;
N200 G01 X32.0;	M05;
G00 G40 X150.0 Z150.0;	M30;
N2;	螺纹精加工
G00 G40 G97 G99 M03 S800 T0101 F0.05;	O8605;
G00 G42 X32.0 Z2.0;	G00 G40 G97 G99 S200 M03 T0303;
G70 P100 Q200;	X25.0 Z3.0;
G00 G40 X150.0 Z150.0;	G92 X19.85 Z-19.5 F1.5;
M05;	X18.05;
M30;	G00 X150.0 Z150.0;
切槽粗加工	M05;
O8602;	M30;
G00 G40 G97 G99 S200 M03 T0202;	左端外轮廓加工
X22.0 Z2.0;	O8606;
Z-23.8;	N1;
G01 X16.1 F0.01;	G00 G40 G97 G99 M03 S500 T0101 F0.1;
X22.0 F0.3;	G00 G42 X32.0 Z10.0;
Z-21.2;	G71 U0.5 R2.0;
X16.0 F0.01;	G71 P100 Q200 U0.3 W0.0;
Z-23.8;	N100 G01 X0.0;
X23.0 F0.3;	Z0.0;
G0 X150.0 Z150.0;	X8.0;
M05;	G03 X16.0 Z-4.0 R4.0;
M30;	G01 Z-17.0;
切槽精加工	G02 X22.0 Z-20.0 R3.0;
O8603;	G01 X24.0;
G00 G40 G97 G99 S300 M03 T0202;	Z-26.0;
X24.0 Z2.0;	X31.0 Z-29.0;
Z-24.0;	N200 G01 X32.0;
G01 X16.0 F0.02;	G00 G40 X150.0 Z150.0;
Z-21.0;	N2;
X24.0;	G00 G40 G97 G99 M03 S800 T0101 F0.05;
G00 X150.0 Z150.0;	G00 G42 X32.0 Z2.0;
M05;	G70 P100 Q200;
M30;	G00 G40 X150.0 Z150.0;
	M05;
	M30;

10.4 加工中心手工编程基础

10.4.1 加工中心的编程特点

加工中心是将数控铣床、数控镗床、数控钻床的功能组合起来，并装有刀库和自动换刀装置的数控镗铣床。立式加工中心主轴轴线（*Z* 轴）是垂直的，适合于加工盖板类零件及各种模具；卧式加工中心主轴轴线（*Z* 轴）是水平的，一般配备容量较大的链式刀库，机床带有一个自动分度工作台或配有双工作台以便于工件的装卸，适合于工件在一次装夹后，自动完成多面多工序的加工，主要用于箱体类零件的加工。其具有以下编程特点：

① 当零件加工工序较多时，为了便于程序的调试，一般将各工序内容分别安排到不同的子程序中，主程序主要完成换刀程序及子程序的调用。这种安排便于按每一工序独立地调试程序，也便于因加工顺序不合理而做出重新调整。

② 自动换刀要留出足够的换刀空间，以避免换刀时与零件发生碰撞。在换刀前要取消刀具补偿，要使主轴定向定位。

③ 由于加工中心能实现多工序加工，因此可根据零件特征及加工内容设定多个工件坐标系，在编程时合理选用相应的坐标系，达到简化编程的目的。

10.4.2 坐标系选择指令

通常编程人员开始编程时，并不知道被加工零件在机床上的位置，所编制的零件程序通常是以工件上的某个点作为零件程序的坐标系原点，当被加工零件夹压在机床工作台上以后，再将 NC 所使用的坐标系的原点偏移到与编程使用的原点重合的位置进行加工。所以坐标系原点偏移功能对于数控机床来说是非常重要的。

编程指令可以使用下列三种坐标系（表 10-12）：

① 机床坐标系。

② 工件坐标系。

③ 局部坐标系。

表 10-12　坐标系选择指令

G 代码	分组	功能
G52	00	设置局部坐标系
G53		选择机床坐标系
◤ G54	14	选用 1 号工件坐标系
G55		选用 2 号工件坐标系
G56		选用 3 号工件坐标系
G57		选用 4 号工件坐标系
G58		选用 5 号工件坐标系
G59		选用 6 号工件坐标系

(1) 选用机床坐标系 (G53)

格式：(G90) G53 X____ Y____ Z____；

该指令使刀具以快速进给速度运动到机床坐标系中 X、Y、Z 指定的坐标值位置，一般地，该指令在 G90 模态下执行。G53 指令是一条非模态的指令，也就是说它只在当前程序段中起作用。

机床坐标系零点与机床参考点之间的距离由参数设定，无特殊说明，各轴参考点与机床坐标系零点重合。

刀具根据这个命令快速移动到机床坐标系里的 X_Y_Z_位置。由于 G53 是“一般”G 代码命令，仅在程序段里有 G53 命令的地方起作用。

此外，它在绝对命令（G90）里有效，在增量命令（G91）里无效。为了把刀具移动到机床固有的位置，像换刀位置，程序应当用 G53 命令在机床坐标系里开发。

注意：

① 刀具直径偏置、刀具长度偏置和刀具位置偏置应当在它的 G53 命令调用之前取消。否则，机床将依照设置的偏置值移动。

② 在执行 G53 指令之前，必须手动或者用 G28 命令让机床返回原点。这是因为机床坐标系必须在 G53 命令发出之前设定。

(2) 使用预置的工件坐标系（G54～G59）

在机床中，我们可以预置六个工件坐标系，通过在数控系统面板上的操作，设置每一个工件坐标系原点相对于机床坐标系原点的偏移量，然后使用 G54～G59 指令来选用它们，G54～G59 都是模态指令，分别对应 1＃～6＃预置工件坐标系。如图 10-28 所示。

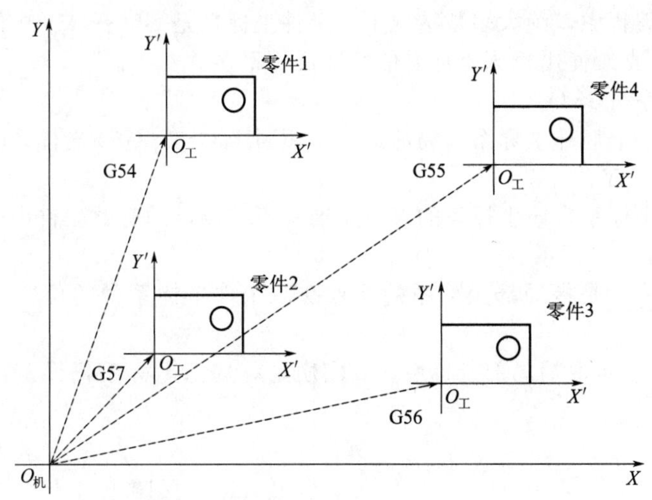

图 10-28　预置工件坐标系（G54～G57）

举例如下，见表 10-13 所列。

预置 1＃工件坐标系偏移量：X-150.000　Y-210.000　Z-90.000。

预置 4＃工件坐标系偏移量：X-430.000　Y-330.000　Z-120.000。

表 10-13　程序范例

程序段内容	终点在机床坐标系中的坐标值	注释
N1 G90 G54 G00 X50. Y50.；	X-100，Y-160	选择 1＃坐标系，快速定位
N2 Z-70.；	Z-160	
N3 G01 Z-72.5 F100；	Z-160.5	直线插补，F 值为 100
N4 X37.4；	X-112.6	（直线插补）

续表

程序段内容	终点在机床坐标系中的坐标值	注释
N5 G00 Z0；	Z-90	快速定位
N6 X0 Y0；	X-150，Y-210	
N7 G53 X0 Y0 Z0；	X0，Y0，Z0	选择使用机床坐标系
N8 G57 X50. Y50.；	X-380，Y-280	选择 4＃坐标系
N9 Z-70.；	Z-190	
N10 G01 Z-72.5；	Z-192.5	直线插补，F 值为 100（模态值）
N11 X37.4；	X392.6	
N12 G00 Z0；	Z-120	
N13 G00 X0 Y0；	X-430，Y-330	

从以上举例可以看出，G54～G59 指令的作用就是将 NC 所使用的坐标系的原点移到机床坐标系中的预置点。

在机床的数控编程中，绝大多数情况下，工件坐标系是 G54～G59 中的一个（G54 为上电时的初始模态），直接使用机床坐标系的情况反而不多。

（3）局部坐标系（G52）

G52 可以建立一个局部坐标系，局部坐标系相当于 G54～G59 坐标系的子坐标系。

格式：G52X____Y____Z__；

G52 设定局部坐标系，该坐标系的参考基准是当前设定的有效工件坐标系原点，即使用 G54～G59 设定的工件坐标系。

X____Y____Z____是指局部坐标系的原点在原工件坐标系中的位置，该值用绝对坐标值加以指定。

G52 X0 Y0 Z0 表示取消局部坐标系，其实质是将局部坐标系仍设定在原工件坐标系原点处。

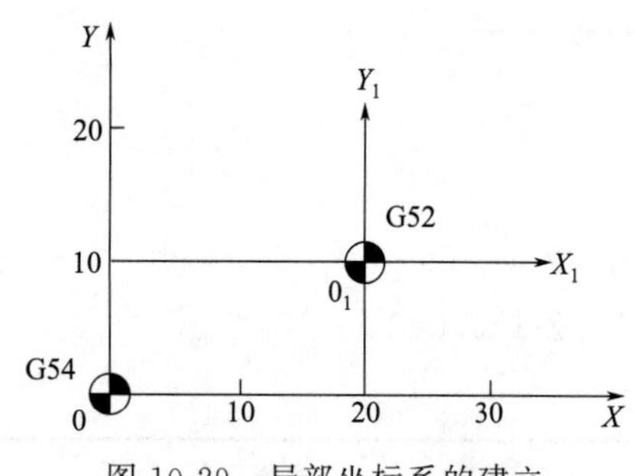

图 10-29　局部坐标系的建立

例：G54；

　　G52 X20.0 Y10.0；

如图 10-29 所示，在 G54 指令工件坐标系中设定一个新的工件坐标系，该坐标系位于原工件坐标系 X—Y 平面的（20.0，10.0）位置。

（4）可编程工件坐标系（G92）

格式：（G90）G92X__Y__Z__；

该指令建立一个新的工件坐标系，使得在这个工件坐标系中，当前刀具所在点的坐标值为 X、Y、Z 指令的值。G92 指令是一条非模态指令，但由该指令建立的工件坐标系却是模态的。实际上，该指令也给出了一个偏移量，这个偏移量是间接给出的，它是新工件坐标系原点在原来的工件坐标系中的坐标值，从 G92 的功能可以看出，这个偏移量也就是刀具在原工件坐标系中的坐标值与新坐标系中的值之差。如果多次使用 G92 指令，则每次使用 G92 指令给出的偏移量将会叠加。对于每一个预置的工件坐标系（G54～G59），这个叠加的偏移量都是有效的。

10.4.3　刀具半径补偿及长度偏置

(1) 刀具半径补偿

当使用加工中心进行内、外轮廓的铣削时，刀具中心的轨迹应该是这样的：能够使刀具中心在编程轨迹的法线方向上与编程轨迹的距离始终等于刀具的半径（如图 10-30 所示）。在机床上，这样的功能可以由 G41 或 G42 指令来实现。

格式：G41(G42)D；

① 补偿向量　补偿向量是一个二维的向量，由它来确定进行刀具半径补偿时，实际位置和编程位置之间的偏移距离和方向。补偿向量的模即实际位置和补偿位置之间的距离始终等于指定补偿号中存储的补偿值，补偿向量的方向始终为编程轨迹的法线方向（如图 10-31 所示）。该编程向量由 NC 系统根据编程轨迹和补偿值计算得出，并由此控制刀具（X、Y 轴）的运动完成补偿过程。

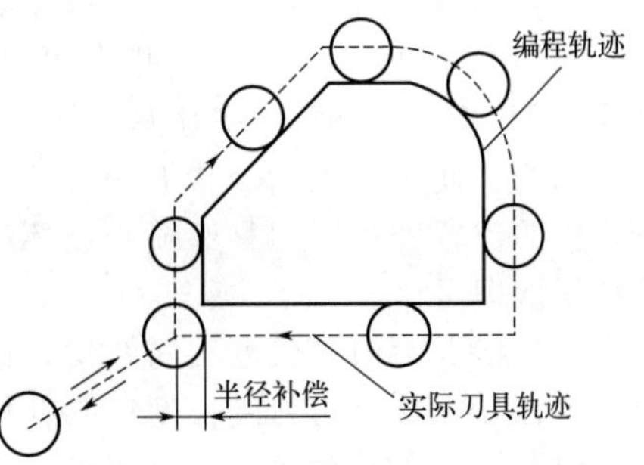

图 10-30　刀具的半径补偿

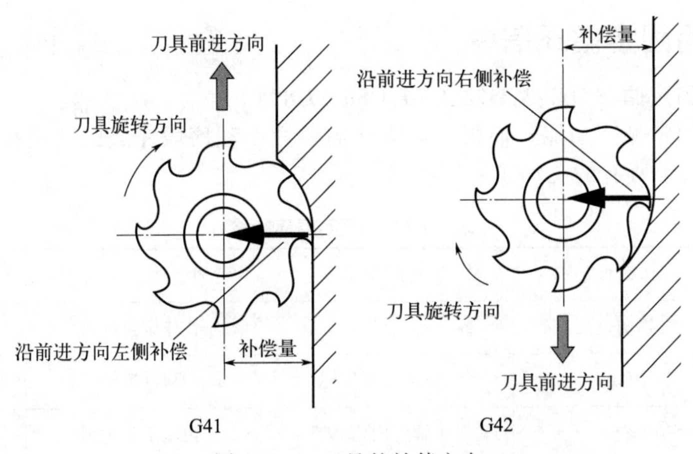

图 10-31　刀具的补偿方向

② 补偿值　在 G41 或 G42 指令中，地址符 D 指定了一个补偿号，每个补偿号对应一个补偿值。补偿号的取值范围为 0～200，这些补偿号由长度补偿和半径补偿共用。和长度补偿一样，D00 意味着取消半径补偿。补偿值的取值范围和长度补偿相同。

③ 平面选择　刀具半径补偿只能在被 G17、G18 或 G19 选择的平面上进行，在刀具半径补偿的模态下，不能改变平面的选择，否则出现 P/S 报警。

④ G40、G41 和 G42　G40 用于取消刀具半径补偿模态，G41 为左向刀具半径补偿，G42 为右向刀具半径补偿。在这里所说的左和右是对沿刀具运动方向而言的。G41 和 G42 的区别请参考图 10-32 所示。

⑤ 使用刀具半径补偿的注意事项　在指定了刀具半径补偿模态及非零的补偿值后，第一个在补偿平面中产生运动的程序段为刀具半径补偿开始的程序段，在该程序段中，不允许出现圆弧插补指令，否则 NC 会给出 P/S 报警。在刀具半径补偿开始的程序段中，补偿值从零均匀变化到给定的值，同样

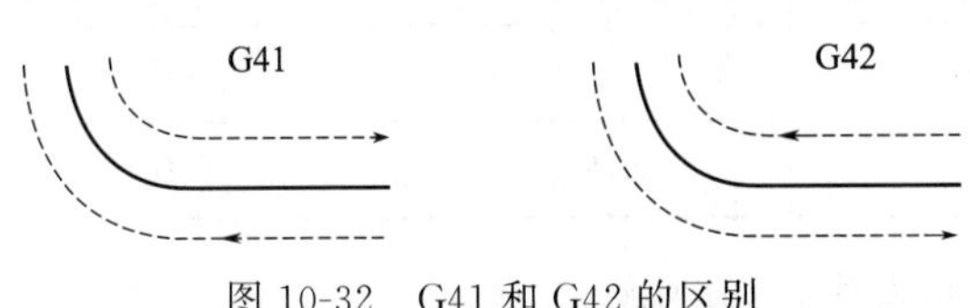

图 10-32　G41 和 G42 的区别

的情况出现在刀具半径补偿被取消的程序段中，即补偿值从给定值均匀变化到零，所以在这两个程序段中，刀具不应该接触到工件，否则就会出现过切现象。

(2) 刀具长度补偿 (G43,G44,G49)

使用 G43(G44)H____；指令可以将 *Z* 轴运动的终点向正或负向偏移一段距离，这段距离等于 H 指令的补偿号中存储的补偿值。G43 或 G44 是模态指令，H____指定的补偿号也是模态的。使用这条指令，编程人员在编写加工程序时就可以不必考虑刀具的长度而只需考虑刀尖的位置即可。刀具磨损或损坏后更换新的刀具时也不需要更改加工程序，直接修改刀具补偿值即可。

G43 指令为刀具长度正向补偿，也就是说 *Z* 轴到达的实际位置为指令值与补偿值相加的位置；G44 指令为刀具长度负向补偿，也就是说 *Z* 轴到达的实际位置为指令值减去补偿值的位置。H 的取值范围为 00～200。H00 意味着取消刀具长度补偿。取消刀具长度补偿的另一种方法是使用指令 G49。NC 执行到 G49 指令或 H00 时，立即取消刀具长度补偿，并使 *Z* 轴运动到不加补偿值的指令位置。

补偿值的取值范围是－999.999～999.999mm 或－99.9999～99.9999in。补偿值正负号的改变，使用 G43 指令就可完成，因而在实际工作中，绝大多数情况下，都是使用 G43 指令。

10.4.4 常用固定循环指令

(1) 孔加工固定循环 (G73,G74,G76,G80～G89)

应用孔加工固定循环功能，使得其他方法需要几个程序段完成的功能在一个程序段内完成。表 10-14 列出了所有的孔加工固定循环。

表 10-14 固定循环指令

G 代码	加工运动(*Z* 轴负向)	孔底动作	返回运动(*Z* 轴正向)	应用
G73	分次，切削进给	—	快速定位进给	高速深孔钻削
G74	切削进给	暂停-主轴正转	切削进给	左螺纹攻螺纹
G76	切削进给	主轴定向，让刀	快速定位进给	精镗循环
G80	—	—	—	取消固定循环
G81	切削进给	—	快速定位进给	普通钻削循环
G82	切削进给	暂停	快速定位进给	钻削或粗镗削
G83	分次，切削进给	—	快速定位进给	深孔钻削循环
G84	切削进给	暂停-主轴反转	切削进给	右螺纹攻螺纹
G85	切削进给	—	切削进给	镗削循环
G86	切削进给	主轴停	快速定位进给	镗削循环
G87	切削进给	主轴正转	快速定位进给	反镗削循环
G88	切削进给	暂停-主轴停	手动	镗削循环
G89	切削进给	暂停	切削进给	镗削循环

一般地，一个孔加工固定循环完成以下 6 步操作，如图 10-33 所示。

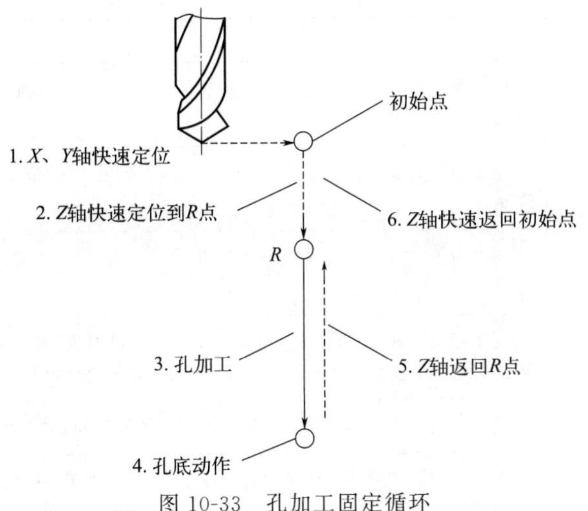

图 10-33　孔加工固定循环

在以下图示中表示各段的进给：

——→ 表示以切削进给速度运动。

- - - -→ 表示以快速进给速度运动。

-·——→ 表示手动进给。

对孔加工固定循环指令的执行有影响的指令主要有 G90/G91 及 G98/G99 指令。图 10-34 示意了 G90/G91 对孔加工固定循环指令的影响。G98/G99 决定固定循环在孔加工完成后返回 R 点还是初始点：G98 模态下，孔加工完成后 Z 轴返回初始点；在 G99 模态下则返回 R 点。

一般地，如果被加工的孔在一个平整的平面上，可以使用 G99 指令，因为 G99 模态下返回 R 点进行下一个孔的定位，而一般编程中 R 点非常靠近工件表面，这样可以缩短零件加工时间，但如果工件表面有高于被加工孔的凸台或筋时，使用 G99 时非常有可能使刀具和工件发生碰撞，这时，就应该使用 G98，使 Z 轴返回初始点后再进行下一个孔的定位，这样就比较安全。如图 10-35 所示。

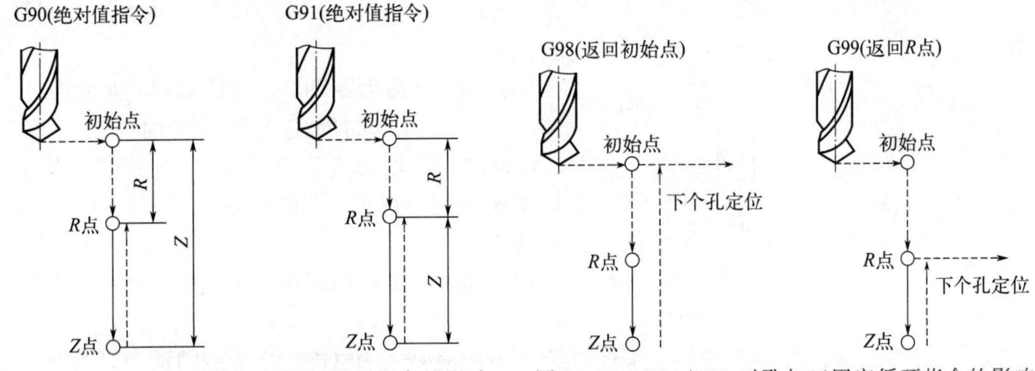

图 10-34　G90/G91 对孔加工固定循环指令的影响　　图 10-35　G98/G99 对孔加工固定循环指令的影响

在 G73/G74/G76/G81～G89 后面，给出孔加工参数，格式如下：

Gxx X___ Y___ Z___ R___ Q___ P___ F___ K___；

表 10-15 说明了各地址符指定的加工参数的含义。

表 10-15　固定循环指令的参数含义

参数地址符	具体含义
被加工孔位置参数 X、Y	以增量值方式或绝对值方式指定被加工孔的位置，刀具向被加工孔运动的轨迹和速度与 G00 的相同
孔加工参数 Z	在绝对值方式下指定沿 Z 轴方向孔底的位置，增量值方式下指定从 R 点到孔底的距离
孔加工参数 R	在绝对值方式下指定沿 Z 轴方向 R 点的位置，增量值方式下指定从初始点到 R 点的距离
孔加工参数 Q	用于指定深孔钻循环 G73 和 G83 中的每次进刀量，精镗循环 G76 和反镗循环 G87 中的偏移量（无论是 G90 还是 G91 模态，总是增量值指令）
孔加工参数 P	用于孔底动作有暂停的固定循环中指定暂停时间，单位为秒
孔加工参数 F	用于指定固定循环中的切削进给速度，在固定循环中，从初始点到 R 点及从 R 点到初始点的运动以快速进给的速度进行，从 R 点到 Z 点的运动以 F 指定的切削进给速度进行，而从 Z 点返回 R 点的运动则根据固定循环的不同，以 F 指定的速度或快速进给速度进行
重复次数 K	指定固定循环在当前定位点的重复次数，如果没有 K 指令，NC 认为 K＝1，如果指令 K＝0，则固定循环在当前点不执行

由 Gxx 指定的孔加工方式是模态的，如果不改变当前的孔加工方式模态或取消固定循环的话，孔加工模态会一直保持下去。使用 G80 或 01 组的 G 指令可以取消固定循环。孔加工参数也是模态的，在被改变或固定循环被取消之前也会一直保持，即使孔加工模态被改变。可以在指定一个固定循环时或执行固定循环中的任何时候指定或改变任何一个孔加工参数。

重复次数 K 不是一个模态的值，它只在需要重复的时候给出。进给速度 F 则是一个模态的值，即使固定循环取消后它仍然会保持。如果在执行固定循环的过程中 NC 系统被复位，则孔加工模态、孔加工参数及重复次数 K 均被取消。

（2）G80（取消固定循环）

G80 指令被执行以后，固定循环（G73、G74、G76、G81～G89）被该指令取消，R 点和 Z 点的参数以及除 F 外的所有孔加工参数均被取消。另外 01 组的 G 代码也会起到同样的作用。

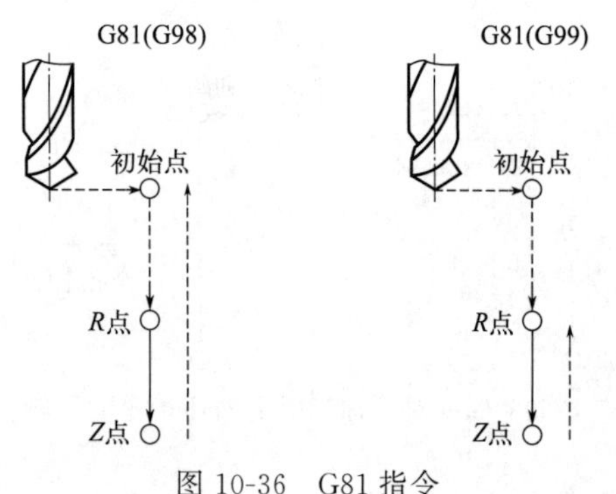

图 10-36　G81 指令

（3）G81（钻削循环）（如图 10-36 所示）

G81 是最简单的固定循环，它的执行过程为：X、Y 定位，Z 轴快进到 R 点，以 F 速度进给到 Z 点，快速返回初始点（G98）或 R 点（G99），没有孔底动作。

（4）G83（深孔钻削循环）（如图 10-37 所示）

和 G73 指令相似，G83 指令下从 R 点到 Z 点的进给也分段完成；和 G73 指令不同的是，每段进给完成后，Z 轴返回的是 R 点，然后以快速进给速度运动到距离下一段进给起点上方 d 的位置开始下一段进给运动。

每段进给的距离由孔加工参数 Q 给定，Q 始终为正值，d 的值由机床参数给定。

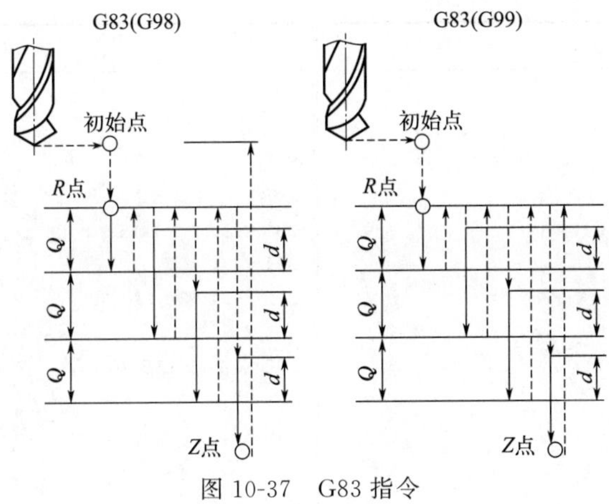

图 10-37　G83 指令

10.4.5　典型加工中心编程实例

加工如图 10-38 所示案例，选取 50×50×30 方形毛坯料，T01 为 93°外圆车刀，T02 为切槽刀，T03 为螺纹刀，其加工程序见表 10-16。

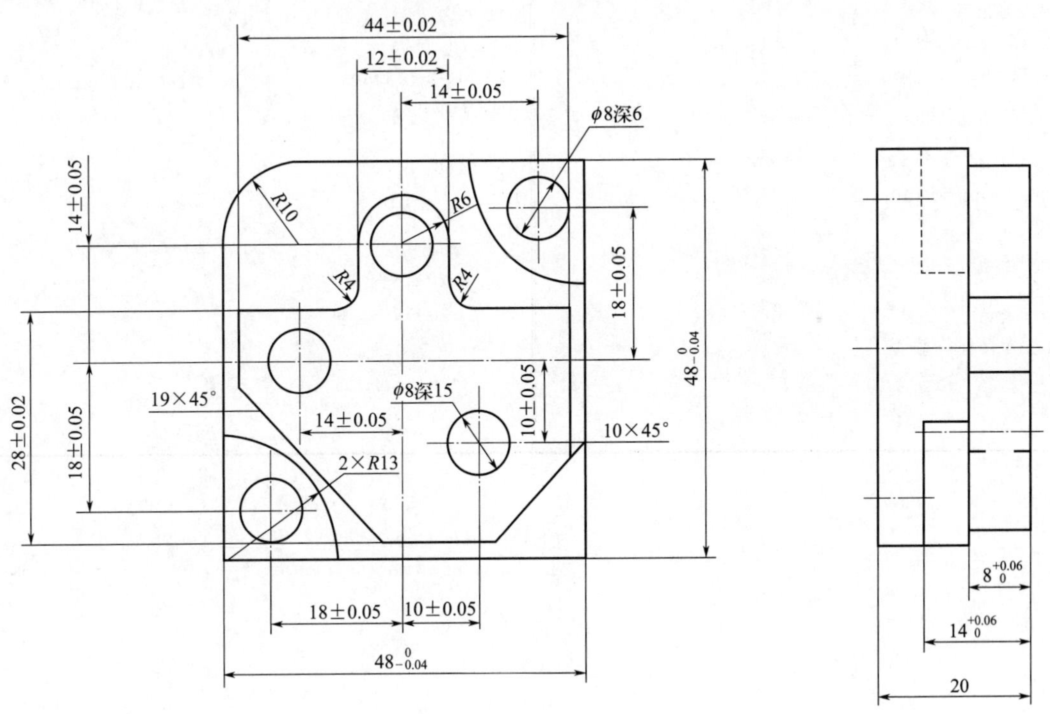

图 10-38　典型加工中心编程实例

表 10-16　程序范例

程序内容	程序内容
48×48 矩形加工 O0001; G90 G54 G00 X35 Y0 S800 M03; G00 Z5;	圆角凸台加工 O0003; G90 G54 G00 X35 Y0 S800 M03; G00 Z5;

续表

程序内容	程序内容
G01 Z-9 F100; G41 G01 X24 D01; Y-24; X-24; Y14; G02 X-14 Y24 I10 J0; G01 X24; Y0; G40 G01 X35; G00 Z100; M05; M30; 内凹圆角加工 O0002; G90 G54 G00 X35 Y0 S800 M03; G00 Z5; G01 Z-4 F100; G41 G01 X22 D01; G01 Y-12; X12 Y-22; X-3; X-22 Y-3; Y6; X-6; G01 Y14; G02 X6 Y14 I6 J0; G01 Y6; G01 X22; Y0; G40 X35; G00 Z100; M05; M30;	G01 Z-7 F100; G41 X24 D01; Y-24; X-9; G03 X-24 Y-9 I-15 J0; G01 Y14; G02 X-14 Y24 I10 J0; G01 X9; G03 X24 Y9 I15 J0; G01 Y0; G40 X35; M05; M30; 钻孔加工 O0004; G90 G54 G00 X0 Y0 S1000 M03; G00 Z10; G99 G83 X0 Y14 R5 Q3 Z-15 F50; X10 Y-10; X-14 Y0; X18 Y18 Z-12 F50; X-18 Y-18; G80 X0 Y0; G00 Z100; M05; M30;

第11章

数控机床操作

教学目标

1. 知识目标

① 掌握数控车床与加工中心的基本操作步骤。

② 掌握机床操作的一般方法。

③ 合理设置切削参数。

2. 能力目标

① 能够正确操作数控车床与加工中心机床。

② 通过磨耗值调整加工精度。

3. 素质目标

① 树立安全、文明、良好的职业操作精神。

② 培养不怕吃苦、勇于克服种种困难的职业习惯。

11.1 数控车床操作

11.1.1 数控车削机床的准备

实际生产中由于工厂设备的限制，我们可能做不了最优选择，但可以做到最合理的选择。按照《多工序数控机床操作职业技能等级标准》规定，数控车床操作应具备以下职业技能要求。

(1) 数控车床型号选取所需具备的职业技能要求

通常拿到零件图后可以根据以下几点逐步分析，选择最合理的机床：

1）能根据零件加工特征选择机床型号

① 零件形状：工件的几何形状和加工区域决定机型品种和大小。一般来讲回转体加工选用数控车床。

② 毛坯材料属性：判断毛坯是棒料、锻件还是铸件。

③ 需要加工的部位：判断所需加工部位是车削多还是铣削多，或者是其他加工手段，这样可以确定主力机床，大致工序也可以确定。如回转体带一些平面或槽的加工精度要求一般，可以多次装夹完成，分别选用数控车床和立式加工中心，则数控车床为主力机床。

2）能根据零件几何尺寸选择机床规格

选用机床工作台尺寸应保证生产加工过程中零件在其上能顺利装夹，被加工零件的加工工艺尺寸应在各坐标轴的有效工作行程内。如沈阳数控车床 CKA6150，其最大回转直径（床身最大回转直径）为 500mm，最大工件长度分别有 650mm、850mm、1500mm、

2000mm，最大车削长度有600mm、850mm、1350mm、1850mm，如零件尺寸在该机床尺寸范围内，可选该型号机床。

3）能根据零件加工精度、技术要求选择机床

零件的加工精度受机床的精度、装夹精度的影响，在保证装夹可靠的前提下，首先要选择加工精度匹配的数控车床。如CKA6150机床精度可达IT6～IT7，工件表面粗糙度可达 *Ra*1.6。

4）能根据零件工艺特征，合理使用设备

① 根据零件要求产量：某个零件往往放在通用机床上能完成，放组合机床上也能完成，在零件产量要求不高、产品种类变化大的情况下，成本上考虑选择通用机床。

② 装夹次数：在工序、节拍和精度的要求下，确定零件是选择一次装夹完成多道工序，来保证零件精度，还是通过拆分工序，来保证工件的整体加工时间缩短，如数控车床一次装夹可完成外形的车削、镗孔、螺纹等加工。

③ 现有的设备：尽量选择车间现有的机床类型。

（2）数控车床开机前相关注意事项

① 开机前应对数控车床进行全面细致的检查，包括操作面板、导轨面、卡爪、尾座、刀架、刀具等，确认无误后方可操作。

② 机床开始工作前要有预热，应认真检查润滑系统工作是否正常，如机床长时间未开动，可先采用手动方式向各部分供油润滑。

③ 拧紧工件，保证工件牢牢固定在工作台上。

④ 移去调节的工具：启动机床前应检查是否已将扳手、楔子等工具从机床上拿开。

⑤ 数控车床通电后，检查各开关、按钮和按键是否正常、灵活，机床有无异常现象。

11.1.2 数控车削刀具安装

按《多工序数控机床操作职业技能等级标准》规定，应能正确安装刀具。

（1）数控车刀刀片与刀杆的安装

根据刀具调整卡选择好合适的刀片和刀杆后，首先将刀片安装在刀杆上。如图11-1所示为几种常见的数控车削刀具刀片和刀杆的安装方式，安装好后再将刀杆依次安装到回转刀架上。

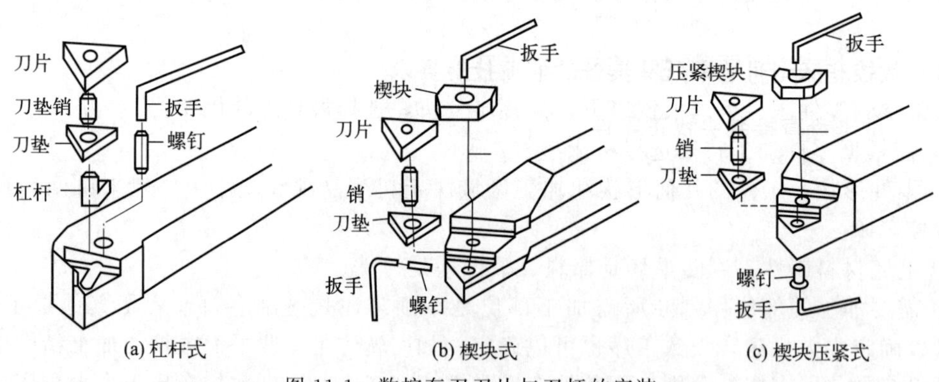

图11-1　数控车刀刀片与刀杆的安装

（2）数控车削刀具安装注意事项

① 车刀刀尖应与工件回转中心等高。

车刀安装得过高或过低都会引起车刀角度的变化而影响切削。如图11-2(a)所示，当刀

具安装过高，切削端面时会留有凸头；而如图 11-2(b) 中所示，当安装过低时切到中心处容易使刀尖崩碎。

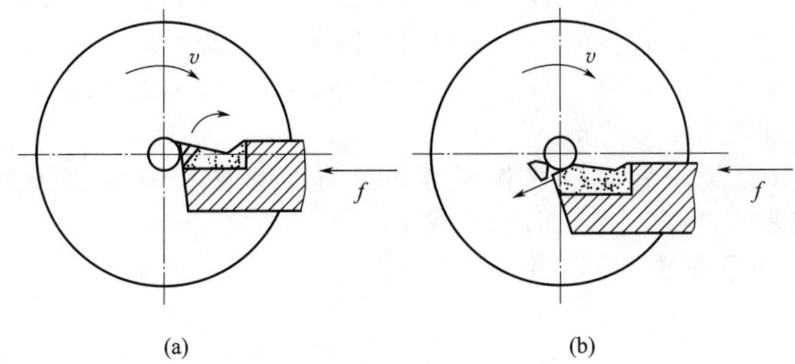

图 11-2　车刀刀尖不对准工件中心

根据经验，粗车外圆时，车刀刀尖可略高于工件中心；精车外圆时，车刀刀尖略比工件中心低。无论装高或装低，一般不能超过工件直径的 1%。车刀安装歪斜，对主偏角和副偏角影响较大，特别是车螺纹时，会使牙型半角产生误差。因此，正确地安装车刀，是保证加工质量，减少刀具磨损，提高刀具使用寿命的重要步骤。刀架的长度要适当。

② 车刀安装在刀架上，一般伸出刀架的长度为刀杆厚度的 1～1.5 倍，不宜过长，伸出过长会使刀杆刚性变差，切削时易产生振动；也不宜过短，过短可能会在加工时出现干涉。

③ 通常数控车刀的刀柄以及刀架为标准尺寸，根据刀架的尺寸选取对应的刀柄尺寸即可，如特殊情况需要使用垫片，则应保证垫片平整，数量愈少愈好，而且垫片应与刀架对齐，以防产生振动。

④ 安装刀具时选择刀位要结合加工工艺，根据工序来合理安排刀具的顺序，减少换刀耗费的时间。

⑤ 要逐一排除各刀位之间相互干涉的情况，特别注意钻头、镗刀和内螺纹刀。

⑥ 数控车床车刀至少要用两个螺钉压紧在刀架上，并轮流逐个拧紧，拧紧力要适当。

⑦ 数控车床车刀刀杆中心线应与进给方向垂直，否则会使主偏角和副偏角的数值发生变化。

如图 11-3 为车刀安装的一些常见错误。

11.1.3　数控车削零件的装夹与找正

(1) 三爪卡盘直接装夹找正零件

数控车床主轴转速较高，为便于工件夹紧，多采用液压高速动力卡盘。这种卡盘在生产厂已通过了严格平衡检验，具有高转速、高夹紧力、高精度、调爪方便、使用寿命长等优点，用它夹持工件时，一般不需要找正，但较长的工件离卡盘远端的旋转中心不一定与车床主轴旋转中心重合，这时必须找正，如卡盘使用时间较长而精度下降后，工件加工部位的精度要求较高时，也需要找正。三爪卡盘装夹工件的找正方法如下：

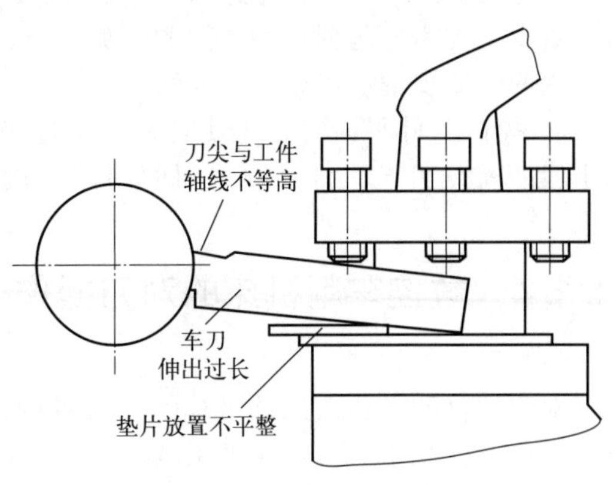

图 11-3　车刀安装的一些常见错误

① 粗加工时可用目测和划针找正毛坯

表面。

② 半精车、精车时可用百分表找正工件外圆和端面，百分表找正工件外圆的方法：

a. 用卡盘轻轻夹住零件，将磁性表座吸在机床固定不动的表面（如导轨面）上，调整表架位置，使百分表触头垂直指向零件悬伸端外圆表面，如图 11-4 所示，对于直径较大而轴向长度不大的盘形零件，可将百分表触头垂直指向零件端面的外缘处，如图 11-5 所示，将百分表触头预先压下 0.5～1mm。

b. 手动扳动卡盘缓慢转动，并找正零件，直至每转中百分表读数的最大差值在 0.10mm 以内（或视零件精度要求而定），找正结束。

c. 夹紧零件，注意夹紧力应适当。

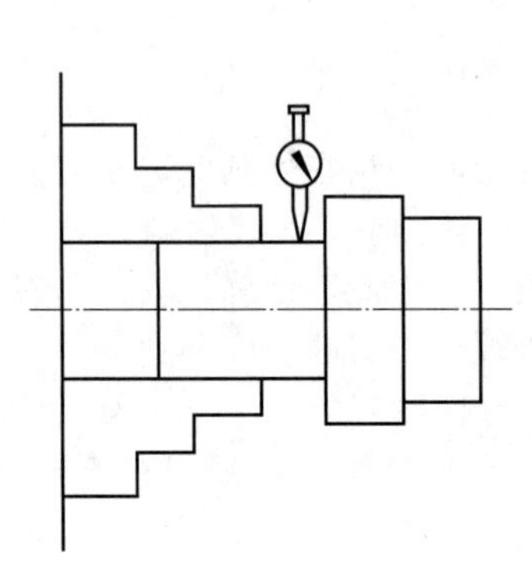

图 11-4　百分表找正轴类零件外圆

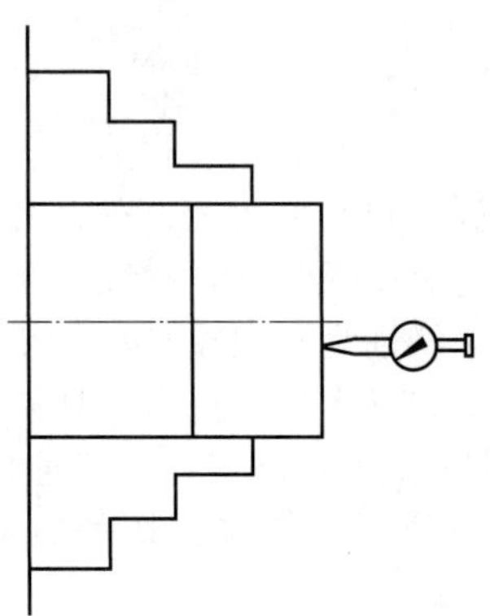

图 11-5　百分表找正轴类零件端面

③ 装夹轴向尺寸较小的工件，还可以先在刀架上装夹一圆头铜棒，再轻轻夹紧工件，然后使卡盘低速带动工件转动，移动床鞍，使刀架上的圆头铜棒轻轻接触已粗加工的工件端面，观察到工件端面大致与轴线垂直后即停止旋转，并夹紧工件。

(2) 四爪卡盘装夹与找正

由于单动卡盘的四个卡爪各自独立运动，因此工件装夹时必须将加工部分的旋转中心找正到与车床主轴旋转中心重合后才可车削。

单动卡盘找正比较费时，但夹紧力较大，所以适用于装夹大型或形状不规则的工件。四爪卡盘找正的方法如下：

① 根据工件装夹处的尺寸调整卡爪，使其相对两爪的距离稍大于工件直径。

② 工件夹住部分不宜太长，一般为 10～15mm。

③ 找正工件外圆时，先使划针尖靠近工件外圆表面，如图 11-6(a) 所示，用手转动卡盘，观察工件表面与划针尖之间的间隙大小，然后根据间隙大小，调整相对卡爪位置，其调整量为间隙差值的一半。

④ 找正工件平面时，先使划针尖靠近工件平面边缘处，如图 11-6(b) 所示，用手转动卡盘观察划针与工件表面之间的间隙。调整时可用铜锤或铜棒敲正，调整量等于间隙差值。

11.1.4　数控车削机床的对刀操作

(1) 对刀的目的

对刀的目的是建立工件坐标系，直观的说法是，对刀是确立工件在机床工作台中的位置，实际上就是求对刀点在机床坐标系中的坐标。对于数控车床来说，在加工前首先要选择对刀点，对刀点是指用数控机床加工工件时，刀具相对于工件运动的起点。对刀点既可以设

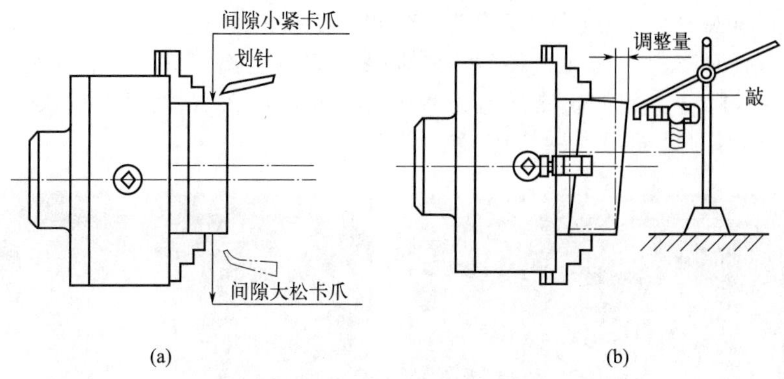

图 11-6　四爪卡盘找正方法

在工件上（如工件上的设计基准或定位基准），也可以设在夹具或机床上，若设在夹具或机床上的某一点，则该点必须与工件的定位基准保持一定精度的尺寸关系。

(2) 数控车削加工常见的对刀方式

在实际加工工件时，使用一把刀具一般不能满足工件的加工要求，通常要使用多把刀具进行加工。在使用多把车刀加工时，在换刀位置不变的情况下，换刀后刀尖点的几何位置将出现差异，这就要求不同的刀具在不同的起始位置开始加工时，都能保证程序正常运行。

1）试切法对刀

试切法对刀是实际中应用最多的一种对刀方法。下面以采用 FANUC 数控系统为例，来介绍具体操作方法。

① 外圆车刀的对刀方法。

a. 试切工件端面如图 11-7(a) 所示，先用外圆车刀将工件端面（基准面）车削出来；车削端面后，刀具沿 X 方向移动远离工件，Z 向位置保持不动，点击 MDI 键盘上 OFS/SET，进入如图 11-8(a) 所示的形状补偿参数设定界面，将光标移动到与刀位号相对应的位置，输入“Z0”，点击“测量”按钮，对应的刀具偏移量自动输入。

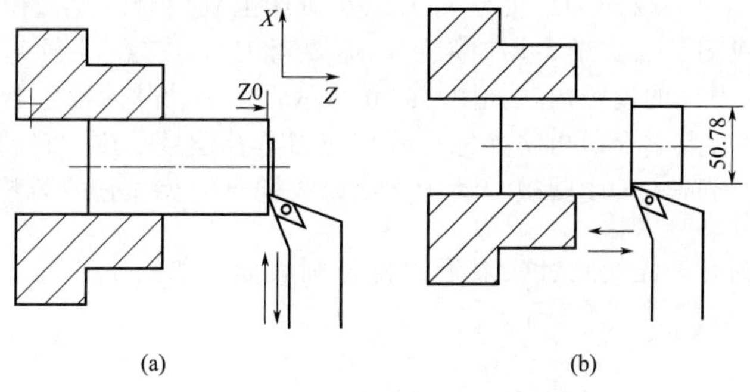

图 11-7　外圆车刀对刀

b. 试切工件外圆如图 11-7(b) 所示，车削任一（合适的切削用量）外径后，使刀具 Z 向移动远离工件，X 向位置保持不动，待主轴停止转动后，测量车削出的外径尺寸。例如，测量值为 ϕ50.78mm，进入如图 11-8(b) 所示的形状补偿参数设定界面中输入“X50.78”，点击“测量”按钮，X 向对刀完毕。

c. 按照前两步对刀方法，对其余刀具进行对刀设置。

② 内孔车刀对刀方法。内孔车刀的对刀方法类似外圆车刀的对刀方法。

同理 Z 向对刀时内孔车刀轻微接触到已加工好的基准面（端面）后，就不可再做 Z 向移动。Z 轴对刀输入“Z0”，点击“测量”，Z 向对刀完毕。

X 向对刀时任意车削一内孔直径后，Z 向移动刀具远离工件，停止主轴转动，然后测量已车削好的内径尺寸。例如，测量值为 ϕ45.56mm，那么 X 轴对刀输入“X45.56”，点击“测量”，X 向对刀完毕。

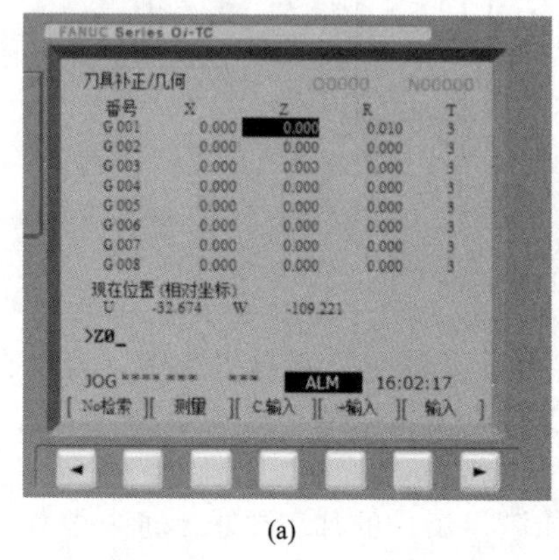

(a)

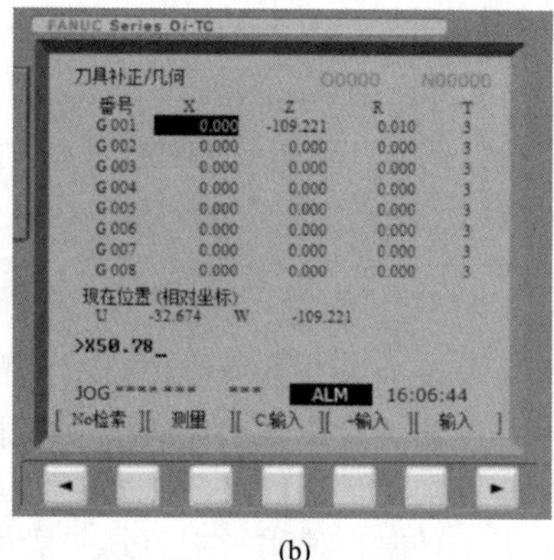

(b)

图 11-8　刀具补偿存储地址

2）对刀仪对刀

现在很多数控车床上都装备了对刀仪，使用对刀仪对刀可免去测量时产生的误差，大大提高对刀精度。由于使用对刀仪可以自动计算各把刀的刀长与刀宽的差值，并将其存入系统中，在加工另外的零件的时候就只需要对标准刀，这样就大大节约了时间。需要注意的是使用对刀仪对刀一般都设有标准刀具，在对刀的时候先对标准刀。

对刀仪可分为接触式机械对刀仪和非接触式光学对刀仪。

① 接触式机械对刀仪对刀　如图 11-9 所示，刀尖随刀架向已经设定了位置的接触式传感器缓缓行进并与之接触，直到内部电路接通后发出电信号，数控系统立即记下该瞬时的坐标值，接着将此值与设定值比较，并自动修正刀具补偿值。

② 非接触式光学对刀仪对刀　光学对刀仪在机床上利用对刀显微镜自动地计算出车刀长度，又称 ATC，对刀镜与支架不用时取下，需要对刀时才装到主轴箱上。对刀时，用手动方式将刀尖移到对刀镜的视野内，如图 11-10 所示，用手动脉冲发生器微量移动使假想刀尖点与对刀镜内的中心点重合，再将光标移到相应刀具补偿号，按“自动计算（对刀）”按键，这把刀具在两个方向的长度就被自动计算出来，并自动存入它的刀具补偿号中。

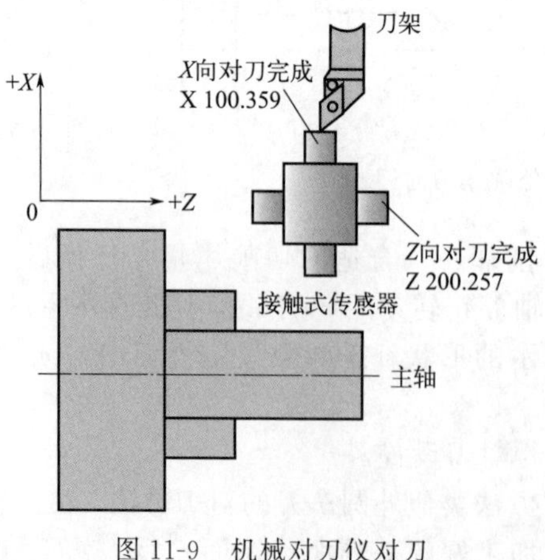

图 11-9　机械对刀仪对刀

图 11-10　光学对刀仪对刀

11.1.5　数控车削参数设定

在金属切削加工中，切削用量是金属切削时各运动参数的总称，数控车削参数包括切削速度、进给量和背吃刀量（切削深度）。切削用量是金属切削过程的基本控制量，它的选取是否合理直接影响加工设备的使用性能，并且对提高生产效率、提高加工精度和表面质量、降低生产成本具有重要意义。

切削用量的合理选择就是在已经选好刀具的基础上，确定背吃刀量 a_p、进给量 f 和切削速度 v_c。

处理好效率与精度的关系是选择切削用量的关键所在。切削用量总的选择原则是：粗加工以效率为主，精加工以精度为主。根据切削用量与刀具寿命的关系，一般选择顺序为：先选择背吃刀量 a_p，再选择进给量 f，最后选择切削速度 v_c。必要时需校验机床功率是否允许。

（1）背吃刀量 a_p 的选择

背吃刀量根据工件的加工余量及机床、工件和刀具的刚度来确定。

① 在刚度允许的条件下，除留给下道工序的余量外，其余的材料尽可能一刀切除，这样可以减少走刀次数，提高生产效率。当余量太大或工艺系统刚性较差时，所有余量 A 分两次（或多次）切除，具体安排如下：

第一次进给的背吃刀量为：

$$a_{p1}=\left(\frac{2}{3}\sim\frac{3}{4}\right)A$$

第二次进给的背吃刀量为：

$$a_{p2}=\left(\frac{1}{3}\sim\frac{1}{4}\right)A$$

在中等功率的数控车床上，粗车时 a_p 可达 5～10mm；半精车时，a_p 可取为 1.5～5mm；精车时，a_p 可取 0.05～1mm。

② 粗车时，背吃刀量小或者是微切时，会造成刮擦、只切削到工件表面硬化层、缩短刀具寿命。

③ 车削零件表层有硬皮的铸、锻件或不锈钢等冷硬较严重的材料时，应在机床功率允许的范围内，使切削深度超过硬皮或冷硬层，否则切削刃尖端只切削工件表皮硬质层杂物，刀尖易产生异常磨损。

（2）主轴转速 n 的确定

主轴转速应当以零件加工所要求的切削速度及棒料直径为依据来予以确定。从生产实践中可以发现，除了螺纹加工之外，数控车削加工的主轴转速需考虑零件加工部位直径，并依照加工零件及刀具材料等外部条件允许的切削速度进行确定即可。此外，适当对车床刚性规格差异加以考虑，在数控机床能够承受的转速范围内，尽量选择接近最大转速的数值来确定。

在数控机床的数控系统控制面板上通常会备有主轴转速的倍率开关，可于加工过程当中按整倍数调整主轴转速。需要注意的是，当切削过程是干式切削时，应选取相对小一些的主轴转速，这个参数一般取有切削液状态下主轴转速的 70%～80%为宜。

（3）进给量 f 的选择

进给量 f 的选取应该与背吃刀量 a_p 和主轴转速 n 相适应。在保证工件加工质量的前提下，能够挑选较高的进给速度（2000mm/min 以下）。在切断、车削深孔或精车时，应挑选较低的进给速度。当刀具空行程特别是远距离“回零”时，能够设定尽量高的进给速度。

粗车时，一般取 $f=0.3\sim0.8$mm/r，精车时常取 $f=0.1\sim0.3$mm/r，切断时 $f=0.05\sim0.2$mm/r。

11.1.6 数控车削加工流程

(1) 编程

加工前根据零件图纸编制工件的加工程序，详见 10.3 节。

(2) 开机

打开总电源开关→开通机床电源→按下面板电源按钮等待系统启动（启动后若出现急停报警，将急停旋钮顺时针旋开，按复位键）。

(3) 返回参考点

开机后若刀架停在机械零点或机械零点附近时，先用手动方式将刀架往－Z、－X 移动适当的距离，再将方式选择按钮打到回零方式，先按＋X，再按＋Z，等到零点灯中 X、Z 亮灯后方可进行下一步的操作（注意：必须先回＋X，再回＋Z）。

(4) 安装刀具和毛坯

根据加工程序中的刀具号，在刀架相应的刀位号上安装相应的刀具（具体安装方式详见 11.1.2 小节）。

毛坯安装（注意：安装毛坯不能伸出太长，必须夹紧毛坯，具体操作步骤详见 6.2 节）。

(5) 输入程序至机床

新建程序，编辑方式→程序界面→“程序内容”界面，输入程序名 O××××再按换行，然后编辑程序，每编辑完一行程序，按换行输入一个结束符“EOB”（注意：全部程序输入完毕后按复位键，使光标跳到程序起始段）。

(6) 检验加工程序

选择自动加工方式，打开机床锁，打开 MST 辅助锁，打开空运行，连续按两次设置按钮进入刀路模拟加工界面，按下循环启动按钮。检查完程序的刀路以后，关闭机床锁、MST 辅助锁、空运行等，然后选择机床回零方式，接着对机床进行回零（注意：先回 X 轴，再回 Z 轴）。

(7) 对刀

在对刀前有几个要注意的事项：

① 为确保对刀不出错，对刀前先对机床进行回零操作。

② 机器启动后若未执行过加工程序，那么主轴在手动方式下是启动不了的，这时候要在“MDI 模式→程序页面→（程序状态 MDI）界面”输入 M03　S600（S 值一般为 300～800），再按循环启动方可启动主轴。

③ 对刀使用手轮方式进行试切对刀。

④ 对刀时主轴的转速一般在 300～800r/min。

试切法对刀步骤详见 11.1.4 小节。

(8) 检验对刀是否正确

将刀具远离工件→程序状态页面→录入方式（例如输入：G00 X0；Z10；T0101）→把快速倍率打到最低→按循环启动按钮，观察刀具移动目标坐标是否为 X0 Z10，如差值不大，则对刀无误。注意：启动以后，要把手放在急停按钮的位置，当对刀出错时，有可能出现撞刀的现象，这样可以及时按下急停按钮，避免撞刀。

(9) 加工

当程序检验好并对好刀以后开始加工。

步骤：程序复位→机械回零→自动→单段→快速倍率最低→进给倍率最低→循环启动→调整快速、进给等倍率→取消单段。

11.1.7　数控车削零件的检测、清理与精整

(1) 数控车削零件的检测

按照《多工序数控机床操作职业技能等级标准》规定，对于零件的检测需具备以下职业技能要求：

① 能合理选用游标卡尺规格检测零件的外圆、孔、槽、长度。

② 能合理选用深度游标卡尺规格检测零件特征的深度。

③ 能合理选用高度游标卡尺规格检测零件的高度。

④ 能合理使用千分尺对工件相关尺寸进行检测。

(2) 零件的清理与精整

① 能根据工艺技术文件要求，利用锉刀、刮刀、砂纸等工具去除零件多余物。

② 能根据工艺技术文件要求，对零件进行锐边倒钝等光滑过渡处理。

③ 能根据零件技术要求合理选择清洁方法。

④ 能正确使用清洁工具对零件进行清洗。

(3) 数控车削零件精度的调整与磨损补偿

经过长时间车削加工后，刀具必然会出现磨损，导致工件尺寸有误差，此时，只需要修改磨损刀具相应存储器中的数值即可。操作如下：

① 按下操作面板键，CRT 界面出现如图 11-11 所示的画面。

② 将光标移动至需进行磨损补偿的刀具补偿号位置。

例如，测量用 T0202 刀具加工的工件外圆直径为 ϕ45.03mm，长度为 20.05mm，而规定直径应为 ϕ45mm，长度为 20mm。实测值直径比要求直径大 0.03mm、长度大 0.05mm，应进行磨损补偿：将光标移动至图 11-11 所示界面中 W002，键盘输入 U-0.03 后按下，键入 W-0.05 后按下，X 值变为在以前值的基础上加－0.03mm，Z 值变为在以前值的基础上加－0.05mm。

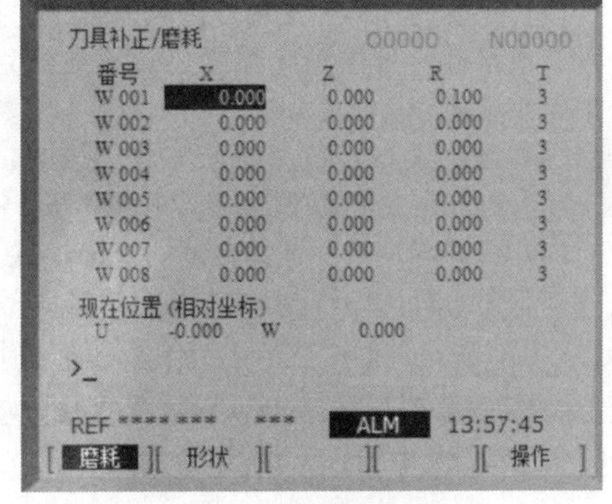

图 11-11　刀具补偿存储地址

尤其是批量加工时，为减少加工成本，提高加工效率，可有效利用磨损补偿的功能，保证批次零件的加工精度。

11.1.8　加工结束

(1) 关闭设备注意事项

设备使用结束后需关闭设备，关闭设备前需注意以下几点：

① 关机前需检查工作台是否越位，是否有超行程现象。

② 关机前要停止所有机械运动。

(2) 关机步骤

① 首先按下急停按钮。

② 关闭系统电源。

③ 关闭总电源。

(3) 6S 管理规范

车间“6S”管理要求，其目的就是通过细琐、简单的动作，潜移默化，改变人员的行为习惯，达到现场管理规范化、物资摆放定置化、库区管理整洁化、安全管理常态化，建立良好的企业生产安全文化，使安全工作从有形管理走向无形管理，促进各生产任务与目标的顺利实现。

11.2 加工中心操作

11.2.1 加工中心机床准备

按照《多工序数控机床操作职业技能等级标准》要求，选取加工中心机床可依据以下几点：

(1) 根据零件的加工特征选择机型

如所加工零件包含铣削（曲面、型腔等）、钻削、镗孔、螺纹等加工要求，需要频繁换刀的工艺较多，则可以选用加工中心机床。

(2) 根据加工系统选择机床

同一机床本体一般可配置的数控系统种类较多，有进口系统（日本 FANUC、德国 SINUMERIK、日本 MITSUBISHI 等）和国产系统（广州系统、航天系统、华中系统）之分。数控系统选型的基本原则是：性能价格比大，使用维修方便，系统的市场寿命长。

(3) 能根据零件加工精度、技术要求选择机床

一般来说，按照国际精度公差等级的划分，IT6 广泛应用于机械加工重要配合指数。一般精度要求（≥0.1mm）的产品基本上数控设备都能满足；精度要求 0.05～0.1mm 的产品选择国产设备；精度要求 0.01～0.05mm 的产品，选择有设计能力的国产机；精度要求≤0.01mm 的产品要选择高档数控设备。

(4) 根据零件尺寸选择合适的机床规格

加工中心机床的规格主要指的是机床的行程范围，常用的加工中心机床有 600、650、850、1000 等，如国产 VDL600A 立式加工中心，其工作台 X 向行程为 600mm，Z 向行程为 520mm，Y 向行程为 420mm。如零件尺寸在其加工范围内即可选择该型号机床。

11.2.2 加工中心刀具安装

(1) 数控铣刀在刀柄中的安装

如图 11-12 所示，加工中心常用的刀具安装辅件有锁刀座、专用扳手等。

以立铣刀在弹簧夹头刀柄中的安装为例，其安装过程如下：

① 刀具安装前首先要检查刀的磨损情况，如有崩刃、磨损严重等缺陷，要更换新刀或待修复好后再使用。

② 将刀柄放入锁刀座，刀柄卡槽对准锁刀座的凸起部分。

③ 将弹簧夹头压入夹紧螺母（锁紧螺母/螺纹套）。

④ 将夹紧螺母拧到刀柄上，旋转 1～2 圈。

⑤ 刀具放入弹簧夹头中，留出合适的装夹长度，用手拧紧夹紧螺母。

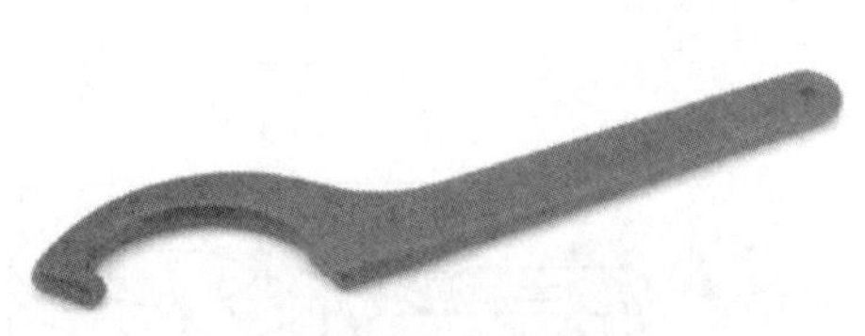

锁刀座　　　　专用扳手(月牙扳手)

图 11-12　刀具安装辅件

⑥ 用专用扳手将夹紧螺母锁紧，完成刀具在刀柄中的安装。

(2) 刀柄安装至机床主轴

在安装 CNC 加工中心刀具时要注意以下几点：

① 安装前必须把有关表面清洗擦拭干净，仔细地擦去机床主轴垫圈及孔口毛刺，防止污物和毛刺影响刀具安装位置的精度。

② 手动模式下，按住气阀，例如将 1 号刀具的刀柄装入主轴，松开气阀，手动旋转主轴，检查刀具安装是否牢固。

③ MDI 模式下，输入换刀指令，例如输入 T2 M6，按下循环启动按钮，2 号刀具由机械臂传入刀库，表示当前刀位号为 2 号刀位，继续执行步骤②，安装 2 号刀具，依次类推，将加工所用刀具依次装入刀库。

11.2.3　加工中心铣削零件的装夹与找正

加工中心铣削零件的装夹方式有很多种，本章主要对平口钳装夹找正与压板装夹找正展开叙述。

(1) 平口钳找正与装夹

加工中心常用夹具是精密平口钳，先将平口钳固定在机床工作台上，找正钳口，再将工件装夹在平口钳上，这样装夹方便，应用广泛，适合装夹形状规则的小型零件。

① 平口钳找正过程见 6.2.3 小节中，典型零件的调整。

② 平口钳装夹注意事项：

a. 平口钳装夹工件时，必须将工件的基准面紧贴固定钳口；

b. 毛坯件装夹时应选择一个平整的毛坯面作为粗基准，靠向平口钳的固定钳口；

c. 在钳口平行于刀杆的情况下，承受铣削力的钳口必须是固定钳口；

d. 工件的铣削加工余量层必须高出钳口，以免铣刀触及钳口，铣坏钳口和损坏铣刀；

e. 如果工件低于钳口平面时，可以在工件下面垫放适当厚度的平行垫铁，垫铁应具有合适的尺寸和较小的表面粗糙度值；

f. 工件在平口钳上的位置要适当，使工件装夹后更牢靠，不致在铣削力的作用下产生移动。

(2) 压板安装与找正

当大体积工件装夹时，平口钳已失去作用，可将工件直接安装在机床工作台上。用压板装夹时，压板的数量不能少于两个。

① 压板的安装注意事项　使用压板时，压板的一端压在工件上，另一端压在垫铁上。如图 11-13 所示，垫铁（图 11-13 中台阶垫铁）的高度应等于或略高于工件上的压紧部位，紧固压板的螺栓到工件之间的距离应略小于螺栓到垫铁之间的距离，工件上被压点的位置应

尽量靠近被加工部位，压板要压在工件上的实处，如工件上被压点的下面悬空时，必须用垫铁（图 11-13 中垫块）顶住。

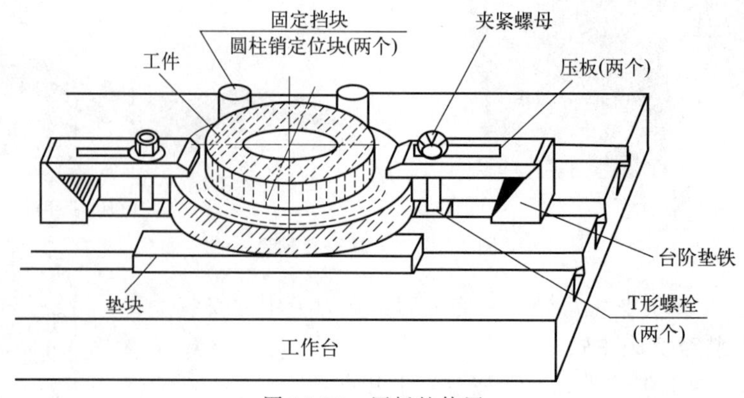

图 11-13　压板的使用

② 压板装夹工件时的找正方法　使用压板装夹工件时，形状规则的工件如矩形工件等，可把百分表、划针等用磁力表座吸附在主轴上进行基准面的找正，找正方法与找正平口钳的方法类似。

形状不规则的工件，一般先由划线工根据工艺要求在毛坯或半成品上划好基准线，然后用所划的线为基准找正它在机床上的正确位置。划线找正的定位精度也不高，所以这种找正方法的生产率较低。

11.2.4　加工中心机床的对刀操作

(1) *X*、*Y* 向对刀操作

X、*Y* 向对刀方式很多，如试切对刀法（分中对刀、单边对刀）、寻边器对刀法、百分表对刀法等。

1）试切法对刀（分中对刀）

具体操作步骤如下：

① 将工件通过夹具装在工作台上，装夹时，工件的四个侧面都应留出对刀的位置。

② MDI 模式下，点击，在 CRT 面板上输入 S100M03;，点击循环启动按钮，主轴旋转，模式切换至手动移动，快速移动工作台或主轴，让刀具快速移动到靠近工件左侧有一定安全距离的位置，然后降低速度移动至接近工件左侧。

③ 切换手轮模式，靠近工件时改用手轮微调操作（一般用 0.01mm 来靠近），刀具缓慢接近工件左侧，如图 11-14 中所示，使刀具恰好接触到工件左侧表面，此时通过观察，听切削声音、看切痕、看切屑，只要出现其中一种情况即表示刀具接触到工件，再回退 0.01mm。此时点击 MDI 键盘中的 PRO 按钮，找到相对坐标，将 *X* 坐标值清零。

④ 沿 *Z* 正方向退刀至工件表面以上，用同样方法接近工件右侧，记下此时机床坐标系中显示的 *X* 坐标值，如 60.400。

⑤ 据此可得工件坐标系原点在机床坐标系中 *X* 坐标值为 60.400/2=30.200。除以 2 后的相对坐标值为 *X* 方向中心点坐标值。

⑥ *Z* 向抬刀，移动到中心点，此时刀具的位置为工件坐标系中 *X* 坐标的坐标原点（即 *X*=0）。

⑦ 同理 *Y* 向对刀重复以上操作（需要注意的是，操作 *Y* 向对刀时，如 *X* 向坐标结果未

输入工件坐标系中，X 向刀具位置应保持不变）。

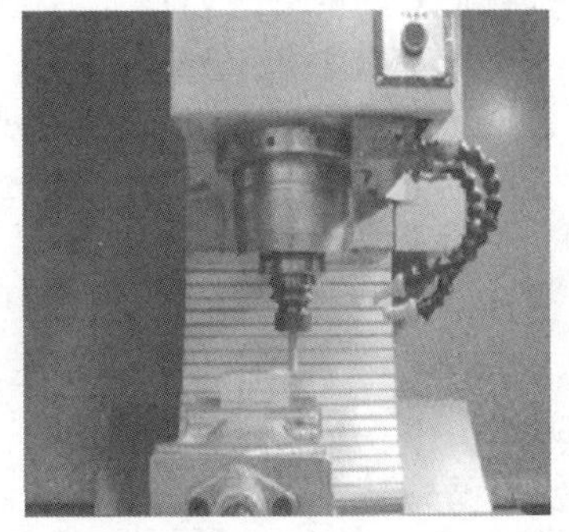

图 11-14　分中对刀

⑧ 输入相对的数据：点击参数设置 OFFSET SETTING 按钮，点击 CRT 面板上对应的坐标系软件按钮，找到 G54 存储位置（存储位置要与程序中的一致），输入 X0，点击测量，再输入 Y0，点击测量。X、Y 对刀完成。

试切单边对刀法原理同上，适用于毛坯加工余量较大的场合，前提是要先测量毛坯的尺寸，通过单边试切的方式，建立工件坐标系。例如毛坯尺寸为 100×50，首先执行步骤③，X 向左侧试切完成，当前刀具位置坐标 X 为－50（切削精度忽略不计），执行上述步骤⑧，在 G54 存储器中输入 X-50，点击测量，X 向对刀完成；Z 向提刀至平面以上，移动刀具至 Y 外侧，试切削 Y 向，原理同步骤③，当前刀具位置坐标 Y 为－25（切削精度忽略不计），执行上述步骤⑧，在 G54 存储器中输入 Y-25，点击测量，Y 向对刀完成。

2）寻边器对刀

寻边器有偏心式和光电式等类型，如图 11-15 所示，对刀原理基本同上。

偏心式寻边器的测头一般为直径 10mm 或 4mm 的圆柱体，用弹簧拉紧在偏心式寻边器的测杆上，需要注意的是偏心式寻边器对刀时，转速不宜过高，一般转速为 300～500r/min 为宜。光电式寻边器的测头一般为直径 10mm 的钢球，用弹簧拉紧在光电式寻边器的测杆上，碰到工件时，可以退让，并接通电路，发出光信号及蜂鸣声，光电式寻边器对刀时，主轴停转。（具体操作办法见本书案例。）

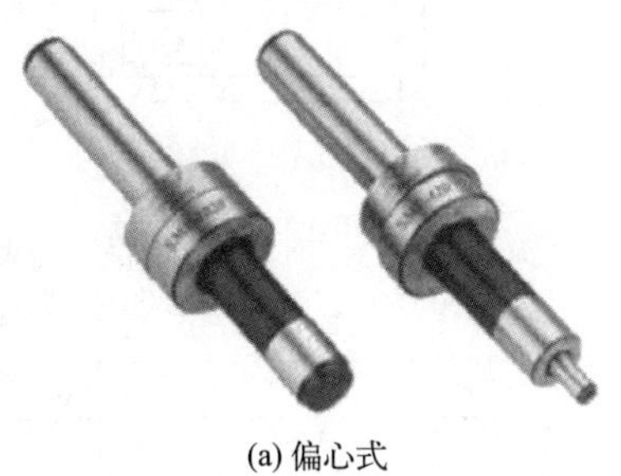

(a) 偏心式

(b) 光电式

图 11-15　寻边器

3）借助百分表实现 X、Y 方向的精确对刀

① 圆柱形工件的找正。

a. 先将百分表安装在百分表支架上，再将磁力表座吸附到机床主轴上，用手轮调整 Z 轴，使百分表触头接近工件上表面。然后用手转动机床主轴，百分表的测量触头就画出一个圆，用手轮调整至百分表画出的圆的圆心和毛坯圆的圆心大概接近，直径大体相等即可。

b. 用手轮调整，沿 Z 轴下移，使百分表触头移到工件上表面以下，如图 11-16 所示，将百分表触头转到 X 轴的一边，比如 A 点，使百分表触头压到工件表面上，此时，百分表在 A 点读出一个数，比如 0.42mm。

c. 然后用手转动主轴，使百分表触头转到 B 点，此时在 B 点读出另一个数，比如 0.62mm。A、B 两点的读数差是 0.62mm－0.42mm＝0.2mm，然后将读数差除以 2，即 0.2mm÷2＝0.1mm。

d. 假若此时百分表触头在 B 点，只需通过手轮调整至百分表的读数为 0.62mm－0.1mm＝0.52mm 即可，然后用手转动主轴至 A 点，此时 A 点的读数变成了 0.42mm＋0.1mm＝0.52mm。

e. 将百分表触头转到 C 点，通过手轮调整，使 C 点的读数即 Y 方向的读数调整到 0.52mm 即可。然后手动转动主轴一圈，各点的读数值都应该是 0.52mm，此时主轴的旋转中心和工件的中心重合。

f. 在机床上按下设置/偏置键，找到 G54 坐标系，输入 X0，按“测量”键，再输入 Y0，按“测量”键，X、Y 方向的对刀完成。

这一方法实际上是运用了三点决定一个圆的原理来对刀的，通过调整三个点的值，最终使主轴中心和工件中心重合。A、B 两点应在一条平行于 X 轴的直线上，且离 X 轴越近，对刀精度越高。

同理，此方法同样适用于找正孔，如果孔是已精加工表面，可通过百分表或杠杆百分表找正内孔。

② 方形工件找正（杠杆百分表）。

a. 杠杆百分表由于其指针可以弯折一定的角度，因此更适合于找正台阶面，找正时先将杠杆百分表安装在百分表支架上，再将磁力表座吸附到机床主轴上，调整杠杆百分表支架及磁力表座的位置。

b. 用手轮调整 X、Y、Z 轴，使百分表触头压到长方体工件在 X 轴方向的一个侧面上，如图 11-17 所示的 A 点，手动旋转主轴，在 A 点画圆，如图 11-16 所示，读出百分表的最大读数值，比如 0.35mm，记下此值。

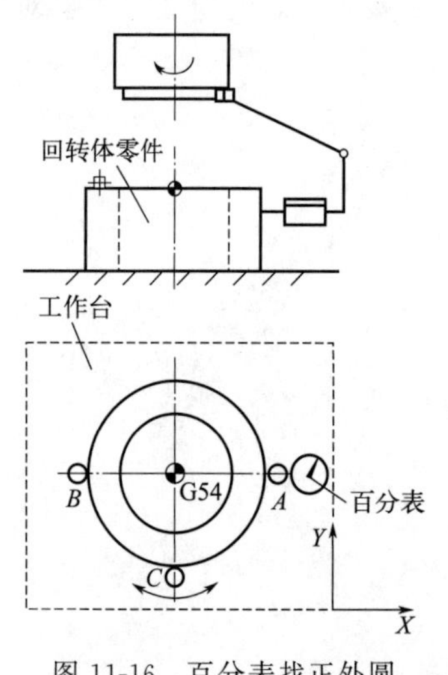

图 11-16　百分表找正外圆

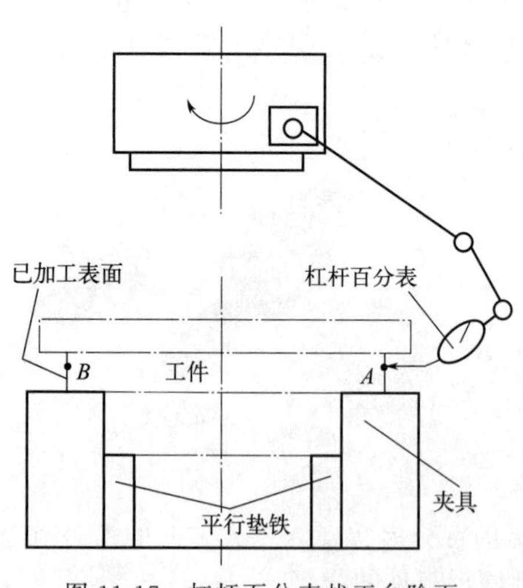

图 11-17　杠杆百分表找正台阶面

c. 将此时 X 的相对坐标值归零，X 向远离工件后，再将 Z 轴抬起，用手轮将百分表移动到工件另一端 B 点，用同样方法画圆，并用手轮调整到 X 方向位置，直到百分表最大读数值为 0.35mm 为止。

d. 记录此时的 X 方向相对坐标值，比如 X 的相对坐标值为－124.250mm。将－124.250mm 除以 2，即－124.250mm÷2＝－62.125mm。

e. 将 Z 轴抬起，向 A 点方向移动 X 轴，直到移动至 X 相对左边为－62.125mm 的位置，此时，主轴中心所在的位置便是工件 X 轴的中点。然后找到 G54 坐标系，输入 X0 并测量，便完成了 X 轴的对刀。同样方法，也可完成 Y 轴的对刀。

这种两端画圆，调整百分表最大值，并辅以相对坐标归零的方法，其原理是利用两个圆心相对工件对称来确定工件中心。

(2) *Z* 向对刀

1) Z 向对刀（试切法），适用于粗对刀操作

① 将刀具快速移至工件上方。

② 启动主轴中速旋转，移动工作台，使刀具移动到靠近工件上表面有一定安全距离的位置，然后降低移动速度使刀具端面接近工件上表面。

③ 靠近工件时改用手轮微调操作（一般用 0.01mm 来靠近），刀具端面缓慢接近工件上表面，当刀具端面恰好碰到工件上表面（听声音、看切削），再将 Z 轴抬高 0.01mm，记下此时 CRT 界面中机床坐标中 Z 的坐标值，如－140.400，如图 11-18 所示，将该值输入到机床刀具长度存储（长度补正）中对应的刀具号（形状）H 中。

2) Z 向对刀（量块）

为防止刀具切伤工件表面（一般适用于工件表面不能有切痕的场合），此方法对刀时，主轴禁止旋转，如图 11-19 所示，在刀具与工件上表面之间加入量块，当刀具接近量块时，将手轮倍率调至 0.01mm 每格，继续移动刀具，每移动一格，手动推动量块，以量块恰好不能在刀具与工件之间自由抽动为准。进行 Z 向数据设定时，应考虑量块厚度，如量块厚度为 50mm，若此时机床坐标系中的 Z 值为－140.400，则刀具长度存储地址中（形状）H 值为－140.400－50＝－190.400。

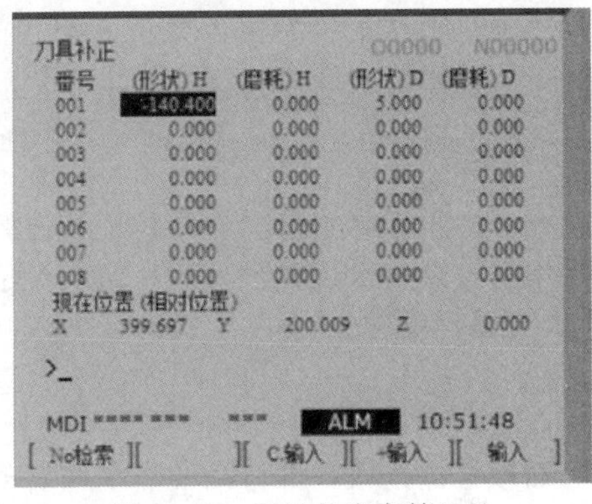

图 11-18　刀具长度存储地址

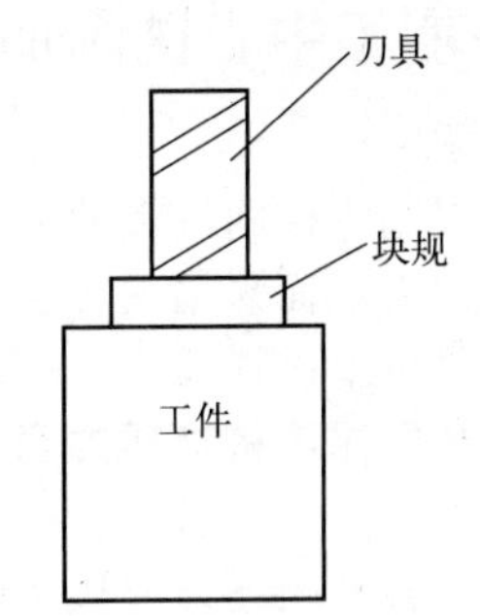

图 11-19　量块 Z 向对刀

3) Z 轴设定器

如图 11-20 所示，Z 轴设定器分为机械式和电子式两种。对刀原理同量块一致，在计算长度补偿时，均需要加上对刀器的高度。

4) Z 向其他对刀方法

① 借助铣刀刀柄实现 Z 轴的精确对刀。一般来讲，购买的铣刀刀柄部分直径尺寸精度很高，可用来代替对刀块来完成 Z 轴的精确对刀。

② 利用塞尺等常用量具。其对刀精度与操作者的熟练程度有关，经反复训练，能够达

(a) 机械式

(b) 电子式

图 11-20　Z 轴设定器

到较高的对刀精度，基本能满足多数工件的加工精度要求，同时熟练以后也能获得较快的对刀速度，因此，在生产中有一定的推广价值。

11.2.5　加工中心铣削参数设定

（1）背吃刀量（端铣）或侧吃刀量（圆周铣）

在实际加工过程中，背吃刀量或侧吃刀量的参数主要由加工余量和对表面质量的要求决定。通常可遵照下列依据：

① 在工件表面粗糙度值要求较小时，粗铣一次进给就可以达到要求。

② 在工件表面粗糙度值要求较高时，可分粗铣和半精铣两步进行。

③ 在工件表面粗糙度值要求很高时，可分粗铣、半精铣和精铣三步进行。

（2）进给量 f 和进给速度

进给量与进给速度是衡量切削用量的重要参数，根据零件的表面粗糙度、加工精度要求，刀具及工件材料等因素，参考有关切削用量手册选取（参照表见 7.2.4 小节）。

11.2.6　加工中心铣削加工流程

（1）编程

加工前根据零件图纸编制工件的加工程序，如果工件的加工程序较长且比较复杂，最好不在机床上编程，而采用编程机编程或手工编程，这样可以避免占用机时；对于短程序，也应该写在程序单上。详见 10.4 节加工中心手工编程基础。

（2）打开气泵，检查压力表是否正常

（3）开机

打开总电源开关→开通机床电源→按下面板电源按钮，等待系统启动（启动后若出现急停报警，将急停旋钮顺时针旋开，按复位键）。

（4）返回参考点

选择回零方式，先按＋Z，再按＋X 和＋Y，等到零点灯中 X、Z 亮灯后方可进行下一步的操作（注意：必须先回 Z 轴，再回 X、Y 轴）。

（5）安装刀具和毛坯

根据加工程序中的刀具号，手动模式下，安装刀柄至主轴（具体安装方式详见 11.2.2 小节），安装毛坯（具体操作步骤详见 11.2.3 小节）。

（6）输入程序至机床

新建程序，在编辑方式→程序界面→“程序内容”界面，输入程序名 O×××× 再按换行，然后编辑程序，每编辑完一行程序，按换行输入一个结束符（注意：全部程序输入完毕后按复位键，使光标跳到程序起始段）。

（7）检验加工程序

选择自动加工方式→打开机床锁→打开 MST 辅助锁→打开空运行→连续按两次设置按钮进入刀路模拟加工界面→按下循环启动按钮。检查完程序的刀路以后，关闭机床锁、MST 辅助锁、空运行等，然后选择机床回零方式，接着对机床进行回零。

（8）对刀

具体对刀方式与操作步骤详见 11.2.4 小节。

（9）加工

当程序检验好并对好刀以后开始加工。

步骤：程序复位→机械回零→自动→单段→快速倍率最低→进给倍率最低→循环启动→调整快速、进给等倍率→取消单段。

加工开始后，要时刻观察铣削的情况，通过听声音等判别加工是否出现异常，如一旦出现异常情况，要及时停止，检查导致异常（切削参数的不合理、切削液的不充分、刀具路径的不合理等）的原因，并及时修正。

11.2.7　加工中心铣削零件的检测与精整

（1）零件的检测

按照《多工序数控机床操作职业技能等级标准》规定，对于零件的检测需具备以下职业技能要求：

① 能合理选用游标卡尺规格检测零件的外圆、孔、槽、长度。

② 能合理选用深度游标卡尺规格检测零件特征的深度。

③ 能合理选用高度游标卡尺规格检测零件的高度。

④ 能合理使用千分尺对工件相关尺寸进行检测。

（2）零件的清理与精整

① 能根据工艺技术文件要求，利用锉刀、刮刀、砂纸等工具去除零件多余物。

② 能根据工艺技术文件要求，对零件进行锐边倒钝等光滑过渡处理。

③ 能根据零件技术要求合理选择清洁方法。

④ 能正确使用清洁工具对零件进行清洗。

（3）铣削零件精度的调整与补偿

使用加工中心机床铣削加工时，经过长时间铣削加工后，刀具必然会出现磨损，导致工件尺寸有误差，此时，只需要修改磨损刀具相应存储器中的数值即可，同时也可通过刀具补正来控制零件的加工精度。

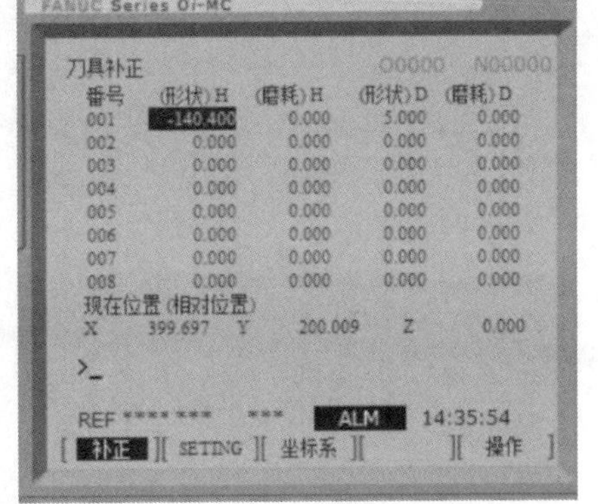

图 11-21　刀具补正存储地址

操作如下：

① 按下操作面板 OFS/SET 按钮，CRT 界面出现如图 11-21 所示的画面。

② 将光标移动至需进行磨损补偿的刀具补偿号位置。

例如，测量用 1 号刀具加工的工件 X 向尺寸为 100.05，而图纸要求尺寸为 $100_{-0.04}^{0}$（加工时，通常按照中差作为加工标准），实测值比要求尺寸大

0.05，应进行磨损补偿，有两种输入补偿方式：一种是将光标移动至图 11-21 所示界面中（形状）D（假设当前半径值为 5），输入－0.025（0.05 的一半），按下“＋输入”按钮，此时刀具半径减少 0.025，变为 4.975；第二种方式是保持原刀具半径尺寸不变，在（磨耗）D 中输入－0.025 即可。这两种方式的调整都可达到对工件尺寸精度的控制。Z 向补偿同理。

尤其是批量加工时，为减少加工成本，提高加工效率，可有效利用磨损补偿的功能，保证批次零件的加工精度。

11.2.8 加工结束

(1) 关闭设备注意事项

设备使用结束后需关闭，关闭设备前需注意以下几点：

① 关机前需检查工作台是否越位，是否有超极限现象。

② 关机前要停止所有机械运动。

(2) 关机步骤

① 关闭气泵。

② 按下急停按钮。

③ 关闭系统电源。

④ 关闭总电源。

(3) 6S 管理规范

见 11.1.8 小节。

第12章

机械零件检测

课程导读

教学目标

1. 知识目标

① 学习常用量具的构造、检测方法。

② 学习测量方法及精度的检测。

2. 能力目标

① 能够合理选择量具并正确使用。

② 能够掌握测量的一般步骤。

3. 素质目标

① 增强安全文明生产意识，提高职业道德素养，培养良好的职业习惯。

② 提高团队合作意识，培养大国工匠精神。

教学内容

通过对各种量具的介绍分析，学员通过理论知识的学习，能合理选择各种量具对工件进行尺寸测量与分析，进一步提升自己的职业技能水平，养成良好的职业习惯。

12.1 常用量具

在机械制造过程中，量具的种类和形式很多，习惯上把构造简单的称为量具，如直尺、卡尺、千分尺、百分表、游标万能角度尺等；把构造复杂的称为量仪，如轮廓仪、圆度仪。

12.1.1 游标卡尺

游标卡尺简称卡尺，是机器制造业中最常用的量具之一。

它的优点是构造简单、使用方便、测量范围大、用途广泛，可量 0～2000mm 工件的内外尺寸（如长度、宽度、内径、外径）、孔距、深度、高度等。但是，由于结构上的不完善，它的精度和测量准确度低，只能用于一般精度的测量工作。

(1) 游标卡尺的结构

卡尺的结构主要由主尺尺身、游框、测深尺、游标、内测量爪、外测量爪、紧固螺钉几部分组成。如图 12-1 所示。

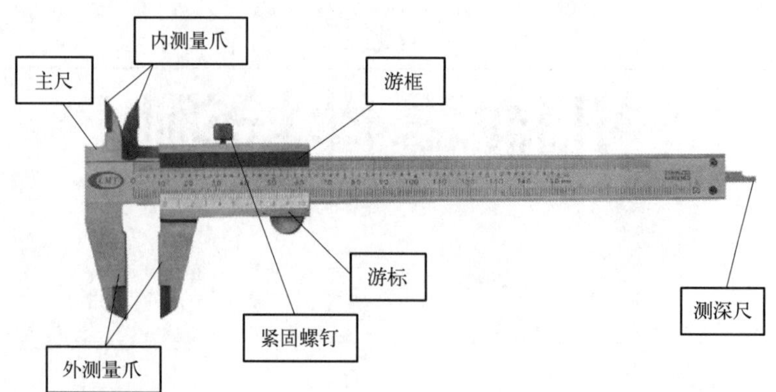

图 12-1 游标卡尺结构

(2) 游标卡尺的分类

① 三用游标卡尺：可测量内、外长度尺寸和深度尺寸。

② 双面量爪游标卡尺：可测量内、外长度尺寸。

③ 单面游标卡尺：可测量内、外长度尺寸。

④ 深度游标卡尺：主要用于测量阶梯、盲孔、沟槽等深度尺寸。

⑤ 带表卡尺：测量读数用指针来显示。

⑥ 电子数显卡尺：测量读数用数字显示。

(3) 游标卡尺的测量范围

测量范围一般有 0～125mm、0～150mm、0～200mm、0～300mm、0～500mm 几种。

(4) 读数方法

用卡尺进行测量时，总是以游标的零刻度线为基准来读数，读数方法与步骤如下：

① 读出游标零刻度线左边主尺上的毫米整数；

② 看游标的第几条刻度线与主尺的刻度线对齐，直接读出小数部分；

③ 将毫米整数与小数部分相加，即得被测尺寸读数；

④ 数显卡尺直接读数。

12.1.2 千分尺

千分尺俗称分厘卡，是一种利用螺旋传动原理制成的、测量长度尺寸的精密量具，故又称螺旋测微器，有时也把它叫做百分尺。

(1) 千分尺构造

千分尺由微分杆和微分螺母组成的传动机构、对零和读数装置止动器、测力装置以及装夹机构等几部分组成（如图 12-2 所示）。

(2) 千分尺分类

千分尺按用途分为外测千分尺、内测千分尺、内径千分尺、测深千分尺、公法线千分尺、螺纹千分尺、杠杆千分尺和带表千分尺等几种。各种千分尺虽然用途和形状不一样，但其测量原理和基本结构大致相同。

(3) 千分尺的对零和读数

① 对零机构和对零方法　千分尺在读数以前，必须对好零位，才能方便地得到正确的测量结果。对零方法随活动测杆与微分筒连接方式而不同。

② 千分尺的读数　读数装置包括固定套筒和可以转动的微分筒两部分。固定套筒上纵刻线上下方各刻有 25 个分度：一方刻度每隔 5mm 刻线处有一个数字，表示毫米刻度

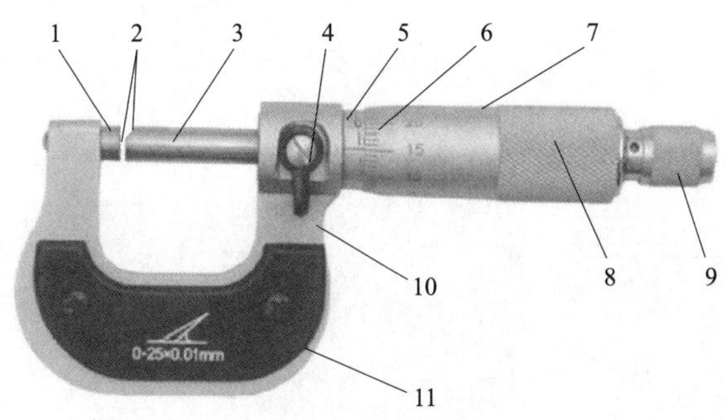

图 12-2　千分尺结构

1—固定测砧；2—硬质合金头；3—活动测杆；4—止动器；5—固定套筒；6—微分筒；7—活动套；8—弹簧垫；9—测力装置；10—尺架；11—绝热垫

的顺序；另一方是半毫米的刻度。微分筒的棱边作为整毫米的读数指示线。微分筒的圆周斜面上有 50 个等分分度。由于微分丝杆的螺距为 0.5mm，所以微分筒转一周，活动测杆则移动 0.5mm；微分筒转一个分度（1/50 转），活动测杆则移动 0.01mm，因此微分筒上刻度的分度值为 0.01mm。固定套筒上的纵刻线，作为不足半毫米的小数部分的读数指示线。

(4) 千分尺读数步骤

① 对好零位，即当千分尺测量面良好接触后，微分筒棱边对准固定套筒零刻线，固定套筒上的纵刻线对准微分筒上的零刻线。

② 利用测力装置使两测量面与工件接触。

③ 从固定套筒上露出的刻度线读出被测尺寸的毫米整数和半毫米数，再从微分筒上由固定套筒纵刻线所对准的刻度线读出被测尺寸的小数部分（百分之几毫米）。不足一个的数，即千分之几毫米由估读法确定。

④ 将整数和小数部分相加，即为测得的工件尺寸。

12.1.3　百分表

百分表是一种精度较高的比较量具，它只能测出相对数值，不能测出绝对值，主要用于检测工件的形状和位置误差（如圆度、平面度、垂直度、跳动等），也可用于校正零件的安装位置以及测量零件的直径等。

(1) 百分表的结构

百分表主要由 3 个部件组成：表体部分、传动系统、读数装置。如图 12-3 所示。

(2) 百分表的分类

① 钟表式百分表　钟表式百分表是一种长度测量工具，并广泛用于测量工件几何形状误差及位置误差。其具有防振机构，使用寿命长，精度可靠。

② 电子数显百分表　电子数显百分表，具有精度高、读数直观、可靠等特点。广泛用于长度、形位误差的测量，也可作为读数装置。具有公英制转换、任意位置清零、自动断电、快速跟踪最大及最小值、数据输出等功能。

③ 内径百分表　内径百分表是孔加工必备工具之一，适于测量不同直径和不同深度的孔。

④ 深度百分表　深度百分表用于工件深度、台阶等尺寸的测量，具有测量可靠、精度高的特点。

⑤ 杠杆百分表　杠杆百分表体积小，精度高，适用于一般百分表难以测量的场所。

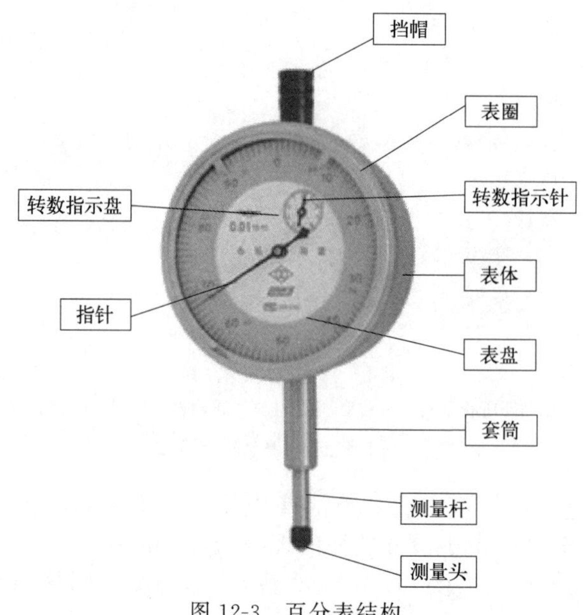

图 12-3　百分表结构

（3）百分表读数方法

国产百分表的测量范围（即测量杆的最大移动量）有 0～3mm、0～5mm、0～10mm 三种。

大指针每转一格读数值 0.01mm，小指针每转一格读数为 1mm。

先读小指针转过的刻度线（即毫米整数），再读大指针转过的刻度线（即小数部分），并乘以 0.01，然后两者相加，即得到所测量的数值。

12.1.4　游标万能角度尺

（游标）万能角度尺又称角度规。它是利用活动直尺测量面相对于基尺测量面的旋转，对该两测量面间分隔的角度进行读数的角度测量器具。

（1）万能角度尺的结构（如图 12-4 所示）

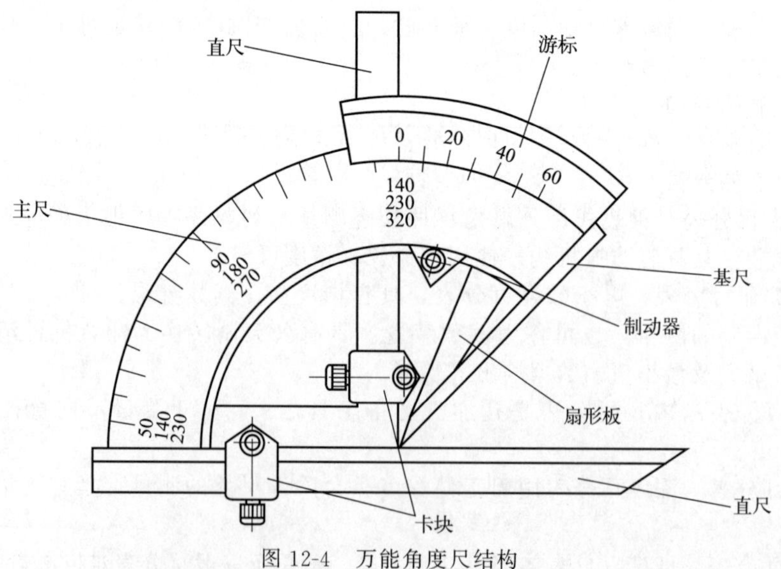

图 12-4　万能角度尺结构

(2) 万能角度尺的使用范围

适用于机械加工中的内、外角度测量，可测 0°～320°外角及 40°～130°内角。

(3) 万能角度尺的使用方法

测量时，放松制动器上的螺母，移动主尺做粗调整，再转动游标背后的手把做精细调整，直到使角度规的两测量面与被测工件的工作面密切接触为止。然后拧紧制动器上的螺母加以固定，即可进行读数。

注意：当测量被测工件内角时，应用 360°减去角度规上的读数值；如在角度规上读数为 306°24′，则内角测量值为 360°－306°24′＝53°36′。

12.2 测量方法

测量方法是指测量时所采用的测量原理、计量器具和测量条件的综合，亦即获得测量结果的方式。例如，用千分尺测量轴径是直接测量法，用正弦尺测量圆锥体的圆锥角是间接测量法。测量方法分类如图 12-5 所示。

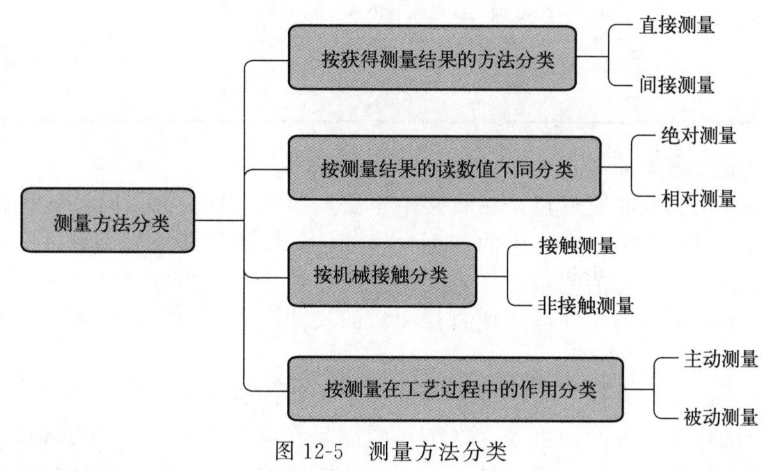

图 12-5　测量方法分类

测量的一般步骤如下。

(1) 测前准备

① 测量人员要仔细看图纸中的尺寸，了解零件的大小，从长、宽、高三个方向的设计基准进行分析，分清定形尺寸、定位尺寸、关键尺寸，分清精加工面、粗加工面和非加工面。检验人员通过对视图的分析，掌握零件的形体结构。先分析主视图，后按顺序分析其他视图。同时，把各视图由哪些表面组成、组成表面的特征，以及它们之间的位置都要看懂记清楚。

② 测量人员要认真分析工艺文件，按照加工顺序，对每个工序加工的部位、尺寸、工序余量、工艺尺寸换算要认真审阅。同时，了解关键工序的装夹方法，定位基准和所使用的设备、工装夹具刀具等技术要求，并选取恰当的量具、确定检测方法。

③ 测量人员要细心清理检测环境，并检查是否满足检测要求，清洗标准器、被测件及辅助工具，对检测器具进行调整使之处于正常工作状态。

(2) 合理选择量具

在看清图纸和工艺文件基础上，采用合理的测量方法、选取恰当量具进行套类零件测量，主要是依据被测工件的位置精度、几何形状、尺寸大小、生产批量等进行选用。测量方法的确定除了要遵循一些原则和标准之外，还要借助一些经验来选用；测量工具要根据被测要素来选用，如测量带公差的内孔尺寸时，应选用卡尺、钢板尺、内径百分表或内径千分尺等。

(3) 机械加工零件的测量方法

如表 12-1 为机械加工零件的几种检测方法。

表 12-1 机械加工零件的几种检测方法

合理选用测量基准方法	测量基准应尽量与设计基准、工艺基准重合。在选择基准时,要选用精度高,能保证测量时稳定可靠的部位作为检验的基准。如套类零件测量同轴度、圆跳动,在套类零件内孔上检验心轴,以心轴中心孔为基准;测量垂直度应以大面为基准
尺寸误差的测量方法	检测尺寸误差,测量时应尽量采用直接测量法,简便直观,无须烦琐的计算,如测量轴的直径等。有些尺寸无法直接测量,就需用间接测量方法,比较麻烦,有时需用烦琐的函数计算,如测量角度、锥度、孔心距等。当检测形状复杂、尺寸较多的零件时,测量前应先列一个"对比"清单,把要求的尺寸写在一侧,实际测量的尺寸写在另一侧。测量结束后,根据清单汇总的尺寸判断零件是否合格,既不会遗漏尺寸,又能保证检测质量
表面粗糙度误差测量方法	产品表面的性能,尤其是它的可靠性和耐久性,在很大程度上取决于零件表面层的质量,机械零件的破坏,一般总是从表面层开始的。如:细长轴、薄壁件要注意变形,冷冲件要注意裂纹,螺纹类零件、铜材质件要注意磕碰、划伤等。零件检测完后,都要认真做记录,特别是半成品,对合格品、返修品、报废产品要分清,并作上标记,以免混淆。常用检测方法有:目视检查法、比较法、光切法、干涉法、针描法、印模法、激光测微仪检测法
形状误差的测量方法	在测量形状误差时,要注意应按国家标准或企业标准执行,如轴、长方体件要测量直线度,键槽要测其对称度

(4) 测量中的注意事项

检测尺寸公差,测量时应尽量采用直接测量法,简便直观。测量时,应选择宽平面作为测量基准,以减少测量误差。零件上的非配合尺寸,如果测得结果为小数,应圆整为整数标出。测量时应注意零件结构的测量顺序,先测量定形尺寸,再测量定位尺寸。对于常规测量工具和测量方法检测不了的尺寸或不便直接测量的尺寸,可以利用高精密量具和科学的计算方法测量。

零件的测量是一个综合性、专业性较强的技术,如几何形状、尺寸公差、形位公差、表面粗糙度、材质的化学成分及硬度等,在测量中都起着很重要的作用。要认真学习,慢慢积累,只有在工作过程中多分析、多总结,选择正确便捷的测量方法,才能测量准确,提高检测效率。

12. 3 精度检测

现代机器制造工业的飞速发展,使其对机器的要求日益提高,一些重要的零件必须在高速、高温、高压和重载条件下工作。表面层的缺陷,不仅直接影响零件的工作性能,而且使零件加速磨损、腐蚀和失效,使用寿命缩短,因而必须重视加工质量的问题。

12. 3. 1 加工精度和表面质量的基本概念

(1) 机械加工精度概念

机械加工精度指零件加工后的实际几何参数与理想几何参数的符合程度。符合程度愈高,加工精度就愈高;反之加工精度就愈低。

(2) 表面质量概念

表面质量是指零件加工后的表面层的状态。机械加工后的零件表面并非完全理想的表面,而是存在着不同程度的微观不平整、残余应力、冷作硬化及金相组织变化等。虽然只是极薄的一层,但对机械零件的使用性能,如耐磨性、疲劳强度、配合性质、耐腐蚀性等都有很大影响。

12.3.2　表面质量对零件使用性能的影响

（1）对零件耐磨性的影响（影响因素：材料、热处理、*Ra*）

零件的耐磨性主要取决于零件的材料和润滑条件，当材料和润滑条件确定后，零件的表面质量对耐磨性起着决定性作用。如图 12-6 所示，两面接触，实际是表面上的凸峰相互接触，受力面积小，磨损加剧。*Ra* 并不是越小越好。*Ra*＝0 时，即为理想接触，接触面没有凹坑存储润滑油，油被完全挤出，两接触面间为干摩擦，磨损加快。

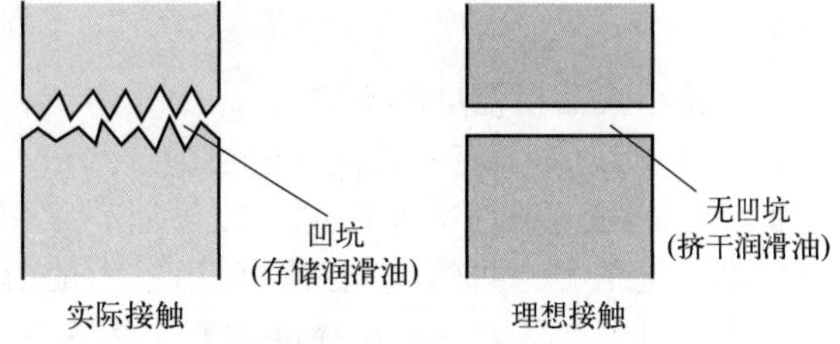

图 12-6　两面接触

（2）对零件疲劳强度的影响（抗疲劳能力）

① 表面粗糙、有划痕及微裂纹，则易引起应力集中，使零件疲劳损坏。为了提高零件的疲劳强度，对零件的轴肩、沟槽或拐角处等应力集中区，用精磨、抛光、滚压等方法降低表面粗糙度。

② 表面层适度的冷作硬化，使表面硬度和耐磨性有所提高，且能阻止表面已有裂纹的扩展和防止疲劳裂纹的产生。所以，适度的冷作硬化能提高零件的疲劳强度。但是，硬化程度与硬化深度过大，易产生微裂纹甚至剥落。

③ 表面层的残余应力如果是压应力，能抵消部分工作载荷引起的拉应力，延缓疲劳裂纹的产生和扩展；若为残余拉应力，会降低疲劳强度。

（3）零件配合性质的影响

表面粗糙度会影响配合性质的稳定性。对于间隙配合，因接触表面的峰顶在初期工作中很快磨损，使间隙增大；对于过盈配合，因装配表面被压平，使有效过盈减小，降低连接强度；对于过渡配合，也会使配合变松。磨损不断增加，使过盈量不断减少。过盈量＝0 时，变为过渡配合；过盈量＜0 时，为间隙配合。至此，已改变原配合方式。

12.3.3　影响加工精度的因素及提高精度的主要措施

随着经济的迅速发展，机械设计行业也在不断进步，社会对于机械设计也提出了更高的要求。而其中对于机械加工精度的考量成为一个显著的特色，因为机械加工精度对于整个机械设计行业来说至关重要，所以提高对机械加工精度的重视程度，着重分析影响精度的主要因素是现阶段我们必须要做的。下面阐述几种主要的影响因素。

（1）加工造成的误差

① 刀具轮廓造成的误差。

② 加工运动造成的误差。

（2）机床工艺系统出现的误差

工艺系统由于是一种弹性系统，因此在进行加工时如果受到切削力或者传动力等外界因素的影响，往往会改变加工器件与加工刀具之间的位置，造成加工误差。其主要包括受力造成的误差和受热造成的误差两种情况。

（3）磨损老化造成的加工误差

（4）减少误差的办法

针对以上几种影响加工精度的因素，我们通过仔细研究可以找到合适的解决途径和办法，主要包括误差转移法、误差补偿法和误差减少法。

12.3.4 影响表面粗糙度的工艺因素及改善措施

表面粗糙度是衡量已加工表面质量的重要标志之一，它对零件的耐磨性、耐腐蚀性、疲劳强度和配合性质都有很大影响。

(1) 影响表面粗糙度的因素

切削加工影响表面粗糙度的因素包括刀具几何参数、工件材料的性质、切削用量和切削液。

(2) 减小表面粗糙度的措施

1）减小切削加工表面粗糙度的措施

① 刀具方面　在工艺系统刚度足够时，采用较大的刀尖圆弧半径、较小副偏角，使用长度比进给量稍大一些的修光刃，采用较大的前角。加工塑性材料时，提高刀具的刃磨质量，减小刀具前、后刀面的粗糙度数值，使其不大于 $Ra1.25\mu m$；选用与工件亲和力小的刀具材料；对刀具进行氧、氮化处理；限制副刀刃上的磨损量；选用细颗粒的硬质合金做刀具；等等。

② 工件方面　应有适宜的金相组织（低碳钢、低合金钢中应有铁素体加低碳马氏体、索氏体或片状珠光体，高碳钢、高合金钢中应有粒状珠光体）。加工中碳钢及中合金钢时若采用较高切削速度，应为粒状珠光体；若采用较低切削速度，应为片状珠光体。合金元素中碳化物的分布要均匀；易切削钢中应含有硫铅等元素；对工件进行调质处理，提高硬度，降低塑性；减小铸铁中石墨的颗粒尺寸等。

③ 切削条件方面　以较高的切削速度切削塑性材料；减小进给量；采用高效切削液；提高机床的运动精度，增强工艺系统刚度；采用超声波振动切削加工；等等。

2）减小磨削加工表面粗糙度的措施

① 砂轮特性方面　采用细粒度砂轮；提高磨粒切削刃的等高性；根据工件材料、磨料等选择适宜的砂轮硬度；选择与工件材料亲和力小的磨料；采用适宜的弹性结合剂砂轮，采用直径较大的砂轮；增大砂轮的宽度；等等。

② 砂轮修整方面　金刚石的耐磨性、刃口形状、安装角度应满足一定要求，选择适当的修整用量。

③ 磨削条件方面　提高砂轮速度或降低工件速度，使 $v_{砂}/v_{工}$ 的比值增大；采用较小的纵向进给量、磨削深度，最后进行无进给光磨；正确选用切削液的种类、浓度比、压力、流量和清洁度等；提高砂轮的平衡精度；提高主轴的回转精度、工作台运动的平衡性及整个工艺系统的刚度。

12.3.5 形位误差的检测

(1) 形位误差的检测原则

形位误差的项目较多，为了便于准确选用，概括出评定形位误差的五种检测原则：一是与理想要素比较原则；二是测量坐标值原则；三是测量特征参数原则；四是测量跳动原则；五是控制实效边界原则。

(2) 形位误差的检测步骤

① 根据误差项目和检测条件确定检测方案，根据方案选择检测器具，并确定测量基准。

② 进行测量，得到被测实际要素的有关数据。

③ 进行数据处理，按最小条件确定最小包容区域，得到形位误差数值。

(3) 直线度误差的检测

直线度误差的检测主要包括指示器测量法、刀口尺法、钢丝法、水平仪法和自准直仪法。

（4）平面度误差的检测（如图 12-7 所示）

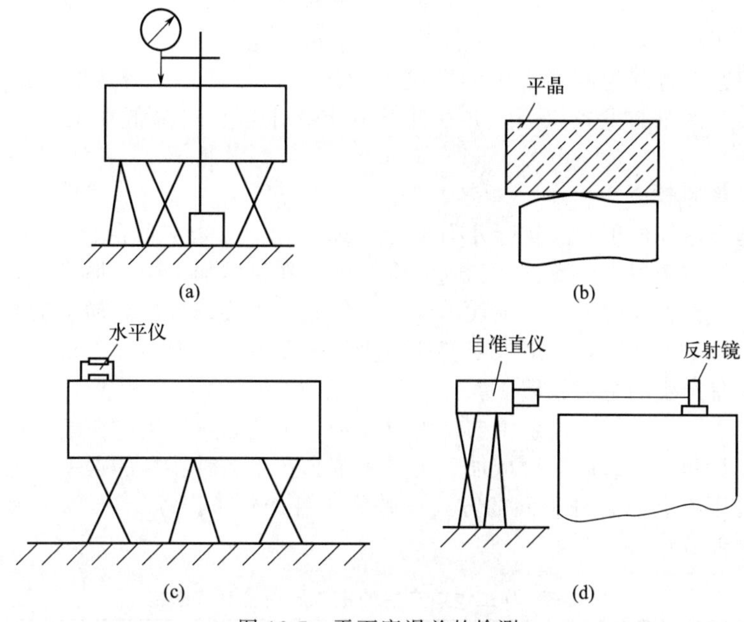

图 12-7　平面度误差的检测

（5）跳动误差的检测

跳动误差的检测主要包括径向圆跳动误差、端面圆跳动误差、斜向圆跳动误差、径向全跳动误差和端面全跳动误差的检测。

12.3.6　形位误差产生的原因及改善措施

机械零件工作中不可避免地会产生形状位置误差，从机械加工的工艺系统来看，误差产生的原因主要是：工艺系统本身所存在的几何误差；工艺系统受到力的作用产生误差。表 12-2 为形位误差产生的原因及改善措施。

表 12-2　形位误差产生的原因及改善措施

<table>
<tr><td rowspan="9">产生的原因</td><td rowspan="5">工艺系统本身所存在的几何误差</td><td rowspan="3">1. 机床的几何误差对形状位置误差的影响</td><td>①主轴回转误差对形状位置误差的影响</td></tr>
<tr><td>②导轨误差对形状位置误差的影响</td></tr>
<tr><td>③传动链误差对形状位置误差的影响</td></tr>
<tr><td colspan="2">2. 刀具误差对形状位置误差的影响</td></tr>
<tr><td colspan="2">3. 夹具误差对形状位置误差的影响</td></tr>
<tr><td rowspan="4">工艺系统受到力的作用产生的形状位置误差</td><td colspan="2">1. 切削力对形状位置误差的影响</td></tr>
<tr><td rowspan="2">2. 夹紧力对形状位置误差的影响</td><td>①夹紧力方向对形状位置误差的影响</td></tr>
<tr><td>②夹紧力作用点对形状位置误差的影响</td></tr>
<tr><td colspan="2">3. 惯性力、传动力对形状位置误差的影响</td></tr>
<tr><td>改善措施</td><td colspan="3">1. 注意提高刀具、夹具的刚性
2. 选用合理的切削用量、减小切削力（尤其是产生形位误差方向的切削力）
3. 注意机床维修、保养、调整</td></tr>
</table>

12.3.7 常见加工误差及解决方法

在机械加工工作中，加工误差是影响加工精度和生产效能的主要因素之一。然而，无论是从理论还是从实践上来看，加工误差都是一个不可避免、难以克服的现实性难题。要想解决加工误差的问题，将其控制在合理的可接受范围之内，就必须清楚地界定加工误差的概念，分析引起加工误差的主要原因，并在此基础上探求减少或降低加工误差的行之有效的措施。

(1) 加工误差的概念

加工误差是指零件加工后的实际几何参数与理想几何参数之间的偏离程度。在实践中，实际加工后的零件与理想零件不可能达到完全一致。在机械加工中，加工误差是影响加工精度的最主要原因。尽管我们无法避免加工误差，但是必须要通过提高加工工艺，增强操作人员的操作能力，从主观和客观上最大限度地减少加工误差，以提高加工精度。

(2) 加工误差产生的主要原因

在机械加工实践中，加工误差主要是由机械加工工艺系统产生的原始误差所导致的。由机床、夹具、刀具和工件组成的机械加工工艺系统会产生各种各样的误差，这些误差在各种不同的工作条件下都会以各种不同的方式反映为工件的加工误差。表 12-3 为加工误差产生的主要原因及改善措施。

表 12-3 加工误差产生的主要原因及改善措施

<table>
<tr><td rowspan="8">加工误差产生的主要原因</td><td rowspan="2">1. 工艺系统的几何误差</td><td>①机床的几何误差</td></tr>
<tr><td>②刀具的几何误差</td></tr>
<tr><td rowspan="2">2. 工艺系统的定位误差</td><td>①基准不重合误差</td></tr>
<tr><td>②定位副制造不准确误差</td></tr>
<tr><td rowspan="3">3. 工艺系统受力变形引起的误差</td><td>①工件刚度</td></tr>
<tr><td>②刀具刚度</td></tr>
<tr><td>③机床部件刚度</td></tr>
<tr><td colspan="2">4. 工艺系统受热变形引起的误差</td></tr>
<tr><td rowspan="5">减少加工误差的主要措施</td><td colspan="2">1. 减少原始误差</td></tr>
<tr><td colspan="2">2. 转移原始误差</td></tr>
<tr><td colspan="2">3. 均分原始误差</td></tr>
<tr><td colspan="2">4. 均化原始误差</td></tr>
<tr><td colspan="2">5. 实施误差补偿</td></tr>
</table>

第13章

机床点检与维护保养

课程导读

教学目标

1. 知识目标

① 掌握数控机床故障诊断及维护内容。

② 掌握数控机床故障诊断及维护特点。

③ 掌握数控机床点检和日常维护方法。

2. 能力目标

① 能够正确理解数控机床故障诊断及维护内容。

② 能正确识别与使用数控机床诊断常用的仪器仪表。

③ 能对数控机床进行点检和日常维护。

3. 素质目标

增强安全文明生产意识，提高职业道德素养，培养良好的职业习惯。

教学内容

学生通过学习数控机床维护维修的目的、内容和特点，数控诊断技术的发展，数控诊断及维护对人员的要求，数控机床维护和故障处理，能够对数控机床故障诊断及维护维修有初步的了解，同时为课程后续内容的学习打下基础。

13.1 数控车床点检与维护

数控车床点检与维护的意义：①充分发挥数控车床的作用；②减少故障的发生；③延长机床的平均无故障时间。

13.1.1 数控车床点检

图 13-1 为数控车床点检内容。

13.1.2 数控车床日常维护保养

数控车床的编程、操作和维修人员必须经过专门的技术培训，要有机械加工工艺、液压、测量、自动控制等方面的知识，这样才能全面了解数控车床，才能做好数控车床的维护和保养工作，如表 13-1、表 13-2 所示。

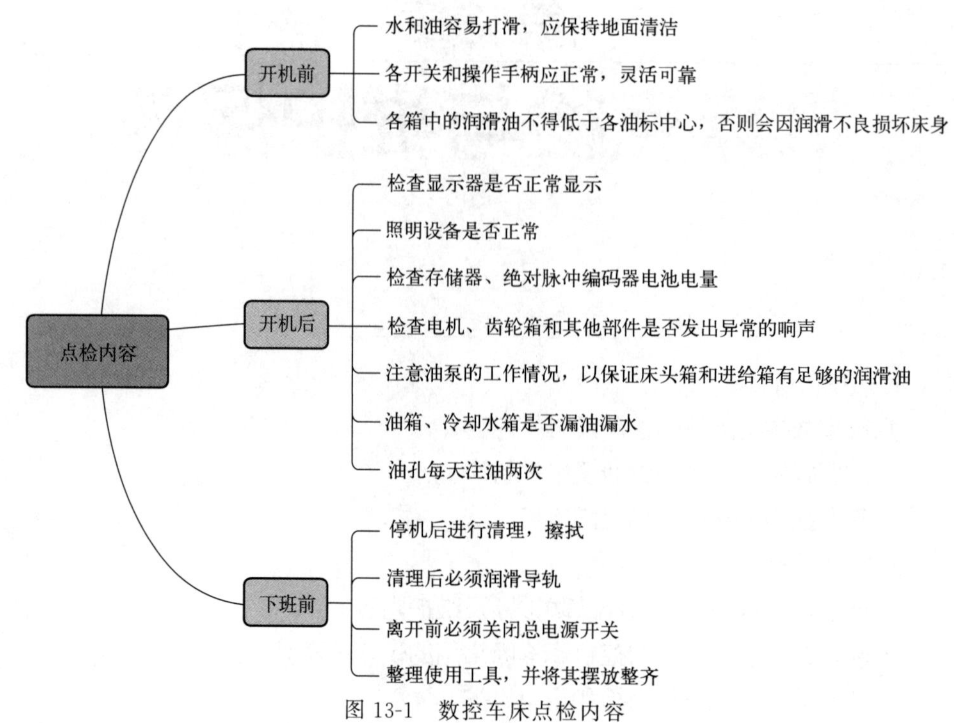

图 13-1　数控车床点检内容

表 13-1　数控车床（日、月）保养记录卡

	内容																							
日保	清理导轨上切屑及脏物，检查滑动导轨有无划痕，滚动导轨润滑情况																							
	检查主轴润滑油箱油量、油质、温度、有无泄漏																							
	检查各电气柜过滤网，清洗黏附的尘土																							
	检查导轨润滑油箱油标，当油量低于标准值时补给，每天使用前手动打油润滑导轨																							
	检查冷却风扇工作是否正常																							
	开机时检查冷却液是否足够，冷却机构能否运作																							
	检查各种防护罩有无松动、漏水，特别是导轨防护装置																							
日保	每日加工完毕后，请及时清理擦拭，保持机台清洁，并对露出部分的滑动面涂油防锈																							
	随时注意机器运转，遇有任何情况，应随时停机检修																							
机床责任人签字																								

续表

<table>
<tr><td></td><td>内容</td><td></td><td rowspan="4">保养注意事项
1. 各级保养应确实执行，并记录
2. 更换或调整零件时，要停止机器运转，避免危险发生
3. 数值控制箱内之电路板，如取下检修时，切勿送电，否则直流伺服电机将失控而高速运转，极易造成危险
4. 超过本身保养或维修能力时，请通知制造厂商，以免损及机器精度
5. 所有自主保养之动作，应先行确认是否必须采取断电措施，以保证安全</td></tr>
<tr><td rowspan="2">月
保</td><td>自动润滑泵里的过滤器，每月清洗一次</td><td></td></tr>
<tr><td>各个刮屑板，应每月用煤油清洗一次，发现损坏时应及时更换</td><td></td></tr>
<tr><td colspan="2">机床责任人签字</td><td>年　　月</td></tr>
</table>

表 13-2　数控车床（年）保养记录卡

<table>
<tr><td></td><td colspan="3">内容</td><td></td></tr>
<tr><td rowspan="6">半年保</td><td colspan="3">检查主轴驱动带，按说明书调整其松紧程度</td><td></td></tr>
<tr><td colspan="3">检查各轴导轨上镶条、压紧滚轮，按说明书要求调整松紧状态</td><td></td></tr>
<tr><td colspan="3">检查各滑轨斜楔是否间隙过大</td><td></td></tr>
<tr><td colspan="3">全面检查各线路(接点、接头、插座、开关)及表皮是否完好，并清除积尘</td><td></td></tr>
<tr><td colspan="3">检查主轴偏摆幅度是否过大，主轴轴承间隙是否不正常</td><td></td></tr>
<tr><td colspan="3">清洗掉滚珠丝杠上的旧润滑脂，换新润滑脂</td><td></td></tr>
<tr><td colspan="2">机床责任人签字</td><td></td><td colspan="2">年　　月</td></tr>
<tr><td></td><td colspan="3">内容</td><td></td></tr>
<tr><td rowspan="12">年保</td><td colspan="3">检查主轴驱动带，按说明书调整其松紧程度</td><td></td></tr>
<tr><td colspan="3">检查各轴导轨上镶条、压紧滚轮，按说明书要求调整松紧状态</td><td></td></tr>
<tr><td colspan="3">检查各滑轨斜楔是否间隙过大</td><td></td></tr>
<tr><td colspan="3">全面检查各线路(接点、接头、插座、开关)及表皮是否完好，并清除积尘</td><td></td></tr>
<tr><td colspan="3">检查主轴偏摆幅度是否过大，主轴轴承间隙是否不正常</td><td></td></tr>
<tr><td colspan="3">清洗掉滚珠丝杠上的旧润滑脂，换新润滑脂</td><td></td></tr>
<tr><td colspan="3">检查操作面板上各控制开关是否灵敏、正常</td><td></td></tr>
<tr><td colspan="3">清除电器箱内所有继电器接点上之积尘，并擦拭干净</td><td></td></tr>
<tr><td colspan="3">清洗切削液箱并更换同性质之切削液</td><td></td></tr>
<tr><td colspan="3">清洗集中润滑油箱并更换同性质之新油</td><td></td></tr>
<tr><td colspan="3">更换新电池</td><td></td></tr>
<tr><td colspan="3">每年校正机器水平，并维护机器精度</td><td></td></tr>
<tr><td colspan="2">机床责任人签字</td><td></td><td colspan="2">年　　月</td></tr>
</table>

13.1.3 数控车床常见故障诊断

(1) 数控车床的故障诊断与维修

数控车床的故障诊断与维修是数控车床使用过程中重要的组成部分，也是目前制约数控车床发挥作用的因素之一，因此数控车床的使用单位培养掌握数控车床的故障诊断与维修的技术人员，有利于提高数控车床的使用率。

1）数控车床的故障类型

数控车床的故障种类很多，可分为以下几类：

① 关联性故障和非关联性故障，所谓非关联性故障是由于运输、安装等原因造成的故障。

② 数控车床故障可分为有诊断显示故障和无诊断显示故障。

③ 数控车床的故障按照性质可分为破坏性故障和非破坏性故障。

④ 数控车床的故障按发生部位可分为电气故障和机械故障。电气故障一般发生在系统装置、伺服驱动单元和车床电器等控制部位。

⑤ 自诊断故障：数控系统有自诊断故障报警系统，它随时监测数控系统的硬件、软件和伺服系统等的工作情况。

⑥ 人为故障和软（硬）故障：人为故障是指操作员、维护人员对数控车床还不熟悉或没有按照使用手册要求，在操作和调整时处理不当而造成的故障。硬故障是指车床的硬件损坏造成的故障。软故障是指数控加工程序中出现语法错误、逻辑错误或非法数据；数控车床的参数设定或调整出现错误；为 RAM 存储器供电的锂电池短路、断路、接触不良，RAM 芯片的电压达不到保持数据所需电压，使得参数、加工程序丢失。

2）数控车床故障诊断与维修的一般方法

数控车床故障诊断一般包括三个步骤：第一个步骤是故障检测，是对数控车床进行测试，检查是否存在故障。第二个步骤是故障判断与隔离，是判断故障的性质，以缩小产生故障的范围，分离出产生故障的部件或模块。第三个步骤是故障定位，将故障定位到产生故障的模块或元器件，及时排除故障或更换元器件。数控车床故障诊断一般采用追踪法、自诊断法、参数检查法、替换法、测量法。

(2) 数控车床常见故障的诊断

1）主要机械部件故障诊断

① 主轴部件：数控车床的主轴部件是影响车床加工精度的主要部件，它的回转精度影响工件的精度，它的功率大小与回转速度影响加工效率。主轴部件出现的故障有：主轴运转时发出异常声音、自动变速出现故障（如表 13-3 所示）。

表 13-3 主轴部件故障诊断

序号	故障现象	故障原因	排除方法
1	加工精度达不到要求	车床在运输过程中受到冲击	检查对车床精度有影响的各部位，特别是导轨，并按出厂精度要求重新调整或修复
2	切削振动大	1. 主轴箱和床身连接螺钉松动	紧固连接螺钉
		2. 轴承预紧力不够，间隙过大	重新调整轴承游隙。但预紧力不宜过大，以免损坏轴承
3	切削振动大	1. 轴承拉毛或损坏	更换轴承
		2. 转塔刀架运动部位松动	调整修理

续表

序号	故障现象	故障原因	排除方法
4	主轴箱噪声大	1. 主轴部件动平衡不好	重做动平衡
		2. 轴承损坏或传动轴弯曲	更换轴承，校直传动轴
		3. 润滑不良	调整润滑油量，保持主轴清洁
5	主轴不转动	主轴转动指令未输出	电器维修人员检查处理
6	主轴发热	1. 主轴轴承预紧力过大	调整预紧力
		2. 轴承研伤或损坏	更换轴承
		3. 润滑油脏或有杂质	清洗主轴箱，更换润滑油

② 滚珠丝杠副：滚珠丝杠副大部分故障是由运动质量下降、反向间隙过大、润滑不良、轴承噪声大等原因造成的（如表 13-4 所示）。

表 13-4　滚珠丝杠副故障诊断

序号	故障现象	故障原因	排除方法
1	加工工件粗糙度大	1. 导轨的润滑不足，致使溜板爬行	加润滑油，排除润滑故障
		2. 丝杠轴承损坏，运动不平稳	更换损坏轴承
2	滚珠丝杠副噪声大	1. 滚珠丝杠润滑不良	检查分油器和油路，使润滑油充足
		2. 滚珠有破损	更换滚珠
		3. 电机与丝杠联轴器松动	拧紧联轴器锁紧螺钉

2）数控系统故障诊断

① 报警故障　当数控车床断电时，为保存好车床控制系统的车床参数及加工程序，需靠后备电池予以支持，这些电池到了使用寿命，即电压低于允许值时，就会出现电池故障报警。应及时更换电池，否则车床参数就容易丢失，并且应该在车床通电时更换，以保证系统能正常工作。

② 键盘故障　在用键盘输入程序时，如果发现字符不能输入、不能复位或显示屏的页面不能更换等故障，首先应该考虑键盘是否接触不好，予以修复或更换。若不见成效或者所有按键都不起作用，可进一步检查该部分接口电路和电缆连接。

③ 保险丝故障　控制系统内保险丝烧断，多因为对数控系统进行了误操作，或由于车床发生了撞车等意外事故。

④ 参数修改　对每台数控车床参数的含义都要充分了解并掌握，它除了能帮助很好地了解车床的性能外，还有利于提高车床的工作效率或是排除故障。

(3) 数控车床避免碰撞的主要方法

数控车床价格昂贵，如果编程、操作不慎，万一发生碰撞，后果是非常严重的。为此，操作数控车床时，必须严密、细致。

① 程序中出现了超越三爪尺寸的数值　图 13-2 中的工件原点至卡爪端面尺寸为 50。如果加工程序中出现 Z 值超过 50，如 $Z=51.0$，车刀就要与三爪碰撞。因此，当编程结束后，要仔细检查所有轴向尺寸是否超过 50。

② 因工件特殊形状，编程不当，产生碰撞　图 13-3 中的工件，已完成槽的车削，需要快速退回至 X80. Z50. 处，如用 G01 X80. Z50. 编程，由于车刀斜线走刀，会与工件台阶发生碰撞。

正确的程序是：G00 X80.；

Z50.；

即，先将车刀径向退出，然后再轴向移动。

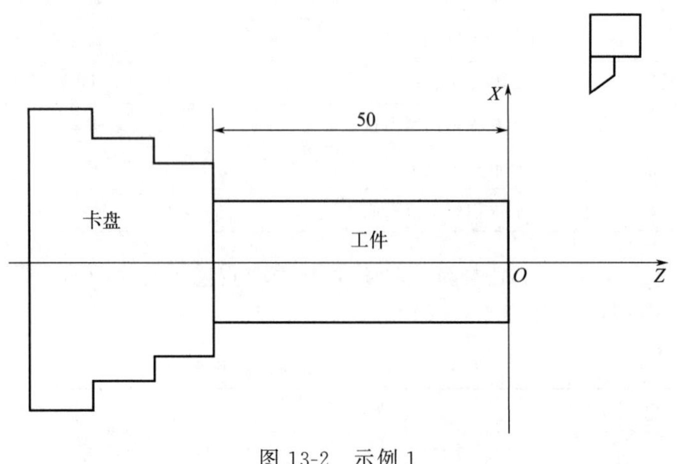

图 13-2 示例 1

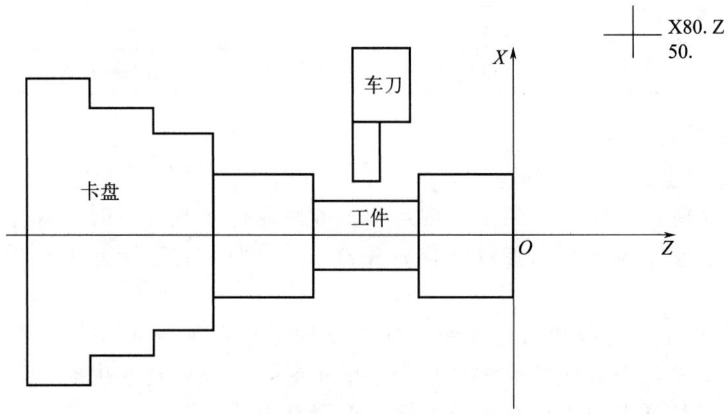

图 13-3 示例 2

③ 检查程序中 G00 坐标值是否存在车刀与工件碰撞的可能性　程序中 G00 是快速定位，车刀以机床最快速度移动。如果编程不当，与工件碰撞，后果极为严重。为此，对 G00 后的坐标值要反复校对，确定车刀与工件或卡盘不会发生干涉。

13.2 加工中心点检与维护

设备点检是一种科学的设备管理方法，它是利用人的五官或简单的仪器工具，对设备进行定点、定期的检查，对照标准发现设备的异常现象和隐患，掌握设备故障的初期信息，以便及时采取对策，将故障消灭在萌芽阶段。

13.2.1 加工中心机床点检

图 13-4 为加工中心机床点检内容。

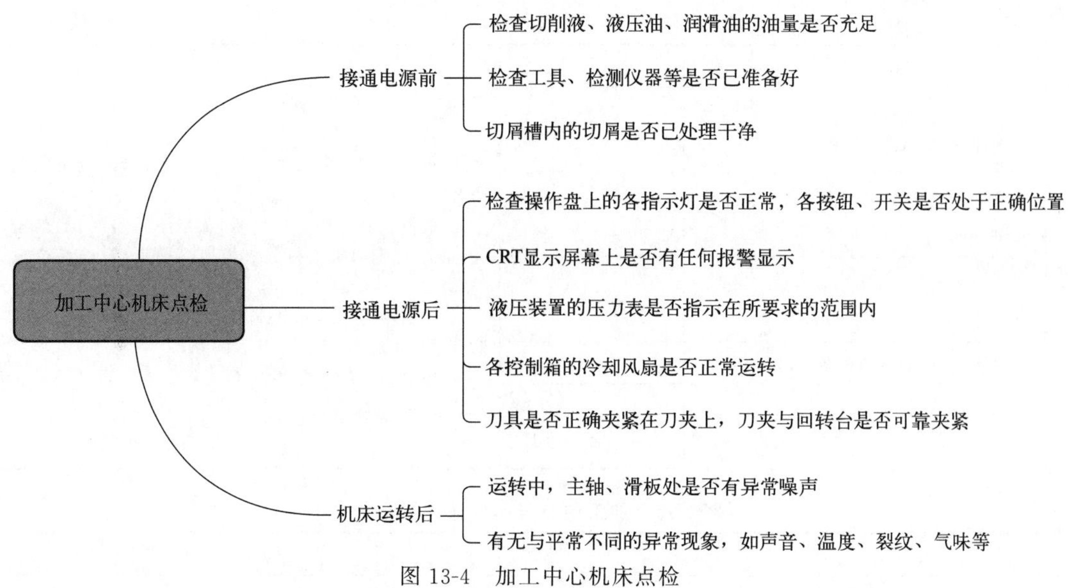

图 13-4　加工中心机床点检

13.2.2　加工中心机床日常维护保养

见表 13-5、表 13-6。

表 13-5　加工中心（日、月）保养记录卡

	内容																							
日保	查视各润滑油箱油面计高度，当油量低于标准值时随时补给																							
	查视各润滑部位，确定油的润滑情况良好																							
	检查压力表，确定压力为 4～6kgf/cm^2																							
	对于漏气部位应随时给予补修																							
	每日检查三点组合的油量，不足时应给予补充，并随时放出水汽																							
	开机时检查冷却液是否足够，冷却机构能否运作																							
	清理机台障碍物，以免危害机台																							
	每日加工完毕后，及时清理擦拭，保持机台清洁，并对露出部分的滑动面涂油防锈																							
	主轴锥孔必须随时保持清洁，加工完毕后，用主轴锥孔清洁器擦拭，并给予适当润滑																							
	随时注意机器运转，遇有任何情况，应随时停机检修																							
机床责任人签字																								

续表

<table>
<tr><td></td><td>内容</td><td></td><td rowspan="7">保养注意事项
1. 各级保养应确实执行，并记录
2. 更换或调整零件时，要停止机器运转，避免危险发生
3. 数值控制箱内之电路板，如取下检修时，切勿送电，否则直流伺服电机将失控而高速运转，极易造成危险
4. 超过本身保养或维修能力时，请通知制造厂商，以免损及机器精度
5. 所有自主保养之动作，应先行确认是否必须采取断电措施，以保证安全</td></tr>
<tr><td rowspan="4">月保</td><td>三点组合空气过滤网用清洁剂泡水清洗，保持气源清洁顺畅</td><td></td></tr>
<tr><td>确认主轴刀具之锁紧及放松动作滑顺</td><td></td></tr>
<tr><td>检查循环给油，集中给油泵工作是否正常</td><td></td></tr>
<tr><td>确认 ATC 交换动作是否滑顺准确</td><td></td></tr>
<tr><td colspan="2">机床责任人签字</td><td>年　月</td></tr>
</table>

表 13-6　加工中心（年）保养记录卡

<table>
<tr><td></td><td colspan="2">内容</td><td></td></tr>
<tr><td rowspan="5">半年保</td><td colspan="2">检查主轴偏摆幅度是否过大，主轴轴承间隙是否不正常</td><td></td></tr>
<tr><td colspan="2">检查螺栓或螺母是否松动</td><td></td></tr>
<tr><td colspan="2">检查各滑轨斜楔是否间隙过大</td><td></td></tr>
<tr><td colspan="2">全面检查各线路(接点、接头、插座、开关)及表皮是否完好，并清除积尘</td><td></td></tr>
<tr><td colspan="2">全面检查绝缘电阻并记录之</td><td></td></tr>
<tr><td colspan="2">机床责任人签字</td><td></td><td>年　月</td></tr>
<tr><td></td><td colspan="2">内容</td><td></td></tr>
<tr><td rowspan="13">年保</td><td colspan="2">检查主轴偏摆幅度是否过大，主轴轴承间隙是否不正常</td><td></td></tr>
<tr><td colspan="2">检查螺栓或螺母是否松动</td><td></td></tr>
<tr><td colspan="2">检查各滑轨斜楔是否间隙过大</td><td></td></tr>
<tr><td colspan="2">全面检查各线路(接点、接头、插座、开关)及表皮是否完好，并清除积尘</td><td></td></tr>
<tr><td colspan="2">全面检查绝缘电阻并记录之</td><td></td></tr>
<tr><td colspan="2">检查操作面板上各控制开关是否灵敏、正常</td><td></td></tr>
<tr><td colspan="2">清除电器箱内所有继电器接点上之积尘，并擦拭干净</td><td></td></tr>
<tr><td colspan="2">确定配重链条是否保持正常使用状况</td><td></td></tr>
<tr><td colspan="2">清洗切削液箱并更换同性质之切削液</td><td></td></tr>
<tr><td colspan="2">清洗集中润滑油箱并更换同性质之新油</td><td></td></tr>
<tr><td colspan="2">清洗强制润滑油箱并更换同性质之新油</td><td></td></tr>
<tr><td colspan="2">每年校正机器水平，并维护机器精度</td><td></td></tr>
<tr><td colspan="2">机床责任人签字</td><td></td><td>年　月</td></tr>
</table>

13.2.3　加工中心常见故障诊断

加工中心是由基础部件、主轴部件、数控系统、自动换刀系统、辅助装置等各个基本部分组成的。其中基础部件包括床身、立柱、工作台等承受加工中心静载荷和切削时的负荷的部件。主轴部件由主轴箱、主轴电机、主轴及轴承等组成，是切削加工的功率输出部件。数控系统由 CNC 装置、可编程控制器、伺服驱动装置及操作面板等组成，是执行顺序控制动作和完成加工过程的控制中心。自动换刀系统由刀库和换刀机械手组成。辅助装置包括了润滑、冷却、排屑、防护、液压、气动、检测系统等，对加工中心的加工效率、精度和可靠性起着保障作用。

(1) 处理故障的步骤

在故障发生时，要怎样准确判定故障部位，及时有效地处置以求尽快恢复设备正常运行呢？要有相应的步骤来完成。

1）何时发生故障

① 故障发生的时间、次数、频率。

② 是否接通电源时即发生故障。

2）进行了何种操作

① 发生故障时控制器 CNC 处在何种形式，如 JOG、MDI、ZRN。

② 发生故障时程序执行到哪一步，确定程序号、顺序号、程序内容。

③ 再次进行相同操作是否故障再现。

④ 是否在进给或轴移动中发生故障。

⑤ 是否在输入数据时发生故障。

3）故障现象及内容

① 发生了何种故障，在报警显示页面上是否显示报警内容。

② 画面显示是否正常。在诊断界面可以监测各执行元件工作状态。

③ 加工尺寸是否正常。

④ 是否存在超越设备使用极限的动作。

⑤ 是否由于误动作引起故障。

4）其他信息

① 设备附近是否有干扰发生，同一电源是否接有别的设备。

② 输入电压是否符合设备要求、有无变化、有无相位差。

③ 环境温度是多少、是否符合设备要求（0～45℃）。

(2) 故障现象的分类

加工中心是比较精密的设备。对于电气来讲，大概的故障可以分为以下几大类：

1）外部信号故障

加工中心的外部信号主要用在如轴、刀库、机械手、交换工作台、辅助设备、模块外部接口及控制电器的辅助触点等部位。主要功能包括：液位检测、温度检测、压力检测、到位检测、行程检测、状态检测、按钮触点以及各种功能等。这类外部信号通常都设置了相应的报警代码和提示信息，维护人员通过提示便能快捷地定位故障点。

2）连接器件故障

连接器件主要指导线和连接器。这类故障主要表现在几个方面：一是导线破损、断裂；二是线间出现短路或干扰；三是接头处或接口连接不良；四是错接或误插。连接器件作为设备的信息通道，在支持设备的运行中具有举足轻重的作用。据我们维护中不完全统计，机床故障的近三成是该方面所致。加工环境及条件是该方面的直接原因，也有一部分归属于使用时间过长而老化、腐蚀的缘故。

3）执行元件故障

执行元件包括：电动机、继电器、接触器、电磁阀等。相对来说，这部分元件是打开控制柜最能直观见到的。出现此类故障后，应注重排除的先后顺序。比如出现电动机过载，可能原因有电动机过热、有杂物堵塞、空开或接触器损坏、电动机损坏及加工条件过高等。此时脱开电动机线就可以分清是电动机侧还是强电柜侧有问题。有时，甚至通过目视、触摸、气味、声音等直观法就可以得出结论。

4）各种参数、数据和程序故障

参数、数据和程序是数控设备运行必不可少的条件。其中主要包括 NC 机床参数、PMC 参数、补偿参数、PLC 程序、换刀程序、宏程序和加工程序等。此类故障主要表现为以下几方面：

① 系统参数丢失，导致系统混乱或某项功能丧失；

② 系统参数部分或个别发生了变化；

③ 操作不当，出现数据写入错误；

④ 有关程序丢失、被改动及编制不妥；

⑤ 在参数或数据修改过程中设置不当，一旦参数破坏严重，常常需要重装系统才能够恢复。

5）伺服系统故障

为了保证加工中心能达到较高的加工精度，必须由性能优良、可靠性强、精度高的伺服系统来支持。随着数控事业日新月异发展，伺服系统也得到了前所未有的进步。充分利用了设备的潜力，高速及其准确的定位使数控机床得到了广泛的应用。伺服系统已全面进入了交流伺服时代，模块化、集成化、开放化是其发展的趋势。

6）数控系统及 PLC 故障

加工中心的报警信息通常分为 CNC 报警、PMC 报警和主轴报警几类。数控系统及 PLC 常见故障主要有：系统处理混乱而进入死循环状态；系统不能通过自检；出现 RAM、ROM 奇偶校验错误；数据总线 ID 错误；电压或电流异常；等等。在硬件上也可能出现某个 PCB 烧坏、不良，PLC 的部分 I/O 模块故障。一般来说，这类故障在现场故障中所占比例相当小，其可靠性较其他部分要高。

(3) 加工中心常见故障的诊断

1）进给系统常见故障及排除方法（如表 13-7 所示）

表 13-7 进给系统常见故障及排除方法

序号	故障现象	故障原因	排除方法
1	滚珠丝杠副噪声	丝杠支承轴承的压盖压合情况不好	调整轴承压盖，使其压紧轴承端面
		丝杠支承轴承可能破裂	如轴承破损，更换新轴承
		电动机与丝杠联轴器松动	拧紧联轴器，锁紧螺钉
		丝杠润滑不良	改善润滑条件，使润滑油量充足
		滚珠丝杠副滚珠有破损	更换新滚珠
2	滚珠丝杠运动不灵活	丝杠与导轨不平行	调整丝杠支座位置，使丝杠与导轨平行
		螺母轴线与导轨不平行	调整螺母座位置
		丝杠弯曲变形	调整丝杠
3	滚珠丝杠润滑状况不良	润滑系统有漏油、堵塞	检查润滑管路

2）刀库常见故障（如表 13-8 所示）

表 13-8　刀库常见故障

	故障现象	可能造成故障的原因
刀库故障	刀库不能转动	电机轴与蜗杆轴的联轴器松动
		变频器故障，检查变频器的输入、输出电压是否正常
		PLC 无控制输出，可能是接口板中的继电器失效
	刀套不能夹紧刀具	刀套上的调整螺钉松动，或弹簧太松造成卡紧力不足
		刀具超重
	刀套上下不到位	安装调整不当或加工误差过大而造成拨叉位置不正确
		限位开关安装不正确或调整不当造成反馈信号错误

3）机械手常见故障（如表 13-9 所示）

表 13-9　机械手常见故障

机械手故障	刀具夹不紧，时常掉刀	卡爪弹簧压力太小
		弹簧后面的螺母松动
		刀具超重
		机械手卡紧锁不起作用
	刀具夹紧后松不开	卡爪弹簧压合过紧，卡爪缩不回，应调松螺母，使最大载荷不超过额定值
	刀具交换时掉刀	换刀时主轴箱没回到换刀点或换刀点漂移，应重设定换刀点
		机械手抓刀时没有到位就开始打刀或拔刀

4）主传动系统常见故障及排除方法（如表 13-10 所示）

表 13-10　主传动系统常见故障及排除方法

序号	故障现象	故障原因	排除方法
1	主轴发热	轴承研伤或损坏	更换新轴承
2	主轴在强力切削时停转	电机与主轴连接的传动带过松	张紧传动带
		传动带表面有油	用汽油清洗后擦干净
		传动带使用过久而失效	更换新带
3	刀具不能夹紧	弹簧夹头损坏	更换新弹簧夹头
		碟形弹簧失效	更换新碟形弹簧
		刀柄上拉钉过长	更换拉钉，并正确安装
4	刀具夹紧后不能松开	松刀缸压力和行程不够	调整压力、行程开关位置
5	主轴箱噪声大	传动带松弛或磨损	调整或更换传动带

5）冷却系统常见故障及排除方法（如表 13-11 所示）

表 13-11　冷却系统常见故障及排除方法

故障现象	故障原因	排除办法
冷却或排屑水流过小或断续出水	1. 水箱水位达不到要求	添加切削液
	2. 过滤网堵塞	停机清洗水箱及过滤网
	3. 水泵中有空气	加满切削液后打开放气阀排气，再拧紧放气阀

续表

故障现象	故障原因	排除办法
冷却或排屑水泵不出水	1. 水箱水位达不到要求	添加切削液
	2. 过滤网堵塞	停机清洗水箱及过滤网
	3. 水泵损坏	请厂家维修或更换水泵
冷却或冲屑水泵不转动	1. 水泵被杂质卡死	清洗水箱及水泵
	2. 电路故障	检查电路接线
	3. 水泵损坏	请厂家维修或更换水泵

6）气动系统常见故障及排除方法（如表13-12所示）

表 13-12　气动系统常见故障及排除方法

序号	故障现象	故障原因	排除方法
1	气源压力报警	气源压力不足	增大气源压力
		管路漏气严重	更换损坏的密封件、接头或气管
		压力开关损坏	更换压力开关
		报警压力设置过高	调整报警压力
2	无气幕	气源压力不足	增大气源压力
		接管错误	重新正确接管
		减压阀故障	按减压阀故障处理
3	无气冷	气源压力不足	增大气源压力
		手阀关闭	打开手阀
		电磁阀故障	按电磁阀故障处理
4	打刀缸无动作	气源压力不足	增大气源压力
		电磁阀故障	按电磁阀故障处理
5	无中心吹气	气源压力不足	增大气源压力
		接管错误	重新正确接管
		电磁阀故障	按电磁阀故障处理
		节流阀故障	按节流阀故障处理
		减压阀故障	按减压阀故障处理
9	刀库不倒刀	气源压力不足	增大气源压力
		电磁阀故障	按电磁阀故障处理
		倒刀气缸故障	更换倒刀气缸
7	打刀时储气罐不补气	储气罐补气不灵敏	更换储气罐

高级篇

第14章 项目1 曲面轮廓车削加工

 课程导读

教学目标

1. 知识目标

① 学习宏程序的编写。

② 学习根据曲面轮廓零件图样，正确编制曲面轮廓零件的数控车床加工工序卡。

2. 能力目标

① 能够正确装夹车刀，并在数控车床上实现车刀的规范对刀。

② 能够根据车削状态调整车削用量，保证正常车削，并适时检测，保证工件加工的精度。

③ 能够独立完成曲面轮廓零件的数控车床加工任务，并在教师指导下解决加工中出现的问题。

3. 素质目标

① 增强安全文明生产意识，提高职业道德素养，培养良好的职业习惯。

② 认识到每个步骤在加工中都起着重要的作用，引起学员们对数控加工的重视。

14. 1 任务描述

如图 14-1 所示为曲面轮廓零件的加工图纸，某企业设计的一款新型设备的生产，需要一批曲面轮廓零件，数量为 300 件，订单周期 10 天的加工任务，包工包料。该工厂根据现

有情况制定了加工工艺方案，项目按照《多工序数控机床操作职业技能等级标准》要求，使用数控车床完成对应的工作任务，技能要求如表 14-1 所示。

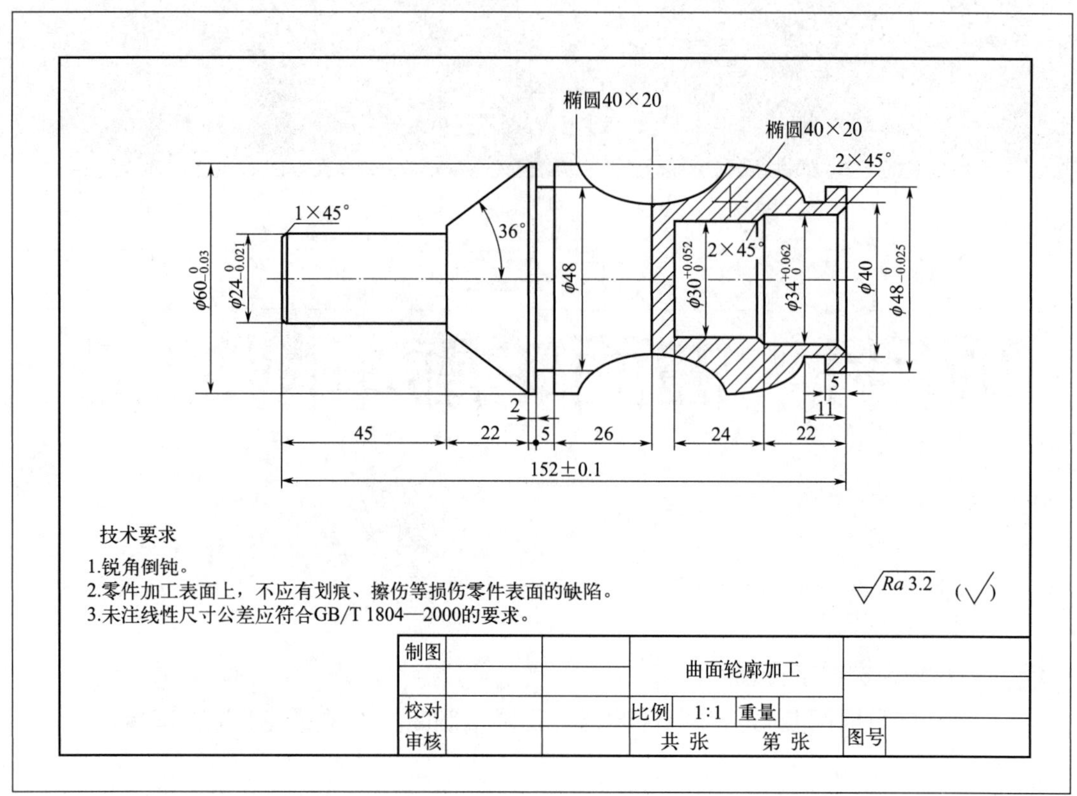

图 14-1　曲面轮廓零件

表 14-1　工作任务和技能要求

职业功能	工作内容	技能要求
数控编程	1. 编制车削加工工艺文件 2. 数控车削编程	1. 根据中等复杂程度零件图加工任务要求进行工艺文件技术分析，设计产品工艺路线，制作工艺技术文件 2. 手工编制数控车床加工程序，制作零件加工程序单
数控车床车削加工	1. 车削零件至尺寸要求 2. 零件精度检验	1. 能加工曲面轮廓特征的零件并达到要求 2. 能正确使用检测工具，如内径千分尺等
数控车床维护	1. 零件清理和精整 2. 设备维护	1. 按要求去除零件多余物、锐边倒钝、清洁、清洗 2. 能根据说明书完成数控车床定期及不定期维护保养

14. 2　任务准备

14. 2. 1　图纸分析

如图 14-1 所示零件的加工面主要由圆柱面、圆锥面、外沟槽、凹凸椭圆面、内孔和内螺纹组成。零件车削加工成形轮廓较复杂，重要的加工部位为凹凸椭圆面，其他部位相对容易加工。表面粗糙度要求为全部 $Ra3.2$。给定的毛坯为 $\phi65mm\times160mm$ 的棒料，材料为

45 钢，经正火、调质、淬火后具有一定的强度、韧性和耐磨性。加工数量为 300 件。图样分析如下：①径向尺寸 $\phi60_{-0.03}^{0}$mm，径向尺寸 $\phi48_{-0.025}^{0}$mm，径向尺寸 $\phi24_{-0.021}^{0}$mm，径向尺寸 $\phi34_{0}^{+0.062}$mm，径向尺寸 $\phi30_{0}^{+0.052}$mm。②主要加工部位为凹凸椭圆面。③外沟槽为 ϕ48mm，槽宽 5mm 和 ϕ40mm，槽宽 6mm。④轴向尺寸有（152±0.1）mm，其余轴向尺寸都是未注尺寸公差。⑤表面粗糙度均为 $Ra3.2$，倒角为外圆 $C1.5$ 与内孔 $C2$。

综上所述，生产车间根据现有加工条件，制定出完成该加工任务所需的设备、刀具、量具等，具体如表 14-2、表 14-3 所示。

表 14-2　机床设备、刀具表

序号	名称	规格及型号	数量
1	数控车床	CKA6150	3
2	自定心卡盘	ϕ250mm	3
3	外圆车刀	93°外圆车刀	3
4	外沟槽刀	KGMR2525K-3T20	1
5	内孔车刀	C16Q SCLCR09	1
6	中心钻	—	1
7	麻花钻	ϕ20 锥柄麻花钻	1
8	内孔车刀刀座/变径套	SBHA 25-32/NC32-16	各 1

表 14-3　量具卡片

序号	量具名称	规格	精度/mm	测量夹具	备注
1	游标卡尺	0～150mm	0.02mm		
2	外径千分尺	0～25mm、25～50mm	0.01mm		
3	内径千分尺	25～50mm	0.01mm		

通过上述分析采用以下几点工艺措施完成加工要求：

① 该零件加工时，对于尺寸精度的要求，主要通过对刀精度、磨耗参数设置、合理的加工工艺等措施来保证。

② 对于表面粗糙度要求，主要通过选用合适的刀具，正确的粗、精加工路线，合理的切削用量及冷却等措施来保证。

③ 数控车削中，该零件可采用三爪自定心卡盘进行装夹定位，保证外圆柱面对内孔圆柱面的同轴度要求。

14.2.2　工艺流程

任务流程图如图 14-2 所示。

14.2.3　毛坯选择

根据零件图分析，准备 ϕ65mm×160mm45 钢毛坯 300 件。

14.2.4　机床选择

① 加工工序为典型的回转体零件加工技术，选择数控车床。通过工艺分析，确定该零件在国产 CKA6150 数控车床完成车削部分的加工，其最大回转直径为 500mm。

② 根据零件工艺特征，合理使用设备，要求操作人员能够熟练操作数控车床，具有一定的操作经验和技术。

机床分布见图 14-3。

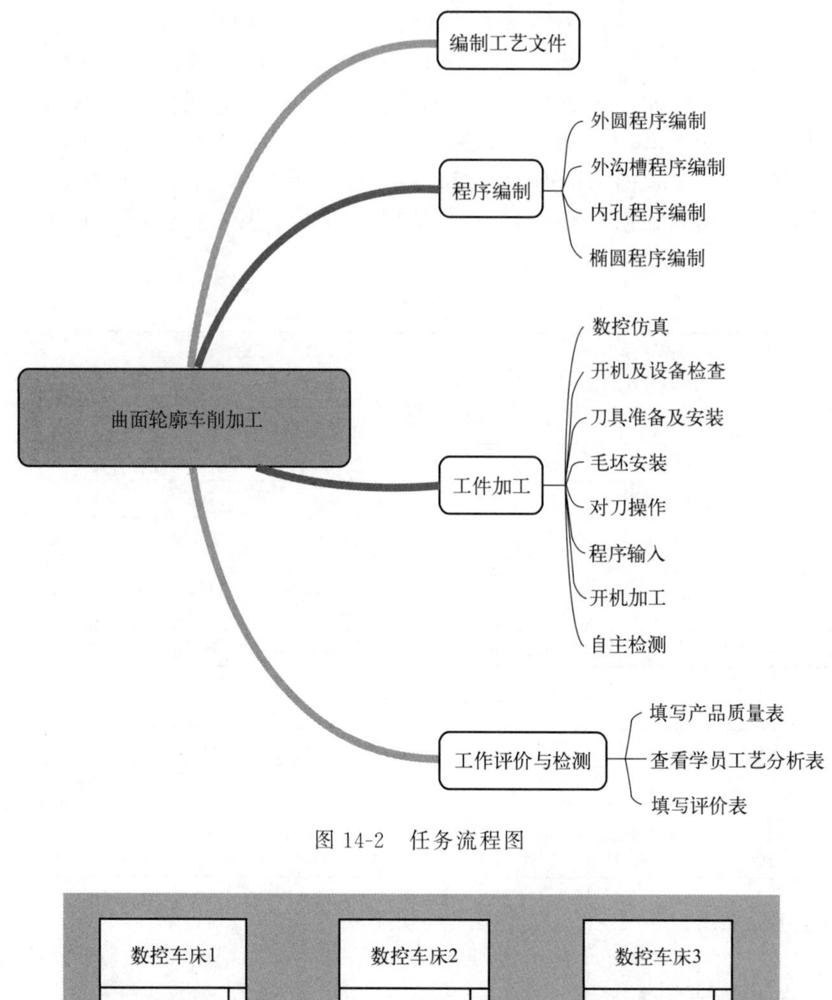

图 14-2 任务流程图

图 14-3 机床分布图

14.2.5 刀具选择

该零件为典型的回转体零件加工，其加工精度要求较高，表面质量高，依据该零件结构、形状和加工要求选择刀具，具体所选刀具调整卡如表 14-4 所示。

表 14-4 刀具调整卡

数控加工刀具卡片					产品型号		零件图号	XQ-3
					产品名称		零件名称	零件
工序名称	工序号	设备名称	设备型号	冷却方式	毛坯种类	毛坯尺寸	毛坯材质牌号	车间
	2/3/4/5	数控车床	CKA 6150	冷却液	棒料	$\phi 65 \times 160$	45 钢	

续表

工序号	工步号	刀具号	刀具名称	刀具材质	刀具				刀柄名称规格	数量	刀具半径补偿量	备注
					直径	刀尖圆角	长度	装夹长度				
2	1	1	外圆车刀	硬质合金		$R=0.2$	125	95	SVJBR/L3225P16	1		
	2		中心钻	硬质合金		$D=5$				1		
3	1		麻花钻	硬质合金		$D=20$			1534SU03C-2000	1		
4	1	1	外圆车刀	硬质合金		$R=0.2$	125	95	SVJBR/L3225P16	1		
5	1～3,6	1	外圆车刀	硬质合金		$R=0.2$	125	95	SVJBR/L3225P16	1		
	4	3	内孔车刀	硬质合金		$R=0.2$			S16M-PCLNR/L09	1		
	5	2	外沟槽刀	硬质合金		$R=0.4$	125	95	QEHD3232R/L13	1		
编制				审核		批准			日期		共　页	第　页

14.2.6　夹具选择

由工艺分析确定，车削零件形状为回转体，车削加工工序时，采用三爪自定心卡盘装夹。

14.2.7　切削液的选择

根据工件材料（45 钢）、刀具材料（硬质合金）、加工要求（先粗后精）等，选用微乳化的切削液，浓度在 7%～10%之间。

14.2.8　考核与评价标准

根据零件加工综合评价完成表 14-5。

表 14-5　综合评价表

产品型号				产品名称			工序号			共　页
零件图号				零件名称			操作者			第　页
序号	检验类型	检验内容及精度要求				自检		质检	抽检	测量仪器	备注
		直径/长度/高度/Ra	基本尺寸	上偏差	下偏差	实测值	误差	实测值	实测值		
1	尺寸精度/主要尺寸	长度	152	0.1	−0.1						
2		长度	45	—	—						
3		长度	5	—	—						
4		长度	22	—	—						
5		长度	24	—	—						
6		直径	$\phi60$	0	−0.03						
7		直径	$\phi48$	0	−0.025						
8		直径	$\phi24$	0	−0.021						

续表

产品型号				产品名称				工序号			共 页
9	尺寸精度/主要尺寸	直径	ϕ34	0.062	0						
10		直径	ϕ30	0.052	0						
11	粗糙度	Ra(全部)	3.2								
12	产品外观	锐角倒钝									
13		去除毛刺飞边									
14		无夹伤、碰伤、划痕									
15		轮廓与图纸相符度									
日期		合格率		操作者		质检		抽检		抽检数	

14.3 任务实施

14.3.1 工艺方案编制

该零件为单件加工，为提高加工效率，首先编制多工序加工工艺过程卡片，合理编制工序安排。其次编制数控车削工序卡片，根据多工序加工工艺过程卡片填写表头信息，编制工序卡工步内容，每个工步切削参数要合理，简图绘制要准确，精度设定要合理，具体内容见表 14-6、表 14-7。

表 14-6　多工序加工工艺过程卡片

多工序加工工艺过程卡片		曲面轮廓加工		产品型号		零件图号		共 1 页	
				产品名称		零件名称	零件	第 1 页	
工序号	工序名称	工序内容	工艺装备	车间	材料	设备	件数	工序工时/min	
								准终	单件
1	备料	锯割 ϕ65 ×160 的棒料	平口钳	备料室	45 钢	锯床	300	1	1
2	钻中心孔	加工右端面,钻中心孔	三爪卡盘/尾座	数控加工室 1	45 钢	数控车床 1	300	1	1
3	钻底孔	钻 ϕ20 底孔	三爪卡盘/尾座	数控加工室 1	45 钢	数控车床 1	300	1	1
4	车削左端面外形	加工左端面外圆轮廓及倒角	三爪卡盘	数控加工室 2	45 钢	数控车床 2	300	1	10
5	车削右端面外形	车削右端面内外轮廓、切槽及椭圆加工	三爪卡盘	数控加工室 3	45 钢	数控车床 3	300	1	20
6	钳工	锐角倒钝,去除毛刺	台虎钳			钳台	300	1	5
7	清洁	用清洁剂清洗零件						2	
8	检验	按图纸尺寸检测						3	
					编制(日期)	审核(日期)		会签(日期)	
标记	处计	更改文件号	日期	签字					

表 14-7　数控车削工序卡片

数控车削工序卡片	钻中心孔、钻底孔	产品型号		零件图号	XQ-3	共 3 页
		产品名称		零件名称	零件	第 1 页
	工序名称	工序号	车间	机床名称	机床型号	设备编号
	钻中心孔、钻底孔	2/3	数据加工室 1	数控车床		
	毛坯种类	毛坯尺寸	材料牌号	加工件数	毛坯件数	冷却液
	棒料	ϕ65×160	45 钢	300	300	乳化液
	夹具标号	夹具名称	数控系统	数控系统型号	工序工时/min	
					准终	单件
			FANUC			

工序号	工步号	工步名称	工步内容	刀具号	刀具名称	主轴转速/(r/min)	进给量/(mm/min)	背吃刀量 a_p/mm	冷却方式	工艺装备	工时定额 机动/辅助	备注
2	1	车右端面	装夹工件,车右端面	1	外圆车刀	500			切削液	三爪卡盘	辅助	
	2	钻定位孔			中心钻	800				三爪卡盘/尾座	辅助	
3	1	钻底孔	预钻 ϕ20 底孔		麻花钻	500			切削液	三爪卡盘/尾座	辅助	
								编制(日期)		审核(日期)	会签(日期)	
标记		处计		更改文件号		签字						

续表

数控车削工序卡片	车削左端面外形	产品型号		零件图号	XQ-3	共 3 页
		产品名称		零件名称	零件	第 2 页

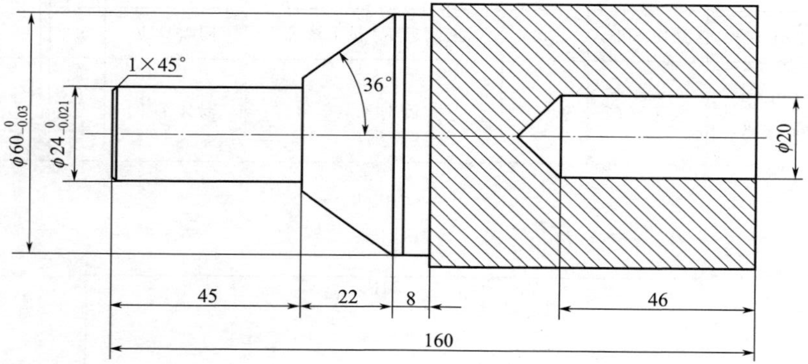

工序名称	工序号	车间	机床名称	机床型号	设备编号
车削左端面外形	4	数控加工室 2	数控车床		
毛坯种类	毛坯尺寸	材料牌号	加工件数	毛坯件数	冷却液
棒料	$\phi 65\times 160$	45 钢	300	300	乳化液
夹具标号	夹具名称	数控系统	数控系统型号	工序工时/min	
				准终	单件
		FANUC			

$\phi 60_{-0.03}^{0}$ $\phi 24_{-0.021}^{0}$ 1×45° 36° $\phi 20$ 45 22 8 46 160

工序号	工步号	工步名称	工步内容	刀具号	刀具名称	主轴转速/(r/min)	进给量/(mm/min)	背吃刀量 a_p/mm	冷却方式	工艺装备	工时定额 机动/辅助	备注
4	1	车左端面	装夹工件,车左端面	1	外圆车刀	500			切削液	三爪卡盘	辅助	
4	2	粗车左端外形轮廓	粗车左端外圆轮廓,留精加工余量 0.5mm	1	外圆车刀	500	0.05	0.5	切削液	三爪卡盘	机动	
4	3	精车左端外形轮廓	精车左端外圆轮廓,加工至要求尺寸	1	外圆车刀	800	0.05	0.3	切削液	三爪卡盘	机动	
						编制(日期)		审核(日期)	会签(日期)			
标记	处计	更改文件号	签字									

续表

数控车削工序卡片	车削右端面外形	产品型号		零件图号	XQ-3	共 3 页
		产品名称		零件名称	零件	第 3 页
	工序名称	工序号	车间	机床名称	机床型号	设备编号
	车削右端面外形	5	数控加工室 3	数控车床		
	毛坯种类	毛坯尺寸	材料牌号	加工件数	毛坯件数	冷却液
	棒料	ϕ65×160	45 钢	300	300	乳化液
	夹具标号	夹具名称	数控系统	数控系统型号	工序工时/min	
					准终	单件
			FANUC			

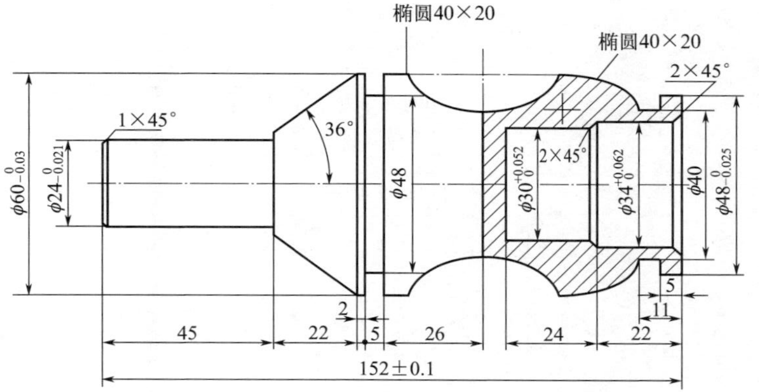

工序号	工步号	工步名称	工步内容	刀具号	刀具名称	主轴转速/(r/min)	进给量/(mm/min)	背吃刀量 a_p/mm	冷却方式	工艺装备	工时定额 机动/辅助	备注
5	1	车右端面	调头，车右端面，保总长	1	外圆车刀	500			切削液	三爪卡盘	辅助	
5	2	粗车右端外形轮廓	粗车右端外圆轮廓，留精加工余量 0.5mm	1	外圆车刀	500	0.05	0.5	切削液	三爪卡盘	机动	
5	3	精车右端外形轮廓	精车右端外圆轮廓，加工至要求尺寸	1	外圆车刀	800	0.05	0.3	切削液	三爪卡盘	机动	
5	4	粗、精车内孔轮廓面	粗、精车工件右端内孔轮廓面至要求尺寸	3	内孔车刀	500	0.05	0.5	切削液	三爪卡盘	机动	
5	5	切外槽	粗、精车工件右端直槽至要求尺寸	2	外沟槽刀	400	0.05	0.3	切削液	三爪卡盘	机动	
5	6	车外凹凸椭圆曲面	粗、精车工件右端外凹凸椭圆曲面至要求尺寸	1	外圆车刀	500	0.05	0.3	切削液	三爪卡盘	机动	
								编制(日期)		审核(日期)	会签(日期)	
标记			处计	更改文件号		签字						

14. 3. 2　加工程序编制

根据工序卡片的要求进行编程，程序如表 14-8。

表 14-8　程序表

车削左端外轮廓	车削右端外轮廓
O0001; G00 G40 G97 G99; M03 S500 T0101; M08; G00 X65 Z2; Z0; G01 X-0. 5; Z2; G00 X65; G71 U0. 5 R0. 3; G71 P100 Q200 U0. 5 W0. 1 F0. 05; N100 G01 X22; Z0; X24 W-1; W-44; X28. 03; X60 W-22; W-53; N200 X65; G00 X150; Z150; M05; G00 G40 G97 G99; M03 S800 T0101 F0. 05; G00 X65 Z2; G70 P100 Q200; G00 X150; Z150; M30;	O0002; G00 G40 G97 G99; M03 S500 T0101; M08; G00 X65 ; Z2; G71 U0. 5 R0. 3; G71 P100 Q200 U0. 5 W0. 1 F0. 05; N100 G01 X48; Z0; W-11; X60; W-22; N200 X65; G00 X150; Z150; M05; G00 G40 G97 G99; M03 S800 T0101 F0. 05; G00 X65; Z2; G70 P100 Q200; G00 X150; Z150; M30;
粗、精车工件右端内孔轮廓面	车削沟槽
O0003; G00 G40 G97 G99; M03 S500 T0202; M08; G0 X20; Z2; G71 U0. 5 R0. 3; G71 P100 Q200 U-0. 5 W0. 1; N100 G01 X44; Z0; X40 W-2; W-20; X30 W-2; W-22; N200 X20; G00 Z150;	O0004; G0G40G97G99; M03S500T0202F0. 05; G0X62; Z-7; G75R0. 5; G75X40Z-11P1000Q2000U0. 5W0; G0X150Z150; M05; G0X62; Z-75; G75R0. 5; G75X48Z-78P1000Q2000U0. 5W0; G0X150; Z150; M30;

续表

粗、精车工件右端内孔轮廓面	车削沟槽
X150; M05; G00 G40 G97 G99; M03 S800 T0202 F0.05; G0 X20; Z2; G70 P100 Q200; G00 Z150; X150; M30;	
车削凹凸椭圆面轮廓	
O0005; G54 G99 T0101 M03 S500 M03; G00X70 Z2 M8; Z-31; # 1=20; # 2=20; # 3=10; WHILE[# 1GE-20]DO1; # 4=# 3 * SQRT[1-# 1 * # 1/[# 2 * # 2]] ; G01X[60-# 4 * 2]Z[# 1-52]F0.3; # 1=# 1-0.1; END1; G00X70; Z2; M05; M00; G54 G95 T0101; S500M3; G00 X50 Z-9;	# 11=20; # 5=20; # 6=10; WHILE[# 11GE0]DO2; # 7=-# 3 * SQRT[1-# 11 * # 11/[# 5 * # 5]] G01X [40-# 7 * 2]Z[# 11-31]F0.3; # 11=# 11-0.1; END2; G00 X70; Z2; X300 Z300; M05; M30;

14.3.3　工件车削加工

(1) 数控仿真

利用数控仿真软件，对上述程序进行验证与调试。

(2) 开机及设备检查

下面简单介绍开机及设备检查流程，详细步骤见第 11 章。

1）检查和接通电源

① 绕机床一周，首先检查数控车床外观是否正常。

② 在机床检查无问题后，按机床通电顺序进行通电。

③ 通电后检查屏幕信息是否正确，机床是否有报警信息。

注意：在屏幕没有完全显示前不要操作系统，因为有些键可能有特殊用途，如按下可能会产生不良后果。

④ 检查电动机风扇是否旋转。

2）回参考点执行回零操作

特别注意：在回零时，X、Z 轴先后顺序不能按反。

(3) 刀具及毛坯安装

1）刀具安装

根据表 14-4 选择刀具，选用机夹式刀具，把合金机夹刀片正确地安装在刀杆上。

注意事项：① 清扫干净刀头部位，防止有细小切屑存在，造成刀片挤压折断。

② 刀片固定螺柱拧紧时，注意力度，不能过大，压片要压实。

2）刀杆安装

将刀片安装在刀杆上后，再将刀杆依次安装到四角回转刀架上，通过刀具干涉图和加工行程图检查刀具安装尺寸。

注意事项：

① 安装前保证刀杆及刀架面清洁，无损伤。

② 将刀杆安装在刀架上时，应保证刀杆方向正确，保证刀具的切削角度。例如：粗车外圆刀主偏角要小一点，精车外圆刀主偏角要大一点，但副偏角不能干涉。镗刀安装时要注意镗刀刀杆和刀具宽度是否小于内孔半径，防止退刀时造成干涉。

③ 安装刀具时需注意使刀尖等高于主轴的回转中心。

④ 确保刀具安装的正确性。

⑤ 螺纹刀应确保螺纹加工角度，采用角度尺进行测量。

⑥ 镗刀要平行于工件，确保刀具不干涉工件。

3）毛坯安装

① 数控车床 1 毛坯为 $\phi65\times160$，采用三爪卡盘夹持。

② 数控车床 2 毛坯为 $\phi65\times160$，采用三爪卡盘夹持。

③ 数控车床 3 工序为调头装夹，采用软爪进行装夹，以保证工件两头的同轴度和对工件表面进行保护。

(4) 对刀及加工

外圆加工刀具［外圆车刀、切槽刀（外沟槽刀）、外螺纹刀等］对刀方法（数控车床 1、2）。

1）外圆车刀对刀

① 手动选择 1 号刀位。

② 使用 MDI [MDI] 方式指定主轴转速，使主轴正转，程序如：

```
G00 G40 G97 G99 M03 S500;
```

③ Z 向对刀。用手动方式 [手动] 将刀具快速移动到接近工件的位置，换手轮移动。手轮快速倍率选择“×10” [×10 25%]，进行端面切削。在保证 Z 向不动的前提下，在系统界面“补正”“形状”的 1 号刀具地址对应的“Z”一栏中输入“Z0”，按“测量”软键，系统自动把计算

后的工件 Z 向零点偏置值输入“Z 偏置”栏中，完成当前刀具的 Z 向对刀操作。如图 14-4、图 14-5、图 14-6 所示。

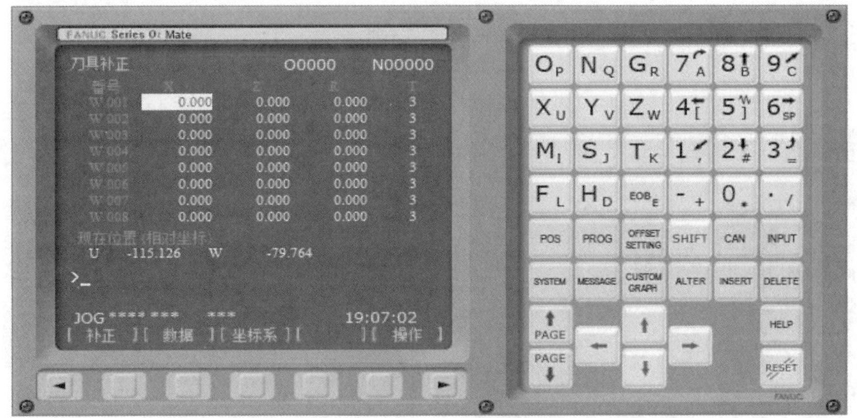

图 14-4　刀具补正编辑参数

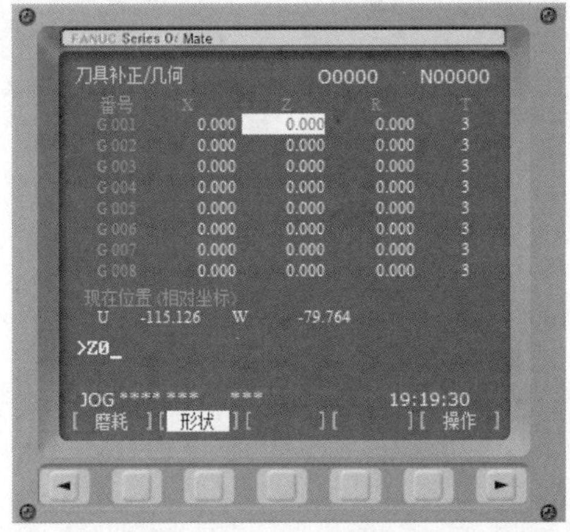

图 14-5　“形状”编辑参数图

(a) “Z0” 输入

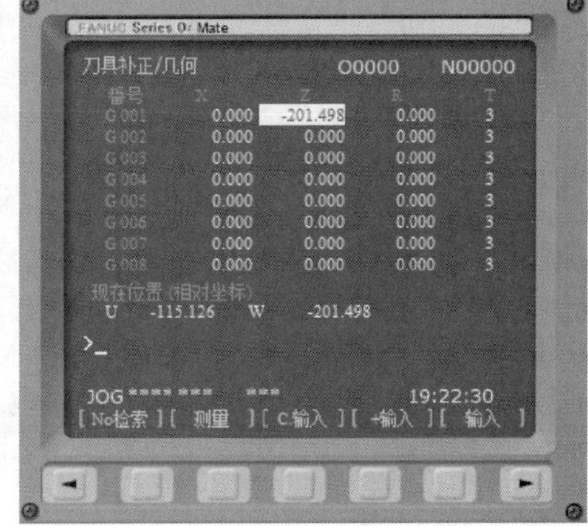

(b) “Z0” 测量

图 14-6

④ X 向对刀。手轮快速倍率选择“100”，快速移动工作台，使刀具靠近工件内圆表面，手轮快速倍率调成“×10”，刀具对工件外圆切削一段长 10～20mm 的圆面（方便测量即可），直至工件外圆面 2/3 及以上都被车削为止。在 X 轴不动的情况下，将刀具沿 Z 向移出，停止主轴转动，测量工件外圆直径。在系统界面的 1 号刀具地址对应的“X”一栏中输入“X64.85”，按“测量”软键如图 14-7(a) 所示，系统自动把计算后的工件 X 向零点偏置值输入“X 偏置”栏中如图 14-7(b) 所示，完成当前刀具的 X 向对刀操作。

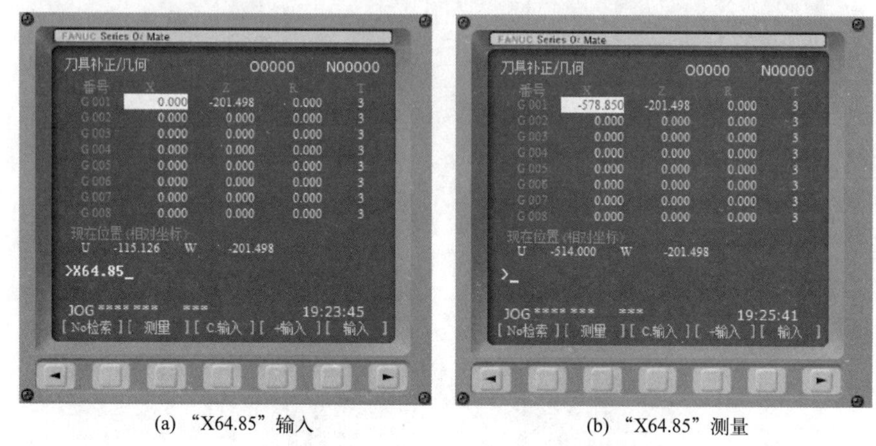

(a) “X64.85”输入　　(b) “X64.85”测量

图 14-7

2）切槽刀对刀

① 手动选择 2 号刀位。

② 使用 MDI 方式指定主轴转速，使主轴正转，程序如：

```
G00 G40 G97 G99 M03 S500;
```

③ Z 向对刀。用手动方式将刀具快速移动到接近工件的位置，换手轮移动。手轮快速倍率选择“×10”，进行端面切削。在保证 Z 向不动的前提下，在系统界面“补正”“形状”的 2 号刀具地址对应的“Z”一栏中输入“Z0”，按“测量”软键，系统自动把计算后的工件 Z 向零点偏置值输入“Z 偏置”栏中，完成当前刀具的 Z 向对刀操作。如图 14-8、图 14-9、图 14-10 所示。

④ X 向对刀。手轮快速倍率选择“100”，快速移动工作台，使刀具靠近工件内圆表面，手轮快速倍率调成“×10”，刀具对工件内圆切削一段长 10～20mm 的圆面（方便测量即可），直至工件外圆面 2/3 及以上都被车削为止。在 X 轴不动的情况下，将刀具沿 Z 向移出，停止主轴转动，测量工件外圆直径。在系统界面的 2 号刀具地址对应的“X”一栏中输入“X64.85”，按“测量”软键如图 14-11(a) 所示，系统自动把计算后的工件 X 向零点偏置值输入“X 偏置”栏中如图 14-11(b) 所示，完成当前刀具的 X 向对刀操作。

3）外螺纹刀对刀

① 手动选择 3 号刀位。

② 使用 MDI 方式指定主轴转速，使主轴正转，程序如：

```
G00 G40 G97 G99 M03 S500;
```

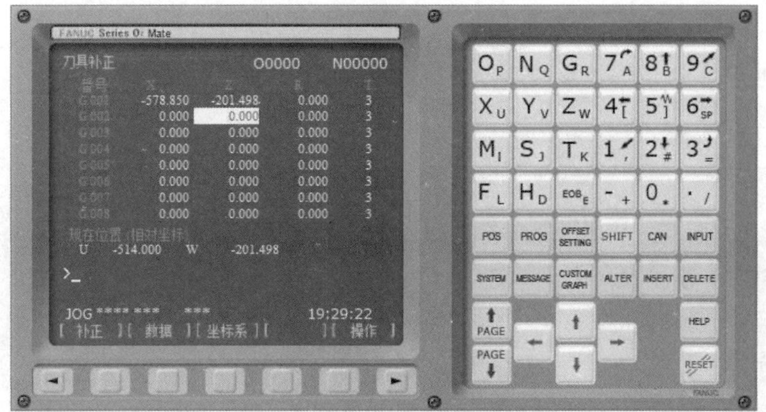

图 14-8　刀具补正编辑参数

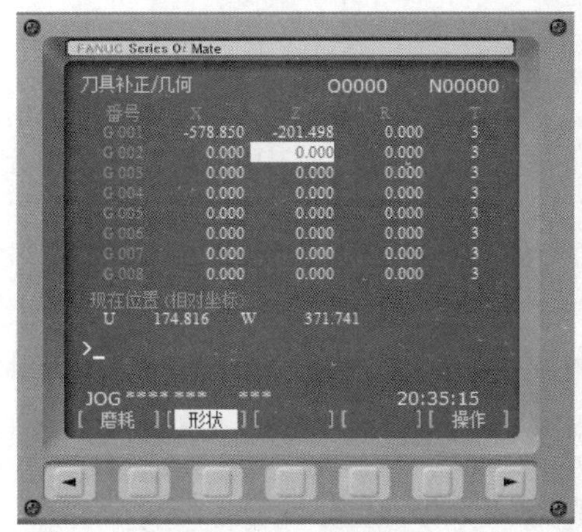

(a)“形状”编辑参数图　　(b)“测量”编辑参数图

图 14-9

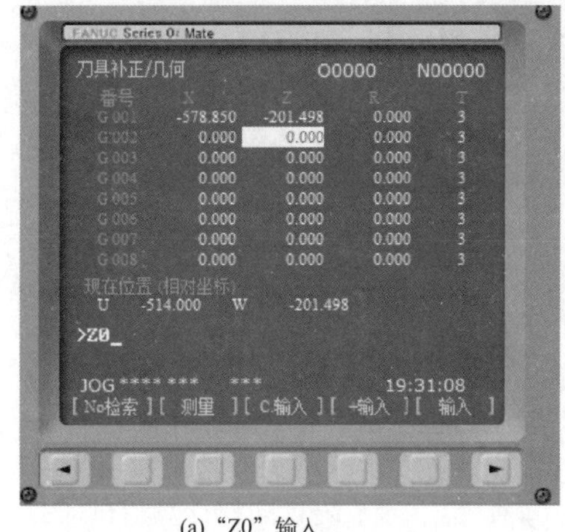

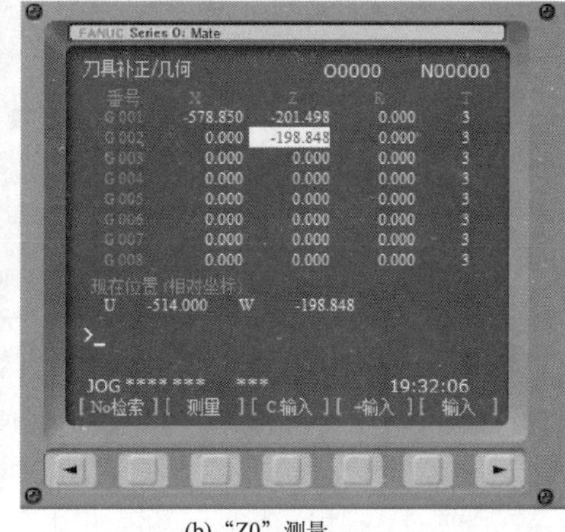

(a)“Z0”输入　　(b)“Z0”测量

图 14-10

③ Z 向对刀。用手动方式 手动 将刀具快速移动到接近工件的位置，换手轮移动。手轮快速倍率选择“×10” ×10 25%，由于刀尖不处于最左端或正中间，因此对刀时刀尖就不能很好

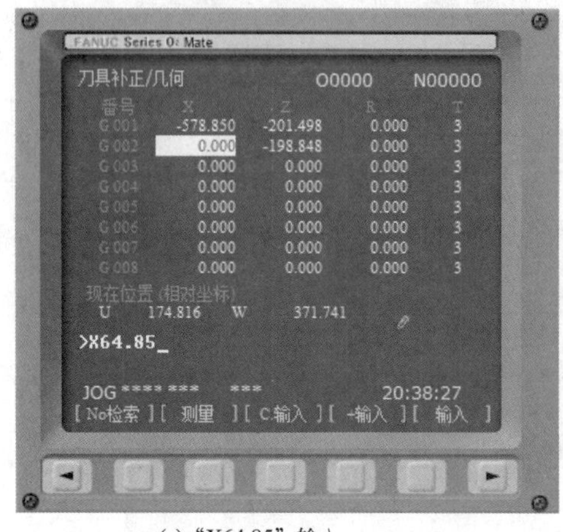

(a)“X64.85”输入

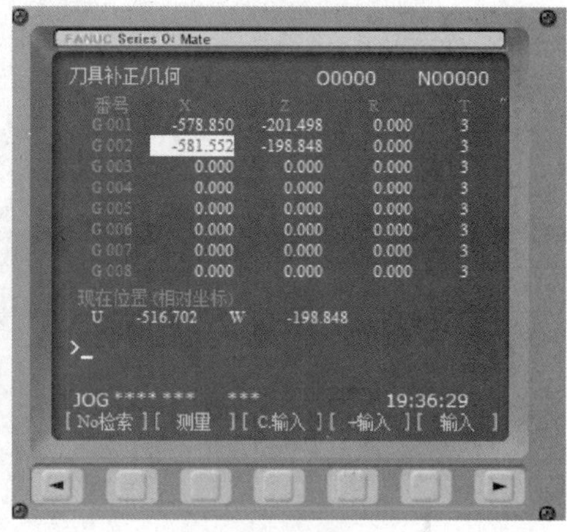

(b)“X64.85”测量

图 14-11

地对在工件端面处，再加上螺纹根部有大台阶，Z 向长度若控制不好的话，就有可能出现螺纹长度没车到位或刀具撞工件现象。我们通过手动移动刀具使螺纹刀的左侧面尽量接近工件螺纹端面 0.5～1mm，在系统界面“补正”“形状”的 3 号刀具地址对应的“Z”一栏中输入“Z0”，按“测量”软键，系统自动把计算后的工件 Z 向零点偏置值输入“Z 偏置”栏中，完成当前刀具的 Z 向对刀操作。如图 14-12、图 14-13、图 14-14 所示。

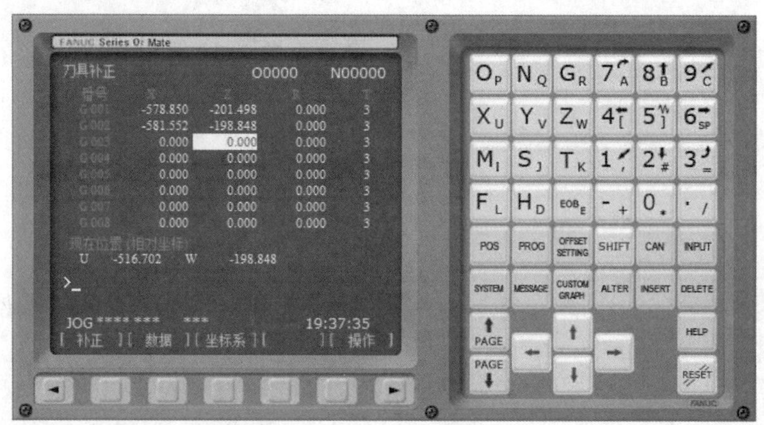

图 14-12 刀具补正编辑参数

④ X 向对刀。手轮快速倍率选择“100”（100 50%），快速移动工作台，使刀具靠近工件内圆表面，手轮快速倍率调成“×10”（×10 25%），刀具对工件外圆切削一段长 10～20mm 的圆面（方便测量即可），直至工件内圆面 2/3 及以上都被车削为止。在 X 轴不动的情况下，将刀具沿 Z 向移出，停止主轴转动，测量工件外圆直径。在系统界面的 3 号刀具地址对应的“X”一栏中输入“X64.85”，按“测量”软键如图 14-15(a) 所示，系统自动把计算后的工件 X 向零点偏置值输入“X 偏置”栏中如图 14-15(b) 所示，完成当前刀具的 X 向对刀操作。

4）内孔车刀的对刀方法

内孔加工刀具（内孔车刀）的对刀方法（数控车床 3）如下。

① 手动选择 4 号刀位。

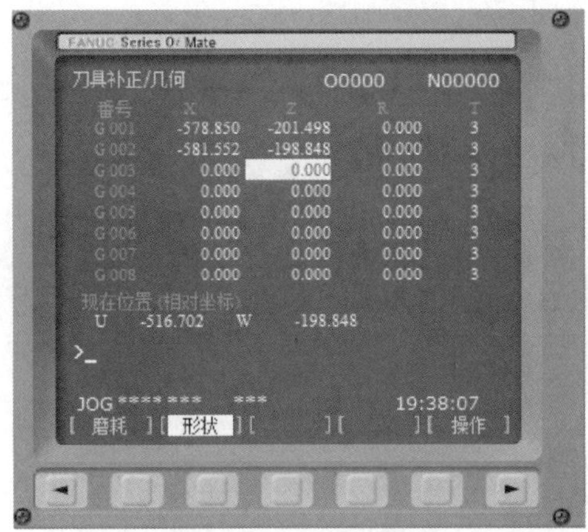

(a)“形状”编辑参数图

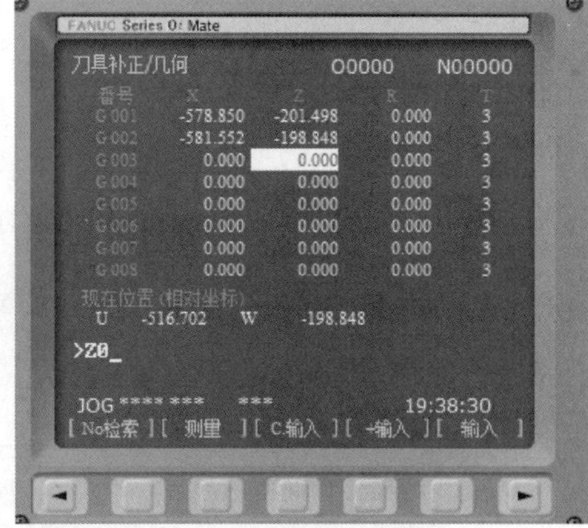

(b)“测量”编辑参数图

图 14-13

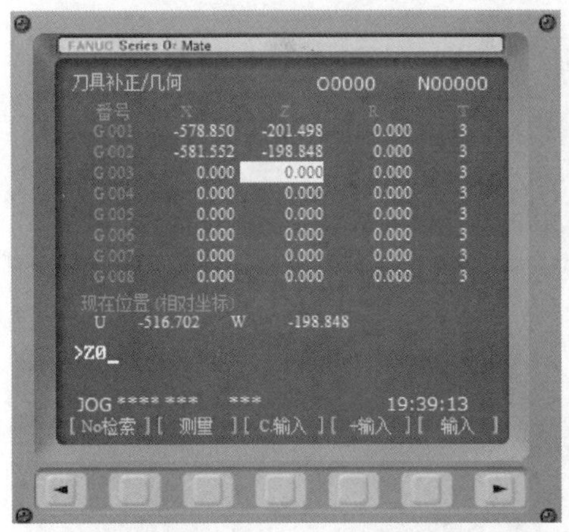

(a)“Z0”输入

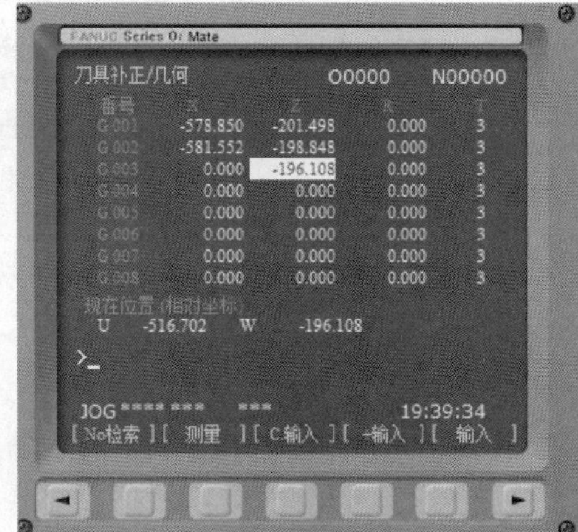

(b)“Z0”测量

图 14-14

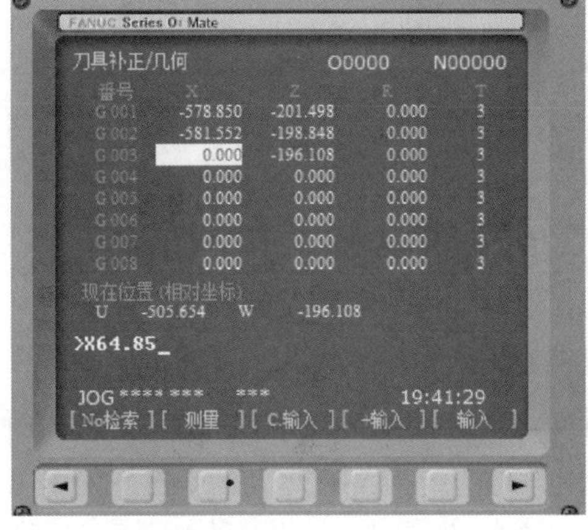

(a)“X64.85”输入

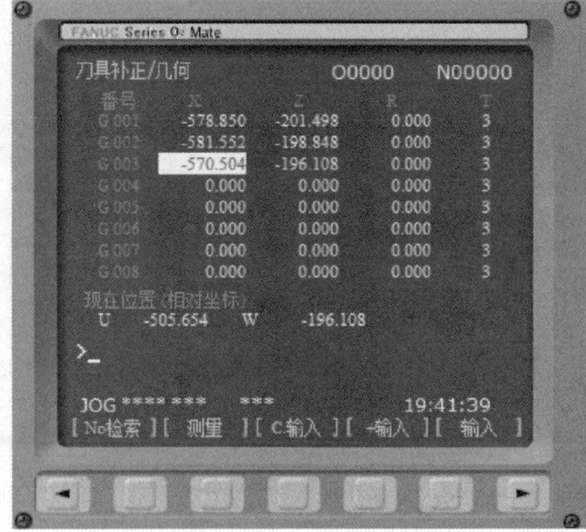

(b)“X64.85”测量

图 14-15

② 使用 MDI 方式指定主轴转速，使主轴正转，程序如：

```
G00 G40 G97 G99 M03 S500;
```

③ Z 向对刀。用手动方式将刀具快速移动到接近工件的位置，换手轮移动。手轮快速倍率选择“×10”，进行端面切削。在保证 Z 向不动的前提下，在系统界面“补正”“形状”的 4 号刀具地址对应的“Z”一栏中输入“Z0”，按“测量”软键，系统自动把计算后的工件 Z 向零点偏置值输入“Z 偏置”栏中，完成当前刀具的 Z 向对刀操作。如图 14-16、图 14-17、图 14-18 所示。

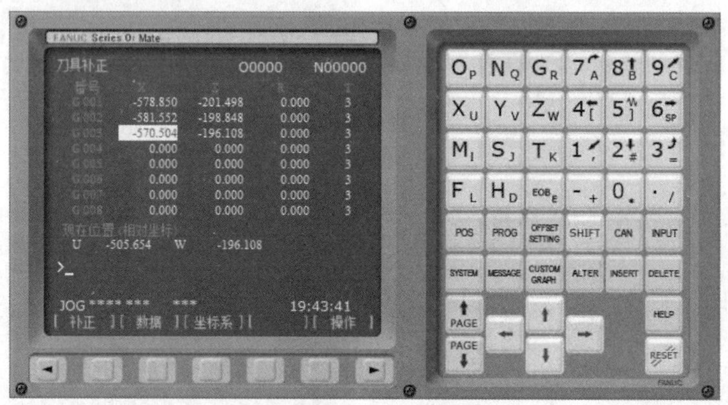

图 14-16　刀具补正编辑参数

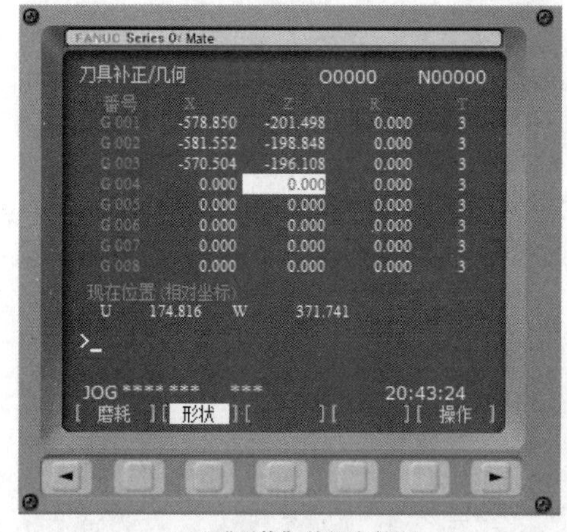

(a)“形状”编辑参数图

(b)“测量”编辑参数图

图 14-17

④ X 向对刀。手轮快速倍率选择“100”，快速移动工作台，使刀具靠近工件内圆表面，手轮快速倍率调成“×10”，刀具对工件内圆切削一段长 10～20mm 的圆面（方便测量即可），直至工件内圆面 2/3 及以上都被车削为止。在 X 轴不动的情况下，将刀具沿 Z 向移出，停止主轴转动，测量工件内孔直径。在系统界面的 4 号刀具地址对应的“X”一栏中输入“X19.26”，按“测量”软键如图 14-19(a) 所示，系统自动把计算后的工件 X 向零点偏置值输入“X 偏置”栏中如图 14-19(b) 所示，完成当前刀具的 X 向对刀操作。

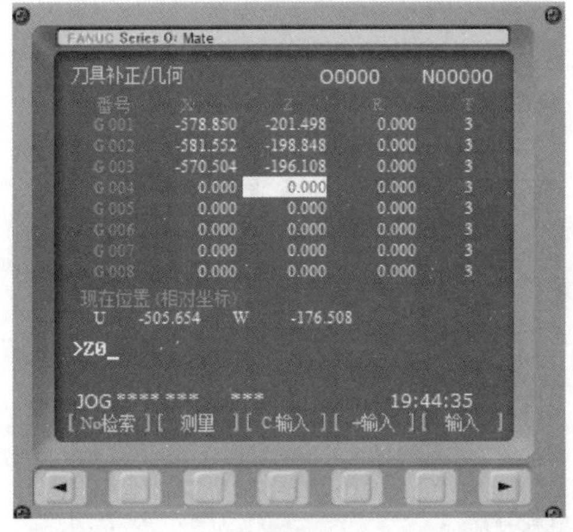

(a)“Z0”输入

(b)“Z0”测量

图 14-18

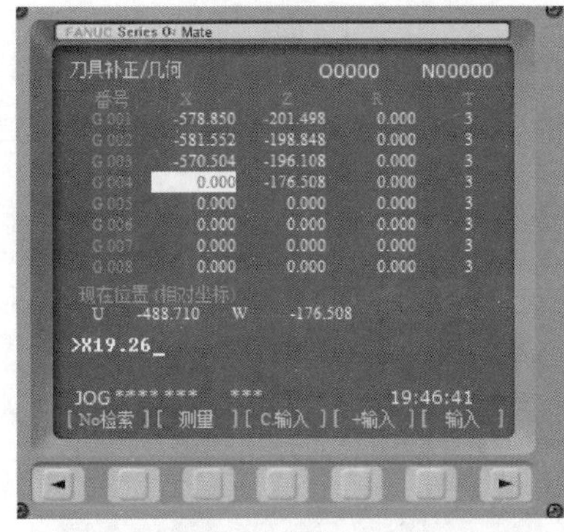

(a)“X19.26”输入

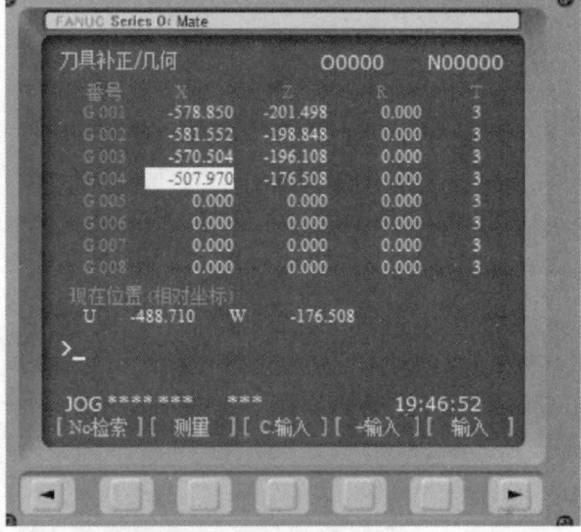

(b)“X19.26”测量

图 14-19

(5) 程序输入

1）验刀程序输入

在 MDI 状态下手动输入程序。通过按键“PROG”，MDI 键，打开 MDI 程序输入界面如图 14-20(a)，移动光标到程序号的分号处，开始输入验刀程序，如图 14-20(b)。

参考程序段如下：

```
G00G40G97G99M03S500;
T0101;
G00X0.0Z50.0;
G01Z2.0F0.2;
M01;
G00Z100.0X100.0;
```

① 按下“循环启动”按钮，进行验证对刀。

② 通过改变 T0101 代码进行其他刀具的验证。

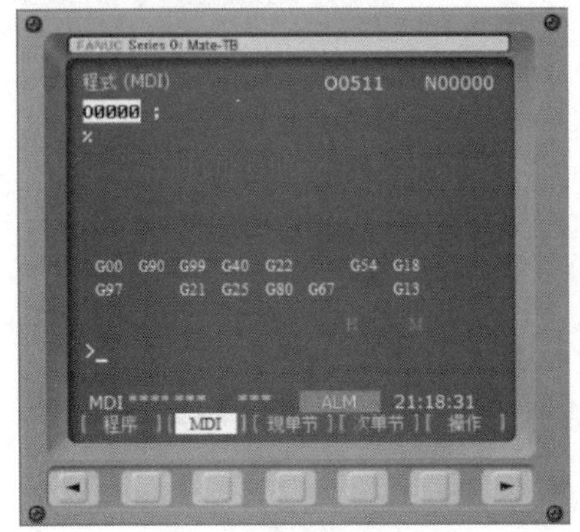

(a) MDI程序界面

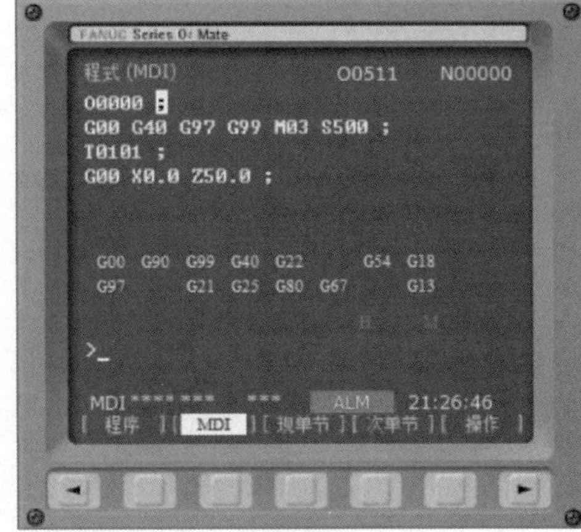

(b) 验证对刀程序

图 14-20

2）加工程序输入

① 建立程序号　首先点击按键“PROG”，然后点击面板的“编辑”按键，屏幕界面如图 14-21。输入程序号“O0001”，点击“INSERT”键，完成程序号的建立，如图 14-22。注意：输入程序号时不能加“;”。

② 程序输入　按照程序卡片依次输入加工程序。

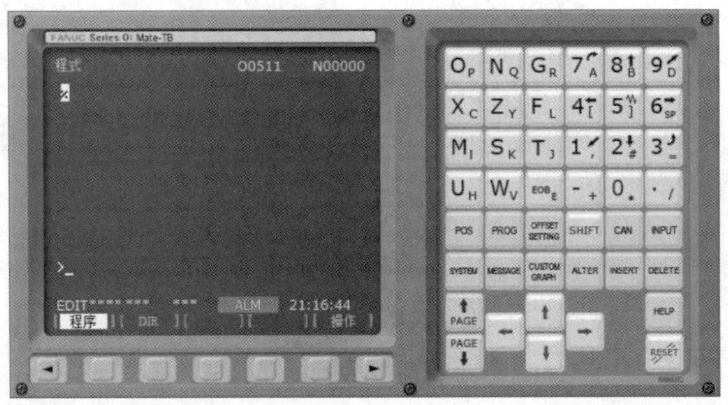

图 14-21　程序编辑界面

(6) 工序 2.3 加工及检验

数控车床 1 进行工序 2.3 的加工。

(7) 工序 4 加工及检验

数控车床 2 进行工序 4 的加工。

1）检查完程序并确认无误后，开始加工样件

① 先将进给倍率调零，选择“单段”运行工作方式，同时按下“循环启动”按钮，通过进给按钮由低到高进行调节，刀具靠近工件时，进给倍率再次调为零，观看坐标点与刀具点的位置是否一致，如一致则继续进行，如不一致则排查问题。确认对刀无误后，系统执行“单段”运行工作方式开始加工零件。

② 每加工完一个程序段，机床停止进给后，都要检查下一段要执行的程序，确认无误

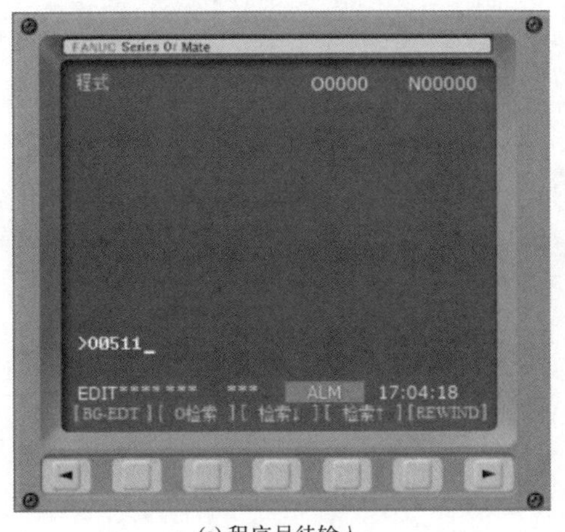

(a) 程序号待输入

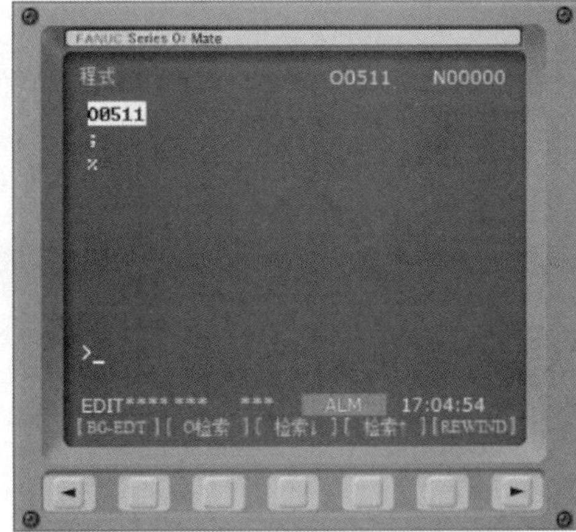

(b) 程序号输入

图 14-22

后再按“循环启动”按钮。要时刻注意刀具的加工状况，观察刀具、工件有无松动，是否有异常的噪声、振动、发热等，以及是否会发生碰撞。加工时，一只手要放在急停按钮附近，一旦出现紧急情况，可随时按下急停按钮。

③ 加工正常后，取消“单段”模式，开始自动方式加工。

2）加工参数调整，保证加工精度

① 加工前对“磨耗”进行设定，打开“磨耗”界面如图 14-23(a)，输入 0.5，点击“输入”如图 14-23(b)，对工件进行磨耗调整。

② 通过反复调整磨耗后，得到精度符合要求的工件（注意尺寸，避免尺寸变小）。

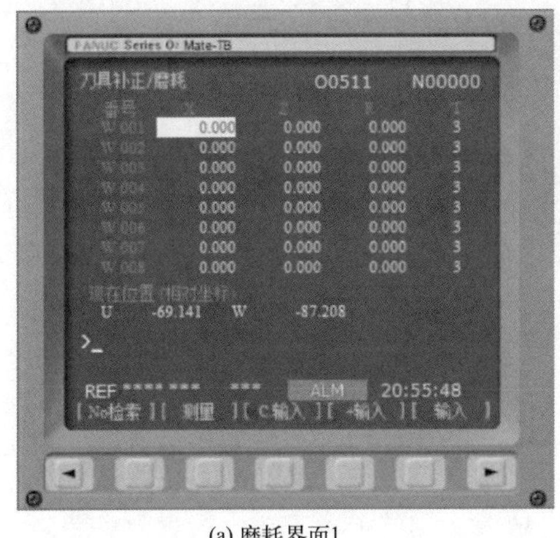

(a) 磨耗界面1

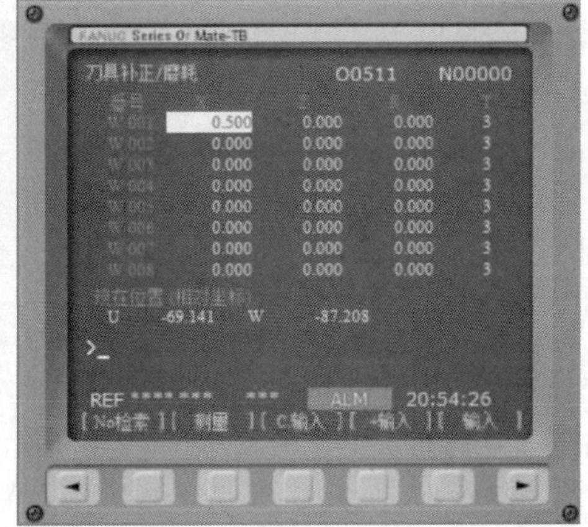

(b) 磨耗界面2

图 14-23

(8) 工序 5 加工及检验

数控车床 3 进行工序 5 的加工（重复上述对工序 4 的加工方法）。

14.3.4　自检内容及范围

① 操作人员在加工前必须掌握工艺卡内容，清楚知道工件要加工的部位、形状、图纸及各尺寸，了解下一工序加工内容。

② 加工本工序前，测量上序零件尺寸是否符合图纸要求，装夹时确保装夹位置与工艺卡要求一致。

③ 在粗加工完成后应及时进行自检，以便对有误差的数据进行调整。自检内容主要为加工部位的位置尺寸。

④ 精加工后操作人员应对加工部位的形状尺寸进行自检。检测其基本尺寸是否符合图纸要求。

⑤ 操作人员完成工件自检，确认与图纸及工艺要求相符合后方能拆下工件。

14.3.5 交件

对工件进行去毛刺、锐角倒钝处理，填写表 14-5 综合评价表，将工件与评价表上交。

14.3.6 整理

对加工工位进行环境整理事项：

① 整理文件与零件。②整理量、夹具等。③清理机床卫生。

14.3.7 工件评价检测

根据表 14-5 综合评价表对工件进行评价。

14.3.8 准备批量加工

使用单件加工调试好的设备进行批量生产。

14.4 项目总结

14.4.1 根据测量结果反馈加工策略

(1) 加工质量测量

综合评价测量见表 14-5。

(2) 加工误差及处理办法

加工误差常见的处理办法详见附录表 1，根据附录表 1 列举内容，学员自行总结分析加工中出现的问题。

14.4.2 分析项目过程总结经验

根据综合评价表上自己加工出现的偏差和加工误差常见的处理办法总结自己的加工方法和经验。请从图样、结构、精度、毛坯、刀具切削用量、机床选择、装夹、检测八个方面进行零件加工工艺分析。将自行分析的内容填到附录表 2 学员加工工艺分析表中。

(1) 教师评价

教师根据学员加工情况和个人分析情况进行整体评价。教师评价表详见附录表 3。

(2) 学员评价

学员根据自己的加工情况和个人分析情况进行整体评价。学员自评表详见附录表 4。

第15章

项目2　螺纹轴加工

课程导读

教学目标

1. 知识目标

① 学习螺纹参数的计算。

② 学习根据螺纹轴零件图样，正确编制螺纹轴零件的数控车床加工工序卡。

③ 学习对螺纹轴零件进行编程前的数学处理。

2. 能力目标

① 能够正确装夹螺纹车刀、外车槽刀等，并在数控车床上实现螺纹车刀、车外槽刀的规范对刀。

② 能够根据车削状态调整车就削用量，保证正常车削，并适时检测，保证螺纹轴加工的精度。

③ 能够独立完成螺纹轴的数控车床加工任务，在教师指导下解决加工中出现的问题。

3. 素质目标

① 增强安全文明生产意识，提高职业道德素养，培养良好的职业习惯。

②认识到每个步骤在加工中都起着重要的作用，引起同学们对数控加工的重视。

15.1　任务描述

如图15-1所示为螺纹轴零件的加工图纸，某企业设计的一款新型设备的生产，需要一批螺纹轴零件，数量为30件，订单周期2天的加工任务，包工包料。该工厂根据现有情况制定了加工工艺方案，项目按照《多工序数控机床操作职业技能等级标准》要求，使用数控车床完成对应的工作任务，技能要求如表15-1所示。

表15-1　工作任务和技能要求

职业功能	工作内容	技能要求
数控编程	1. 编制车削加工工艺文件 2. 数控车削编程	1. 根据中等复杂程度零件图加工任务要求进行工艺文件技术分析，设计产品工艺路线，制作工艺技术文件 2. 手工编制数控车床加工程序，制作零件加工程序单

续表

职业功能	工作内容	技能要求
数控车床车削加工	1. 车削零件至尺寸要求 2. 零件精度检验	1. 能加工螺纹轴特征的零件并达到要求 2. 能正确使用检测工具，如通止规等
数控机床维护	1. 零件清理和精整 2. 设备维护	1. 按要求去除零件多余物、锐边倒钝、清洁、清洗 2. 能根据说明书完成数控车床定期及不定期维护保养

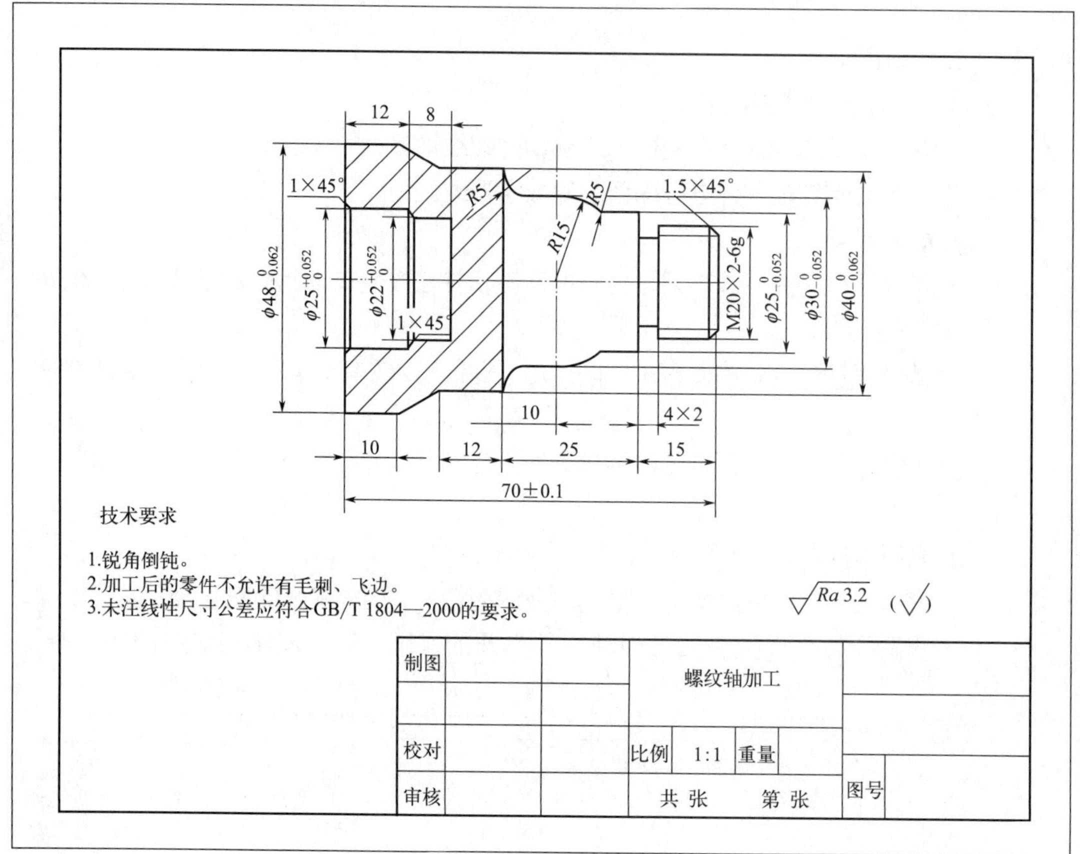

图 15-1 螺纹轴加工

15.2 任务准备

15.2.1 图纸分析

如图 15-1 所示车削加工的螺纹轴零件，毛坯尺寸为 $\phi 50\text{mm}\times 72\text{mm}$，材料为 45 钢，为热轧圆钢，加工数量为 30 件。典型的带外螺纹轴类零件，由端面、外圆、台阶、倒角、沟槽、内孔和螺纹等结构要素构成。车削时，除了保证图样上标注的尺寸精度和表面粗糙度等要求外，还应达到一定的形状公差和跳动公差要求。图样分析如下：①径向尺寸 $\phi 48_{-0.062}^{0}\text{mm}$，径向尺寸 $\phi 40_{-0.062}^{0}\text{mm}$，径向尺寸 $\phi 30_{-0.052}^{0}\text{mm}$，径向尺寸 $\phi 25_{-0.052}^{0}\text{mm}$、

径向尺寸 $\phi25_{0}^{0.052}$mm、径向尺寸 $\phi22_{0}^{0.052}$mm。②主要加工部位为外螺纹尺寸 M20×2－6g。③外沟槽为 16mm，槽宽 4mm。④半径有 R15、R5、R5 三个尺寸。⑤轴向尺寸有（70±0.1)mm，其余轴向尺寸都是未注尺寸公差。⑥表面粗糙度均为 Ra3.2，倒角为 C1.5。

综上所述，生产车间根据现有加工条件，制定出完成该加工任务所需的设备、刀具、量具等，具体如表 15-2、表 15-3 所示。

表 15-2　机床设备、刀具表

序号	名称	规格及型号	数量
1	数控车床	CKA6150	3
2	自定心卡盘	ϕ250mm	3
3	外圆车刀	93°外圆车刀	3
4	外沟槽车刀	3mm 正刀	2
5	螺纹车刀		1
6	钻头	ϕ20 锥柄麻花钻	1
7	内孔车刀	C16Q SCLCR09	1
8	内孔车刀刀座、变径套	SBHA 25-32/NC32-16	各 1

表 15-3　量具卡片

序号	量具名称	规格	精度/mm	测量夹具	备注
1	游标卡尺	0～150mm	0.02mm		
2	外径千分尺	0～25mm、25～50mm	0.01mm		
3	通规、止规	M20×2-6g	H7 级		
4	内径千分尺	5～25mm	0.01mm		

通过上述分析采用以下几点工艺措施完成加工要求：

① 该零件加工时，对于尺寸精度的要求，主要通过对刀精度、磨耗参数设置、合理的加工工艺等措施来保证。

② 对于表面粗糙度要求，主要通过选用合适的刀具，正确的粗、精加工路线，合理的切削用量及冷却等措施来保证。

③ 对于螺纹精度的要求，由于刀具的挤压常常会使最后加工出来的顶径产生膨胀，从而影响螺纹的正常装配和使用，所以螺纹车削前的螺纹大径应车至比公称直径小 1.3P，以保证车削后的螺纹牙顶处有 0.125P 的宽度。

15.2.2　工艺流程

任务流程图如图 15-2 所示。

15.2.3　毛坯选择

根据零件图分析，准备 ϕ50mm×72mm 的 45 钢毛坯 30 件。

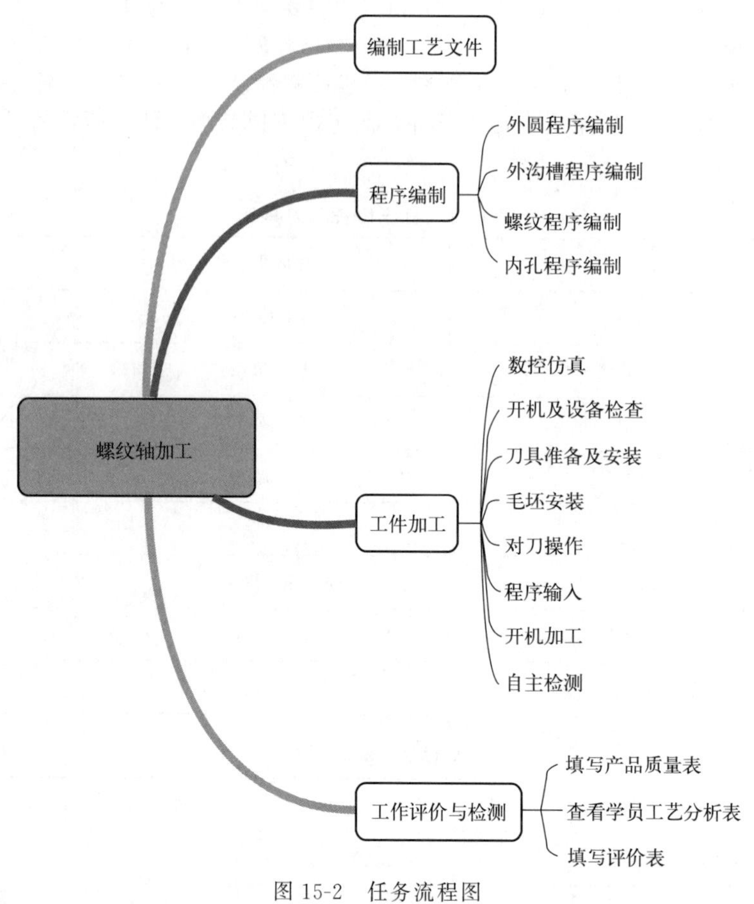

图 15-2 任务流程图

15.2.4 机床选择

① 加工工序为典型的回转体零件加工技术，选择数控车床。通过工艺分析，确定该零件在国产 CKA6150 数控车床完成车削部分的加工，其最大回转直径为 500mm。

② 根据零件工艺特征，合理使用设备，要求操作人员能够熟练操作数控车床，具有一定的操作经验和技术。

机床分布见图 15-3。

图 15-3 机床分布图

15.2.5 刀具选择

该零件为典型的回转体零件加工，其加工精度要求较高，表面质量高，依据该零件结构、形状和加工要求选择刀具，具体所选刀具调整卡如表 15-4 所示。

表 15-4 刀具调整卡

数控加工刀具卡片						产品型号			零件图号		XQ-3
						产品名称		螺纹轴	零件名称		零件
工序名称			工序号	设备名称	设备型号	冷却方式	毛坯种类		毛坯尺寸	毛坯材质牌号	车间
				数控车床		冷却液	圆棒料		ϕ50×72	45 钢	
工序号	工步号	刀具号	刀具名称	刀具材质	刀具				刀柄名称规格	数量	刀具半径补偿量	备注
					直径	刀尖圆角	长度	装夹长度				
2	1/2	1	外圆车刀	硬质合金		0.4	125	95	SVJBR2525M16	2		
	3/5	2	外沟槽车刀	硬质合金		0.2	125	95	KGMR2525 K-3T20	2		
	4	3	螺纹车刀	硬质合金		0	125	95	SER2525K-16	1		
3	1	1	外圆车刀	硬质合金		0.4	125	95	SVJBR2525M16	1		
	2		麻花钻	硬质合金		$D=20$			1534SU03C-2000	1		
4	1/2	4	内孔车刀	硬质合金	16	0.4	140	100	C16Q SCLCR09	1		
编制				审核		批准			日期		共 页	第 页

15.2.6 夹具选择

由工艺分析确定，车削零件形状为回转体，车削加工工序时，采用三爪自定心卡盘装夹。

15.2.7 切削液的选择

根据工件材料（45 钢）、刀具材料（硬质合金）、加工要求（先粗后精）等，选用微乳化的切削液，浓度在 7%～10%之间。

15.2.8 考核与评价标准

根据零件加工综合评价完成表 15-5。

表 15-5 综合评价表

产品型号				产品名称			工序号				共 页
零件图号				零件名称			操作者				第 页
序号	检验类型	检验内容及精度要求				自检		质检	抽检	测量仪器	备注
		直径/长度/高度/Ra	基本尺寸	上偏差	下偏差	实测值	误差	实测值	实测值		
1	尺寸精度—主要尺寸	长度	70	0.1	−0.1						
2		长度	25	—	—						
3		长度	15	—	—						
4		长度	12	—	—						
5		长度	8	—	—						
6		圆弧(2 处)	5	—	—						
7		直径	ϕ25	0	−0.052						
8		直径	ϕ30	0	−0.052						

续表

产品型号				产品名称				工序号			共　页
9	尺寸精度 — 主要尺寸	直径	$\phi40$	0	−0.062						
10		直径	$\phi48$	0	−0.062						
11		直径	$\phi25$	0.052	0						
12		直径	$\phi22$	0.052	0						
13		螺纹	M20×2−6g	—	—						
14	粗糙度	*Ra*(全部)	3.2								
15	产品外观	锐角倒钝									
16		去除毛刺飞边									
17		无夹伤、碰伤、划痕									
18		轮廓与图纸相符度									
日期		合格率		操作者		质检		抽检		抽检数	

15.3 任务实施

15.3.1 工艺方案编制

该零件为单件加工，为提高加工效率，首先编制多工序加工工艺过程卡片，合理编制工序安排。其次编制数控车削工序卡片，根据多工序加工工艺过程卡片填写表头信息，编制工序卡工步内容，每个工步切削参数要合理，简图绘制要准确，精度设定要合理，具体内容详见表15-6、表15-7。

表 15-6　多工序加工工艺过程卡片

多工序加工工艺过程卡片		螺纹轴加工		产品型号		零件图号		共 1 页	
				产品名称		零件名称		第 1 页	
工序号	工序名称	工序内容	工艺装备	车间	材料	设备	件数	工序工时/min	
								准终	单件
1	备料	锯割 $\phi50\times72$ 的圆棒料	平口钳	备料室	45 钢	锯床	30	1	1
2	车削外轮廓形状	加工外轮廓形状及倒角	三爪卡盘	数控加工室 1	45 钢	数控车床 1	30	1	1
3	钻孔	钻 $\phi20$ 底孔	三爪卡盘/尾座	数控加工室 2	45 钢	数控车床 2	30	1	1
4	车削内轮廓形状	加工内轮廓形状及倒角	三爪卡盘	数控加工室 3	45 钢	数控车床 3	30	1	10
5	钳工	锐角倒钝，去除毛刺	台虎钳			钳台	30	1	5
6	清洁	用清洁剂清洗零件						2	
7	检验	按图纸尺寸检测						3	
					编制（日期）	审核（日期）		会签（日期）	
标记	处计	更改文件号	日期	签字					

表 15-7　数控车削工序卡片

数控车削工序卡片	车削外轮廓形状	产品型号		零件图号	XQ-3	共 3 页
		产品名称		零件名称	零件	第 1 页
	工序名称	工序号	车间	机床名称	机床型号	设备编号
	车削外轮廓形状	2	数控加工室 1	数控车床		
	毛坯种类	毛坯尺寸	材料牌号	加工件数	毛坯件数	冷却液
	棒料	ϕ50×72	45 钢	30	30	乳化液
	夹具标号	夹具名称	数控系统	数控系统型号	工序工时/min	
					准终	单件
			FANUC			

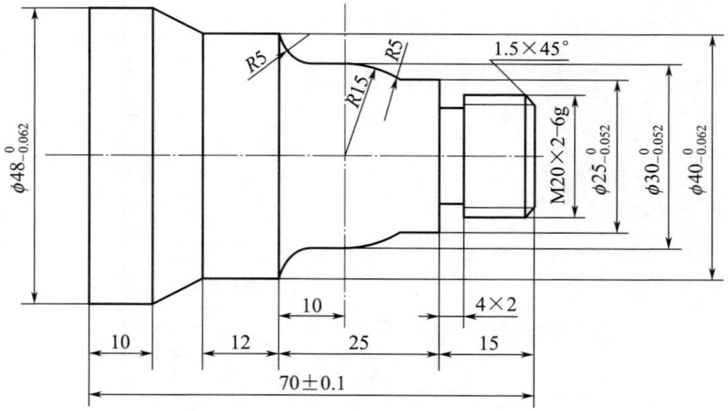

工序号	工步号	工步名称	工步内容	刀具号	刀具名称	主轴转速/(r/min)	进给量/(mm/min)	背吃刀量 a_p/mm	冷却方式	工艺装备	工时定额 机动/辅助	备注
2	1	粗车外轮廓	粗车外圆轮廓，留 0.5mm 精车余量	1	外圆车刀	800	0.1	0.5	切削液	三爪卡盘	机动	
2	2	精车外轮廓	精车外圆轮廓，加工至要求尺寸	1	外圆车刀	1200	0.05	0.5	切削液	三爪卡盘	机动	
2	3	车削外沟槽	车削外沟槽至要求尺寸	2	外沟槽车刀	500	0.05	0.3	切削液	三爪卡盘	机动	
2	4	车削螺纹	车削螺纹至要求尺寸	3	螺纹车刀	500	—	—	切削液	三爪卡盘	机动	
2	5	切断	切断工件	2	外沟槽车刀	500	—	—	切削液			
								编制(日期)		审核(日期)	会签(日期)	
标记			处计	更改文件号		签字						

续表

数控车削工序卡片	钻孔	产品型号		零件图号	XQ-3	共 3 页
		产品名称		零件名称	零件	第 2 页

工序名称	工序号	车间	机床名称	机床型号	设备编号
钻孔	3	数控加工室 2	数控车床		
毛坯种类	毛坯尺寸	材料牌号	加工件数	毛坯件数	冷却液
棒料	ϕ50×72	45 钢	30	30	乳化液
夹具标号	夹具名称	数控系统	数控系统型号	工序工时/min	
				准终	单件
		FANUC			

20

$\phi 48^{0}_{-0.062}$

ϕ20

70±0.1

工序号	工步号	工步名称	工步内容	刀具号	刀具名称	主轴转速/(r/min)	进给量/(mm/min)	背吃刀量 a_p/mm	冷却方式	工艺装备	工时定额 机动/辅助	备注
3	1	调头车端面保总长	调头加工，保证工件总长	1	外圆车刀	500			切削液			
3	2	钻孔	钻削 ϕ20 底孔	—	麻花钻	300	—	—	切削液	尾座		

				编制(日期)	审核(日期)	会签(日期)
标记	处计	更改文件号	签字			

续表

数控车削工序卡片	车削内轮廓形状	产品型号		零件图号	XQ-3	共 3 页
		产品名称		零件名称	零件	第 3 页

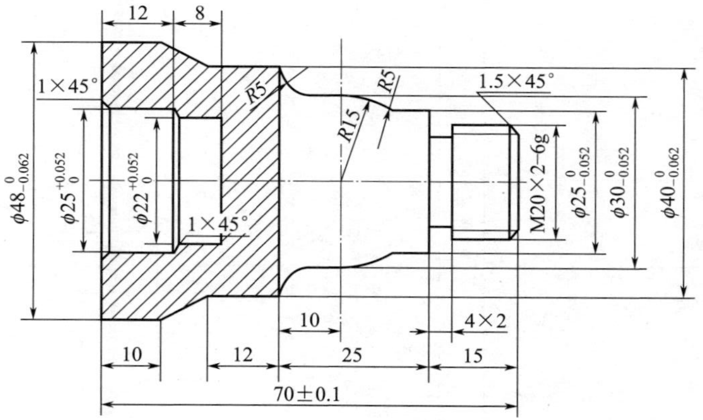

工序名称	工序号	车间	机床名称	机床型号	设备编号
车削内轮廓形状	4	数控加工室 3	数控车床		
毛坯种类	毛坯尺寸	材料牌号	加工件数	毛坯件数	冷却液
棒料	ϕ50×72	45 钢	30	30	乳化液
夹具标号	夹具名称	数控系统	数控系统型号	工序工时/min	
				准终	单件
		FANUC			

工序号	工步号	工步名称	工步内容	刀具号	刀具名称	主轴转速/(r/min)	进给量/(mm/min)	背吃刀量 a_p/mm	冷却方式	工艺装备	工时定额 机动/辅助	备注
4	1	粗车内轮廓	粗车内圆轮廓，留 0.5mm 精车余量	4	内孔车刀	500	0.05	0.5	切削液	三爪卡盘		
4	2	精车内轮廓	精车内圆轮廓，加工至要求尺寸	4	内孔车刀	800	0.05	0.3	切削液	三爪卡盘		
								编制(日期)		审核(日期)	会签(日期)	
标记			处计	更改文件号		签字						

15.3.2 加工程序编制

根据工序卡片的要求进行编程，程序如表 15-8。

表 15-8 程序表

车削外轮廓	
O0001; G00 G40 G97 G99; M03 S800 T0101; M08; G00 X52 Z2; Z0; G01X0; Z2; G00 X52; G71 U0.5 R0.3; G71 P100 Q200 U0.5 W0.1 F0.05; N100 G01 X16; Z0; X20 W-2; W-13; X25; W-5.32; G02 X26.25 W-2.42R5; G03 X30 W-7.26 R15; G01 W-5; G02 X40 W-5 R5; G01 W-12; X48 W-8; W-11; N200 G01 X52; G0 X150; Z150; M05; G00 G40 G97 G99;	M03 S1200 T0101 F0.05; G00 X52; Z2; G70 P100 Q200; G00 X150; Z150; M30;
车削外沟槽	车削螺纹
O0002; G00 G40 G97 G99; M03 S500 T0202; M08; G00 X22; Z-14; G75 R0.3; G75 X16 W-1 P300 Q1000 F0.05; G0 X150; Z150; M30;	O0003; G00 G40 G97 G99; M03 S500 T0303; M08; G00 X22; Z3; G92 X20 Z-13 F2; X19.2; X18.5; X17.9; X17.4; X17.4; G00 X150; Z150; M30;

续表

车削内轮廓	
O0004; G00 G40 G97 G99; M03 S500 T0404; M08; G0 X20; Z2; G71 U0.5 R0.3; G71 P100 Q200 U-0.5 W0.1 F0.15; N100 G01 X27; Z0; X25 W-1; W-11; X24; X22 W-1; W-7;	N200 G01 X20; G00 Z150; X150; M05; G00 G40 G97 G99; M03 S800 T0404 F0.05; G0 X20 ; Z2; G70 P100 Q200; G0 Z150; X150; M30;

15.3.3　工件车削加工

(1) 数控仿真

利用数控仿真软件，对上述程序进行验证与调试。

(2) 开机及设备检查

下面简单介绍开机及设备检查流程，详细步骤见第 11 章。

1）检查和接通电源

① 绕机床一周，首先检查数控车床外观是否正常。

② 在机床检查无问题后，按机床通电顺序进行通电。

③ 通电后检查屏幕信息是否正确，机床是否有报警信息。

注意：在屏幕没有完全显示前不要操作系统，因为有些键可能有特殊用途，如按下可能会产生不良后果。

④ 检查电动机风扇是否旋转。

2）回参考点执行回零操作

特别注意：在回零时，X、Z 轴先后顺序不能按反。

(3) 刀具及毛坯安装

1）刀具安装

根据表 15-4 选择刀具，选用机夹式刀具，把合金机夹刀片正确地安装在刀杆上。

注意事项：① 清扫干净刀头部位，防止有细小切屑存在，造成刀片挤压折断。

② 刀片固定螺柱拧紧时，注意力度，不能过大，压片要压实。

2）刀杆安装

将刀片安装在刀杆上后，再将刀杆依次安装到四角回转刀架上，通过刀具干涉图和加工行程图检查刀具安装尺寸。

注意事项：

① 安装前保证刀杆及刀架面清洁，无损伤。

② 将刀杆安装在刀架上时，应保证刀杆方向正确，保证刀具的切削角度。例如：粗车外圆刀主偏角要小一点，精车外圆刀主偏角要大一点，但副偏角不能干涉。镗刀安装时要注意镗刀刀杆和刀具宽度是否小于内孔半径，防止退刀时造成干涉。

③ 安装刀具时需注意使刀尖等高于主轴的回转中心。

④ 确保刀具安装的正确性。

⑤ 螺纹刀应确保螺纹加工角度，采用角度尺进行测量。

⑥ 镗刀要平行于工件，确保刀具不干涉工件。

3）毛坯安装

① 数控车床 1 毛坯为 ϕ50×72，采用三爪卡盘夹持。

② 数控车床 2 工序为调头装夹，采用软爪进行装夹，以保证工件两头的同轴度和对工件表面进行保护。

③ 数控车床 3 工序为调头装夹，采用软爪进行装夹，以保证工件两头的同轴度和对工件表面进行保护。

(4) 对刀及加工

正确进行外圆、切槽、螺纹的对刀操作，详见项目 1。以上是试切法的操作方法，下面介绍一下偏置法的对刀步骤（以外圆车刀为例）。

1）外圆车刀的对刀（偏置 G54）

① 手动选择 1 号刀位。

② 使用 MDI 方式指定主轴转速，使主轴正转，程序如：

```
G00 G40 G97 G99 M03 S500;
```

③ *Z* 向对刀。用手动方式将刀具快速移动到接近工件的位置，换手轮移动。手轮快速倍率选择“×10”，进行端面切削。在保证 *Z* 向不动的前提下，在系统界面“坐标系”的番号 G54 对应的“Z”一栏中输入“Z0”，按“测量”软键，系统自动把计算后的工件 *Z* 向零点偏置值输入“Z 偏置”栏中，完成当前刀具的 *Z* 向对刀操作。如图 15-4、图 15-5、图 15-6 所示。

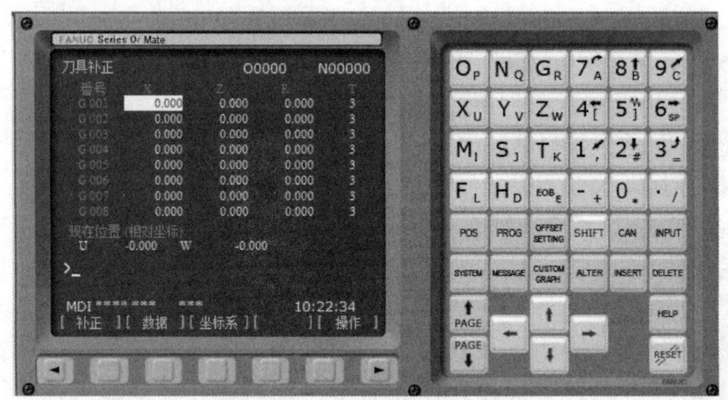

图 15-4　刀具补正编辑参数

④ *X* 向对刀。手轮快速倍率选择“100”，快速移动工作台，使刀具靠近工件内圆表面，手轮快速倍率调成“×10”，刀具对工件外圆切削一段长 10～20mm 的圆面（方便测量即可），直至工件外圆面 2/3 及以上都被车削为止。在 *X* 轴不动的情况下，将刀具沿 *Z* 向移出，停止主轴转动，测量工件外圆直径。在系统界面的“坐标系”的番号 G54 对应的“X”一栏中输入“X50.0”，按“测量”软键如图 15-7(a) 所示，系统自动把计算后的工件 *X* 向零点偏置值输入“X 偏置”栏中如图 15-7(b) 所示，完成当前刀具的 *X* 向对刀操作。

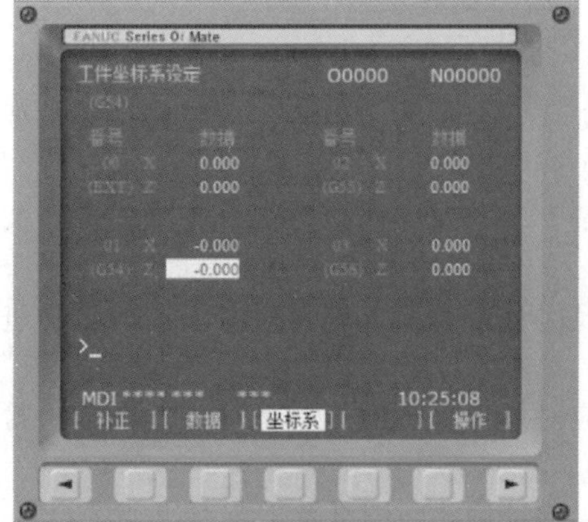

图 15-5　“坐标系”设定图

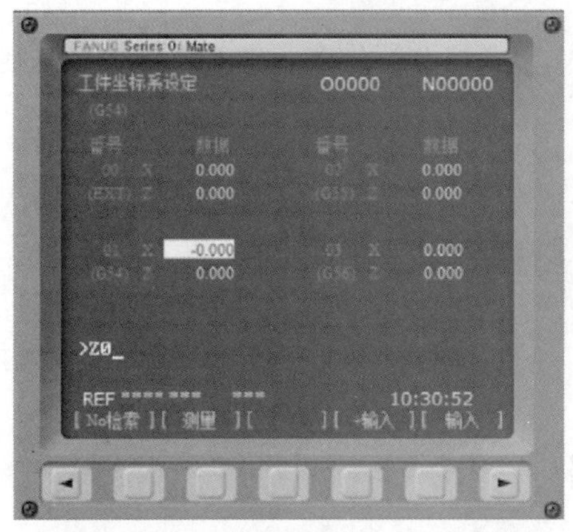

(a) “Z0”输入

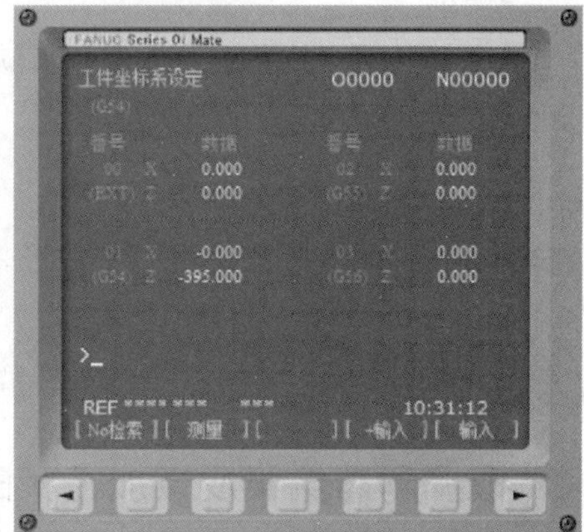

(b) “Z0”测量

图 15-6

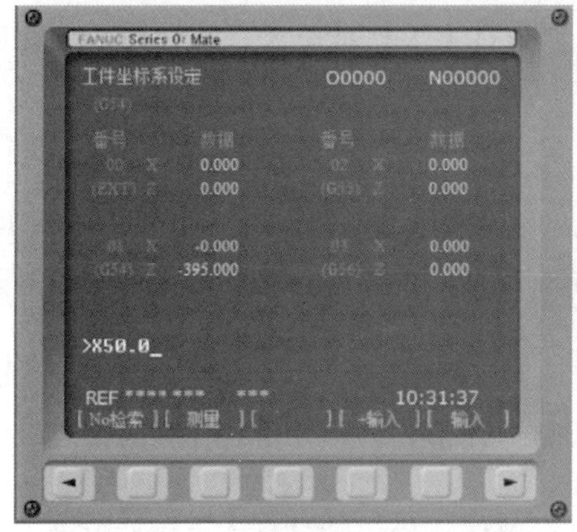

(a) “X50.0”输入

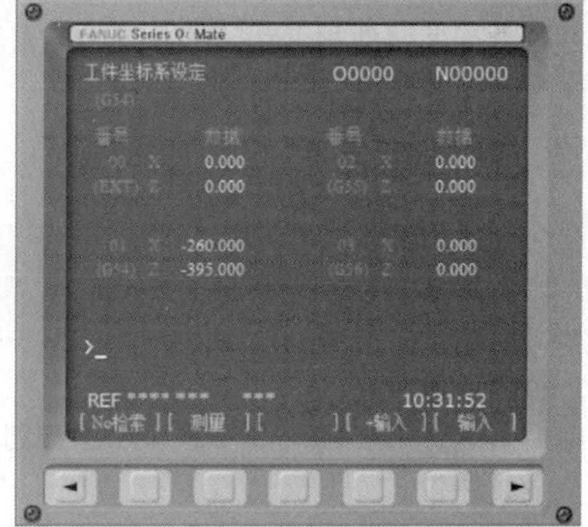

(b) “X50.0”测量

图 15-7

2）程序输入，进行加工（详见项目 1）

① 建立程序号。

② 程序输入。按照程序卡片依次输入加工程序。

③ 工序加工及检验。

15.3.4 自检内容及范围

① 操作人员在加工前必须掌握工艺卡内容，清楚知道工件要加工的部位、形状、图纸及各尺寸，了解下一工序加工内容。

② 加工本工序前，测量上序零件尺寸是否符合图纸要求，装夹时确保装夹位置与工艺卡要求一致。

③ 在粗加工完成后应及时进行自检，以便对有误差的数据进行调整。自检内容主要为加工部位的位置尺寸。

④ 精加工后操作人员应对加工部位的形状尺寸进行自检。检测其基本尺寸是否符合图纸要求。

⑤ 操作人员完成工件自检，确认与图纸及工艺要求相符合后方能拆下工件。

15.3.5 交件

对工件进行去毛刺、锐角倒钝处理，填写表 15-5 综合评价表，将工件与评价表上交。

15.3.6 整理

对加工工位进行环境整理事项：

① 整理文件与零件。②整理量、夹具等。③清理机床卫生。

15.4 项目总结

15.4.1 根据测量结果反馈加工策略

(1) 加工质量测量

见表 15-5。

(2) 加工误差及处理办法

加工误差常见的处理办法详见附录表 1，根据附录表 1 列举内容，学员自行总结分析加工中出现的问题。

15.4.2 分析项目过程总结经验

根据综合评价表上自己加工出现的偏差和加工误差常见的处理办法总结自己的加工方法和经验。请从图样、结构、精度、毛坯、刀具切削用量、机床选择、装夹、检测八个方面进行零件加工工艺分析。将自行分析的内容填到附录表 2 学员加工工艺分析表中。

(1) 教师评价

教师根据学员加工情况和个人分析情况进行整体评价。教师评价表详见附录表 3。

(2) 学员评价

学员根据自己的加工情况和个人分析情况进行整体评价。学员自评表详见附录表 4。

第16章

项目3　单面型腔铣削

课程导读

教学目标

1. 知识目标

① 学习简化编程子程序调用的方法。

② 学习宏程序编制椭圆的方法。

③ 学习单面薄壁型腔铣削的一般装夹、加工、检测方式。

2. 能力目标

① 能够正确应用固定循环指令、坐标系旋转指令进行编程。

② 能够精准建立刀具补偿功能。

③ 能够分析较复杂的平面轮廓零件的铣削工艺。

3. 素质目标

① 增强安全文明生产意识，提高职业道德素养，培养良好的职业习惯。

② 提高团队合作意识，培养大国工匠精神。

16.1　任务描述

如图 16-1 所示为单面型腔盖板零件的加工图纸，天津市某机械加工厂接到订单要求 200 件，订单周期 10 天的加工任务，该工厂根据现有情况制定了加工工艺方案，项目按照《多工序数控机床操作职业技能等级标准》要求，使用加工中心机床完成对应的工作任务，技能要求如表 16-1 所示。

表 16-1　工作任务和技能要求

职业功能	工作内容	技能要求
数控编程	1. 编制铣削加工工艺文件 2. 数控铣削编程	1. 根据中等复杂程度零件图加工任务,按要求进行工艺文件技术分析,设计产品工艺路线,制作工艺技术文件 2. 手工编制加工中心加工程序,制作零件加工程序单
加工中心铣削加工	1. 铣削单面型腔薄壁零件至尺寸要求 2. 零件精度检验	1. 能加工型腔特征的零件并达到要求 2. 能使用子程序调用简化程序段 3. 使用宏程序命令编制特殊轮廓的程序 4. 能正确使用检测工具,如棒针等

续表

职业功能	工作内容	技能要求
数控机床维护	1. 零件清理和精整 2. 设备维护	1. 按要求去除零件多余物、锐边倒钝、清洁、清洗 2. 能根据说明书完成数控车床和加工中心机床定期及不定期维护保养

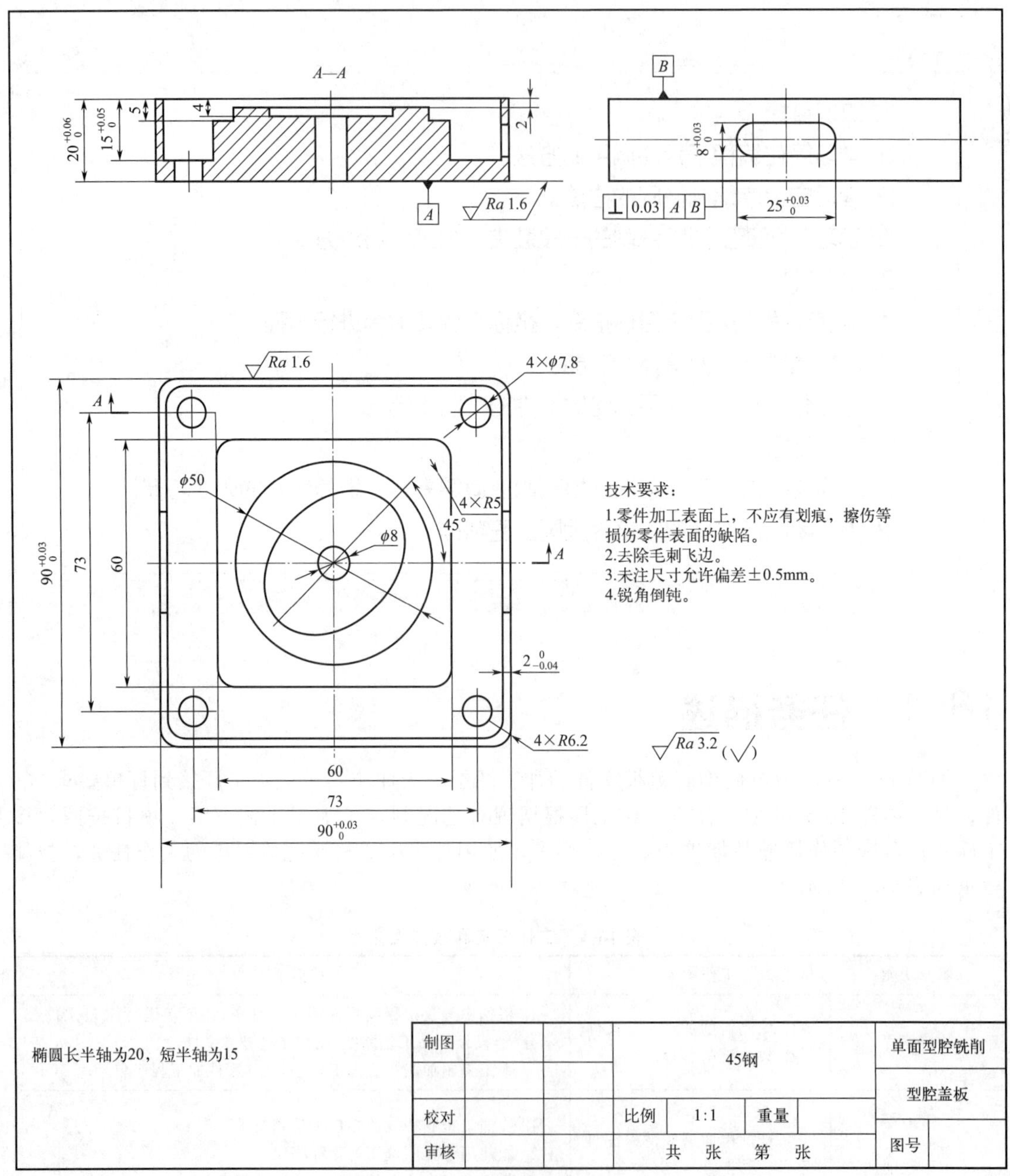

图 16-1 单面型腔盖板

16.2 任务准备

16.2.1 图纸分析

如图 16-1 所示，该零件外形较规则，但轮廓特征复杂，典型特征主要由薄壁腔体、偏椭圆型腔、圆形型腔、正方形凸台、圆形凸台、孔系组成；零件尺寸不大，尺寸精度和表面粗糙度要求较高，尺寸公差达到 0.03mm，外轮廓及底面粗糙度要求达到 $Ra1.6$，U 形槽有对称度要求。该零件材料为 45 钢，加工性能好，可进行热处理工艺（如淬火、调制等，进一步提高零件的硬度和耐磨性，本加工任务中无热处理要求）。综上所述，生产车间根据现有加工条件，制定出完成该加工任务所需的设备、刀具、量具等，具体如表 16-2、表 16-3 所示。

表 16-2　机床设备、刀具表

序号	名称	规格及型号	数量
1	加工中心	VDL600A	4
2	平口钳	5 英寸精密角固定式	4
3	铣刀	ϕ50 立铣刀	2
4		ϕ12 立铣刀	2
5		ϕ10 立铣刀	1
6		ϕ8 立铣刀	1
7		ϕ4 立铣刀	2
8	钻头	A 型中心钻、ϕ7.8	各 1

通过上述分析采用以下几点工艺措施完成加工要求：

① 该零件加工时，对于尺寸精度的要求，主要通过对刀精度、磨耗参数设置、合理的加工工艺等措施来保证。

② 对于表面粗糙度要求，主要通过选用合适的刀具，正确的粗、精加工路线，合理的切削用量及冷却等措施来保证。

分析零件图样，获得零件的主要加工尺寸的公差及表面质量要求有外轮廓尺寸 $90^{+0.03}_{0}$ 两处、零件厚度 $20^{+0.04}_{0}$、薄壁厚度 $2^{0}_{-0.04}$、薄壁高度 $15^{+0.05}_{0}$、U 形槽长 $25^{+0.03}_{0}$、槽宽 $8^{+0.03}_{0}$，尺寸要求较高；U 形槽有对称度要求，其余位置精度无特殊要求；表面粗糙度两处要求为 $Ra1.6\mu m$，其余要求为 $Ra3.2\mu m$。零件材料为 45 钢，切削加工性能好，无热处理要求。

表 16-3　量具卡片

序号	量具名称	规格	精度/mm	测量夹具	备注
1	游标卡尺	0～150mm	0.02mm		
2	外径千分尺	75～100mm	0.01mm		

续表

序号	量具名称	规格	精度/mm	测量夹具	备注
3	内径千分尺	12～16mm	0.01mm		
4	塞规(棒针)	D20～20.99	H7 级		
5	深度千分尺	0～25mm	0.01mm		

16.2.2 工艺流程

任务流程图如图 16-2 所示。

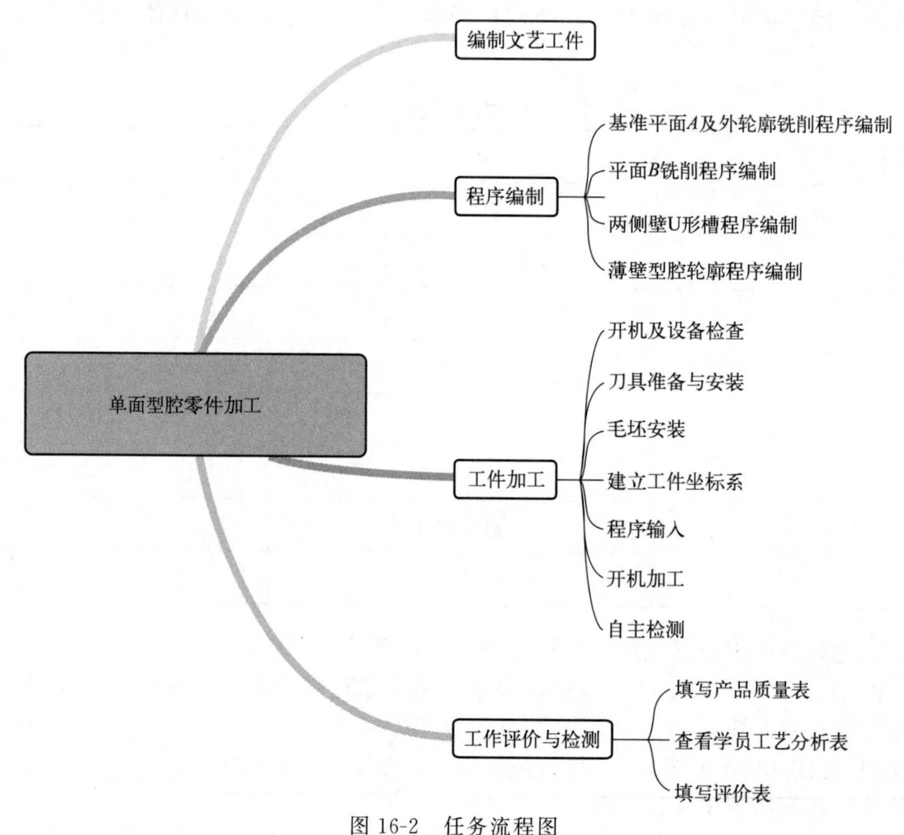

图 16-2 任务流程图

16.2.3 毛坯选择

根据零件图分析，准备 100mm×100mm×25mm 的 45 钢毛坯 200 件。

16.2.4 机床选择

① 选择国产 VDL600A 立式加工中心且符合加工要求。

② 根据零件工艺特征，合理使用设备，要求操作人员能够熟练操作数控车床和加工中心机床，具有一定的操作经验和技术。

16.2.5　刀具选择

该零件为典型的单面型腔零件，其加工精度要求较高，表面质量高，依据该零件结构、形状和加工要求选择刀具，具体所选刀具调整卡如表 16-4 所示。

表 16-4　刀具调整卡

<table>
<tr><td colspan="4" rowspan="2">数控加工刀具卡片</td><td colspan="3" rowspan="2">型腔盖板</td><td colspan="2">产品型号</td><td>XQ-GB</td><td colspan="2">零件图号</td><td>XQ-GB-1</td></tr>
<tr><td colspan="2">产品名称</td><td>型腔盖板</td><td colspan="2">零件名称</td><td>盖板零件</td></tr>
<tr><td colspan="3">工序名称</td><td>工序号</td><td>设备名称</td><td>设备型号</td><td>冷却方式</td><td colspan="2">毛坯种类</td><td>毛坯尺寸</td><td colspan="2">毛坯材质牌号</td><td>车间</td></tr>
<tr><td colspan="3"></td><td></td><td>加工中心</td><td>VDL600A</td><td>冷却液</td><td colspan="2">方料</td><td>100×100×25</td><td colspan="2">45 钢</td><td></td></tr>
<tr><td rowspan="2">工序号</td><td rowspan="2">工步号</td><td rowspan="2">刀具号</td><td rowspan="2">刀具名称</td><td rowspan="2">刀具材质</td><td colspan="4">刀具</td><td rowspan="2">刀柄名称规格</td><td rowspan="2">数量</td><td rowspan="2">刀具半径补偿量</td><td rowspan="2">备注</td></tr>
<tr><td>直径</td><td>刀尖圆角</td><td>长度</td><td>装夹长度</td></tr>
<tr><td>2</td><td>1/2</td><td>1</td><td>立铣刀</td><td>硬质合金</td><td>$\phi 50$</td><td></td><td></td><td></td><td>BT40</td><td></td><td>0.2</td><td></td></tr>
<tr><td>2</td><td>3/4</td><td>2</td><td>立铣刀</td><td>硬质合金</td><td>$\phi 12$</td><td></td><td></td><td></td><td>BT40</td><td></td><td></td><td></td></tr>
<tr><td>3</td><td>1</td><td>3</td><td>立铣刀</td><td>硬质合金</td><td>$\phi 50$</td><td></td><td></td><td></td><td>BT40</td><td></td><td>—</td><td></td></tr>
<tr><td>3</td><td>2</td><td>4</td><td>立铣刀</td><td>硬质合金</td><td>$\phi 12$</td><td></td><td></td><td></td><td>BT40</td><td></td><td>—</td><td></td></tr>
<tr><td>4</td><td>1</td><td>5</td><td>立铣刀</td><td>硬质合金</td><td>$\phi 4$</td><td></td><td></td><td></td><td>BT40</td><td></td><td>0.1</td><td></td></tr>
<tr><td>4</td><td>2</td><td>6</td><td>立铣刀</td><td>硬质合金</td><td>$\phi 4$</td><td></td><td></td><td></td><td>BT40</td><td></td><td>0.015</td><td></td></tr>
<tr><td>5</td><td>1～4</td><td>7</td><td>立铣刀</td><td>硬质合金</td><td>$\phi 10$</td><td></td><td></td><td></td><td>BT40</td><td></td><td>−0.01</td><td></td></tr>
<tr><td>5</td><td>5～8</td><td>8</td><td>立铣刀</td><td>硬质合金</td><td>$\phi 8$</td><td></td><td></td><td></td><td>BT40</td><td></td><td>0.02</td><td></td></tr>
<tr><td>5</td><td>9</td><td>9</td><td>中心钻</td><td>硬质合金</td><td>$\phi 2$</td><td></td><td></td><td></td><td>BT40</td><td></td><td>—</td><td></td></tr>
<tr><td>5</td><td>10</td><td></td><td>钻头</td><td>硬质合金</td><td>$\phi 7.8$</td><td></td><td></td><td></td><td>BT40</td><td></td><td>—</td><td></td></tr>
<tr><td>5</td><td>11</td><td></td><td>铰刀</td><td>硬质合金</td><td>$\phi 8$</td><td></td><td></td><td></td><td></td><td></td><td></td><td></td></tr>
<tr><td colspan="3">编制</td><td></td><td>审核</td><td></td><td>批准</td><td></td><td></td><td>日期</td><td></td><td>共　页</td><td>第　页</td></tr>
</table>

16.2.6　夹具选择

由工艺分析可知，该零件形状规则，工序 2 可直接采用液压平口钳装夹，工序 3、4、5 为避免二次夹伤零件，选择自制软钳口的液压平口钳装夹。

16.2.7　切削液的选择

根据工件材料（45 钢）、刀具材料（硬质合金）、加工要求（先粗后精）等，选用微乳化的切削液，浓度在 7%～10%之间。

16.2.8　考核与评价标准

根据零件加工综合评价完成表 16-5。

表 16-5 综合评价表

<table>
<tr><td colspan="2">产品型号</td><td colspan="2">XQ-GB</td><td colspan="2">产品名称</td><td colspan="2">型腔盖板</td><td>工序号</td><td colspan="2"></td><td>共 1 页</td></tr>
<tr><td colspan="2">零件图号</td><td colspan="2">XQ-GB-1</td><td colspan="2">零件名称</td><td colspan="2">盖板零件</td><td>操作者</td><td colspan="2"></td><td>第 1 页</td></tr>
<tr><td rowspan="2">序号</td><td rowspan="2">检验类型</td><td colspan="4">检验内容及精度要求</td><td colspan="2">自检</td><td>质检</td><td>抽检</td><td rowspan="2">测量仪器</td><td rowspan="2">备注</td></tr>
<tr><td>直径/长度/高度/Ra</td><td>基本尺寸</td><td>上偏差</td><td>下偏差</td><td>实测值</td><td>误差</td><td>实测值</td><td>实测值</td></tr>
<tr><td>1</td><td rowspan="13">尺寸精度/主要尺寸</td><td>长度(2 处)</td><td>90</td><td>0.03</td><td>0</td><td></td><td></td><td></td><td></td><td></td><td></td></tr>
<tr><td>2</td><td>高度</td><td>20</td><td>0.04</td><td>0</td><td></td><td></td><td></td><td></td><td></td><td></td></tr>
<tr><td>3</td><td>槽长度</td><td>25</td><td>0.03</td><td>0</td><td></td><td></td><td></td><td></td><td></td><td></td></tr>
<tr><td>4</td><td>槽宽度</td><td>8</td><td>0.03</td><td>0</td><td></td><td></td><td></td><td></td><td></td><td></td></tr>
<tr><td>5</td><td>壁厚</td><td>2</td><td>0</td><td>−0.04</td><td></td><td></td><td></td><td></td><td></td><td></td></tr>
<tr><td>6</td><td>高度</td><td>15</td><td>0.05</td><td>0</td><td></td><td></td><td></td><td></td><td></td><td></td></tr>
<tr><td>7</td><td>高度</td><td>5</td><td>—</td><td>—</td><td></td><td></td><td></td><td></td><td></td><td></td></tr>
<tr><td>8</td><td>高度</td><td>3</td><td>—</td><td>—</td><td></td><td></td><td></td><td></td><td></td><td></td></tr>
<tr><td>9</td><td>椭圆长轴</td><td>40</td><td>0.2</td><td>−0.2</td><td></td><td></td><td></td><td></td><td></td><td></td></tr>
<tr><td>10</td><td>椭圆短轴</td><td>30</td><td>0.2</td><td>−0.2</td><td></td><td></td><td></td><td></td><td></td><td></td></tr>
<tr><td>11</td><td>孔距(2 处)</td><td>73</td><td>—</td><td>—</td><td></td><td></td><td></td><td></td><td></td><td></td></tr>
<tr><td>12</td><td>孔径(H7)</td><td>ϕ8</td><td>0.015</td><td>0</td><td></td><td></td><td></td><td></td><td></td><td></td></tr>
<tr><td>13</td><td>孔径</td><td>ϕ7.8</td><td>—</td><td>—</td><td></td><td></td><td></td><td></td><td></td><td></td></tr>
<tr><td>14</td><td rowspan="2">表面质量</td><td>Ra(2 处)</td><td>1.6</td><td></td><td></td><td></td><td></td><td></td><td></td><td></td><td></td></tr>
<tr><td>15</td><td>Ra(其余)</td><td>3.2</td><td></td><td></td><td></td><td></td><td></td><td></td><td></td><td></td></tr>
<tr><td>16</td><td rowspan="4">产品外观</td><td colspan="4">锐角倒钝</td><td></td><td></td><td></td><td></td><td></td><td></td></tr>
<tr><td>17</td><td colspan="4">去除毛刺飞边</td><td></td><td></td><td></td><td></td><td></td><td></td></tr>
<tr><td>18</td><td colspan="4">无夹伤、碰伤、划痕</td><td></td><td></td><td></td><td></td><td></td><td></td></tr>
<tr><td>19</td><td colspan="4">轮廓与图纸相符度</td><td></td><td></td><td></td><td></td><td></td><td></td></tr>
<tr><td>日期</td><td></td><td>合格率</td><td></td><td>操作者</td><td></td><td>质检</td><td></td><td>抽检</td><td></td><td>抽检数</td><td></td></tr>
</table>

16.3 任务实施

16.3.1 工艺方案编制

该零件为批量件加工，为提高加工效率，首先编制多工序加工工艺过程卡片，合理编制工序安排。其次编制数控加工工序卡片，根据多工序加工工艺过程卡片填写表头信息，编制工序卡工步内容，每个工步切削参数要合理，简图绘制要准确，精度设定要合理，具体内容详见表 16-6、表 16-7。

表 16-6　多工序加工工艺过程卡片

多工序加工工艺过程卡片		型腔盖板		产品型号	XQ-GB	零件图号	XQ-GB-1	共 1 页	
				产品名称	型腔盖板	零件名称	盖板零件	第 1 页	
工序号	工序名称	工序内容	工艺装备	车间	材料	设备	件数	工序工时/min	
								准终	单件
1	备料	锯割 100×100×25 的方料	液压平口钳	备料室	45 钢	锯床	200	2	1
2	铣削基准平面 *A* 及外轮廓	加工外形轮廓至尺寸 90×90×21	液压平口钳	数控加工室 1	45 钢	加工中心	200	1	8
3	铣削平面 *B*	铣削平面保证厚度 20 至尺寸要求	液压平口钳	数控加工室 2	45 钢	加工中心	200		3
4	铣削两侧壁 U 形槽	铣削 U 形槽 25×8 至尺寸要求	液压平口钳	数控加工室 3	45 钢	加工中心	200	2	15
5	铣削薄壁型腔轮廓	铣削轮廓至尺寸要求	液压平口钳	数控加工室 4	45 钢	加工中心	200	5	20
6	钳工	锐角倒钝，去除毛刺	台虎钳			钳台	200	1	5
7	清洁	用清洁剂清洗零件						2	2
8	检验	按图纸尺寸检测						3	5
					编制（日期）	审核（日期）		会签（日期）	
标记		处计	更改文件号	日期	签字				

表 16-7　数控加工工序卡片

数控加工工序卡片	备料	产品型号	XQ-GB	零件图号	XQ-GB-1	共 5 页
		产品名称	型腔盖板	零件名称	盖板零件	第 1 页
100　25　100	工序名称	工序号	车间	机床名称	机床型号	设备编号
	备料	1	备料室	锯床		
	毛坯种类	毛坯尺寸	材料牌号	加工件数	毛坯件数	冷却液
	方料	100×100×25	45 钢	200	200	乳化液
	夹具标号	夹具名称	数控系统	数控系统型号	工序工时	
					准终	单件
					1min	30s

续表

工序号	工步号	工步名称	工步内容	刀具号	刀具名称	主轴转速/(r/min)	进给量/(mm/min)	背吃刀量 a_p/mm	冷却方式	工艺装备	工时定额 机动/辅助	备注
1	1	备料	锯割 100×100 的方料，保证厚度 25	—	—	100	15	—	切削液	液压平口钳	机动	

				编制(日期)	审核(日期)	会签(日期)
标记	处计	更改文件号	签字			

数控加工工序卡片	铣削基准平面 A 及外轮廓	产品型号	XQ-GB	零件图号	XQ-GB-1	共 5 页
		产品名称	型腔盖板	零件名称	盖板零件	第 2 页

工序名称	工序号	车间	机床名称	机床型号	设备编号
铣削基准平面 A 及外轮廓	2	数控加工室 1	加工中心	VDL600A	
毛坯种类	毛坯尺寸	材料牌号	加工件数	毛坯件数	冷却液
方料	100×100×25	45 钢	200	200	乳化液
夹具标号	夹具名称	数控系统	数控系统型号	工序工时/min	
				准终	单件
	通用夹具	FANUC			

工序号	工步号	工步名称	工步内容	刀具号	刀具名称	主轴转速/(r/min)	进给量/(mm/min)	背吃刀量 a_p/mm	冷却方式	工艺装备	工时定额 机动/辅助	备注
2	1	粗铣基准面 A	粗铣基准面	1	ϕ50mm 立铣刀	3000	800		切削液	液压平口钳，垫铁		
2	2	粗铣外轮廓	粗铣 90×90×21 外轮廓，侧边留量 0.1mm	1	ϕ50mm 立铣刀	3000	800		切削液	液压平口钳，垫铁		

续表

工序号	工步号	工步名称	工步内容	刀具号	刀具名称	主轴转速/(r/min)	进给量/(mm/min)	背吃刀量 a_p/mm	冷却方式	工艺装备	工时定额 机动/辅助	备注
2	3	精铣基准面 *A*	精铣基准面	2	ϕ12mm 立铣刀	4000	800		切削液	液压平口钳，垫铁		
2	4	精铣外轮廓	精铣外轮廓至尺寸要求	2	ϕ12mm 立铣刀	4000	800		切削液	液压平口钳，垫铁		

				编制(日期)	审核(日期)	会签(日期)
标记	处计	更改文件号	签字			

数控加工工序卡片	铣削平面 *B*	产品型号	XQ-GB	零件图号	XQ-GB-1	共 5 页
		产品名称	型腔盖板	零件名称	盖板零件	第 3 页

工序名称	工序号	车间	机床名称	机床型号	设备编号
铣削平面 *B*	3	数控加工室 2	加工中心	VDL600A	
毛坯种类	毛坯尺寸	材料牌号	加工件数	毛坯件数	冷却液
方料	100×100×25	45 钢	200	200	乳化液
夹具标号	夹具名称	数控系统	数控系统型号	工序工时/min	
				准终	单件
	通用夹具-软钳口	FANUC			

面*B*

面*A*

$20^{+0.04}_{0}$

工序号	工步号	工步名称	工步内容	刀具号	刀具名称	主轴转速/(r/min)	进给量/(mm/min)	背吃刀量 a_p/mm	冷却方式	工艺装备	工时定额 机动/辅助	备注
3	1	粗铣平面 *B*	去余量，留量 0.1	3	ϕ50mm 立铣刀	1500	500		切削液	液压平口钳，L 形软钳口	辅助	

续表

工序号	工步号	工步名称	工步内容	刀具号	刀具名称	主轴转速/(r/min)	进给量/(mm/min)	背吃刀量 a_p/mm	冷却方式	工艺装备	工时定额 机动/辅助	备注
3	2	精铣平面 *B*	加工厚度尺寸公差至图纸要求	4	ϕ12mm 立铣刀	4000	800		切削液	液压平口钳，L形软钳口		
								编制(日期)		审核(日期)	会签(日期)	
标记			处计	更改文件号		签字						

数控加工工序卡片	铣削两侧壁U形槽	产品型号	XQ-GB	零件图号	XQ-GB-1	共5页
		产品名称	型腔盖板	零件名称	盖板零件	第4页

	工序名称	工序号	车间	机床名称	机床型号	设备编号
面A　面A	铣削两侧壁U形槽	4	数控加工室3	加工中心	VDL600A	
	毛坯种类	毛坯尺寸	材料牌号	加工件数	毛坯件数	冷却液
	方料	100×100×25	45钢	200	200	乳化液
	夹具标号	夹具名称	数控系统	数控系统型号	工序工时/min	
					准终	单件
			FANUC			

工序号	工步号	工步名称	工步内容	刀具号	刀具名称	主轴转速/(r/min)	进给量/(mm/min)	背吃刀量 a_p/mm	冷却方式	工艺装备	工时定额 机动/辅助	备注
4	1	粗铣U形槽	粗铣U形槽25×8，侧边留量0.1mm，铣削厚度2.1mm	5	ϕ4mm立铣刀	3000	500		切削液	液压平口钳，L形软钳口	辅助	
4	2	精铣U形槽	精铣尺寸至图纸要求	6	ϕ4mm立铣刀	4000	500		切削液	液压平口钳，L形软钳口	机动	
								编制(日期)		审核(日期)	会签(日期)	
标记			处计	更改文件号		签字						

续表

数控加工工序卡片	铣削薄壁型腔轮廓	产品型号	XQ-GB	零件图号	XQ-GB-1	共 5 页
		产品名称	型腔盖板	零件名称	盖板零件	第 5 页
	工序名称	工序号	车间	机床名称	机床型号	设备编号
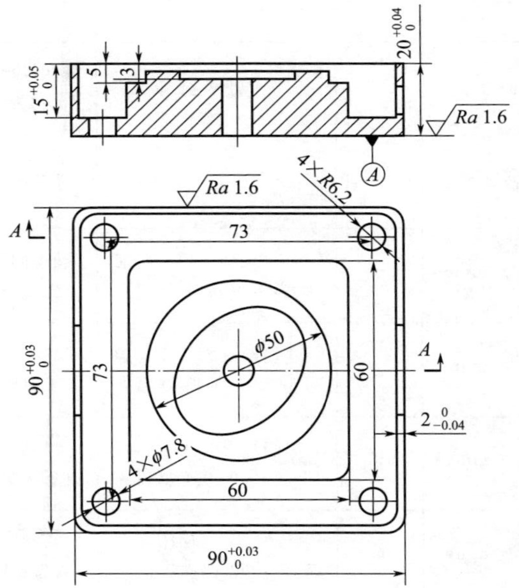	铣削薄壁型腔轮廓	5	数控加工室 4	加工中心	VDL600A	
	毛坯种类	毛坯尺寸	材料牌号	加工件数	毛坯件数	冷却液
	方料	100×100×25	45 钢	200	200	乳化液
	夹具标号	夹具名称	数控系统	数控系统型号	工序工时/min	
					准终	单件
			FANUC			

工序号	工步号	工步名称	工步内容	刀具号	刀具名称	主轴转速/(r/min)	进给量/(mm/min)	背吃刀量 a_p/mm	冷却方式	工艺装备	工时定额 机动/辅助	备注
5	1	粗铣薄壁内轮廓	加工壁厚 2mm 的薄壁,侧边预留量 0.1	7	ϕ10mm 立铣刀	3000	1000	—	切削液	液压平口钳,垫铁	机动	
5	2	粗加工方形凸台	粗铣加工 60×60 凸台,侧边预留量 0.1	7	ϕ10mm 立铣刀	3000	1000	—	切削液	液压平口钳,垫铁	机动	

续表

工序号	工步号	工步名称	工步内容	刀具号	刀具名称	主轴转速/(r/min)	进给量/(mm/min)	背吃刀量 a_p/mm	冷却方式	工艺装备	工时定额	备注
											机动/辅助	
5	3	粗加工圆形凸台	粗铣加工 ϕ50 凸台，侧边预留量 0.1	7	ϕ10mm 立铣刀	3000	1000	—	切削液	液压平口钳，垫铁	机动	
5	4	粗加工椭圆型腔	长半轴 20mm，短半轴 15mm，侧边预留量 0.1	7	ϕ10mm 立铣刀	3000	1000	—	切削液	液压平口钳，垫铁	机动	
5	5	精铣薄壁内轮廓	加工壁厚 2mm 至公差范围内	8	ϕ8mm 立铣刀	4000	800	—	切削液	液压平口钳，V 形块	机动	
5	6	精加工方形凸台	精铣加工 60×60 凸台尺寸至公差范围内	8	ϕ8mm 立铣刀	4000	800	—	切削液	液压平口钳，垫铁	机动	
5	7	精加工圆形凸台	精铣加工 ϕ50 凸台尺寸至公差范围内	2	ϕ8mm 立铣刀	4000	800	—	切削液	液压平口钳，垫铁	机动	
5	8	精加工椭圆型腔	长半轴 20mm，短半轴 15mm	8	ϕ8mm 立铣刀	4000	800	—	切削液	液压平口钳，垫铁	机动	
5	9	钻中心孔	5 处	9	中心钻	500	200	—	切削液	液压平口钳，垫铁	机动	
5	10	钻 4×ϕ7.8mm 孔	4 处 ϕ7.8 孔		ϕ7.8 钻头	800	300	—	切削液	液压平口钳，垫铁	机动	
5	11	铰 ϕ8mm 孔	ϕ8 孔		铰刀	200	100	—	切削液	液压平口钳，垫铁	机动	
								编制(日期)		审核(日期)	会签(日期)	
标记			处计	更改文件号		签字						

16.3.2 加工程序编制

根据工序卡片的要求进行编程，程序如表 16-8。

表 16-8　程序表

工序 2 铣削基准平面 *A* 及外轮廓	工序 3 铣削平面 *B*
O10;(粗铣平面 A)	O20;(粗铣平面 B)
T1M6;(ϕ50 铣刀)	T4M6;(ϕ50 铣刀)
G90G54G00X-80Y30;	G90G54G00X-80Y30;
S1000M03;	S1000M03;
G43H1Z50;	G43H1Z50;
Z5;	Z5;
G01Z-1F200;	G01Z-1F200;
M98P101L3;	M98P201 L3;
G0Z100;	G90G0Z5;
M05;	X-80Y30;
M30;	G01Z-2.5F200;
O101(粗铣平面子程序)	M98P201 L3;
G91G01X160;	G0Z100;
Z2;	M05;
X-160Y-30;	M30;
Z-2;	O201(粗铣平面子程序)
O11(粗铣外轮廓)	G91G01X160;
T2M6;(ϕ12 铣刀)	Z2;
G90G54G00X60Y60;	X-160Y-30;
S3000M03;	Z-2;
G43H1Z100;	O21;(精铣平面 B)
Z0;	T5M6;(ϕ12 铣刀)
G01G41D1X45(*D*＝6.1)	G90G54G0X-60Y50;
M98P111 L11;	G41H1Z50;
G0Z50;	Z5;
M05;	G01Z-0.5F200;
G28Y0;	M98P211 L10;
M30;	G0Z50;
O111(粗铣外轮廓子程序)	M05;
G91G01Z-2F300;	O211(精铣平面子程序)
G90X45Y-45R6.2;	G91G01X120;
G01X-45Y-45R6.2;	Z2;
X-45Y45R6.2;	X-120Y-10;
X39.5Y45;	Z-2;
G02X45Y39.5R6.2;	
G01Y0;	
X47;	
O12;(精铣平面 A 及外轮廓)	
T3M6;(ϕ12 铣刀)	
G90G54G0X-60Y50;	
G41H1Z50;	
Z5;	
G01Z-1.5F200;	
M98P121L10;	
G0Z50;	
M05;	
G90G0X60Y60;	

续表

工序 2 铣削基准平面 A 及外轮廓	工序 3 铣削平面 B
Z5; G01Z-22F200; G01G41D1X45(D＝6.005); G90X45Y-45R6.2; G01X-45Y-45R6.2; X-45Y45R6.2; X39.5Y45; G02X45Y39.5R6.2; G01Y0; X47; G0Z50; G28Y0; M05; M30; O121(精铣平面子程序) G91G01X120; Z2; X-120Y-10; Z-2;	
工序 4:铣削两侧壁 U 形槽	**工序 5 铣削薄壁型腔轮廓**
O30;(粗铣 U 形槽) T6M6; G90G54G0X5Y0; G43H1Z100; Z5; G01Z-1.1F100; M98P311L1; G01Z-2.2F100; M98P311L1; G0Z50; G28Z0; M05; M30; O311;(铣削 U 形槽子程序) G41D1X0;(粗加工 D＝4.1,精加工 D＝4.015) G03X3Y-4R3F300; G01X8.5; G03X8.5Y4R-4; G01X-8.5; G03Y-4R-4; G01X3; G03X8Y0R4; O31(精铣 U 形槽) T7M6; G90G54G0X5Y0; G43H1Z100; Z5; G01Z-2.2F100; G0Z50; G28Z0; M05; M30;	O50;(粗加工薄壁内轮廓) T8M6;(ϕ10 铣刀) G90G54G00X37Y0; S3000M03; G43H1Z50; Z5; G01Z0F200; M98P501 L15; G0Z50; M05; G28Y0; M30; O501;(子程序) G91G01Z-1F100; G90G41G01D1Y6.2;(粗加工 D＝5.05,精加工 D＝4.01) G03X43Y12R6; G01X43Y43R6.2F500; X-43Y43R6.2; X-43Y-43R6.2; X43Y-43R6.2; Y12; G03X37Y18R6; O51;(精加工薄壁内轮廓) T9M6;(ϕ8 铣刀) G90G54G00X37Y0; S3000M03; G43H1Z50; Z5; G01Z-14F200; M98P501; G0Z50; M05; G28Y0; M30;

续表

工序 5 铣削薄壁型腔轮廓	
O52;(粗铣方台) T8M6; G90G54G00X37Y0; S3000M03; G43H1Z50; Z5; G01Z0F200; M98P521L15; G0Z50; G28Y0; M05; M30; O521; G91G01Z-1F100; G90G41D1Y6;(粗加工 D=5.05,精加工 D=4) G02X30Y12R6; G01X30Y30R5F500; X-30Y30R5; X-30Y-30R5; X30Y-30R5; Y12; G02X37Y18R6;	O53;(精铣方台) T9M6; G90G54G00X37Y0; S3000M03; G43H1Z50; Z5; G01Z-14F200; M98P521; G0Z50; G28Y0; M05; M30;

工序 5 铣削薄壁型腔轮廓	
O54;(粗铣圆台) T8M6; G90G54G00X-30Y6; S3000M03; G43H1Z50; Z5; G01Z0F100; M98P541L5 G0Z50; M05; M30; O541;(粗铣圆台子程序) G91G01Z-1F100; G90G41D1Y0;(第一刀 D=10,第二刀 D=5.01) G03X-25Y0R2.5; G02X-25Y0I25J0; G03X-30Y0R2.5 O55;(去余量) G90G54G00X-30Y6; S3000M03; G43H1Z50; Z5; X-20Y0; G01Z0F100; M98P552L2; M05; M30;	O552;(去余量子程序) G91G01Z-1F100; G90G41D1Y0;(粗加工 D=5.05,精加工 D=4) G02X-20Y0I20; G01X-12; G02X-12Y0I12; G01X-4; G02X-4Y0I4 O56;(精铣圆台) T9M6; G90G54G00X-30Y6; S3000M03; G43H1Z50; Z5; G01Z-4F100; M98P541L5 G0Z50; M05; M30;

续表

工序 5 铣削薄壁型腔轮廓	
O57(粗精铣椭圆型腔) T1M6; G90G54G0X0Y0; S3000M03; G43H1Z50; Z5; G68X0Y0R45(极坐标指令,坐标系逆时针旋转 45°) G01Z-3; G41D1X20Y0;(粗加工 D=5.05,精加工 D=4) #1=0; N220 #2=20*COS[#1]; #3=15*SIN[#1]; G01X#2Y#3F100; #1=#1+1; IF[#1LE360]GOTO220; G0Z50; M05; M30;	O58;(钻定位孔) T10M6; G90G54G00X36.5Y36.5; S1000M03; G43H1Z50; Z10; G81Z-17R-13F200; X-36.5; Y-36.5; X36.5; G0Z10; G80; X0Y0; G81Z-2R5F200; G0Z50; M05; M30;

工序 5 铣削薄壁型腔轮廓	
O59;(钻 ϕ7.8 孔 4 处); T11M6; G90G54G00X36.5Y36.5; S1000M03; G43H1Z50; Z10; G83 Z-22 R-13 Q2 F200; X-36.5; Y-36.5; X36.5; G0Z10; G80 X0Y0; G81Z-22R5Q2F200; G0Z50; M05; M30;	O60;(铰 ϕ8 孔) G90G54G00X60Y60; S600M03; G43H1Z50; Z5; G01Z-22F50; P1000; Z1; G0Z100; M05; M30;

16.3.3 工件铣削加工

(1) 开机及设备检查

① 检查加工中心机床及空气压缩机是否正常。

② 在检查无问题后，按机床通电顺序电柜箱—机床电源—系统电源进行通电，打开空气压缩机。

③ 通电后检查屏幕信息是否正确，机床是否有报警信息。

④ 检查电动机风扇是否旋转。

⑤ 机床各轴回参考点，先回 Z 轴，再回 X 轴和 Y 轴。

(2) 刀具准备与安装

① 按照表16-4所示，准备刀具，并根据机床型号选择刀柄型号为BT40；

② 检查所选用刀具及切削刃是否磨损或损坏，经过一段时间加工磨损后要及时修正刀补值或更换新刀具。

③ 检查所准备的刀柄、卡簧是否损坏并清洁，确保能与刀具、机床准确装配，正确装夹刀具至刀柄，并根据现场5S管理将刀具摆放整齐。

④ 检查机床主轴内是否有异物，将对应工序中的刀具按刀位号正确安装至主轴。

(3) 工量具准备

按照多工序加工工艺过程卡片准备工量具，见表16-9所示。

表16-9　工量具准备清单

序号	名称	规格	数量
1	磁力表座	万向	1
2	机用平口钳及附件		
3	偏心式寻边器	SCG-H417-10	1
4	标准芯棒	$\phi 8$	1
5	标准量块	50mm	1
6	机械对刀仪		1
7	软钳口		1
8	螺丝刀		
9	游标卡尺	0～150mm	1
10	外径千分尺	25～50mm	1
11	百分表		1

① 检查所准备工量具是否损坏，检查并校准量具零位。

② 根据现场位置将工量具摆放整齐。

(4) 夹具及毛坯安装

① 工序2选择液压平口钳装夹，将其安装在机床工作台上并找正固定钳口，铣削基准面 A 及外轮廓时，选择毛坯件相对平整的侧面作为粗基准紧贴固定钳口，如图16-3所示，使用平行垫铁，工件左侧与钳口左端对齐，保证加工位置一定，毛坯夹持量为3mm。

② 工序3铣削平面 B，如图16-4所示，翻转工件，采用自制L形软钳口装夹，避免夹伤已加工表面，夹持量为20mm，基准面 A 紧贴平行垫铁，侧面紧贴固定钳口。

③ 工序4铣削两侧壁U形槽，采用自制L形软钳口装夹。

④ 工序5铣削薄壁型腔轮廓，采用自制L形软钳口装夹。

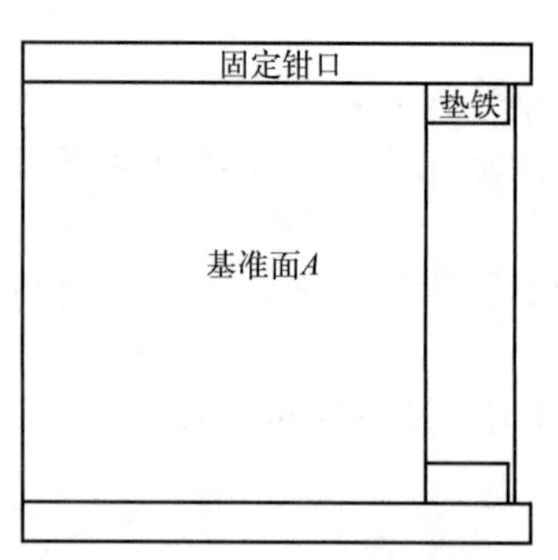

图 16-3　工序 2 装夹示意图

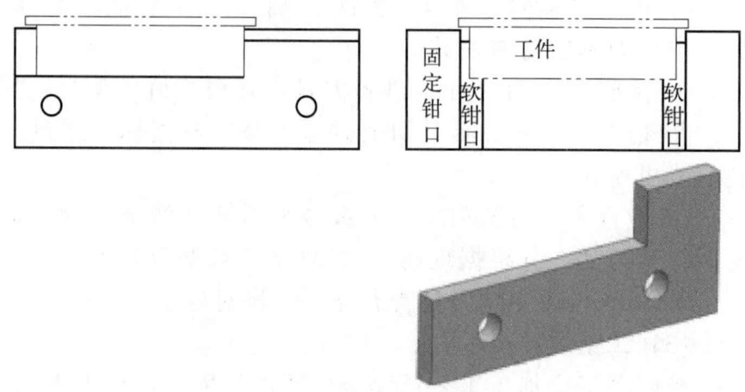

图 16-4　工序 3 装夹示意图

(5) 建立工件坐标系

1）工序 2 建立工件坐标系

工序 2 加工零件为毛坯件，因此对刀可以采用粗对刀。

① X、Y 粗对刀操作（单边试切削对刀）　工序 2 铣削基准平面 A 的对刀方法：根据图纸设计要求，该工序的定位基准为毛坯底面，将坐标原点设在工件上表面中心处，可采用试切削单边对刀法对刀（适用于毛坯面且加工余量较大的场合）。具体操作步骤如下：

a. 如图 16-5 所示，将工件通过夹具装在工作台上，装夹时，工件高出钳口，应保证本工序加工过程中刀具不会铣削到钳口。

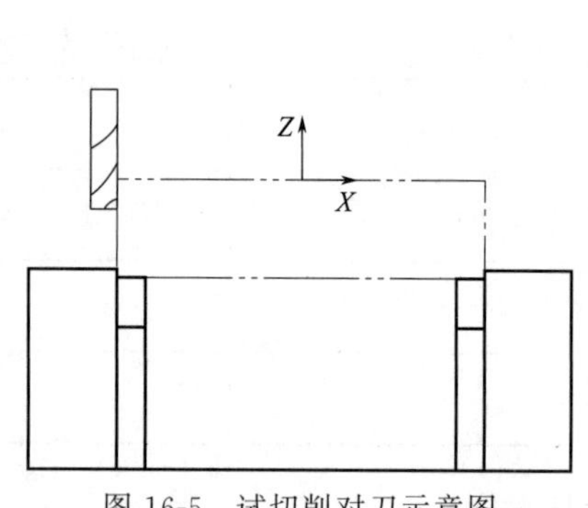

图 16-5　试切削对刀示意图

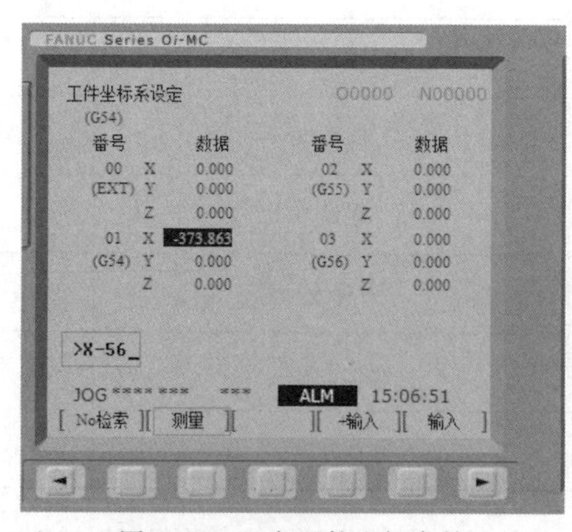

图 16-6　X 向工件坐标存储

b. MDI 模式下，点击 PROG，在 CRT 面板上输入 S1500M03;，点击循环启动按钮，主轴旋转，模式切换至手动移动 手动，快速移动工作台或主轴，让刀具快速移动到靠近工件左侧有一定安全距离的位置，然后降低速度移动至接近工件左侧。

c. 切换手轮模式 手轮，靠近工件时改用手轮微调操作（一般用 0.01mm 来靠近），刀具缓慢接近工件左侧，如图 16-5 中所示，使刀具恰好接触到工件左侧表面，此时通过观察，听切削声音、看切痕、看切屑，只要出现其中一种情况即表示刀具接触到工件，再回退 0.01mm，当前刀具所在位置为“－（毛坯尺寸/2＋刀具半径）”，即－(100/2＋6)＝－56，点击参数设置按钮 OFFSET SETTING，如图 16-6 所示，找到 G54 存储位置，在 X 处输入 X－56，点击测量，X 向对刀完毕。

d. 沿 Z 正方向退刀至工件表面以上，用同样方法接近工件前侧，当出现步骤③情况时，表明刀具所在位置为－（100/2＋6）即－56。如图 16-7 所示，在 Y 处输入 Y－56，点击测量，Y 向对刀完毕。

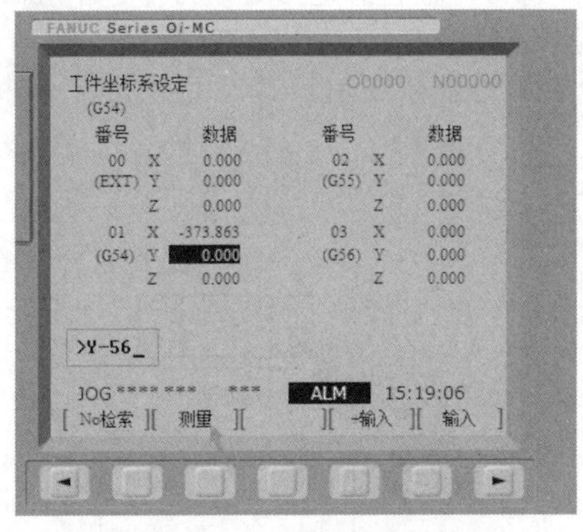

图 16-7　Y 向工件坐标存储

图 16-8　Z 向对高示意

② Z 向粗对刀操作　Z 向对刀，对于多把刀具的场合，每一把刀具都要进行长度补偿(对高)，工序 2 中要对三种型号的刀进行 Z 向对刀，采用试切法（适用于粗对刀操作），具体操作如下：

工序 2 中 $\phi50$ 对高操作：

a. 将刀具快速移至工件上方；

b. MDI 模式下输入 S1000M03;，点击循环启动按钮，主轴旋转；

c. 移动工作台，使刀具移动到靠近工件上表面有一定安全距离的位置；

d. 切换手轮模式，移动刀具接近工件，为避免 Z 向满刀切削，如图 16-8 所示，对高时应选在工件边角下刀；

e. 手轮倍率调至 0.01 每格，当听到声音或看到切削时，沿着 X 方向退出刀具，此时刀具所在 Z 向位置可作为当前刀具的“零”平面即 Z0，如图 16-9 所示，在刀具长度补偿中 H1 位置输入当前相对位置坐标，如“－123.5”，点击输入。

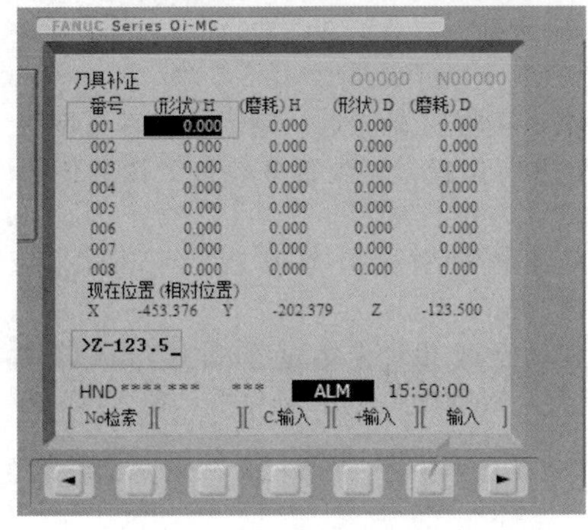

图 16-9　试切削 Z 向长度设定

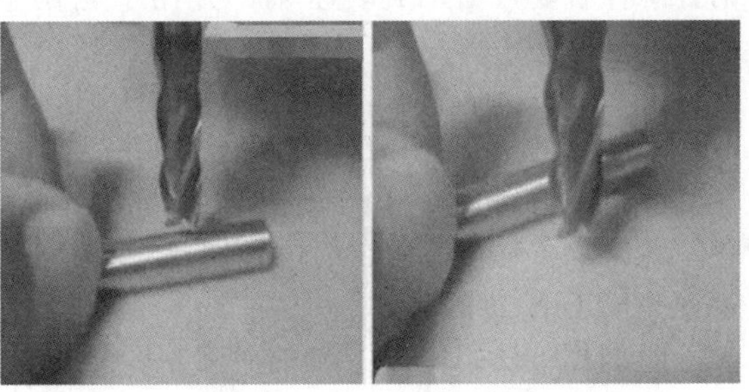

图 16-10　Z 向芯棒对高

工序 2 中 $\phi 12$ 刀具的精对高操作：

a. 执行工序 2 中工步 1 后，再对 $\phi 12$ 刀具 Z 向精对刀；

b. 在刀具和工件之间加入标准芯棒（此方法适用于已加工表面对刀场合），标准芯棒也可用标准刀具的刀棒代替，这里选择 6mm 的标准刀棒；

c. 如图 16-10 所示，移动刀具至工件上方，将刀棒轻轻靠近刀具，刀棒过不去时，将手轮调整至每格 0.01mm，慢慢向上摇起主轴，使刀棒能刚好通过刀具底部；

d. 如图 16-11 所示，在长度补偿 H2 中输入相对坐标 Z 值－192.067－6＝－198.067，Z 向对高完成。

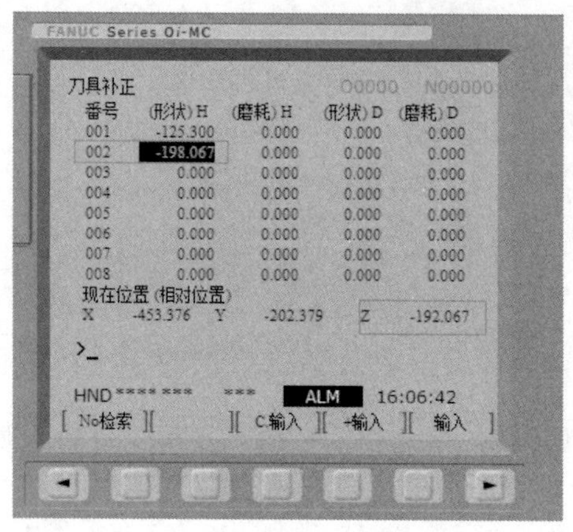

图 16-11　芯棒 Z 向长度设定

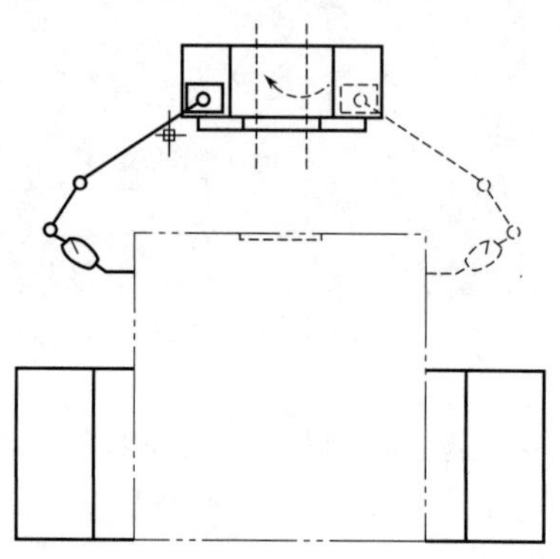

图 16-12　杠杆百分表对刀操作

2）工序 3 建立工件坐标系

工序 3 建立工件坐标系原理同工序 2 一致（具体操作步骤略）。

3）工序 4 建立工件坐标系

为保证 U 形槽的对称度，本工序的对刀精度要求较高，因此这里采用杠杆百分表或寻边器对刀，采用 Z 向设定器建立刀具长度补偿，对刀精度可达到 0.01mm。

① X、Y 杠杆百分表对刀操作

a. 先将杠杆百分表安装在百分表支架上，再将磁力表座吸附到机床主轴上，调整杠杆百分表支架及磁力表座的位置。

b. 用手轮调整 X、Y、Z 轴，如图 16-12 所示，使百分表触头压到长方体工件在 X 轴方向的一个侧面上，如图 16-12 所示的左侧，手动旋转主轴，百分表数值跳动，读出百分表的最大读数值，比如 0.35mm，记下此值。

c. 将此时 X 的相对坐标值归零，X 向远离工件后，再将 Z 轴抬起，用手轮将百分表移动到工件右侧，手动旋转主轴，并用手轮调整到 X 方向位置，直到百分表最大读数值为 0.35mm 为止。

d. 记录此时的 X 方向相对坐标值，比如 X 的相对坐标值为－124.250mm。将－124.250mm 除以 2，即－124.250mm÷2＝－62.125mm。

e. 将 Z 轴抬起，向工件左侧移动 X 轴，直到移动至 X 相对坐标为－62.125mm 的位置，此时，主轴中心所在的位置便是工件 X 轴的中点。然后找到 G54 坐标系，输入 X0 测量便完成了 X 轴的对刀。

f. 同样方法，完成 Y 轴的对刀。

② Z 向刀具补偿操作

a. 主轴禁止旋转，如图 16-13 所示，在刀具与工件上表面之间加入 10mm 量块。

b. 快速移动刀具接近量块，然后切换手轮移动刀具。

c. 当刀具接近量块时，将手轮倍率调至 0.01mm 每格，继续移动刀具，每移动一格，手动推动量块，以量块恰好不能在刀具与工件之间自由抽动为准。

d. 点击OFFSET SETTING进行 *Z* 向数据设定，点击“补正”，在输入 H 值时应考虑量块厚度，如图 16-14 所示界面，此时机床坐标系中的 Z 值为－133.893，则刀具长度补偿地址中（形状）H 值为－133.893－10＝－143.893。

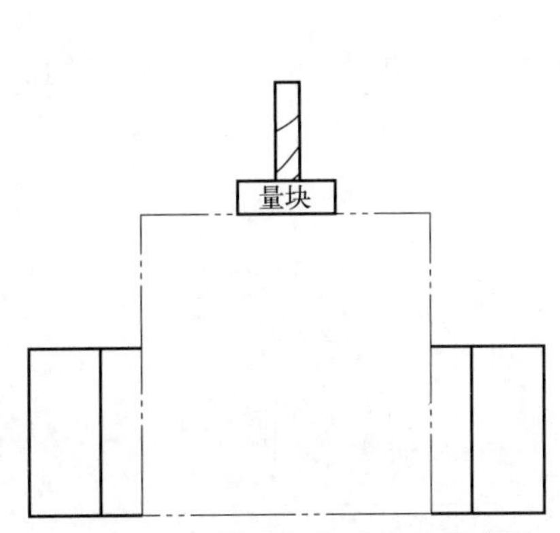

图 16-13　量块建立长度补偿示意图

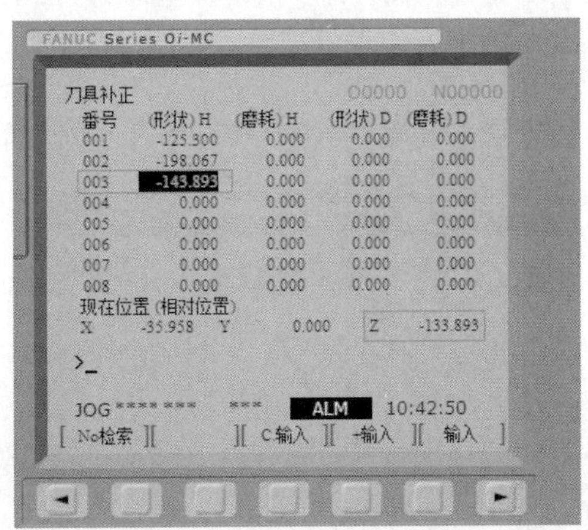

图 16-14　量块 *Z* 向长度设定

4）工序 5 建立工件坐标系

① *X*、*Y* 向对刀　同理在已加工轮廓上铣削型腔，精度要求较高，这里采用寻边器对刀法建立工件坐标系，具体操作步骤如下：

a. 如图 16-15 所示，将装有偏心式寻边器的刀柄装入主轴，MDI 模式下输入 S500M03（注意使用寻边器建立工件坐标系时，主轴转速不能过高，参考范围在 400～600r/min），按下机床循环启动按钮，主轴旋转。

b. 模式切换至 JOG，移动寻边器靠近工件左侧。

c. 切换至手轮模式，移动寻边器小测径接近工件，当寻边器趋于平稳时把手轮调节到每格 0.01，慢慢靠近工件，当寻边器开始偏心时，此时寻边器的中心就离工件边缘半个寻边器的距离，如图 16-16 所示，在相对位置坐标界面下，输入 X0 预置，此时 X 坐标显示为 0。

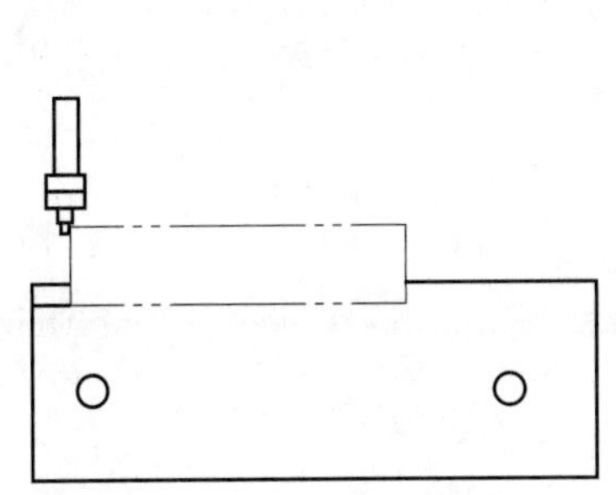

图 16-15　寻边器对刀示意

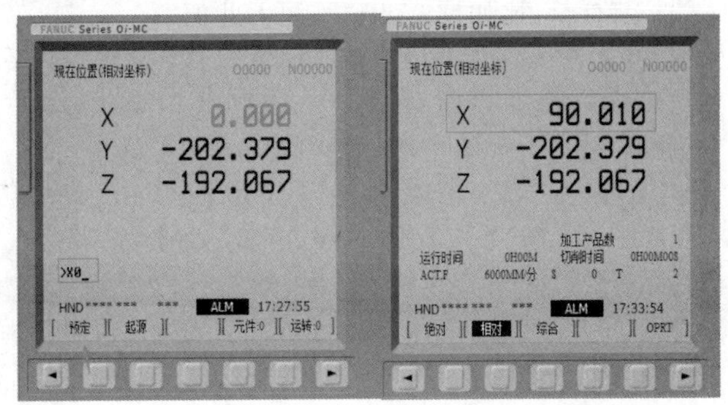

图 16-16　*X* 向 G54 存储

d. 抬起寻边器至工件右侧，采用上述同样的方式接近工件，当寻边器开始偏心时，记录该相对坐标界面下的 X 坐标值 90.010/2=45.005，抬起寻边器，移动 X 向至 45.005 的位置，在机床工件坐标系参数中找到 G54 存储器，输入 X0，点击“测量”，工件 X 向对刀完毕。

e. Y 向对刀（单边寻边法）：同理 X 向对刀，移动寻边器小测径接近高出固定钳口的工件后侧，当寻边器趋于平稳时把手轮调节到每格 0.01，慢慢靠近工件，当寻边器开始偏心时，在相对坐标值界面下输入 Y0 预置，此时 Y 坐标显示为 0，当前寻边器的中心离工件边缘半个寻边器的距离，即当前工件坐标为 90.010/2+4/2=47.005，如图 16-17 所示，在机床工件坐标系 G54 存储器中输入 Y47.005，点击测量，工件 Y 向坐标建立完毕。

② Z 向对刀

a. 如图 16-18 所示，在工件与刀具之间使用 Z 轴设定器（规格 50mm），主轴禁止旋转。

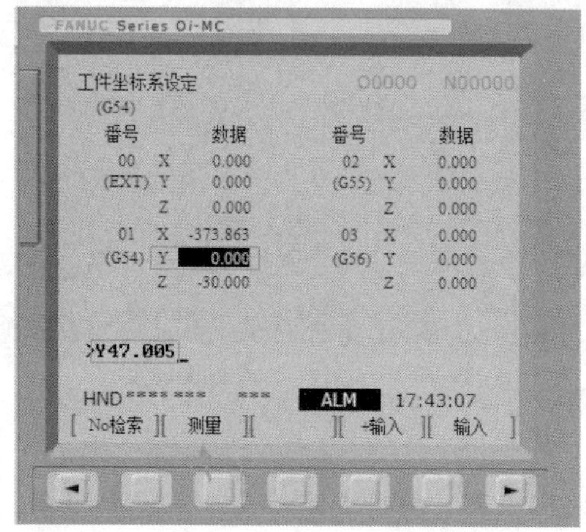

图 16-17　Y 向 G54 存储

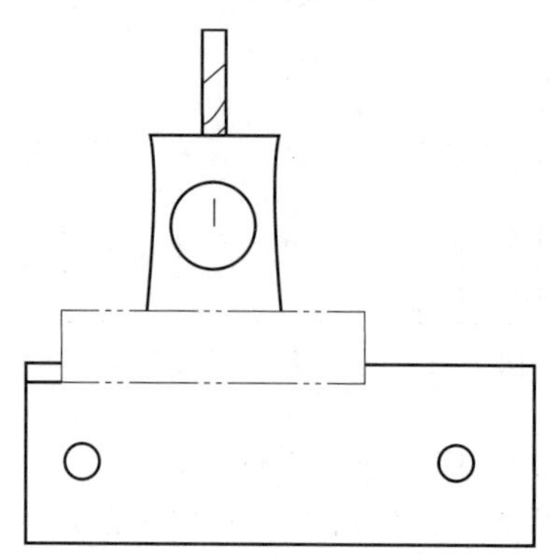

图 16-18　对刀仪 Z 向长度设定

b. 快速移动刀具接近对刀仪。

c. 当刀具接近对刀仪时，将手轮倍率调至 0.01mm 每格，继续移动刀具。

d. 观察对刀仪表盘，指针摆动，当指针指向零位时，表示刀具距工件位置刚好为 50mm。

e. 点击进行 Z 向数据设定，点击“补正”，在输入 H 值时应考虑量块厚度，如图 16-19 所示界面，此时机床坐标系中的 Z 值为−133.893，则刀具长度补偿地址中（形状）H 值为−133.893−50=−183.893。

(6) 程序输入

① 工序 2（铣削基准平面 A 及外轮廓）：在 edit 模式下输入程序编制卡中主程序 O10、O11、O12 以及子程序 O101、O0111、O121。

② 工序 3（铣削平面 B）：在 edit 模式下输入程序编制卡中的主程序 O20、O21 及子程序 O201、O211。

③ 工序 4（铣削两侧壁 U 形槽）：在 edit 模式下输入程序编制卡中的主程序 O30、O31 及子程序 O311。

④ 工序 5（铣削薄壁型腔轮廓）：在 edit 模式下输入程序编制卡中的主程序 O50 至 O60

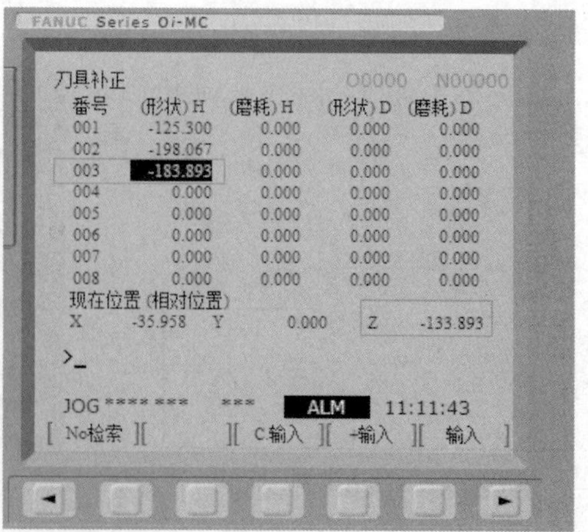

图 16-19　对刀仪 Z 向长度设定界面

及子程序 O501、O521、O541、O552。

（7）加工及检验

① 执行程序开始时必须认真检查其所用的刀具是否与程序编制卡中的刀具对应，再一次检查刀具补偿地址是否一一对应。开始加工时要把进给速度调到最小，按下单节执行按钮，快速定位、落刀、进刀时须集中精神，手应放在停止键上有问题立即停止，注意观察刀具运动方向以确保安全进刀，然后慢慢加大进给速度到合适，同时开启冷却液。

② 开始粗加工时不得离控制面板太远，有异常现象及时停机检查。

③ 粗加工后再拉直找正一次夹具，确定工件没有松动。如有则必须重新校正和碰数。

④ 在加工过程中不断优化加工参数，达到最佳加工效果。

⑤ 运行程序加工时，粗加工后需测量尺寸，根据测量结果对刀具半径值进行修改，然后运行精加工程序

⑥ 每序加工完毕后，应测量其主要尺寸数值与图纸要求是否一致，如有问题立即通知当班组长或编程员检查、解决。

（8）自检内容及范围

① 操作人员在加工前必须掌握工艺卡内容，清楚知道工件要加工的部位、形状、图纸及各尺寸，了解下一工序加工内容。如工序 2 为铣削基准平面 *A* 及外轮廓，工序 3 为铣削平面 *B*，工序 4 为铣削两侧壁 U 形槽，工序 5 为铣削薄壁型腔轮廓。

② 加工本工序前，测量上序零件尺寸是否符合图纸要求，装夹时确保装夹位置与工艺卡要求一致。

③ 在粗加工完成后应及时进行自检，以便对有误差的数据进行调整。自检内容主要为加工部位的位置尺寸。如：工件是否有松动；加工部位到基准边（基准点）的尺寸是否符合图纸要求；加工部位相互间的位置尺寸。在检查完位置尺寸后要对粗加工的形状尺寸进行测量，间接计算刀具的半径补偿值和长度补偿值，将刀具半径补偿值输入到机床存储地址中，切记必须经过粗加工自检后才能进行精加工。

④ 精加工后操作人员应对加工部位的形状尺寸进行自检。检测其基本尺寸是否符合图纸要求。

⑤ 操作人员完成工件自检，确认与图纸及工艺要求相符合后方能拆下工件。

16.3.4　交件

对工件进行去毛刺、锐角倒钝处理，填写表 16-5 综合评价表，将工件与评价表上交。

16.3.5　整理

对加工工位进行环境整理事项：

① 整理文件与零件。

② 整理量、夹具等。

③ 清理机床卫生。

16.3.6　工件评价检测

根据表 16-5 综合评价表对工件进行评价。

16.3.7　准备批量加工

使用单件加工调试好的设备进行批量生产。

16.4 项目总结

16.4.1 根据测量结果反馈加工策略

(1) 加工质量测量

见表 16-5。

(2) 加工误差及处理办法

加工误差常见的处理办法如表 16-10。

表 16-10 加工误差及处理办法

序号	加工中的问题现象	产生问题的原因	如何预防和消除问题
1	尺寸超差	刀具数据不准确	调整或重新设定刀具数据
		切削用量选择不当产生让刀	合理选择切削用量
		程序错误	检查、修改加工程序
		零件图绘制错误	正确绘制零件图
2	深度尺寸不一致	工件装夹校正不正确	工件装夹校正准确
		装夹不牢靠,加工过程中产生松动	装夹工件准确牢靠
		刀具磨损	更换刀具
3	表面有振纹	工件装夹不正确	检查工件安装,增加安装刚性
		刀具安装不正确	调整刀具安装位置
		切削参数不正确	调整切削参数
4	切削过程中刀具折断	进给量过大	降低进给速度
		切削深度过大	减小切削深度
		切屑阻塞	浇注充足冷却液及时排屑
5	表面粗糙度差	切削速度过低	调高主轴转速
		切削液选用不合理	选择正确的切削液,并充分喷注
		刀具切削刃不锋利	选择刀刃锋利的刀具
6	铰孔、镗孔孔径超差	刀具外径尺寸偏大或偏小	选择合适的刀具
		切削速度过高或过低,进给量不当	选择合适的切削速度及进给量
		加工余量过大	减少加工余量
		刀具不锋利或弯曲	更换刀具
		切削液选择不合适	选择合适切削液

16.4.2 分析项目过程总结经验

根据综合评价表上加工出现的偏差和加工误差常见的处理办法总结自己的加工方法和经验。请从图样、结构、精度、毛坯、刀具切削用量、机床选择、装夹、检测八个方面进行零件加工工艺分析。填写表 16-11。

表 16-11 加工工艺分析

序号	项目	分析内容	备注
1	产品图纸分析		

续表

序号	项目	分析内容	备注
2	产品结构及形状分析		
3	产品尺寸精度、形位精度、表面粗糙度分析		
4	产品毛坯尺寸规格选择分析		
5	加工刀具选择及切削用量分析		
6	加工机床选择分析		
7	产品夹具选择、定位与装夹方式选择分析		
8	产品质量检测分析		

(1) 教师评价

教师根据学员加工情况和个人分析情况进行整体评价。评价表见附录表 3。

(2) 学员评价

学员根据自己的加工情况和个人分析情况进行整体评价。评价表见附录表 4。

第17章

项目4　多面铣削件加工

课程导读

教学目标

1. 知识目标

① 学习批量零件加工的一般操作步骤。

② 学习多面铣削件坐标系的建立方式。

③ 学习工件翻面的定位要求与专用夹具的设计原则。

④ 学习多面铣削的工艺编制。

2. 能力目标

① 能够正确识读图纸，通过查阅国家标准等相关资料，正确编制零件的数控加工工序卡。

② 能够根据批量生产特点，设计工序的专用夹具。

③ 能熟练操作各种加工辅助工具，掌握Z轴设定器的使用方法。

④ 能规范、熟练地使用常用量具，对零件进行检测，判断加工质量并根据测量结果分析误差产生的原因，提出修改意见。

3. 素质目标

① 增强安全文明生产意识，提高职业道德素养，培养良好的职业习惯。

② 提高团队合作意识，培养大国工匠精神。

教学内容

通过对零件图样的分析，根据加工特点，制定合理的加工工艺卡与刀、量具卡片，学员通过理论知识的学习，能熟练操作数控机床，进一步提升自己的职业技能水平，养成良好的职业习惯。

17.1　任务描述

天津某机械加工厂接到某单位连接法兰订单共计400件，订单周期为二十天，加工图纸与技术要求如图17-1所示，该工厂根据现有情况制定了加工工艺方案，项目按照《多工序数控机床操作职业技能等级标准》要求，使用多台加工中心机床完成多工序的编程与加工，对应的工作任务和技能要求如表17-1所示。

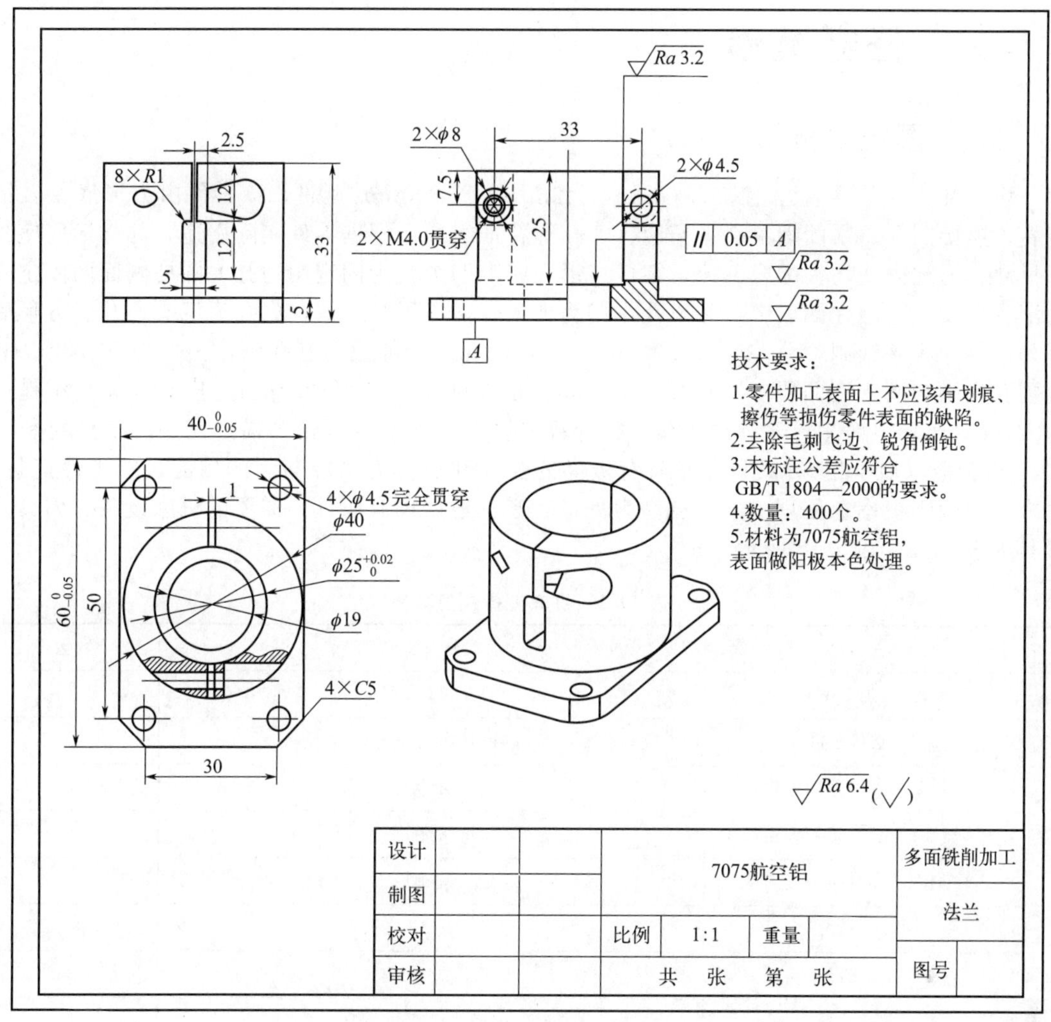

图 17-1　法兰

表 17-1　工作任务和技能要求

职业功能	工作内容	技能要求
数控编程	1. 编制多工序加工工艺文件 2. 数控铣削编程	1. 根据中等复杂程度零件图加工任务要求进行工艺文件技术分析，设计产品工艺路线，制作工艺技术文件 2. 手工编制数控加工程序，制作零件加工程序单
数控加工	1. 铣削方形底座外形和钻固定孔 2. 铣削圆柱及内孔 3. 钻削侧面螺纹孔，锯割窄缝 4. 铣削侧面方形槽 5. 零件精度检验	1. 能应用控制面板操作加工中心 2. 能对工件进行合理装夹与找正 3. 能加工外形、内孔、窄缝、钻孔、攻螺纹等特征的零件并达到要求 4. 能根据加工中心安全操作规程安全文明生产 5. 能合理选用量具检测零件的尺寸
数控机床维护	1. 零件清理和精整 2. 设备维护	1. 按要求去除零件多余物、锐边倒钝、清洁、清洗 2. 能根据说明书完成加工中心机床定期及不定期维护保养

17.2 任务准备

17.2.1 图纸分析

该零件为法兰零件，毛坯为 62mm×42mm，长 800mm 型材，该零件由方形底座及固定孔、连接圆孔、紧固螺纹孔、窄缝、方孔等特征组成。根据零件实际用途，其方形底座外形尺寸和圆柱内孔均为配合部位，零件方形底座上四个孔为固定用通孔，圆柱侧面两固定孔为沉头螺纹孔，圆柱侧面窄缝和方孔作用为夹紧时防止干涉，圆柱内孔为沉头通孔。方形底座外形尺寸为基轴制，公差为－0.05mm，圆柱内孔配合部位为基孔制，公差为＋0.02mm，装配孔底面与底座底面要求平行度 0.05mm。粗糙度要求为 $Ra3.2\mu m$，其余未标注粗糙度为 $Ra6.4\mu m$。零件图尺寸标注完整，符合数控加工尺寸要求，轮廓描述完整。零件材料为 7075 铝合金（航空铝），其特点是具有极高的强度和抗应力腐蚀断裂的性能，加工性能好，要求表面做阳极本色处理。生产类型为批量生产。根据现有条件，需要的机床设备、刀具及量具如表 17-2、表 17-3 所示。

表 17-2　机床设备、刀具表

序号	名称	规格及型号	数量
1	加工中心	VDL600A	3
2	液压平口钳	6in 精密角固定式	3
3	深 3mmL 形固定钳口	定制	1
4	深 5mmL 形固定钳口	定制	1
5	深 15mmL 形固定钳口	定制	1
6	铣刀	ϕ12、ϕ10、ϕ2 立铣刀	各 1
7	铣刀	ϕ4 立铣刀	2
8	锯片铣刀	外径×内径×厚度 30×10×1.0	1
9	钻头	A 型中心钻	3
10	钻头	ϕ4.5 麻花钻	2
11	钻头	ϕ12、ϕ3.3 麻花钻	各 1
12	丝锥	机用 M4.0 丝锥	1

通过上述分析采用以下几点工艺措施：

① 对无尺寸公差要求部位，编程时直接取基本尺寸即可。

② 对于尺寸精度有要求部位，通过在加工过程中的准确对刀、精确定位，加工时采用刀具补偿的方式来保证精度。

③ 对于几何精度要求，主要通过调整机床的机械精度、制定合理的加工工艺及工件的装夹、定位及找正等措施来保证。

分析零件图样，获得零件的主要精度要求在于外形的定位尺寸精度和配合孔的尺寸精度，主要有：$40_{-0.05}^{0}$、$60_{-0.05}^{0}$、$\phi25_{0}^{+0.02}$。位置要求 ϕ25 孔底面与法兰底座底面保证平行，平行度要求 0.05mm。其他尺寸均为自由公差。表面粗糙度要求为 $Ra3.2\mu m$，其他为 $Ra3.2\mu m$。零件材料为 7075，切削加工性能好，要求加工后对表面做阳极本色处理。

表 17-3　量具卡片

序号	量具名称	规格	精度/mm	测量夹具	备注
1	游标卡尺	0～150mm	0.02mm		
2	外径千分尺	25～50mm	0.01mm		
3	外径千分尺	50～75mm	0.01mm		
4	内径千分尺	0～25mm	0.01mm		
5	内径千分尺	25～50mm	0.01mm		
6	螺纹通止规	M4.0			

17.2.2　工艺流程

任务流程图如图 17-2 所示。

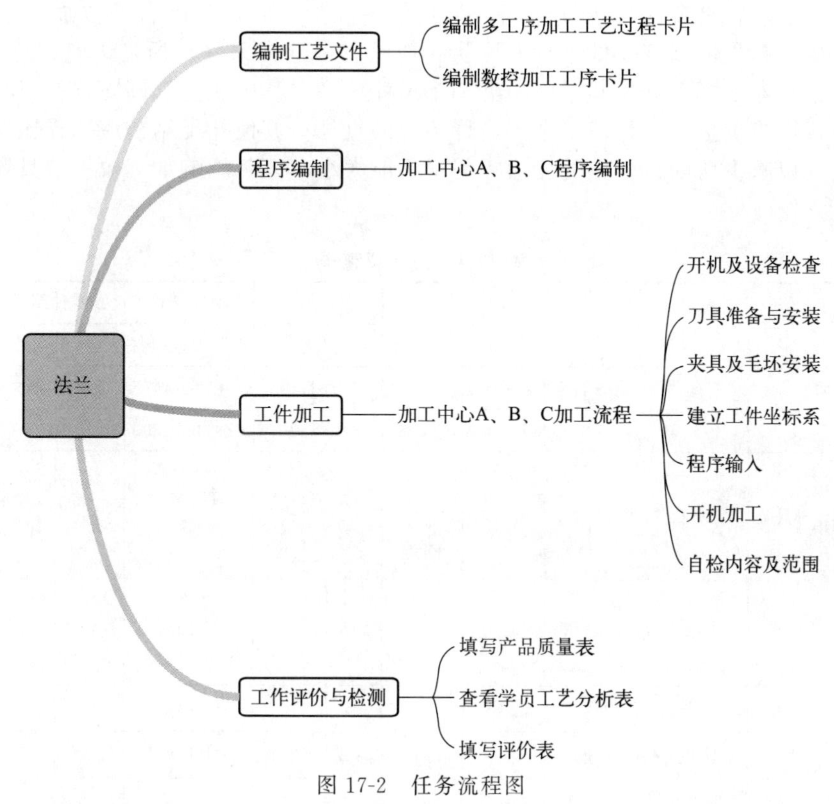

图 17-2　任务流程图

17.2.3　毛坯选择

根据零件图分析，准备 62×42×800 铝合金棒料 20 件。

17.2.4　机床选择

① 根据零件分析，三道主要工序均为典型铣削加工，为方便自动加工，选择加工中心。三道工序均采用自动编程，方便快捷。VDL600A 立式加工中心，其工作台 X 向行程为 600mm，Z 向行程为 520mm，Y 向行程为 420mm，刀库容量为 16 把，符合加工要求，为方便加工操作，三道工序均选择该机床。

② 根据零件工艺特征，合理使用设备，要求操作人员能够熟练操作加工中心机床，具有一定的操作经验和技术。

③ 数控机床布局如图 17-3。

图 17-3 机床分布图

17.2.5 刀具选择

该零件为法兰，具有连接传动作用，与其他零件配合时，其配合部位加工精度相对较高，表面质量较高，依据该零件结构、形状和加工要求选择刀具，所需刀具以立铣刀为主，还需要麻花钻和丝锥等工具，其规格根据加工尺寸选择。其中底座和圆筒选择刀具时应选直径大一点的，以减少接刀痕，但要考虑允许装刀的直径；其他孔类结构应选择比形状直径小的铣削刀具，以减少切削力产生的变形，但也不能太小，以免影响加工效率。具体所选刀具如表 17-4 所示。

表 17-4 刀具调整卡

<table>
<tr><td colspan="4" rowspan="2">数控加工刀具卡片</td><td colspan="3" rowspan="2"></td><td colspan="2">产品型号</td><td>JQR-FL</td><td colspan="2">零件图号</td><td>JQR-FL-1</td></tr>
<tr><td colspan="2">产品名称</td><td>机器人连接件</td><td colspan="2">零件名称</td><td>法兰</td></tr>
<tr><td colspan="3">工序名称</td><td>工序号</td><td>设备名称</td><td>设备型号</td><td>冷却方式</td><td colspan="2">毛坯种类</td><td>毛坯尺寸</td><td colspan="2">毛坯材质牌号</td><td>车间</td></tr>
<tr><td colspan="3">铣削</td><td>2/3/4</td><td>加工中心</td><td>VDL600A</td><td>冷却液</td><td colspan="2">铝棒料</td><td>62×42×800</td><td colspan="2">7075</td><td></td></tr>
<tr><td rowspan="2">工序号</td><td rowspan="2">工步号</td><td rowspan="2">刀具号</td><td rowspan="2">刀具名称</td><td rowspan="2">刀具材质</td><td colspan="4">刀具</td><td rowspan="2">刀柄名称规格</td><td rowspan="2">数量</td><td rowspan="2">刀具半径补偿量</td><td rowspan="2">备注</td></tr>
<tr><td>直径</td><td>刀尖圆角</td><td>长度</td><td>装夹长度</td></tr>
<tr><td>2</td><td>2/3/7/10/12/13</td><td>T01</td><td>立铣刀</td><td>高速钢</td><td>$\phi12$</td><td></td><td>110</td><td>40</td><td>BT40</td><td></td><td>0.2</td><td></td></tr>
<tr><td></td><td>8/11</td><td>T02</td><td>立铣刀</td><td>高速钢</td><td>$\phi10$</td><td></td><td>95</td><td>40</td><td>BT40</td><td></td><td>0.2</td><td></td></tr>
<tr><td></td><td>4</td><td>T03</td><td>A 型中心钻</td><td>高速钢</td><td>$\phi2$</td><td></td><td>40</td><td>20</td><td>BT40</td><td></td><td></td><td></td></tr>
<tr><td></td><td>5</td><td>T04</td><td>麻花钻</td><td>高速钢</td><td>$\phi4.5$</td><td></td><td>80</td><td>30</td><td>BT40</td><td></td><td></td><td></td></tr>
<tr><td></td><td>6</td><td>T05</td><td>麻花钻</td><td>高速钢</td><td>$\phi12$</td><td></td><td>120</td><td>40</td><td>BT40</td><td></td><td></td><td></td></tr>
<tr><td>3</td><td>2/7</td><td>T01</td><td>A 型中心钻</td><td>高速钢</td><td>$\phi2$</td><td></td><td>40</td><td>20</td><td>BT40</td><td></td><td>—</td><td></td></tr>
<tr><td></td><td>3/8</td><td>T02</td><td>麻花钻</td><td>高速钢</td><td>$\phi3.3$</td><td></td><td>106</td><td>30</td><td>BT40</td><td></td><td>—</td><td></td></tr>
<tr><td></td><td>4/9</td><td>T03</td><td>立铣刀</td><td>高速钢</td><td>$\phi4$</td><td></td><td>68</td><td>30</td><td>BT40</td><td></td><td>—</td><td></td></tr>
<tr><td></td><td>5/10</td><td>T04</td><td>机用丝锥</td><td>高速钢</td><td>M4.0</td><td></td><td>120</td><td></td><td>BT40</td><td></td><td></td><td></td></tr>
<tr><td></td><td>11</td><td>T05</td><td>厚 1mm 锯片铣刀</td><td>高速钢</td><td>$\phi50$</td><td></td><td></td><td></td><td>BT40</td><td></td><td></td><td>刀杆直径 22mm</td></tr>
</table>

续表

工序号	工步号	刀具号	刀具名称	刀具材质	刀具				刀柄名称规格	数量	刀具半径补偿量	备注
					直径	刀尖圆角	长度	装夹长度				
4	2/7	T01	A 型中心钻	高速钢	$\phi 2$		40	20	BT40			
	3/8	T02	麻花钻	高速钢	$\phi 4.5$		80	30	BT40			
	4/9	T03	立铣刀	高速钢	$\phi 4$		68	30	BT40		0.2	
	5/10	T04	立铣刀	高速钢	$\phi 2$		60	30	BT40			
编制				审核		批准			日期		共　页	第　页

17.2.6　夹具选择

据工艺要求分析，对于大批量零件加工而言，准确确定工件与机床和刀具之间的相对位置、保证工件的加工精度、减少工人装卸工件的时间和劳动强度、提高生产效率是必须要考虑的问题，因此本例应设计专用夹具。

（1）工序 2 铣削加工夹具选择

对于工序 2 平面铣削，采用常用的平口钳和垫铁实现零件定位即可，垫铁上表面距离钳口 3mm。批量生产为实现减少对刀，拆掉平口钳原有固定钳口，更换为带有左右定位的 L 形软钳口，如图 17-4 所示，避免夹伤已加工工件外表面，活动钳口采用活动软钳口。

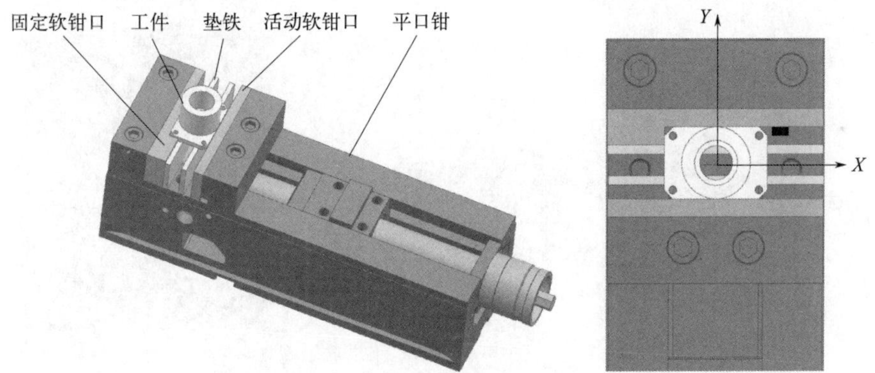

图 17-4　工序 2 夹具设计与定位

其中底座加工时，将加工零件左上角紧靠在固定软钳口 L 角处，工件以 L 角处作为加工基点。以固定、活动软钳口限制 X、Y 方向的移动和 Z 方向旋转，通过配合垫铁，限制 Z 方向移动和 X、Y 方向转动，实现工件完全定位。圆筒结构加工时，固定方式与上一工步一致，装夹时需注意装夹高度，防止撞刀。零件安装时，零件中心与平口钳中心重合，夹紧力均匀作用，以保证定位和夹紧充分。

（2）工序 3 铣削夹具选择

在由工序 2 铣削加工完成工件上下外形后，铣削工件侧面沉头螺纹孔及窄缝，工序 3 零件装夹如图 17-5 所示，为避免二次装夹引起夹痕和变形，采用软钳口装夹，代替原平口钳硬钳口，固定软钳口设计为 L 形，用来确定零件在夹具中的固定位置。

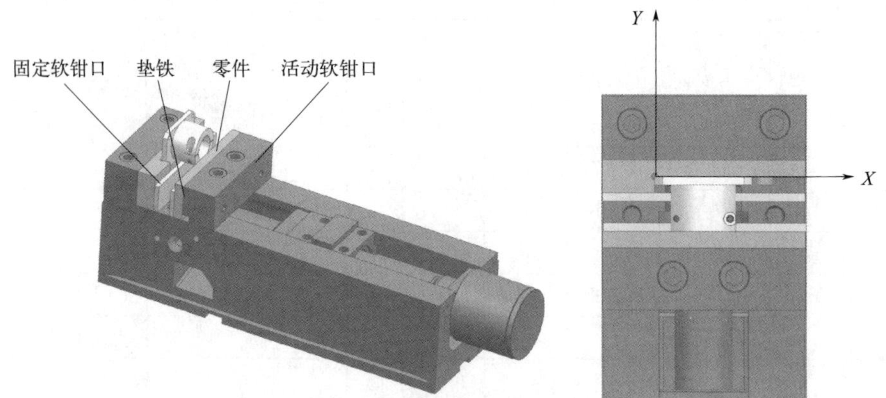

图 17-5　工序 3 三维零件装夹示意图

其中工序 3 安装时，将工序 2 方形底座底面作为定位基准，紧贴固定钳口，侧面紧靠 L 形挡板，限制 X、Y 向移动，配合垫铁限制 X、Y、Z 向旋转和 Z 向移动，共限制 6 个自由度，满足加工要求，使用平口钳直接夹紧。一侧沉头孔铣削完成后进行翻面处理。注意钻削和制作螺纹时，钻头和丝锥下移距离，避让垫铁。

(3) 工序 4 铣削夹具选择

在工序 3 铣削加工完成后，铣削工件侧面方形孔，工序 4 零件装夹如图 17-6 所示，为避免二次装夹引起夹痕和变形，采用软钳口装夹，代替原平口钳硬钳口，固定软钳口设计为 L 形，用来确定零件在夹具中的固定位置。

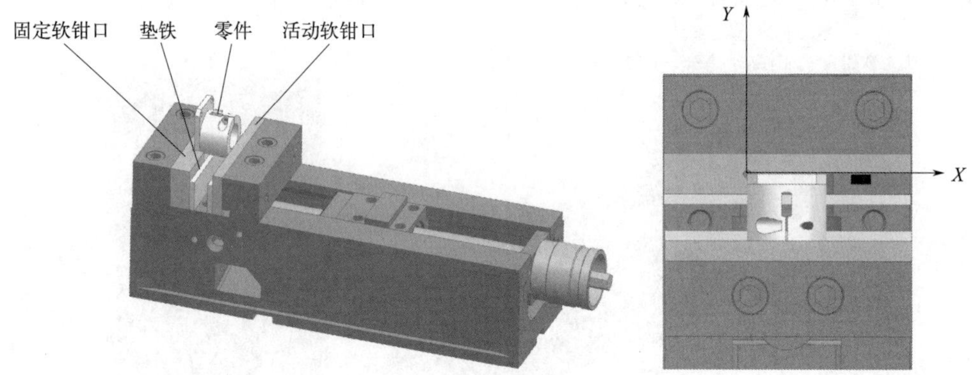

图 17-6　工序 4 三维零件装夹示意图

其中工序 4 加工时，将工序 2 方形底座底面作为定位基准，紧贴固定钳口，侧面紧靠 L 形挡板，限制 X、Y 向移动，配合垫铁限制 X、Y、Z 向旋转和 Z 向移动，共限制 6 个自由度，满足加工要求，使用平口钳直接夹紧。一侧沉头孔铣削完成后进行翻面处理。

17.2.7　切削液的选择

根据工件材料（7075 铝合金）、刀具材料（高速钢）、加工要求（先粗后精）等，可知所选用切削液要求，需选用不含硫、连续充分浇注且冷却效果好的乳化液。

17.2.8　考核与评价标准

根据零件加工综合评价完成表 17-5。

表 17-5　综合评价表

产品型号				产品名称				工序号			共　页
零件图号				零件名称				操作者			第　页
序号	检验类型	检验内容及精度要求				自检		质检	抽检	测量仪器	备注
		直径/长度/Ra	基本尺寸	上偏差	下偏差	实测值	误差	实测值	实测值		
1	尺寸精度/主要尺寸	直径	60	0	−0.05						
2		直径	40	0	−0.05						
3		直径	ϕ25	0.02	0						
4		直径	ϕ40								
5		直径	ϕ19								
6		长度	50								
7		长度	30								
8		长度	12								
9		长度	5								
10		长度	2.5								
11		长度	33								
12		长度	7.5								
13	倒角	长度	5								
14	孔	直径	ϕ8.0								
15		直径	ϕ4.5								
16	位置精度	平行度		0.05							
17	表面质量	Ra	6.4								
18		Ra	3.2								
19	螺纹孔	M	4								
20	产品外观	锐角倒钝									
21		机加工倒角									
22		无夹伤、碰伤、划痕									
23		轮廓与图纸相符度									
日期		合格率		操作者		质检		抽检		抽检数	

17.3 任务实施

17.3.1 工艺方案编制

该零件为批量件加工，为提高加工效率，首先编制多工序加工工艺过程卡片，合理编制工序安排。其次编制数控加工工序卡片，根据多工序加工工艺过程卡片填写表头信息，编制工序卡工步内容，每个工步切削参数要合理，简图绘制要准确，精度设定要合理，具体内容详见表 17-6、表 17-7。

表 17-6　多工序加工工艺过程卡片

多工序加工工艺过程卡片		法兰零件	产品型号	JQR-FL	零件图号	JQR-FL-1		共 1 页	
			产品名称	机器人	零件名称	法兰		第 1 页	
工序号	工序名称	工序内容	工艺装备	车间	材料	设备	件数	工序工时/min	
								准终	单件
1	备料	锯割 62×42×35 型材	平口钳	备料室	7075	锯床	400	0.5	0.2
2	铣削外形	铣削 60×40 方形底座、ϕ19 孔和外径 ϕ40、ϕ25 圆筒，钻削 ϕ4.5 孔	液压平口钳	数控加工室 1	7075	加工中心	400	3	15
3	铣、钻沉头孔	钻、攻 M4 螺纹，铣削 ϕ4.5、ϕ8 孔，锯割窄缝	液压平口钳	数控加工室 2	7075	加工中心	400	3	10
4	铣削方形孔	铣削 5×12 方孔	液压平口钳	数控加工室 3	7075	加工中心	400	3	10
5	钳工	锐角倒钝，去除毛刺	台虎钳			钳台	400	1	5
6	清洁	用清洁剂清洗零件						2	
7	检验	按图纸尺寸检测						3	
					编制（日期）	审核（日期）		会签（日期）	
标记	处计	更改文件号	日期	签字					

表 17-7　数控加工工序卡片

数控加工工序卡片	备料	产品型号	JQR-FL	零件图号	JQR-FL-1	共 4 页
		产品名称	机器人	零件名称	法兰	第 1 页
	工序名称	工序号	车间	机床名称	机床型号	设备编号
	备料	1	备料室	锯床		
42　62　35	毛坯种类	毛坯尺寸	材料牌号	加工件数	毛坯件数	冷却液
	铝棒料	42×62×800	7075	400	20	乳化液
	夹具标号	夹具名称	数控系统	数控系统型号	工序工时	
					准终	单件
					1min	30s

续表

工序号	工步号	工步名称	工步内容	刀具号	刀具名称	主轴转速/(r/min)	进给量/(mm/min)	背吃刀量/mm	冷却方式	工艺装备	工时定额	备注
											机动/辅助	
1	1	备料	锯割型材毛坯料保证长度 35mm			100	15		切削液	液压平口钳	机动	
								编制(日期)		审核(日期)	会签(日期)	
标记			处计	更改文件号		签字						

数控加工工序卡片	铣削外形	产品型号	JQR-FL	零件图号	JQR-FL-1	共 4 页
		产品名称	机器人	零件名称	法兰	第 2 页
	工序名称	工序号	车间	机床名称	机床型号	设备编号
	铣削外形	2	数控加工室 1	加工中心	VDL600A	
	毛坯种类	毛坯尺寸	材料牌号	加工件数	毛坯件数	冷却液
	铝方型材	42×62×35	7075	400	400	乳化液
	夹具标号	夹具名称	数控系统	数控系统型号	工序工时/min	
					准终	单件
	5Z-01	液压平口钳、专用夹具	FANUC		1	20

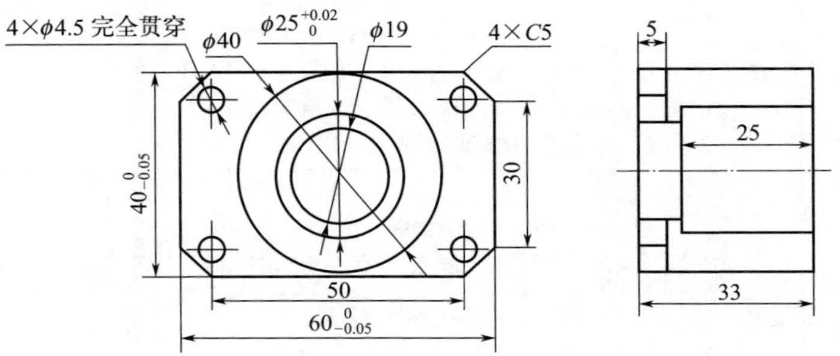

4×ϕ4.5 完全贯穿　ϕ40　$\phi 25^{+0.02}_{0}$　ϕ19　4×C5　30　$40^{0}_{-0.05}$　50　$60^{0}_{-0.05}$　5　25　33

工序号	工步号	工步名称	工步内容	刀具号	刀具名称	主轴转速/(r/min)	进给量/(mm/min)	背吃刀量/mm	冷却方式	工艺装备	工时定额	备注
											机动/辅助	
2	1	装夹毛坯	毛坯装夹在定制钳口上，夹持 3mm							液压平口钳、专用夹具	辅助	
2	2	粗铣削平面	对工件上表面进行铣削，切削深度 0.8mm，精加工余量 0.2	T01	ϕ12 立铣刀	1500	200	8	切削液	液压平口钳、专用夹具	机动	

续表

工序号	工步号	工步名称	工步内容	刀具号	刀具名称	主轴转速/(r/min)	进给量/(mm/min)	背吃刀量/mm	冷却方式	工艺装备	工时定额	备注
											机动/辅助	
2	3	精铣削平面	对工件上表面进行精铣削，工件高度为34mm，粗糙度为 $Ra3.2$	T01	$\phi12$ 立铣刀	2000	200	5	切削液	液压平口钳、专用夹具	机动	
2	4	钻中心孔	钻中心孔	T03	中心钻	1200	100		切削液	液压平口钳、专用夹具	机动	
2	5	钻孔	钻削 $\phi4.5$ 孔	T04	$\phi4.5$ 麻花钻	1200	100		切削液	液压平口钳、专用夹具	机动	
2	6	钻孔	钻削 $\phi12$ 孔	T05	$\phi12$ 麻花钻	800	50		切削液	液压平口钳、专用夹具	机动	
2	7	底座粗加工	加工 60×40 外轮廓并倒角 $C5$，加工 $\phi19$ 深度 8 的孔，精加工余量 0.5mm	T01	$\phi12$ 立铣刀	2000	200	0.5	切削液	液压平口钳、专用夹具	机动	
2	8	底座精加工	加工 60×40 外轮廓并倒角 $C5$，加工 $\phi19$ 深度 8 的孔，外形尺寸精度下偏差 0.05mm，粗糙度为 $Ra6.4$	T02	$\phi10$ 立铣刀	2000	150	0.2	切削液	液压平口钳、专用夹具	机动	
2	9	翻面装夹	翻面装夹零件									
2	10	圆筒粗加工	粗加工外径 $\phi40$、内径 $\phi25$ 圆筒，外径高度28，内径高度 25，精加工余量 0.5mm	T01	$\phi12$ 立铣刀	2000	200	5	切削液	液压平口钳、专用夹具	机动	
2	11	圆筒精加工	精加工外径 $\phi40$、内径 $\phi25$ 圆筒，外径高度28，内径高度 25，保证内径+0.02 尺寸精度，与底座底面平行度为0.05，内孔壁和底面粗糙度 $Ra3.2$，其余 $Ra6.4$	T02	$\phi10$ 立铣刀	2000	150	0.2	切削液	液压平口钳、专用夹具	机动	

续表

工序号	工步号	工步名称	工步内容	刀具号	刀具名称	主轴转速/(r/min)	进给量/(mm/min)	背吃刀量/mm	冷却方式	工艺装备	工时定额 机动/辅助	备注
2	12	粗铣上平面	对工件上表面进行粗铣削，切削深度 0.8mm，精加工余量 0.2	T01	ϕ12 立铣刀	1500	200	6	切削液	液压平口钳、专用夹具	机动	
2	13	精铣上平面	对工件上表面进行精铣削，保证工件高度 33mm，粗糙度为 $Ra3.2$	T01	ϕ12 立铣刀	2000	200	5	切削液	液压平口钳、专用夹具	机动	
								编制（日期）		审核（日期）	会签（日期）	
标记			处计	更改文件号		签字						

数控加工工序卡片	铣、钻沉头孔	产品型号	JQR-FL	零件图号	JQR-FL-1	共 4 页
		产品名称	机器人	零件名称	法兰	第 3 页

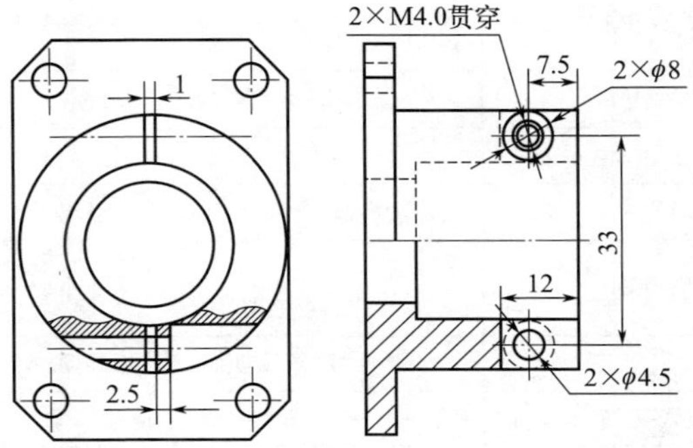

工序名称	工序号	车间	机床名称	机床型号	设备编号
铣、钻沉头孔	3	数控加工室 2	加工中心	VDL600A	
毛坯种类	毛坯尺寸	材料牌号	加工件数	毛坯件数	冷却液
铝型材	40×60×33	7075	400	400	乳化液
夹具标号	夹具名称	数控系统	数控系统型号	工序工时/min	
				准终	单件
5Z-01	液压平口钳、专用夹具	FANUC		5	20

2×M4.0贯穿　7.5　2×ϕ8　1　33　12　2×ϕ4.5　2.5

工序号	工步号	工步名称	工步内容	刀具号	刀具名称	主轴转速/(r/min)	进给量/(mm/min)	背吃刀量/mm	冷却方式	工艺装备	工时定额 机动/辅助	备注
3	1	安装上序零件	夹持上序零件，底座底面紧靠固定钳口，40 宽侧面紧靠 L 形定位块							液压平口钳	辅助	

续表

工序号	工步号	工步名称	工步内容	刀具号	刀具名称	主轴转速/(r/min)	进给量/(mm/min)	背吃刀量/mm	冷却方式	工艺装备	工时定额	备注
											机动/辅助	
3	2	钻中心孔	钻中心孔	T01	中心钻	1200	100		切削液	液压平口钳、专用夹具	机动	
3	3	钻孔	钻削 $\phi3.3$ 螺纹底孔	T02	麻花钻	1500	50		切削液	液压平口钳、专用夹具	机动	
3	4	铣削孔	铣削 $\phi8$、$\phi4.5$ 孔	T03	立铣刀	2000	150		切削液	液压平口钳、专用夹具	机动	
3	5	攻螺纹	攻 M4 螺纹	T04	机用丝锥	300			切削液	液压平口钳、专用夹具	机动	
3	6	翻面装夹	翻面装夹，保证定位									
3	7	钻中心孔	翻面安装工件钻中心孔	T01	中心钻	1200	100		切削液	液压平口钳、专用夹具	机动	
3	8	钻孔	钻削 $\phi3.3$ 螺纹底孔	T02	麻花钻	1500	50		切削液	液压平口钳、专用夹具	机动	
3	9	铣削孔	铣削 $\phi8$、$\phi4.5$ 孔	T03	立铣刀	2000	150		切削液	液压平口钳、专用夹具	机动	
3	10	攻螺纹	攻 M4 螺纹	T04	机用丝锥	300			切削液	液压平口钳、专用夹具	机动	
3	11	锯窄缝	锯割宽度 1 窄缝，深度 12	T05	锯片铣刀	1000	100		切削液	液压平口钳、专用夹具	机动	
								编制(日期)		审核(日期)	会签(日期)	
标记			处计	更改文件号		签字						

数控加工工序卡片	铣削方形孔	产品型号	JQR-FL	零件图号	JQR-FL-1	共 4 页
		产品名称	机器人	零件名称	法兰	第 4 页
工序名称		工序号	车间	机床名称	机床型号	设备编号
铣削方形孔		4	数控加工室 3	加工中心	VDL600A	
毛坯种类		毛坯尺寸	材料牌号	加工件数	毛坯件数	冷却液
铝型材		40×60×33	7075	400	400	乳化液
夹具标号		夹具名称	数控系统	数控系统型号	工序工时/min	
5Z-01		液压平口钳、专用夹具	FANUC		准终	单件
					5	20

续表

工序号	工步号	工步名称	工步内容	刀具号	刀具名称	主轴转速 /(r/min)	进给量 /(mm/min)	背吃刀量 /mm	冷却方式	工艺装备	工时定额 机动/辅助	备注
4	1	装夹上序零件	夹持上序零件两端，底座底面紧贴固定软钳口，60mm 面紧靠 L 形定位块处							液压平口钳，专用夹具	辅助	
4	2	钻中心孔	钻中心孔	T01	中心钻	1200	100		切削液	液压平口钳、专用夹具	机动	
4	3	钻孔	钻削 $\phi4.5$ 孔	T02	麻花钻	1200	100		切削液	液压平口钳、专用夹具	机动	
4	4	粗铣方形孔	粗铣第一个 5×12 方形孔，留 0.2mm 加工余量	T03	$\phi4$ 立铣刀	2000	200	4.0	切削液	液压平口钳，专用夹具	机动	
4	5	精铣方形孔	精铣第一个 5×12 方形孔	T04	$\phi2$ 立铣刀	2000	150	0.05	切削液	液压平口钳，专用夹具	机动	
4	6	翻面装夹	翻面装夹，保证定位									
4	7	钻中心孔	钻中心孔	T01	中心钻	1200	100		切削液	液压平口钳、专用夹具	机动	
4	8	钻孔	钻削 $\phi4.5$ 孔	T02	麻花钻	1200	100		切削液	液压平口钳、专用夹具	机动	
4	9	粗铣方形孔	粗铣第二个 5×12 方形孔，留 0.2mm 加工余量	T03	$\phi4$ 立铣刀	2000	200	4.0	切削液	液压平口钳，专用夹具	机动	
4	10	精铣方形孔	精铣第二个 5×12 方形孔	T04	$\phi2$ 立铣刀	2000	150	0.05	切削液	液压平口钳，专用夹具	机动	
								编制(日期)		审核(日期)	会签(日期)	
标记			处计	更改文件号		签字						

17.3.2 加工程序编制

根据工序卡片的要求进行程序编写，其中 O4201 和 O4202 为加工中心 A 加工程序，O4301 为加工中心 B 的加工程序，O4401 为加工中心 C 的加工程序（表 17-8）。

表 17-8 程序表

<table>
<tr><th colspan="2">工序 2 中底座及钻孔加工</th></tr>
<tr><td>O4201；
T01 M6；
G00 G90 G54 S1500 M03；
M98 P0210；
S2000 M03；
M98 P0210；
M98 P0220；
M98 P0230；
M98 P0240；
M98 P0250；
M05；
G28 Y0；
M30；

O0210(端面粗精加工程序)
T01 M06；(φ12 立铣刀)
G00 G90 G54 X-40.0 Y-21.0 S1500 M03；
G43 H01 Z50.0；
Z5.0；
G01 Z-0.8 F200；
X40.0；
Y-13.0；
X-40.0；
Y-5.0；
X40.0；
Y3.0；
X-40.0；
Y11.0；
X40.0；
Y19.0；
X-40.0；
Y25.0；
X45.0；
G00 Z50.0；
M99；

O0240；(底座外形粗加工程序)
T01 M06；(φ12 立铣刀)
G00 G90 G54 X-45.0 Y21.0 S2000 M03；
G43 H01 Z50.0；
Z5.0；
G01 Z-6.0 F200；
G41 D01 X-31.0 Y20.0；(D01＝12.25)
X25.0；
X30.0 Y15.0；</td><td>O0220；(钻中心孔加工程序)
T03 M06；(中心钻)
G00 G90 G80 G54 S1200 M03；
G43 H03 Z50.0；
G98 G81 X-25.0 Y15.0 Z-3.0 R5.0 F100；
Y-15.0；
X25.0；
Y15.0；
X0 Y0；
G80；
M99；

O0230；(钻孔加工程序)
T04 M06；(φ4.5 麻花钻)
G00 G90 G80 G54 X0 Y0 S1200 M03；
G43 H04 Z50.0；
G98 G81 X-25.0 Y15.0 Z-35.0 R5.0 F100；
Y-15.0；
X25.0；
Y15.0；
G80；
G00 X0 Y0；
T05 M06；(φ12 麻花钻)
S800；
G01 Z05 F500；
Z-35.0 F50；
Z5.0；
G00 Z50.0；
M99；

O0250；(底座外形精加工程序)
T02 M06；(φ10 立铣刀)
G00 G90 G54 X-45.0 Y21.0 S2000 M03；
G43 H02 Z50.0；
Z5.0；
G01 Z-6.0 F150；
G41 D02 X-31.0 Y20.0；(D02＝10)
X25.0；
X30.0 Y15.0；
Y-15.0；
X25.0 Y-20.0；
X-25.0；
X-30.0 Y-15.0；
Y15.0；
X-20.0 Y25.0；</td></tr>
</table>

续表

工序2中底座及钻孔加工	
Y-15.0 X25.0 Y-20.0; X-25.0; X-30.0 Y-15.0; Y15.0; X-20.0 Y25.0; G01 Z5.0 F500; G00 X0 Y0; G01 Z-10.0 F200; X9.5; G03 X9.5 I-9.5 F200; G40 X0 Y0; G00 Z50; M99;	G01 Z5.0 F500; G00 X0 Y0; G01Z-10.0 F200; X9.5; G03 X9.5 I-9.5 F200; G40 X0 Y0; G00 Z50.0; M99;
工序2中翻面形状铣削加工	
O4202; T01 M06; G00 G90 G54; M98 P0260; M98 P0270; M05; G28 Y0; M30; O0260;(翻面形状铣削粗加工程序) T01 M06;(φ12立铣刀) G00 G90 G54 X-45.0 Y0 S2000 M03; G43 H01 Z50.0; Z5.0; G01 Z2.0 F200; M98 P0261 L3; G0 Z50.0; X0 Y0; Z5.0; G01 Z2.0 F200; M98 P0262 L3; G0 Z50.0; M99; O0261;(外形粗加工子程序) G91 Z-10.0 F200; G90 G41 D01 X-28.0;(D01=12.25) G02 X-28.0 Y0 I28 F200; G01X-20.0; G02X-20.0 Y0 I20.0; G01 G40.0 X-45.0 F500; M99;	O0270;(翻面形状铣削精加工程序) T02 M06;(φ10立铣刀) G00 G90 G54 X-45.0 Y0 S2000 M03; G43 H02 Z50.0; Z5.0; G01 Z2.0 F200; M98 P0271L3; G00 Z50.0; X0 Y0; Z5.0; G01 Z-2.0 F200; M98 P0272L3; G00 Z50.0; M99; O0271;(外形精加工子程序) G91 Z-10.0 F200; G90 G41 D02 X-20;(D02=10) G02 X-20.0 Y0 I20.0; G01 G40.0 X-45.0 F500; M99; O0272;(内孔精加工子程序) G91 Z-10.0 F200; G90 G41 D01 X10.0;(D01=10) G03 X12.5 Y0 R2.5 F150; G03 X12.5 Y0 I-12.5; G03 X10.0 Y0 R2.5 F150; G01 G40 X0 F500; M99;

续表

<table>
<tr><th colspan="2">工序 2 中翻面形状铣削加工</th></tr>
<tr><td>O0262;(内孔粗加工子程序)
G91 Z-10.0 F200;
G90 G41 D01 X10.0;(D=12.25)
G03 X12.5 Y0 R2.5 F200;
G03 X12.5 Y0 I-12.5;
G03 X10.0 Y0 R2.5 F200;
G01 G40 X0 F500;
M99;</td><td></td></tr>
<tr><th colspan="2">工序 3 中沉头螺纹孔和窄缝加工</th></tr>
<tr><td>O4301;
T01 M06;
G00 G90 G54;
M98 P0310;
M98 P0320;
M98 P0330;
M98 P0340;
M98 P0350;
M05;
G28 Y0;
M30;

O0310;(钻中心孔加工程序)
T01 M06;(中心钻)
G00 G90 G80 G54 X0 Y0 S1200 M03;
G43 H01 Z50.0;
G01 Z5.0 F500;
X46.5 Y-25.5;
Z-10.0 F200;
Z5.0 F500;
G00 Z100.0;
M99;

O0340;(攻螺纹加工程序)
T04 M06;(M4 丝锥)
G00 G90 G54 X46.5 Y-25.5 S300 M03;
G43 H04 Z50.0;
Z5.0;
M29;
G98 G84 Z-35.0 R2.0 Q1.0 F210;
G80 G00 Z100.0;
M99;</td><td>O0320;(钻螺纹底孔加工程序)
T02 M06;(ϕ3.3 麻花钻)
G00 G90 G80 G54 X0 Y0 S1200 M03;
G43 H02 Z50.0;
G01 Z5.0 F500;
X46.5 Y-25.5;
Z-35.0 F200;
Z5.0 F500;
G00 Z100.0;
M99;

O0330;(沉头孔加工程序)
T03 M06;(ϕ4 立铣刀)
G00 G90 G54 X46.5 Y-25.5 S2000 M03;
G43 H03 Z50;
Z5.0;
G01 Z-17.0 F200;
G41 D03 X42.5;(D03=4.0)
G03 X42.5 Y-25.5 I4.0 F150;
G40 X46.5;
G01 Z-19.5;
G41 D03 X44.25;(D03=4.0)
G03 X44.25 Y-25.5 I2.25 F150;
G40 X46.5;
G01 Z5.0 F500;
G00 Z100.0;
M99;

O0350;(锯割窄缝加工程序)
T05 M06;(ϕ50 厚 1mm 锯片铣刀)
G00 G90 G54 X60.0 Y-60.0 S500 M03;
G43 H05 Z50.0;
Z5.0;
G01 Z-20.0 F50;
Y-46.0;
X-25.0;
G01 Z5.0 F500;
G00 Z100.0;
M99;</td></tr>
</table>

续表

工序 4 中方孔加工	
O4401; T01 M06; G00 G90 G54 ; M98 P0410; M98 P0420; M98 P0430; M98 P0440; M98 P0450; M05; G28 Y0; M30; O0410;(钻中心孔加工程序) T01 M06;(中心钻) G00 G90 G80 G54 X20. 0 Y-15. 0S1200 M03; G43 H01 Z50. 0; G01 Z5. 0 F500; Z-2. 0 F200; Z5. 0 F500; G00 Z100. 0; M99; O0430;(方孔粗加工程序) T03 M06;(ϕ4 立铣刀) G00 G90 G54 X20. 0 Y-15. 0 S2000 M03; G43 H03 Z50. 0; Z5. 0; G01 Z-10. 0 F200; G41 D03 Y-9. 0;(D03＝4. 2) G01 X18. 5; G03 X17. 5 Y-10. 0 R1. 0; G01 Y-20. 0; G03 X18. 5 Y-21. 0 R1. 0; G01 X21. 5; G03 X22. 5 Y-20. 0 R1. 0; G01 Y-10. 0; G03 X21. 5 Y-9. 0 R1. 0; G01 X20. 0; G40Y-15; G00 Z100. 0; M99;	O0420;(钻孔加工程序) T02 M06;(ϕ4. 5 麻花钻) G00 G90 G80 G54 X20. 0 Y-15. 0S1200 M03; G43 H02 Z50. 0; G01 Z5. 0 F500; Z-10. 0 F200; Z5. 0 F500; G00 Z100. 0; M99; O0440;(方孔精加工程序) T04 M06;(ϕ2 立铣刀) G00 G90 G54 X20. 0 Y-15. 0 S2000 M03; G43 H04 Z50. 0; Z5. 0; G01 Z-4. 0 F150; M98 P0441; Z-8. 0 F150; M98 P0441; G00 Z100. 0; M99; O0441 G41 D01 Y-9. 0;(D01＝2. 0) G01 X18. 5; G03 X17. 5 Y-10. 0 R1. 0; G01 Y-20. 0; G03 X18. 5 Y-21. 0 R1. 0; G01 X21. 5; G03 X22. 5 Y-20. 0 R1. 0; G01 Y-10. 0; G03 X21. 5 Y-9. 0 R1. 0; G01 X20. 0; G40 Y-15. 0; M99;

17. 3. 3　工件铣削加工

(1) 开机及设备检查

① 检查加工中心机床及空气压缩机是否正常。

② 在检查无问题后，按机床通电顺序电柜箱—机床电源—系统电源进行通电，打开空气压缩机。

③ 通电后检查屏幕信息是否正确，机床是否有报警信息。

④ 检查电动机风扇是否旋转。

⑤ 机床各轴回参考点，先回 Z 轴，再回 X 轴和 Y 轴。

(2) 刀具准备与安装

① 按照表 17-4，准备相应刀具及刀柄。

② 检查所选用刀具及切削刃是否磨损或损坏，如有磨损或损坏及时更换新刀具。

③ 检查所准备的刀柄、卡簧是否损坏并清洁，确保能与刀具、机床准确装配，正确装夹刀具至刀柄，根据现场 5S 管理将刀具摆放整齐。

④ 检查机床主轴内是否有异物，将对应工序中刀具号的刀柄正确安装至主轴。

(3) 工量具准备

按照多工序加工工艺过程卡准备工量具，见表 17-9。

表 17-9 工量具准备清单

序号	类型	名称	规格	数量
1	工量具	磁力表座	万向	1
2		机用平口钳及附件		
3		偏心式寻边器	SCG-H417-10	1
4		标准芯棒	$\phi8$	1
5		标准量块	50mm	1

① 检查所准备工量具是否损坏，检查并校准量具零位。

② 根据现场位置按照 5S 标准将工量具摆放整齐。

(4) 夹具及毛坯安装

① 检查定位装置各连接处有无松动，保证无损坏，并清洁表面。

② 采用百分表找正夹具。

③ 毛坯安装，检查上序零件表面有无毛刺等异物，并清除异物。

④ 装夹零件时要避开加工部位，以及加工中心刀头可能碰到夹具体的位置。

⑤ 平口钳夹紧工件时，松紧适当。

⑥ 夹具和工件的安装及找正方法具体详见第 6 章内容。

(5) 建立工件坐标系

根据工件铣削工艺分析安排，工序 2 的工件坐标系建立在工件中心位置，工序 3 和工序 4 建立在专用夹具的定位块处即工件左上角，如图 17-7 所示。具体对刀方法详见项目 3 第 3 节。

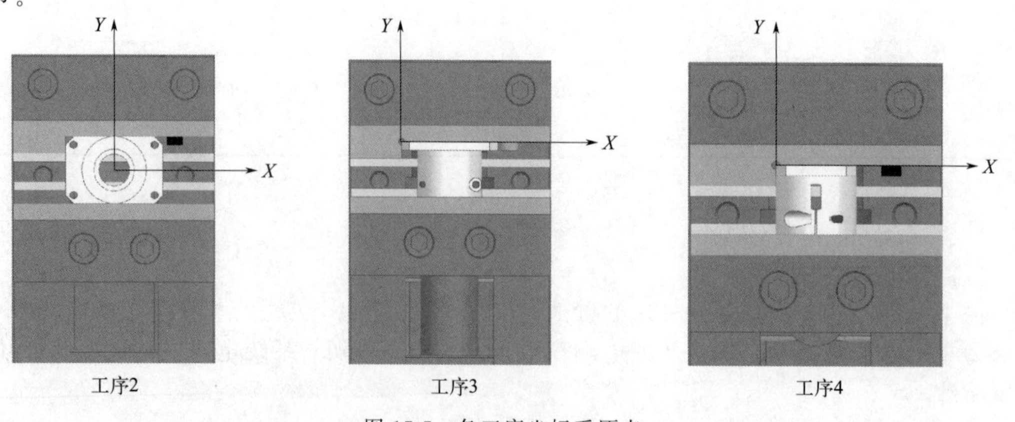

图 17-7 各工序坐标系原点

(6) 程序输入

按照程序输入方法与要求在 edit 模式下输入程序编制卡中的相关程序。输入方法详见项目 3 第 3 节。

(7) 工序 2 加工及检验

① 执行程序开始时必须认真检查其所用的刀具是否与程序编制卡中的刀具对应，再依次检查刀具补偿地址是否一一对应。开始加工时要把进给速度调到最小，按下单节执行按钮，快速定位、落刀、进刀时注意观察与设计刀路是否一致，确定正确后，关闭单节按钮，然后慢慢加大进给速度到合适，同时开启冷却液。

② 粗加工时不得离控制面板太远，有异常现象及时停机检查。

③ 在精加工过程中不断优化加工参数，达到最佳加工效果。

④ 如该工序是关键工序，则工件加工完毕后，应测量其主要尺寸数值与图纸要求是否一致，如有问题立即通知当班组长或编程员检查、解决。

⑤ 本工序加工时，夹持量较少，注意装夹力度，装夹时注意垫铁的避让，以免影响钻孔。

(8) 工序 3 加工及检验

① 本工序加工检验前 5 项与工序 2 一致。

② 本工序钻孔时，注意中心钻钻孔深度是否满足使用要求，及时调整钻孔高度。

(9) 工序 4 加工及检验

① 本工序加工检验前 5 项与工序 2 一致。

② 本工序精加工刀具较小，注意观察刀具长度是否满足要求。

(10) 自检内容及范围

① 操作人员在加工前必须掌握工艺卡内容，了解下一工序加工内容，清楚工件要加工的部位、形状、图纸及各尺寸。如工序 2 为铣削底座及圆筒，工序 3 为铣、钻削沉头螺纹孔。

② 加工本工序前，测量上序零件尺寸是否符合图纸要求，装夹时确保装夹位置与工艺卡要求一致，确保前面工序加工符合要求后再进行加工。

③ 精加工后操作人员应对加工部位的形状尺寸进行自检。检测其基本尺寸是否符合图纸要求。

④ 操作人员完成工件自检，确认与图纸及工艺要求相符合后方能拆下工件。

17.3.4 交件

对工件进行去毛刺、锐角倒钝处理，填写表 17-5 综合评价表，将工件与评价表上交。

17.3.5 整理

对加工工位进行环境整理事项：

①整理文件与零件。②整理量、夹具等。③清理机床卫生。

17.3.6 工件评价检测

根据表 17-5 综合评价表对工件进行评价。

17.3.7 准备批量加工

使用单件加工调试好的设备进行批量生产。

17.4 项目总结

17.4.1 根据测量结果反馈加工策略

(1) 加工质量测量

见表 17-5。

(2) 加工误差及处理办法

加工误差常见的处理办法详见附录表 1，根据附录表 1 列举内容，学员自行总结分析加工中出现的问题。

17.4.2 分析项目过程总结经验

根据综合评价表上加工出现的偏差和加工误差常见的处理办法总结自己的加工方法和经验。请从图样、结构、精度、毛坯、刀具切削用量、机床选择、装夹、检测八个方面进行零件加工工艺分析。将自行分析的内容填到附录表 2 中。

(1) 教师评价

教师根据学员加工情况和个人分析情况进行整体评价。教师评价表详见附录表 3。

(2) 学员评价

学员根据自己的加工情况和个人分析情况进行整体评价。学员自评表详见附录表 4。

习题：

按图纸要求完成“基座”加工。

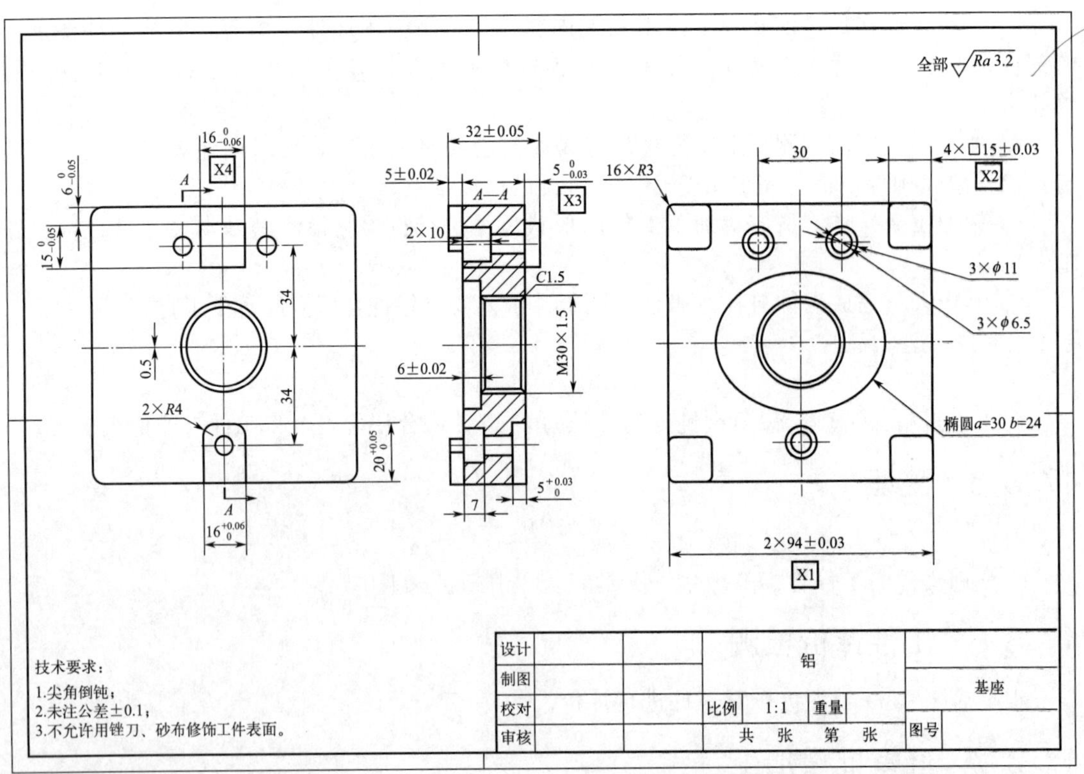

第18章

项目5 车铣复合工序加工一

课程导读

教学目标

1. 知识目标

① 学习数控车削、加工中心机床的操作。

② 学习批量零件加工的一般操作步骤。

③ 学习加工工艺方法的建立原则。

④ 学习工件定位要求与专用夹具的设计原则。

2. 能力目标

① 能在正确识读图样的基础上，通过查阅国家标准等相关资料，正确编制零件的数控加工工序卡。

② 能够根据零件设计某一工序的专用夹具。

③ 能熟练操作各种加工辅助工具，如寻边器、对刀块等。

④ 能规范、熟练地使用常用量具，对零件进行检测，判断加工质量并根据测量结果分析误差产生的原因，提出修改意见。

3. 素质目标

① 增强安全文明生产意识，提高职业道德素养，培养良好的职业习惯。

② 提高团队合作意识，培养大国工匠精神。

教学内容

通过对零件图样的分析，制定合理的加工工艺卡与刀具卡片，学员通过理论知识的学习，能熟练操作数控机床，进一步提升自己的职业技能水平，养成良好的职业习惯。

18.1 任务描述

天津某精密机械加工厂需完成某航空液压阀订单共计 400 件，订单周期为 20 天，加工图纸与技术要求如图 18-1 所示，该工厂根据现有情况制定了加工工艺方案，项目任务按照《多工序数控机床操作职业技能等级标准》要求，使用数控车床和加工中心机床完成多工序的编程与加工，对应的工作任务和技能要求如表 18-1 所示。

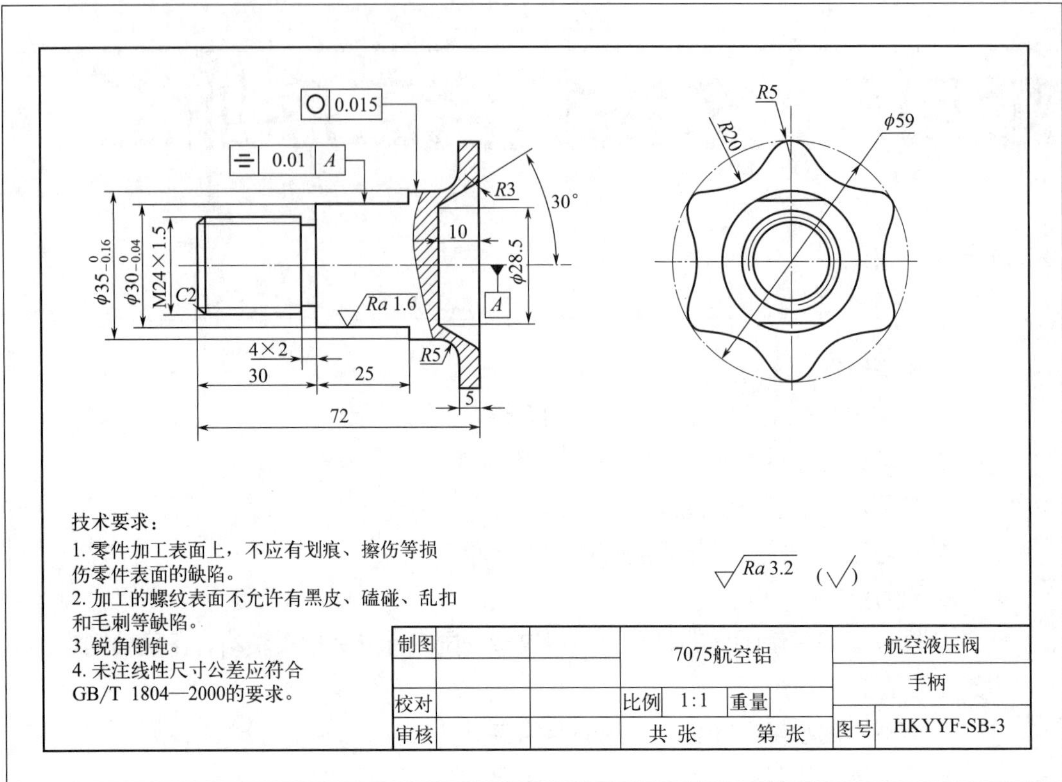

图 18-1 航空液压阀

表 18-1 工作任务和技能要求

职业功能	工作内容	技能要求
数控编程	1. 编制多工序加工工艺文件 2. 数控车削编程 3. 数控铣削编程	1. 根据中等复杂程度零件图加工任务要求进行工艺文件技术分析，设计产品工艺路线，制作工艺技术文件 2. 手工编制数控加工程序，制作零件加工程序单
数控加工	1. 车削轴并达到要求 2. 螺纹加工并达到要求 3. 槽加工并达到要求 4. 平面铣削并达到要求 5. 轮廓铣削并达到要求 6. 零件精度检验	1. 能应用控制面板操作数控机床 2. 能对工件进行合理装夹与找正 3. 能加工外圆、内孔、螺纹等车削特征的零件并达到要求 4. 能根据数控机床安全操作规程安全文明生产 5. 能加工含轮廓、平面、台阶等铣削特征的零件并达到要求 6. 能合理选用量具检测零件的尺寸，如外圆、孔、槽、长度等
数控机床维护	1. 零件清理和精整 2. 设备维护	1. 按要求去除零件多余物、锐边倒钝、清洁、清洗 2. 能根据说明书完成数控车床和加工中心机床定期及不定期维护保养

18.2 任务准备

18.2.1 图纸分析

该零件表面由外圆柱面、内圆柱面、圆弧面及外螺纹等组成，其中图纸多处对形位公差有较高要求，对多个直径尺寸与轴向尺寸要求不高，外圆表面粗糙度要求为 $Ra1.6$，端面等

表面粗糙度要求为 $Ra3.2$。零件图尺寸标注完整，符合数控加工尺寸要求；轮廓描述完整；零件材料为 7075 铝合金，其特点是具有极高的强度和抗应力腐蚀断裂的性能，加工性能好，无热处理要求。生产类型为批量生产。根据现有条件，需要的机床设备、刀具及量具如表 18-2、表 18-3 所示。

表 18-2　机床设备、刀具表

序号	名称	规格及型号	数量
1	数控车床	CKA6150	2
2	加工中心	VDL600A	2
3	自定心卡盘	ϕ250mm	2
4	平口钳	5in 精密角固定式	2
5	车刀	外圆粗、精车刀，内孔粗、精车刀，切断刀，外螺纹车刀	各 1
6	铣刀	ϕ10、ϕ8 立铣刀	各 2
7	钻头	A 型中心钻，ϕ16、ϕ25 锥柄麻花钻	各 1

通过上述分析采用以下几点工艺措施：

① 因图样上对尺寸公差无太大要求，故编程时直接取基本尺寸即可。

② 对于尺寸精度要求，主要通过在加工过程中的准确对刀、正确设置刀补及磨耗，以及制定合适的加工工艺等措施来保证。

③ 对于表面粗糙度要求，主要通过选用合适的刀具，正确的粗、精加工路线，合理的切削用量及冷却等措施来保证。

④ 对于几何精度要求，主要通过调整机床的机械精度、制定合理的加工工艺及工件的装夹、定位及找正等措施来保证。

分析零件图样，获得零件的主要加工尺寸的公差及表面质量要求有：直径尺寸 $\phi59_{-0.1}^{\ 0.1}$、$\phi35_{-0.16}^{\ 0}$、$\phi28.5_{-0.08}^{0.08}$，要求较高；长度尺寸 5 ± 0.15、10 ± 0.15、25 ± 0.1、30 ± 0.25、72 ± 0.3，要求较高；位置精度、形状精度要求共两处，要求较高；表面粗糙度一处要求为 $Ra1.6$，其余要求为 $Ra3.2$。零件材料为 7075，切削加工性能好，无热处理要求。

表 18-3　量具卡片

序号	量具名称	规格	精度/mm	测量夹具	备注
1	游标卡尺	0～150mm	0.02mm		
2	外径千分尺	0～25mm 25～50mm 50～75mm	0.01mm		
3	内径千分尺	25～50mm	0.01mm		
4	深度千分尺	0～25mm	0.01mm		
5	螺纹通止规	M24			

18.2.2　工艺流程

任务流程图如图 18-2 所示。

18.2.3　毛坯选择

根据零件图分析，准备 $\phi60\times3200$ 铝合金棒料 10 件。

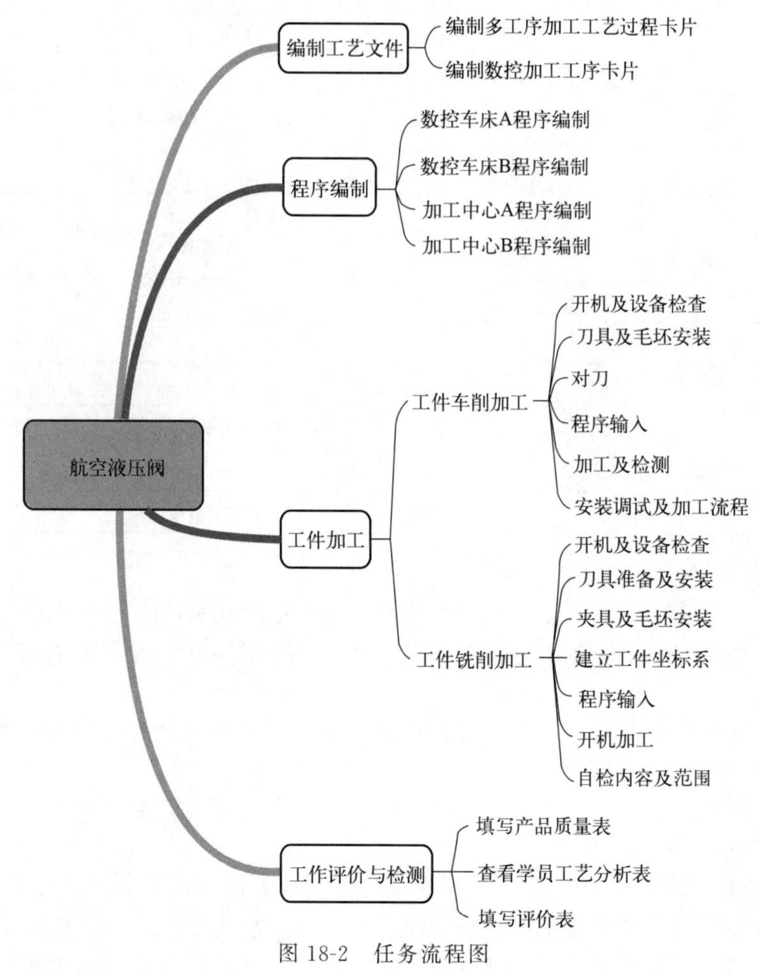

图 18-2　任务流程图

18.2.4　机床选择

① 工序 2、3 为典型的回转体零件加工，选择数控车床。通过工艺分析，确定选择 CKA6150 数控车床完成该零件车削部分的加工，其最大回转直径为 500mm。

② 选择加工中心，该零件左端六角外轮廓圆弧加工，采用自动编程，方便快捷。选择 VDL600A 立式加工中心，其工作台 X 向行程为 600mm，Y 向行程为 420mm，Z 向行程为 520mm，刀库容量为 16 把，符合加工要求。

③ 根据零件工艺特征，合理使用设备，要求操作人员能够熟练操作数控车床和加工中心机床，具有一定的操作经验和技术。

④ 数控机床布局如图 18-3。

18.2.5　刀具选择

该零件为典型的航空液压阀零件，其加工精度要求高，表面质量高，依据该零件结构、形状和加工要求选择刀具。所需加工刀具有外圆车刀、切断刀、外螺纹车刀、内孔车刀、中心钻、锥柄麻花钻、立铣刀等，其规格根据加工尺寸选择。两平面铣削加工时，在允许装刀直径范围内，应选择较大直径的刀具，以减少接刀痕；顶端六角外形轮廓铣削时，应选择较小直径的刀具，以减少切削力产生的变形，但也不能过小，以免影响加工效率。具体所选刀

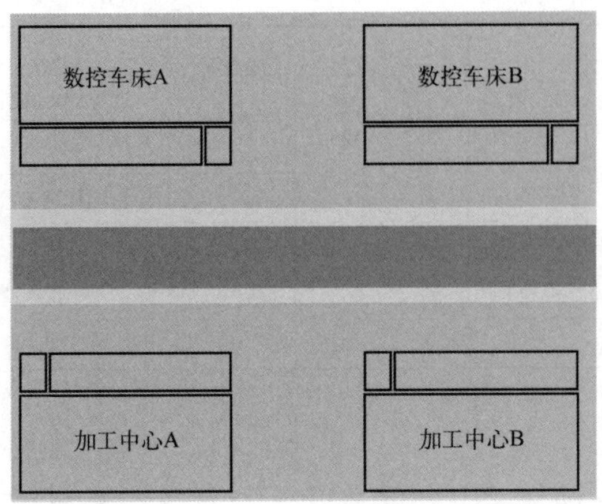

图 18-3　机床分布图

具调整卡如表 18-4 所示。

表 18-4　刀具调整卡

数控加工刀具卡片							产品型号			零件图号		HKYYF-SB-3
							产品名称		航空液压阀	零件名称		手柄零件
工序名称			工序号	设备名称	设备型号	冷却方式	毛坯种类		毛坯尺寸	毛坯材质牌号		车间
铣削/车削			2/3/4/5	数控车床/加工中心	CKA6150/VDL600A	冷却液	铝棒料		ϕ60mm×3200mm	7075		
工序号	工步号	刀具号	刀具名称	刀具材质	刀具				刀柄名称规格	数量	刀具半径补偿量	备注
					直径	刀尖圆角	长度	装夹长度				
2	2/3	1	95°外圆粗车刀 MCLNR2020K12	硬质合金		R0.4mm	125	95mm	20×20	1	—	
	4	2	93°外圆精车刀	硬质合金			125	95mm	20×20	1		
	5/7	3	切断刀 MGEHR2525-3T35	高速钢			125	—	20×20	1	—	
	6	4	外螺纹车刀 SER-2020K16	硬质合金		—	125		20×20	1	—	
3	2		中心钻(A 型)	高速钢	ϕ3.15	—	40	—	—	1	—	
	3		锥柄麻花钻	高速钢	ϕ16	—	281			1		
	4		锥柄麻花钻	高速钢	ϕ25	—	281	—	—	1	—	
	5	1	内孔粗车刀 S18Q-SCLCR09	硬质合金	—	R0.4	180		刀柄直径为ϕ18mm			
	6	2	内孔精车刀 S18Q-SCLCR09	硬质合金		R0.4	180		刀柄直径为ϕ18mm			
4	2/5	1	立铣刀	高速钢	ϕ10		100		BT40		0.2	

续表

工序号	工步号	刀具号	刀具名称	刀具材质	刀具				刀柄名称规格	数量	刀具半径补偿量	备注
					直径	刀尖圆角	长度	装夹长度				
	3/6	2	立铣刀	高速钢	$\phi8$		75		BT40		−0.01	
5	2	1	立铣刀	高速钢	$\phi10$		100		BT40		0.2	
	3	2	立铣刀	高速钢	$\phi8$		75		BT40		0	
编制				审核		批准			日期		共　页	第　页

18.2.6　夹具选择

(1) 车削加工夹具选择

由工艺分析确定，车削零件形状为回转体，车削加工工序时，采用三爪自定心卡盘装夹。

(2) 铣削加工夹具选择

据工艺要求分析，对于小批量零件加工而言，准确确定工件与机床和刀具之间的相对位置、保证工件的加工精度、减少工人装卸工件的时间和劳动强度、提高生产效率是必须考虑的问题，因此本例应设计专用夹具。

对于工序 4 铣削面，采用 V 形块和 L 形支撑板实现零件定位，为简化夹具设计，该夹具的夹紧装置用自制平口钳，如图 18-4 所示，拆掉平口钳原有固定钳口和活动钳口板，更换为 L 形支撑底板与软钳口，避免夹伤已加工工件的端面，定位装置 V 形块与 L 形支撑板通过螺钉与 L 形支撑底板相连，L 形支撑底板通过螺钉与平口钳固定钳口一端连接。

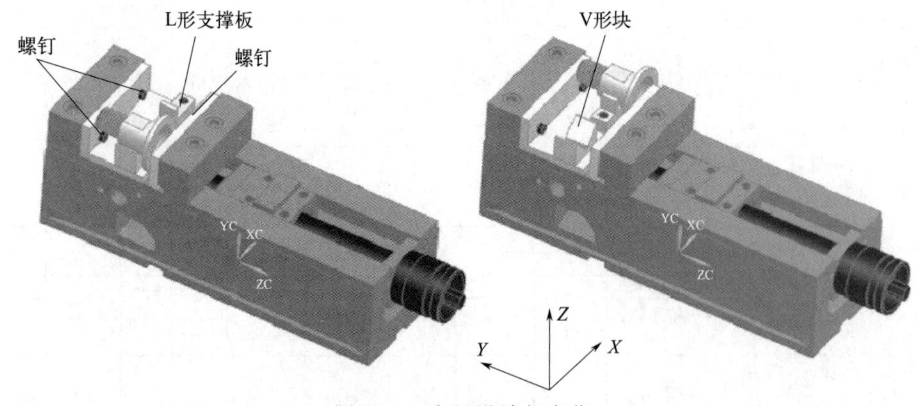

图 18-4　夹具设计与定位

其中夹具定位装置设计如图 18-5 所示，第一平面加工时，将加工零件放在长 V 形块 2 上，$\phi35$ 圆柱面作为定位基准，限制 X、Z 方向的移动和 X、Z 方向的旋转共计 4 个自由度，且小端面紧贴 L 形支撑底板 1 的侧面，同时限制 Y 方向的移动；第二平面铣削时，已加工的第一平面作为定位基准，紧贴 L 形支撑板 4 的底面和侧面，限制 X、Z 方向的移动和 X、Y、Z 方向的旋转，同理小端面紧贴 L 形支撑底板 1 的侧面，限制 Y 方向的移动。注：定位装置的设计应保证零件的准确定位，如图中所示，零件安装时，夹紧力作用应尽可能超过中心线，保证定位和夹紧充分。

(3) 工序 5 铣削夹具选择

在由工序 4 铣削加工完成对称平行面后，在铣削外六角圆弧时，如图 18-6(a) 所示，为

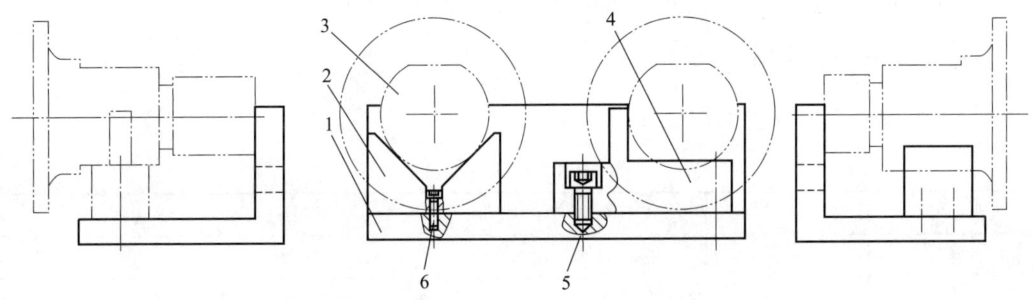

图 18-5　夹具定位装置

1—L 形支撑底板；2—长 V 形块；3—工件；4—L 形支撑板 ；5—M5 螺钉；6—M3 螺钉

避免二次装夹引起夹痕和变形，采用软钳口装夹，代替原平口钳硬钳口，在固定软钳口上安装 T 形挡板，用来确定零件在夹具中的固定位置。

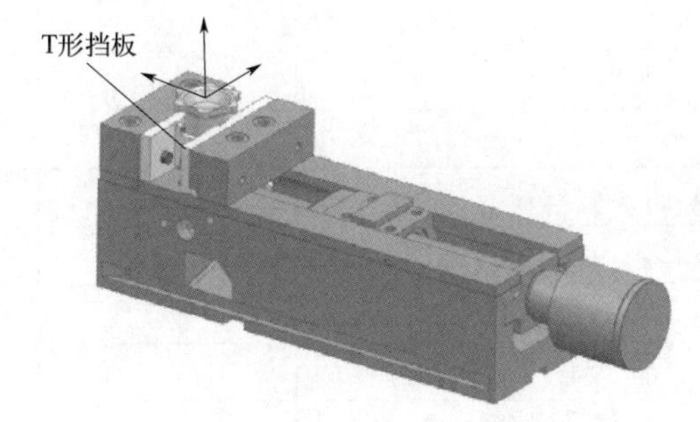

(a) 工序5三维零件装夹示意图

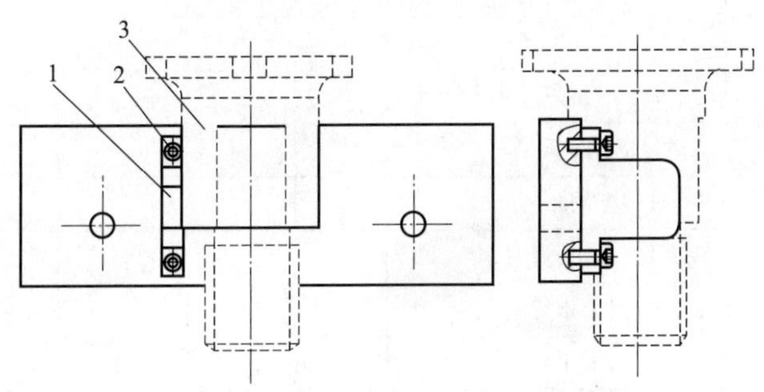

1—T形挡板；2—紧固螺钉；3—工件

(b) 工序5二维夹具设计示意图

图 18-6

其中工序 5 夹具定位装置设计如图 18-6(b) 所示，将工序 4 第一平面作为定位基准，紧贴固定钳口和 T 形挡板 1，限制 X、Y 向移动和 X、Y、Z 向旋转共 5 个自由度，由工序 4 形成的台阶面垂直贴合钳口顶面，限制 Z 向移动，共限制 6 个自由度，满足加工要求，使用台虎钳直接夹紧。

18.2.7　切削液的选择

根据工件材料（7075 铝合金）、刀具材料（硬质合金、高速钢）、加工要求（先粗后精）

等，可知需选用不含硫、连续充分浇注且冷却效果好的乳化液。

18.2.8 考核与评价标准

根据零件加工综合评价完成表 18-5。

表 18-5 综合评价表

产品型号				产品名称				工序号			共　页
零件图号				零件名称				操作者			第　页
序号	检验类型	检验内容及精度要求				自检		质检	抽检	测量仪器	备注
		直径/长度/Ra	基本尺寸	上偏差	下偏差	实测值	误差	实测值	实测值		
1	尺寸精度/主要尺寸	直径	$\phi59$	0.1	−0.1						
2		直径	$\phi35$	0	−0.16						
3		直径	$\phi28.5$	0.08	−0.08						
4		直径	$\phi30$	0	−0.04						
5		长度	5	0.15	−0.15						
6		长度	30	0.25	−0.25						
7		长度	25	0.1	−0.1						
8		长度	10	0.15	−0.15						
9		长度	72	0.30	−0.30						
30	位置精度	对称度	30	0.01	−0.01						
31	形状精度	圆度	35	0.015	−0.015						
32	表面质量	Ra	1.6								
33		Ra	3.2								
34	螺纹和圆柱面	M	24								
37	产品外观	锐角倒钝 $C0.5$									
38		机加工倒角									
39		无夹伤、碰伤、划痕									
40		轮廓与图纸相符度									
日期		合格率		操作者		质检		抽检		抽检数	

18.3 任务实施

18.3.1 工艺方案编制

该零件为批量件加工，为提高加工效率，首先编制多工序加工工艺过程卡片，合理编制工序安排。其次编制数控加工工序卡片，根据多工序加工工艺过程卡片填写表头信息，编制工序卡工步内容，每个工步切削参数要合理，简图绘制要准确，精度设定要合理，具体内容详见表 18-6、表 18-7。

表 18-6 多工序加工工艺过程卡片

多工序加工工艺过程卡片		手柄零件		产品型号	HKYYF	零件图号	HKYYF-SB-3	共 1 页	
				产品名称	航空液压阀	零件名称	手柄零件	第 1 页	
工序号	工序名称	工序内容	工艺装备	车间	材料	设备	件数	工序工时/min	
								准终	单件
1	备料	锯割 $\phi 60\times 800$ 的圆棒料	平口钳	备料室	7075	锯床	40	2	1
2	车削外形	加工外圆 $\phi 59$,$\phi 35$,螺纹 M24,槽 4×2,72mm 切断及倒角	三爪卡盘	数控加工室 1	7075	数控车床	400	1	20
3	车削内孔	车削 $\phi 28.5$ 到 $\phi 40$ 的内锥孔	三爪卡盘	数控加工室 2	7075	数控车床	400	2	5
4	铣削面	铣削 $\phi 35$ 处两平面长 25mm	液压平口钳	数控加工室 3	7075	加工中心	400	5	10
5	铣削外形	铣削顶端六角外形轮廓	液压平口钳	数控加工室 4	7075	加工中心	400	2	10
6	钳工	锐角倒钝,去除毛刺	台虎钳			钳台	400	1	5
7	清洁	用清洁剂清洗零件						2	
8	检验	按图纸尺寸检测						3	
					编制(日期)	审核(日期)		会签(日期)	
标记	处计	更改文件号	日期	签字					

表 18-7 数控加工工序卡片

数控加工工序卡片	备料	产品型号	HKYYF	零件图号	HKYYF-SB-3	共 5 页
		产品名称	航空液压阀	零件名称	手柄零件	第 1 页
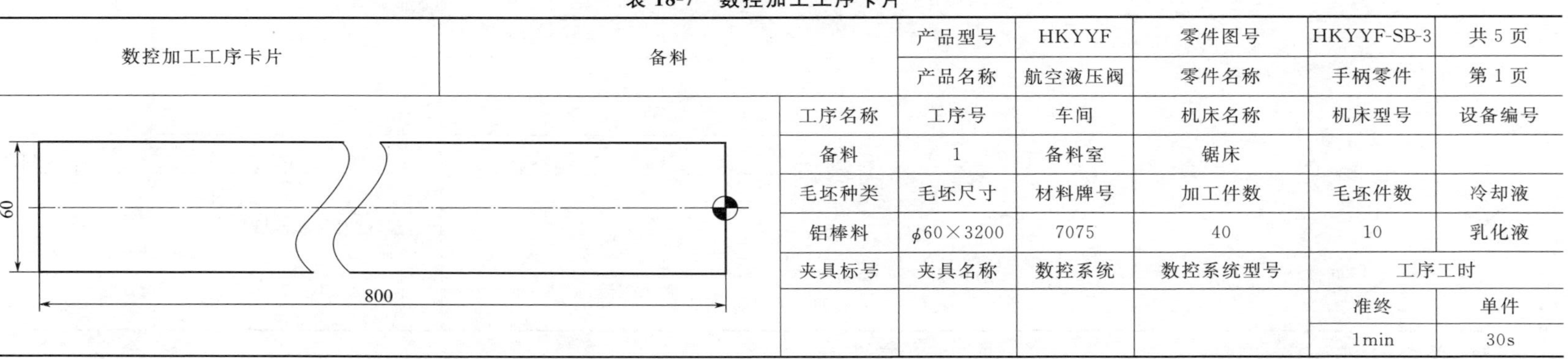	工序名称	工序号	车间	机床名称	机床型号	设备编号
	备料	1	备料室	锯床		
	毛坯种类	毛坯尺寸	材料牌号	加工件数	毛坯件数	冷却液
	铝棒料	$\phi 60\times 3200$	7075	40	10	乳化液
	夹具标号	夹具名称	数控系统	数控系统型号	工序工时	
					准终	单件
					1min	30s

续表

工序号	工步号	工步名称	工步内容	刀具号	刀具名称	主轴转速/(r/min)	进给量/(mm/min)	背吃刀量/mm	冷却方式	工艺装备	工时定额 机动/辅助	备注
1	1	备料	锯割圆棒毛坯料，保证长度 800mm			100	15		切削液	液压平口钳	机动	
								编制(日期)		审核(日期)	会签(日期)	
标记		处计		更改文件号		签字						

数控加工工序卡片	车削外形	产品型号	HKYYF	零件图号	HKYEF-SB-3	共 5 页
		产品名称	航空液压阀	零件名称	手柄零件	第 2 页

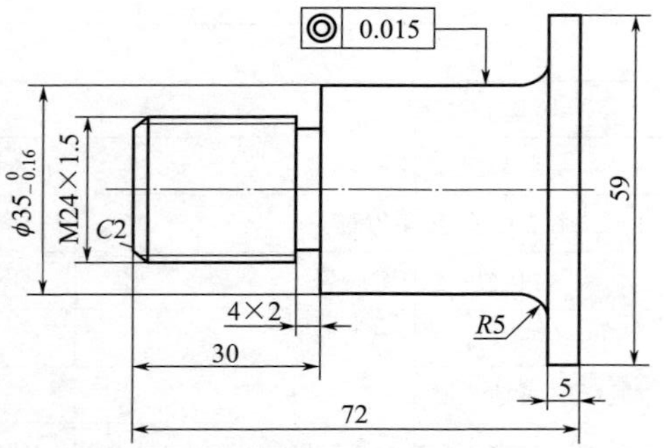

工序名称	工序号	车间	机床名称	机床型号	设备编号
车削外形	2	数控加工室 1	数控车床	CKA6150	
毛坯种类	毛坯尺寸	材料牌号	加工件数	毛坯件数	冷却液
铝棒料	$\phi 60\times 800$	7075	400	40	乳化液
夹具标号	夹具名称	数控系统	数控系统型号	工序工时/min	
				准终	单件
3Z-01	三爪卡盘	FANUC		1	20

工序号	工步号	工步名称	工步内容	刀具号	刀具名称	主轴转速/(r/min)	进给量/(mm/min)	背吃刀量/mm	冷却方式	工艺装备	工时定额 机动/辅助	备注
2	1	装夹毛坯	毛坯装夹在三爪卡盘，伸出 80mm 长度							三爪卡盘、标尺	辅助	
2	2	端面车削	对工件端面进行车削	1	95°外圆粗车刀	1200	200	0.5	切削液	三爪卡盘	机动	

续表

工序号	工步号	工步名称	工步内容	刀具号	刀具名称	主轴转速/(r/min)	进给量/(mm/min)	背吃刀量/mm	冷却方式	工艺装备	工时定额 机动/辅助	备注
2	3	外轮廓粗加工	加工 ϕ23.7、ϕ35 外圆并倒角	1	95°外圆粗车刀	1200	200	0.5	切削液	三爪卡盘	机动	
2	4	外轮廓精加工	加工 ϕ23.7、ϕ35 外圆并倒角	2	93°外圆精车刀	1500	100	0.2	切削液	三爪卡盘	机动	
2	5	槽加工	粗、精加工 4×2 槽	3	宽 3mm 切断刀	500	40		切削液	三爪卡盘	机动	
2	6	螺纹加工	粗、精加工 M24 普通螺纹	4	外螺纹车刀	500		0.5	切削液	三爪卡盘	机动	
2	7	切断	保零件全长 72mm	3	宽 3mm 切断刀	500	25		切削液	三爪卡盘	辅助	
								编制(日期)		审核(日期)	会签(日期)	
标记			处计	更改文件号		签字						

数控加工工序卡片	车削内孔	产品型号	HKYYF	零件图号	HKYYF-SB-3	共 5 页
		产品名称	航空液压阀	零件名称	手柄零件	第 3 页
	工序名称	工序号	车间	机床名称	机床型号	设备编号
	车削内孔	3	数控加工室 2	数控车床	CKA6150	
	毛坯种类	毛坯尺寸	材料牌号	加工件数	毛坯件数	冷却液
	铝棒料	ϕ60×72	7075	400	400	乳化液
	夹具标号	夹具名称	数控系统	数控系统型号	工序工时/min	
		软爪	FANUC		准终	单件
					5	20

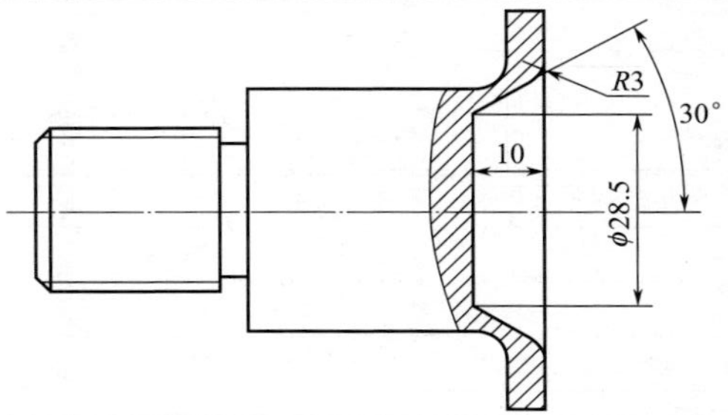

工序号	工步号	工步名称	工步内容	刀具号	刀具名称	主轴转速/(r/min)	进给量/(mm/min)	背吃刀量/mm	冷却方式	工艺装备	工时定额 机动/辅助	备注
3	1	装夹上序零件	夹持上序零件 ϕ35 处，保证同轴							三爪卡盘	辅助	
3	2	钻中心孔	钻中心孔		中心钻	800			切削液	三爪卡盘、专用夹具		

续表

工序号	工步号	工步名称	工步内容	刀具号	刀具名称	主轴转速/(r/min)	进给量/(mm/min)	背吃刀量/mm	冷却方式	工艺装备	工时定额	备注
											机动/辅助	
3	3	扩孔	钻削 $\phi16$ 孔		麻花钻	500			切削液	三爪卡盘、专用夹具	辅助	
3	4	扩孔	钻削 $\phi25$ 孔		麻花钻	300			切削液	三爪卡盘、专用夹具	辅助	
3	5	粗车内孔	粗车内锥孔轮廓	1	内孔粗车刀	1200	200	0.5	切削液	三爪卡盘、专用夹具	机动	
3	6	精车内孔	精车内锥孔轮廓	2	内孔精车刀	1500	100	0.2	切削液	三爪卡盘、专用夹具	机动	
								编制(日期)		审核(日期)	会签(日期)	
标记			处计	更改文件号		签字						

数控加工工序卡片	铣削面	产品型号	HKYYF	零件图号	HKYYF-SB-3	共5页
		产品名称	航空液压阀	零件名称	手柄零件	第4页
工序名称	工序号	车间	机床名称	机床型号	设备编号	
铣削面	4	数控加工室3	加工中心	VDL600A		
毛坯种类	毛坯尺寸	材料牌号	加工件数	毛坯件数	冷却液	
铝棒料	$\phi60\times72$	7075	400	400	乳化液	
夹具标号	夹具名称	数控系统	数控系统型号	工序工时/min		
				准终	单件	
		FANUC		5	20	

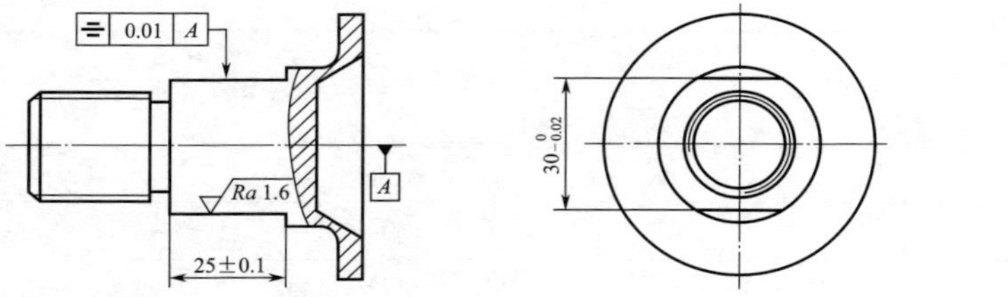

工序号	工步号	工步名称	工步内容	刀具号	刀具名称	主轴转速/(r/min)	进给量/(mm/min)	背吃刀量/mm	冷却方式	工艺装备	工时定额	备注
											机动/辅助	
4	1	装夹上序零件	夹持上序零件两端，零件下面垫V形块，保证中心线在钳口平面之上							液压平口钳，V形块	辅助	
4	2	粗铣第一个面	粗铣加工25×18面，高度留0.5mm加工余量	1	$\phi10$mm立铣刀	3000	1200	1.0	切削液	液压平口钳，V形块	机动	
4	3	精铣第一个面	精铣加工25×18面，保证高度32.5mm	2	$\phi8$mm立铣刀	4000	800	0.3	切削液	液压平口钳，V形块	机动	
4	4	翻面装夹零件	夹持上步零件两端，零件下垫垫铁，保证中心线在钳口平面之上							液压平口钳，垫铁	辅助	

续表

工序号	工步号	工步名称	工步内容	刀具号	刀具名称	主轴转速/(r/min)	进给量/(mm/min)	背吃刀量/mm	冷却方式	工艺装备	工时定额 机动/辅助	备注
4	5	粗铣第二个面	粗铣加工 25×18 面，高度留 0.5mm 加工余量	1	ϕ10mm 立铣刀	3000	1200	1.0	切削液	液压平口钳，垫铁	机动	
4	6	精铣第二个面	精铣加工 25×18 面，保证高度 30mm	2	ϕ8mm 立铣刀	4000	800	0.3	切削液	液压平口钳，垫铁	机动	
								编制(日期)		审核(日期)	会签(日期)	
标记			处计	更改文件号		签字						

数控加工工序卡片	铣削外形	产品型号	HKYYF	零件图号	HKYYF-SB-3	共 5 页
		产品名称	航空液压阀	零件名称	手柄零件	第 5 页
	工序名称	工序号	车间	机床名称	机床型号	设备编号
	铣削外形	5	数控加工室 4	加工中心	VDL600A	
	毛坯种类	毛坯尺寸	材料牌号	加工件数	毛坯件数	冷却液
	铝棒料	ϕ60×72	7075	400	400	乳化液
	夹具标号	夹具名称	数控系统	数控系统型号	工序工时/min	
			FANUC		准终	单件
					5	20

工序号	工步号	工步名称	工步内容	刀具号	刀具名称	主轴转速/(r/min)	进给量/(mm/min)	背吃刀量/mm	冷却方式	工艺装备	工时定额 机动/辅助	备注
5	1	装夹上序零件	夹持上序零件，钳口夹持 25×18 两面，保证零件垂直放置							液压平口钳	辅助	
5	2	粗铣外形	粗铣零件外形轮廓	1	ϕ10mm 立铣刀	3000	1200	1.0	切削液	液压平口钳	机动	
5	3	精铣外形	精铣零件外形轮廓	2	ϕ8mm 立铣刀	4000	800	0.3	切削液	液压平口钳	机动	
								编制(日期)		审核(日期)	会签(日期)	
标记			处计	更改文件号		签字						

18.3.2 加工程序编制

根据工序卡片的要求进行程序编写，其中O5201为数控车床A加工程序，O5301为数控车床B的加工程序，O5401为加工中心A的加工程序，O5501为加工中心B的加工程序（表18-8）。

表18-8 程序表

工序2车削外形程序：

```
O5201;
M98 P0210;
S2000 M03;
M98 P5210;
M98 P5220;
M98 P5230;
M98 P5240;
M98 P5250;
M05;
G28 Y0;
M30;

O5210;(外形轮廓及端面加工程序)
N1;
G00 G40 G97 G99 M03 S1200 T0101;
M08;
G00 G42 X62.0 Z2.0;
Z0.0;
G01 X0.0;
Z2.0;
G00 X62.0;
G71 U0.5 R0.2;
G71 P100 Q200 U0.2 W0.0 F0.17;
N100 G01 X16.0;
X23.85 Z-2.0;
Z-30.0;
X30.0;
W-32.0;
G02 X40.0 W-5.0 R5.0
G01 X59.0;
W-6.0;
N200 X32.0;
G00 G40 X150.0 Z150.0;
N2;
G00 G40 G97 G99 M03 S1500 T0202 F0.07;
G00 G42 X32.0 Z2.0;
G70 P100 Q200;
G00 G40 X150.0 Z150.0;
M99;
```

```
O5220;(退刀槽加工程序)(刀宽 3mm)
G00 G40 G97 G99 M03 S500 T0303;
M08;
G00 X62.0 Z-29.8;
X31.0;
G01 X20.0 F0.08;
X24.0 F0.5;
W0.8;
X20.0 F0.08;
Z-30.0;
X24.0;
G00 X150.0;
Z150.0;
M99;

O5230;(螺纹加工程序)
G00 G40 G97 G99 M03 S500 T0404;
M08;
G00 X25.0 Z2.0;
G92 X24.0 Z-28.0 F1.5
X23.5;
X23.0;
X22.5;
X22.1;
X22.05;
G00 X150.0 Z150.0;
M99;
O5240;(切断加工程序)(刀宽 3mm)
G00 G40 G97 G99 M03 S500 T0303;
M08;
G00 X62.0 Z-77.0;
G01 X30.0 F0.05;
X60.5 F0.5;
Z-75.0;
X0.0 F0.05;
X61.0 F0.5;
G00 X150.0;
Z150.0;
M99;
```

续表

<table>
<tr><td colspan="2">工序 3 车削内孔程序：</td></tr>
<tr><td>O5301;
N1;
G00 G40 G97 G99 M03 S1200 T0101;
M08;
G00 G42 X9. 0 Z2. 0;
G71 U0. 5 R0. 2;
G71 P100 Q200 U-0. 2 W0. 0 F0. 17;
N100 G01 X40. 0;
G03X37. 2Z-2. 4R5. 0;
G01X28. 5Z-10. 0;
N200 X9. 0;
G00 G40 Z150. 0;
X150. 0;</td><td>N2;
G00 G40 G97 G99 M03 S1500 T0202 F0. 07;
G00 G42 X9. 0 Z2. 0;
G70 P100 Q200;
G00 G40 Z150. 0;
X150. 0;
M05;
M09;
M30;</td></tr>
<tr><td>工序 4 铣削面程序：</td><td>工序 5 铣削外形程序：</td></tr>
<tr><td>O5401;
M98 P0100;
M98 P0101;
G91 G28 Y0;
M30;

O0100;(工序 4 平面粗加工子程序)
T01 M06;(ϕ10 立铣刀)
G00 G90 G54 X-27. 5 Y-23 S3000 M03;
G43 H01 Z50. 0;
Z5. 0;
G01 Z-2. 4 F200;
G41 D01 Y-30. 0;(D01＝5. 2)
X27. 5;
G00 Z5. 0;
X-27. 5 Y-36. 0;
G01 Z-2. 4 F200;
X27. 5 F500;
G00 Z5. 0;
X-27. 5 Y-43. 0;
G01 Z-2. 4 F200;
X27. 5 F500;
G00 Z5. 0;
X-27. 5 Y-50. 0;
G01 Z-2. 4 F200;
X27. 5 F500;
G00 Z100;
M05;
M99;

O0101;(工序 4 平面精加工子程序)
T02 M06;(ϕ8 立铣刀)
G00 G90 G54 X-25. 5 Y-30. 0 S4000 M03;
G43 H02 Z50. 0;
Z5. 0;</td><td>O5501;
D01M98 P0200;(D01＝5. 1)
G91 G28 Y0;
D02M98 P0201;(D02＝4)
G91 G28 Y0;
M30;

O0200;(工序 5 外形轮廓粗加工子程序)
T01 M06;(ϕ10 立铣刀)
G90 G54 G00 X40. 5 Y7. 5 S3500 M03;
G43 H01 Z50. 0;
Z10. 0;
G01 Z-1. 0 F200;
M98 P0082;
G01 Z-2. 0 F200;
M98 P0082;
G01 Z-3. 0 F200;
M98 P0082;
G01 Z-4. 0 F200;
M98 P0082;
G01 Z-5. 0 F200;
M98 P0082;
G00 Z100;
M05;
M30;

O0201;(工序 5 外形轮廓精加工子程序)
T02 M06;(ϕ8 立铣刀)
G90 G54 G00 X40. 5 Y7. 5 S3500 M03;
G43 H02 Z50. 0;
Z10. 0;
G01 Z-5. 1 F200;
G01 Z-1. 0 F200;
M98 P0082;
G00 Z100;</td></tr>
</table>

续表

工序 4 铣削面程序：	工序 5 铣削外形程序：
G01 Z-2.5 F200; G41 D02 X-17.5 F500;(D02＝4) X25.5; G00 Z5.0; X-25.5 Y-37.0; G01 Z-2.5 F200; X25.5; G00 Z5.0; X-25.5 Y-44.0; G01 Z-2.5 F200; X25.5; G00 Z5.0; X-25.5 Y-51.0; G01 Z-2.5 F200; X25.5; G00 Z100.0; M05; M99;	M05; M99; O0082;(轮廓子程序) G41 G01 X30.5; G03 X23.0 Y0 R7.5; X25.6 Y-9.8 R20.0; G02 X21.3 Y-17.2 R5.0; G03 X4.3 Y-27.0 R20.0; G02 X-4.3 Y-27.0 R5.0; G03 X-21.3 Y-17.2 R20.0; G02 X-25.6 Y-9.8 R5.0; G03 X-25.6 Y9.8 R20.0; G02 X-21.3 Y17.2 R5.0; G03 X-4.3 Y27.0 R20.0; G02 X4.3 Y27.0 R5.0; G03 X21.3 Y17.2 R20.0; G02 X25.6 Y9.8 R5.0; G03 X23.0 Y0 R20.0; X30.5 Y-7.5 R7.5; G01 X40.5 Y7.5; M99;

18.3.3 工件车削加工

(1) 开机及设备检查

开机及设备检查流程，详细步骤详见项目 1 第 3 节。

① 检查和接通电源。

② 回参考点执行回零操作。

特别注意：在回零时，X、Z 轴先后顺序不能按反。

(2) 刀具及毛坯安装

刀具安装步骤及具体操作流程详见项目 1 第 3 节。

注意：安装刀杆需要使用垫刀片时，垫刀片不能太高。

毛坯安装：

① 数控车床 A 毛坯为 $\phi60\times800$，采用三爪卡盘夹持。

注意事项：a. 毛坯保持清洁，防止装夹偏心。

b. 工件露出 80mm 长，采用标尺进行测量如图 18-7。

c. 夹持时保证工件正确位置，防止工件转动后摇摆，如旋转后有明显晃动，应拆卸后重新装夹。

② 数控车床 B 毛坯为工序 2 精加工件，采用软爪进行装夹如图 18-8，以保证工件两头的同轴度和对工件表面进行保护。

装夹前准备：a. 软爪安装要牢固。

b. 安装软爪后对软爪进行镗削加工，软爪转动形成 28mm 圆，对该圆进行镗削至孔直径为 30mm。镗削该孔的中心线与机床中心线重合。软爪外端倒角距离大于 $R5$mm。

(3) 夹具安装与调试

① 数控车床 A 毛坯安装调试。通过卡尺测量长度后用三爪卡盘进行夹紧，采用外圆车

刀对工件表面车削一段外圆，通过百分表在车削外圆处打表，跳动在两格范围内即可。

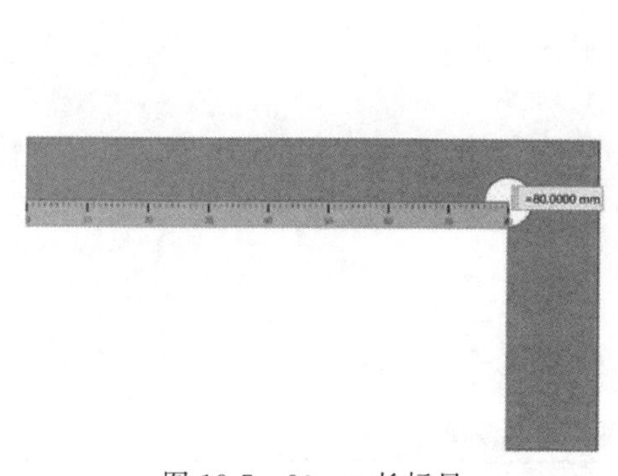

图 18-7　80mm 长标尺

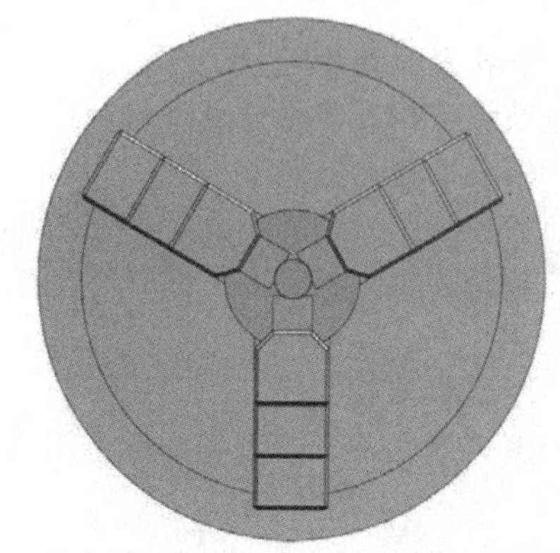

图 18-8　三爪卡盘软爪

② 数控车床 B 工序 2 精加工件安装。用三爪卡盘软爪夹紧，ϕ59 圆内端面与软爪外端面靠紧。

(4) 数控车床的对刀方法

数控车床刀具对刀除了采用试切法对刀外还可以采用贴纸法。通过在工件端面贴一块薄纸，移动刀具轻微碰触纸片，当纸片移动时，停止移动刀具，视为刀具与零件接触。具体刀具移动和刀具补偿输入方法详见项目 1 第 3 节试切法对刀。

① 外圆加工刀具（外圆车刀、切断刀、螺纹车刀）对刀（数控车床 A)。

② 内孔加工刀具（内孔车刀）对刀（数控车床 B)。

(5) 程序输入

程序是数控加工的重要组成部分，也是控制机床运行的指令。程序输入后要检验核对。具体程序输入的方法详见项目 1 第 3 节程序输入。

(6) 工序 2 加工及检验

数控车床 A 进行工序 2 的加工。

① 检查完程序并确认无误后，开始加工样件。

a. 检查工件安装是否正确，工件露出长度是否满足要求。

b. 先将进给倍率调零，选择“单段”运行工作方式，确定刀具走刀路径无误后，取消“单段”命令。

c. 加工样件时人员不要离开，以便发生紧急情况时停止机床。

② 加工参数调整，保证加工精度。

(7) 工序 3 安装调试及加工流程

数控车床 B 进行第二道工序加工。

① 工件安装。

a. 根据零件特征，需要进行调头夹持，为了保证工件两头的同轴度，在三爪卡盘上安装软爪。软爪在数控车床 B 上进行同步内圆车削，保证三爪的中心与机床 B 中心同步。

b. 采用三爪卡盘夹持 ϕ35 的直径处。采用百分表在 ϕ59 处进行工件打表，通过调整软爪的位置，使表值在 0.01～0.02 之间。

c. 紧固软爪，确保精度保持。

d. 夹紧工件，进行加工。

② 工序 3 加工流程。

根据工序 3 工艺卡片、刀具卡片、程序卡片采用上文叙述的加工方法进行工件加工。

18.3.4 工件铣削加工

(1) 开机及设备检查

开机及设备检查流程详见项目 3 第 3 节开机检查部分内容。

(2) 刀具准备与安装

按照数控加工刀具卡，分别准备工序 4 和工序 5 所用刀具：ϕ10mm 和 ϕ8mm 的高速钢立铣刀各两把，根据机床型号选择刀柄型号为 BT40。安装方法详见项目 3 第 3 节刀具安装部分。

(3) 工量具准备

按照多工序加工工艺过程卡准备工量具，见表 18-9 所示。

表 18-9 工量具准备清单

序号	名称	规格	数量
1	磁力表座	万向	1
2	液压平口钳及附件		
3	偏心式寻边器	SCG-H417-10	1
4	标准芯棒	ϕ8	1
5	标准量块	50mm	1
6	游标卡尺	0～150mm	1
7	外径千分尺	25～50mm	

① 检查所准备工量具是否损坏，检查并校准量具零位。

② 根据现场位置按 5S 管理办法将工量具摆放整齐。

(4) 夹具及毛坯安装

① 检查定位装置各连接处有无松动，保证无损坏，并清洁表面。

② 采用百分表找正夹具，将定位装置安装在液压平口钳上，利用百分表精确找正拉直，校正时，将磁力表座吸在主轴部分，安装百分表，使表的测量杆与固定钳口平面垂直，测量触头接触到钳口平面，尺寸范围为 0.3～0.5mm 左右，移动 X 轴，同时观察百分表读数，在固定钳口全长内指针无明显跳动，则固定钳口与 X 轴进给方向基本平行，加工时可获得较高的定位精度。

③ 毛坯安装：检查上序零件表面有无毛刺等异物，并清除异物。

④ 装夹零件时要避开加工部位，以及加工中心刀头可能碰到夹具体的位置。

⑤ 零件 ϕ35 圆柱面紧贴 V 形块，小端面紧贴固定钳口，平口钳夹紧，夹紧工件时要松紧适当，只能用专用扳手夹紧，不得借助其他工具加力。

(5) 建立工件坐标系（详细叙述偏心式寻边器对刀的方法）

① 工序 4 铣削面的对刀方法。根据图纸设计要求，该工序的定位基准为 ϕ35 圆柱面，将坐标原点设在小端面中心处，如图 18-9 所示。

② 工序 5 铣削外形的对刀方法。根据图纸要求，该工序的定位基准为 ϕ59 圆柱面将坐标原点建立在圆心处，如图 18-10 所示。

两工序的对刀方法均可采用对中法对刀，具体的对刀操作步骤详见项目 3 第 3 节建立工件坐标系。

(6) 程序输入

① 工序 4（铣削面）：在 edit 编辑模式下输入程序编制卡中的 O5401 主程序及其子

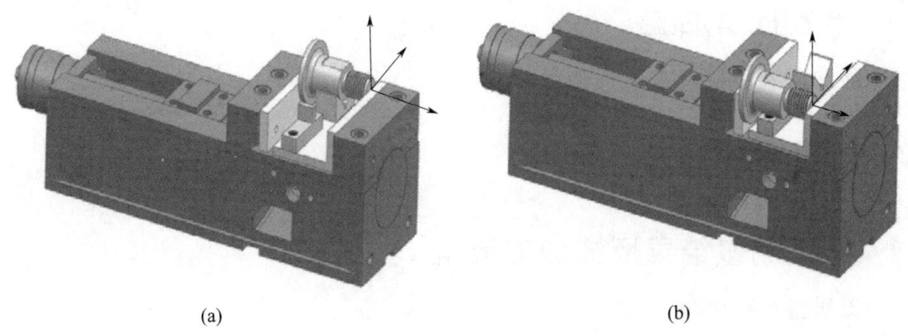

(a)　　　　　　　　　　　　(b)

图 18-9　工序 4 坐标系原点

程序。

② 工序 5（铣削外形）：在 edit 编辑模式下输入程序编制卡中的 O5501 主程序及其子程序。

具体程序输入方法详见项目 3 第 3 节程序输入。

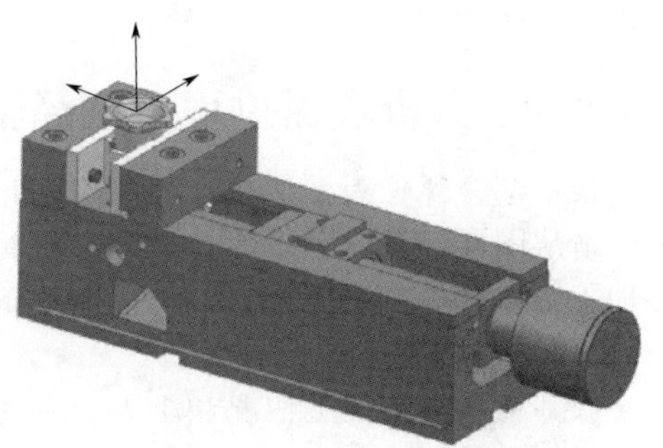

图 18-10　工序 5 坐标系原点

(7) 工序 4 加工及检验

① 精加工后再使用百分表找正一次夹具，确保工件没有松动。如有则必须重新校正和对刀。

② 在加工过程中不断优化加工参数，达到最佳加工效果。

③ 因本工序为后续工序，加工前要认真检验前几道工序加工是否合格，检验合格后再继续加工。

(8) 工序 5 加工及检验

工序 5 加工注意事项同工序 4。

(9) 自检内容及范围

① 加工者在加工前必须掌握工艺卡内容，清楚知道工件要加工的部位、形状、图纸及各尺寸并熟悉下一工序加工内容。如工序 4 为铣削面，工序 5 为铣削外形。

② 铣削前，测量上序车削零件尺寸是否符合图纸要求，装夹时确保装夹位置与工艺卡要求一致。

③ 精加工后操作人员应对加工部位的形状尺寸进行自检，检测其基本尺寸是否符合图纸要求，特别是厚度 30mm 两个对称面的对称度是否符合要求。

④ 操作人员完成工件自检，确认与图纸及工艺要求相符合后方能拆下工件送检验员进行专检。

18.3.5　交件

对工件的精度进行检测，填写测量检测表。

18.3.6　整理

对加工工位进行环境整理事项：

①整理文件与零件。②整理量、夹具等。③清理机床卫生。

18.3.7　工件评价检测

根据表 18-5 综合评价表对工件进行评价。

18.3.8 准备批量加工

使用单件加工调试好的设备进行批量生产。

18.4 项目总结

18.4.1 根据测量结果反馈加工策略

(1) 加工质量测量见表 18-8。

(2) 加工误差及处理办法

加工误差常见的处理办法详见附录表 1，根据附录表 1 列举内容，学员自行总结分析加工中出现的问题。

18.4.2 分析项目过程总结经验

根据综合评价表上加工出现的偏差和加工误差常见的处理办法总结自己的加工方法和经验。请从图样、结构、精度、毛坯、刀具切削用量、机床选择、装夹、检测八个方面进行零件加工工艺分析。将自行分析的内容填到附录表 2 中。

(1) 教师评价

教师根据学员加工情况和个人分析情况进行整体评价。教师评价表详见附录表 3。

(2) 学员评价

学员根据自己的加工情况和个人分析情况进行整体评价。学员自评表详见附录表 4。

习题：

按图纸要求完成“通塞”加工。

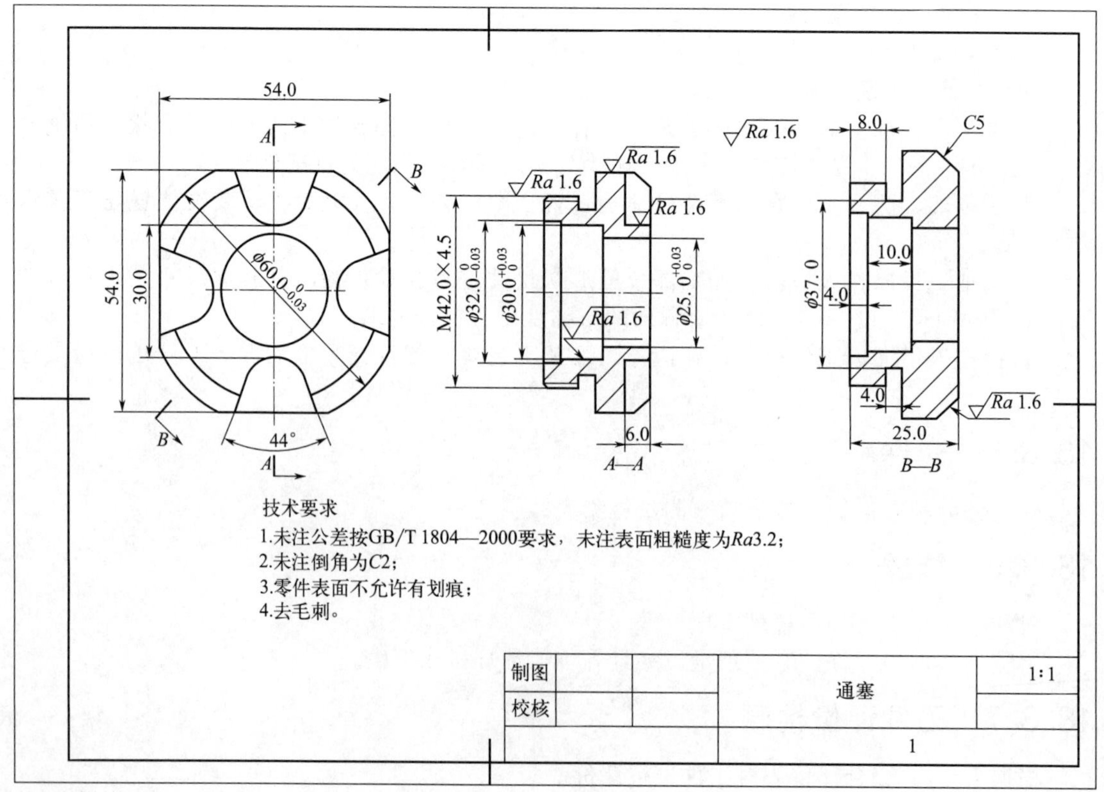

第19章

项目6　车铣复合工序加工二

课程导读

教学目标

1. 知识目标

① 学习车铣复合多工序加工的一般操作步骤。

② 学习车铣复合多工序工艺编写的一般方法。

③ 学习铸造件的加工方法。

④ 学习多工序夹具制作要求。

2. 能力目标

① 能够合理制定加工工艺路线，保证加工过程合理。

② 能合理选择夹具，针对特殊工艺制作夹具辅助装置。

③ 能根据铸件加工特性，选择合理的加工参数。

④ 能正确分析零件误差产生的原因，提出修改意见。

3. 素质目标

① 增强安全文明生产意识，提高职业道德素养，培养良好的职业习惯。

② 提高团队合作意识，培养大国工匠精神。

教学内容

通过对零件图样以及精密铸造毛坯的分析，判断所需加工的表面，制定合理的加工工艺卡与刀、量具卡片，学员通过理论知识的学习，能熟练操作数控机床，进一步提升自己的职业技能水平，养成良好的职业习惯。

19.1　任务描述

山西某机械加工厂接到某单位电机端盖订单共计2000件，订单周期为60天，加工图纸与技术要求如图19-1所示，该工厂根据现有情况制定了加工工艺方案，项目任务按照《多工序数控机床操作职业技能等级标准》要求，使用数控车床和加工中心机床完成多工序的编程与加工，对应的工作任务和技能要求如表19-1所示。

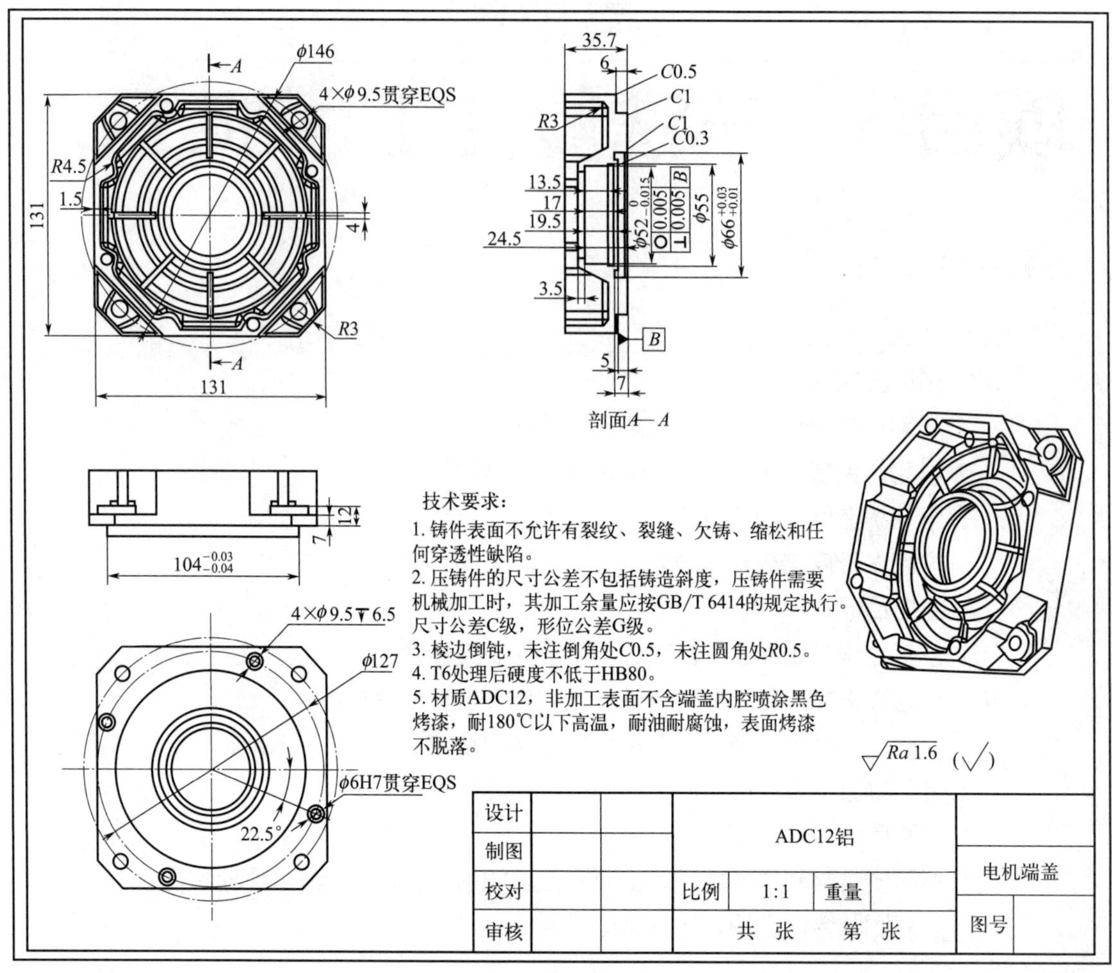

图 19-1 电机端盖

表 19-1 工作任务和技能要求

职业功能	工作内容	技能要求
数控编程	1. 编制多工序加工工艺文件 2. 数控车削编程 3. 数控铣削编程	1. 根据中等复杂程度零件图加工任务要求进行工艺文件技术分析，设计产品工艺路线，制作工艺技术文件 2. 手工编制数控加工程序，制作零件加工程序单
数控加工	1. 车削八方端面并达到要求 2. 钻孔及铣削沉头孔 3. 车削外台阶端面 4. 车削内孔及端面沟槽 5. 零件精度检验	1. 能应用控制面板操作数控机床 2. 能够制作专用夹具，并对工件进行合理装夹与找正 3. 能加工端面、外圆台阶、内孔台阶、端面槽等车削特征的零件并达到要求 4. 能加工孔、沉头孔等车削特征的零件并达到要求 5. 能根据数控机床安全操作规程安全文明生产 6. 能合理选用量具检测零件的尺寸，如外圆、孔、槽、长度等
数控机床维护	1. 零件清理和精整 2. 设备维护	1. 按要求去除零件多余物、锐边倒钝、清洁、清洗 2. 能根据说明书完成加工中心机床定期及不定期维护保养

19.2 任务准备

19.2.1 图纸分析

该零件为端盖类零件，表面由内外圆柱面、端面、内沟槽及沉头孔等组成，其中图纸多处对内孔尺寸公差有较高要求，需要由机械加工完成，其外形轮廓尺寸要求不高，均由精密铸造形成，机械加工表面粗糙度要求为 $Ra1.6$。零件图尺寸标注完整，符合数控加工尺寸要求；轮廓描述完整；零件材料为 ADC12 铝合金，是一种压铸铝合金，适合气缸盖罩盖、传感器支架、缸体类等零件。其特点是具有良好的压铸性能，适用于做薄铸件，但其热传导率较差。生产类型为批量生产。根据现有条件，需要的机床设备、刀具及量具如表 19-2、表 19-3 所示。

表 19-2　机床设备、刀具表

序号	名称	规格及型号	数量
1	数控车床	CKA6150	2
2	自定心卡盘	ϕ250mm	2
3	凸台定位板	定制	1
4	加工中心	VDL600A	1
5	液压平口钳	6in 精密角固定式	3
6	凹槽定位板	定制	1
7	车刀	93°外圆粗、精车刀，内孔粗、精车刀	各 2
8	车刀	端面切槽刀	1
9	铣刀	ϕ6 立铣刀	2
10	钻头	A 型中心钻、ϕ5.8 麻花钻	各 1
11	铰刀	ϕ6H7	1

表 19-3　量具卡片

序号	量具名称	规格	精度/mm	测量夹具	备注
1	游标卡尺	0～150mm	0.02mm		
2	外径千分尺	100～125mm	0.01mm		
3	外径千分尺	50～75mm	0.01mm		
4	内径千分尺	50～75mm	0.01mm		
5	内径百分表	50～75mm	0.01mm		

通过上述分析采用以下几点工艺措施：

① 外形轮廓及部分孔无公差要求，均由精密铸造毛坯获得。

② 对无尺寸公差要求但需机械加工部位，编程时直接取基本尺寸即可。

③ 对于尺寸精度有要求部位，通过在加工过程中的准确对刀、正确设置刀补及磨耗，以及制定合适的加工工艺等措施来保证。

④ 对于几何精度要求，主要通过调整机床的机械精度、制定合理的加工工艺及工件的装夹、定位及找正等措施来保证。

分析零件图样，获得零件的主要精度要求在于外形的定位尺寸精度和配合孔的尺寸精度，主要有：$\phi100_{-0.04}^{-0.02}$、$\phi66_{+0.01}^{+0.03}$、$\phi52_{-0.015}^{0}$。形状要求 $\phi52$ 孔保证圆度，圆度要求 0.005mm，位置要求 $\phi52$ 孔轴线大台阶端面保证垂直，垂直度要求 0.005mm。其他尺寸均为自由公差。表面粗糙度要求为 $Ra1.6$，其他为 $Ra3.2$。零件材料为 ADC12，其切削加工性能好，要求加工后非加工表面不含端盖内腔喷涂黑色烤漆，耐 180℃以下高温，耐油耐腐蚀，表面烤漆不脱落。

19.2.2 工艺流程

任务流程图如图 19-2 所示。

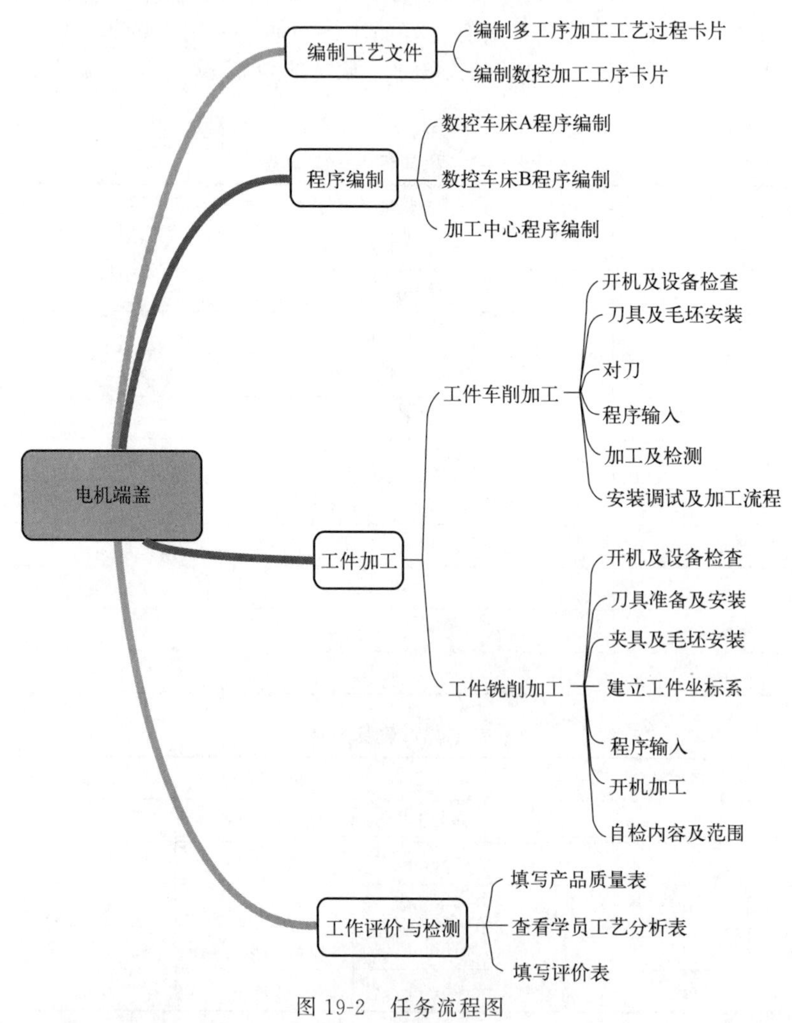

图 19-2 任务流程图

19.2.3 毛坯选择

根据零件图分析，定制精密铸造毛坯 2000 件，精度要求较高的轮廓留取相应的加工余量，其余部分均由铸造完成，其外形如图 19-3 所示。

19.2.4 机床选择

① 根据零件分析，工序 2 为图 19-3(a) 中八方端面加工，可选用铣削加工或车削加工，

为方便装夹、获得较高的表面质量，同时提高加工效率，选择数控车床车削端面。工序 4 为图 19-3(b) 中的外圆端面及台阶、台阶孔和端面沟槽回转轮廓加工。通过工艺分析，确定该零件在大连机床厂生产的 CKA6150 数控车床完成车削部分的加工，其最大夹持直径为 500mm。

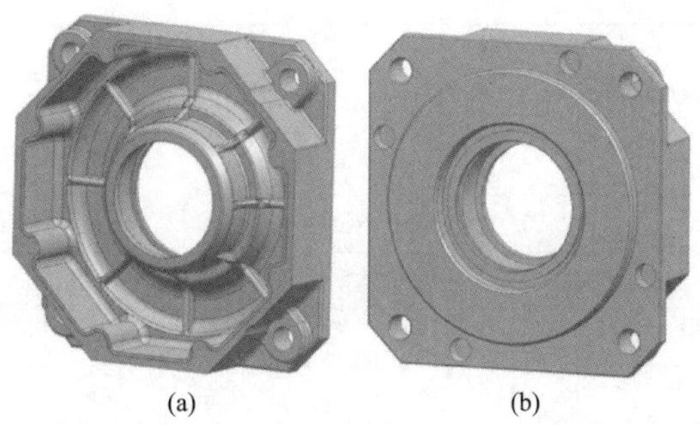

图 19-3　精密铸造毛坯外形轮廓

② 工序 3 为图 19-3(a) 中孔及沉头孔加工，选择加工中心完成。主要由钻中心孔、钻孔、铰孔和铣沉头孔四步完成，其加工轮廓简单，均采用手工编程，方便快捷。大连机床厂生产的 VDL600A 立式加工中心，其工作台 X 向行程为 600mm，Z 向行程为 520mm，Y 向行程为 420mm，刀库容量为 16 把，符合加工要求，该工序选择该机床。

③ 根据零件工艺特征，合理使用设备，要求操作人员能够熟练操作数控车床和加工中心机床，具有一定的操作经验和技术。

④ 数控机床布局如图 19-4 所示。

图 19-4　机床分布图

19.2.5　刀具选择

该零件为典型的电机端盖零件，具有外形轮廓复杂，配合部分加工精度要求高等特点，依据该零件结构、形状和加工要求选择刀具，所需车削刀具有外圆车刀、内孔车刀、端面切槽刀，所需铣削刀具有中心钻、麻花钻、铰刀、立铣刀等，其规格根据加工尺寸选择。具体所选刀具调整卡如表 19-4 所示。

表 19-4　刀具调整卡

<table>
<tr><td colspan="4" rowspan="2">数控加工刀具卡片</td><td colspan="3" rowspan="2"></td><td colspan="2">产品型号</td><td>DG-DJ110</td><td colspan="2">零件图号</td><td>DG-DJ110-1</td></tr>
<tr><td colspan="2">产品名称</td><td>电机</td><td colspan="2">零件名称</td><td>端盖</td></tr>
<tr><td colspan="3">工序名称</td><td>工序号</td><td>设备名称</td><td>设备型号</td><td>冷却方式</td><td colspan="2">毛坯种类</td><td>毛坯尺寸</td><td colspan="2">毛坯材质牌号</td><td>车间</td></tr>
<tr><td colspan="3">车削/铣削</td><td>2/3/4</td><td>数控车床/加工中心</td><td>CKA6150/VDL600A</td><td>冷却液</td><td colspan="2">精密铸造</td><td>定制</td><td colspan="2">ADC12</td><td></td></tr>
<tr><td rowspan="2">工序号</td><td rowspan="2">工步号</td><td rowspan="2">刀具号</td><td rowspan="2">刀具名称</td><td rowspan="2">刀具材质</td><td colspan="4">刀具</td><td rowspan="2">刀柄名称规格</td><td rowspan="2">数量</td><td rowspan="2">刀具补偿量</td><td rowspan="2">备注</td></tr>
<tr><td>直径</td><td>刀尖圆角</td><td>长度</td><td>装夹长度</td></tr>
<tr><td>2</td><td>2</td><td>T01</td><td>93°外圆车刀</td><td>硬质合金</td><td></td><td>R0.4</td><td>125</td><td>95</td><td>25×25</td><td>1</td><td>0.2</td><td></td></tr>
<tr><td></td><td>3</td><td>T02</td><td>93°外圆车刀</td><td>硬质合金</td><td></td><td>R0.2</td><td>125</td><td>95</td><td>25×25</td><td></td><td>0</td><td></td></tr>
</table>

续表

工序号	工步号	刀具号	刀具名称	刀具材质	刀具				刀柄名称规格	数量	刀具补偿量	备注
					直径	刀尖圆角	长度	装夹长度				
3	2	T01	A 型中心钻	高速钢	$\phi3.2$		40	20	BT40		—	
	3	T02	麻花钻	高速钢	$\phi5.8$		100	30	BT40		—	
	4	T03	铰刀	高速钢	ϕ6H7		68	30	BT40		—	
	5	T04	立铣刀	高速钢	$\phi6$		50	20	BT40		0.2	
	6	T05	立铣刀	高速钢	$\phi6$		50	20	BT40			
4	2	T01	93°外圆车刀	硬质合金		$R0.4$	125	95	25×25	1	0.2	
	4	T02	93°外圆车刀	硬质合金		$R0.2$	125	95	25×25		0	
	3	T03	内孔粗车刀 S18Q-SCLCR09	硬质合金	—	$R0.4$	180		刀柄直径为 $\phi18$		0.2	
	5	T04	内孔精车刀 S18Q-SCLCR09	硬质合金		$R0.2$	180		刀柄直径为 $\phi18$			
	6	T05	端面切槽刀	硬质合金			125	95	25×25			
编制				审核		批准			日期		共　页	第　页

19.2.6 夹具选择

据工艺要求分析，对于大批量零件加工而言，准确确定工件与机床和刀具之间的相对位置、保证工件的加工精度、减少工人装卸工件的时间和劳动强度、提高生产效率是必须考虑的问题，因此本例应设计专用夹具。

(1) 工序 2 车削加工夹具选择

对于工序 2 车削端面，选用常用的三爪自定心卡盘夹紧零件，利用卡爪的端面和毛坯零件台阶端面定位即可。批量生产时在第一个零件调整对刀后，后期更换工件即可，如图 19-5 所示。

其中工件安装时需保证 131×131 端面与卡爪端面紧密贴合，夹紧时由于夹紧面积较小，需要保证适中的夹紧力。加工过程中只需要 Z 轴方向精确定位便可保证厚度。

(2) 工序 3 铣削夹具设计

在由工序 2 车削加工完成后，安装至铣削专用定位板上。由于 $\phi6$ 孔两端都设计有沉头孔，且 131×131 端面处沉头孔已经由铸造毛坯完成，无须加工，因此加工 $\phi6$ 孔和八方端面处沉头孔需由 131×131 端面处沉头孔进行定位。铣削专用定位板如图 19-6 所示，其中定位板安装至平口钳上，将方形底面作为定位基准，由平行垫铁进行支撑，分别由固定钳口和活动钳口夹紧，之后加工圆形凹槽、锁紧螺纹孔和定位凸台等轮廓，用以安装电机端盖零件。

工序 3 安装时，依靠定位凸台和沉头孔进行配合定位，由压紧垫片和内六角螺钉锁紧零件。如图 19-7 所示为电机端盖安装示意图，131×131 方形底座底面作为定位基准，紧贴定位板大平面，限制 Z 向移动和 X、Y 向转动。两个定位凸台作为短定位销，限制 X、Y 向移动和 Z 向转动，共限制 6 个自由度，满足加工要求，使用压紧垫片和内六角螺钉直接压紧。

图 19-5　装夹与定位示意图

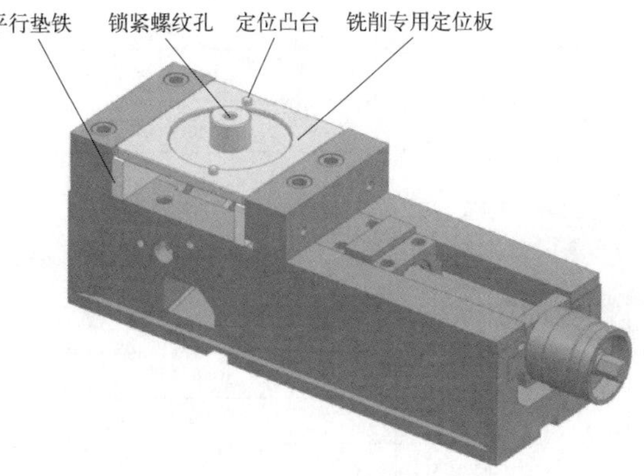

图 19-6　铣削专用定位板安装示意图

(3) 工序 4 车削夹具选择

在由工序 3 铣削加工完成后，安装至车削专用定位板上。由于八方端面、端面处的 $\phi 6$ 孔和沉头孔已由前两道工序加工完成，可利用 4 孔进行定位和夹紧。车削专用定位板如图 19-8 所示，其中定位板安装时保证定位板背部端面和卡爪端面充分接触，由三爪夹紧背部的圆柱凸台、定位板上的锁紧螺纹孔和定位凸台等轮廓，用以安装电机端盖零件。

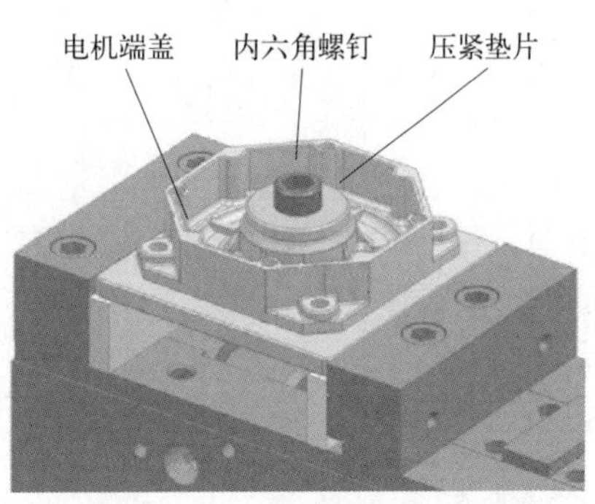

图 19-7　工序 3 电机端盖安装示意图

工序 4 安装时，依靠定位凸台和八方凸台端面的沉头孔进行配合定位，由内六角螺钉锁紧零件。如图 19-9 所示为电机端盖安装示意图，八方凸台端面作为定位基准，紧贴定位板大平面，限制 Z 向移动和 X、Y 向转动。两个定位凸台作为短定位销，限制 X、Y 向移动和 Z 向转动，共限制 6 个自由度，满足加工要求，使用内六角螺钉直接压紧零件。

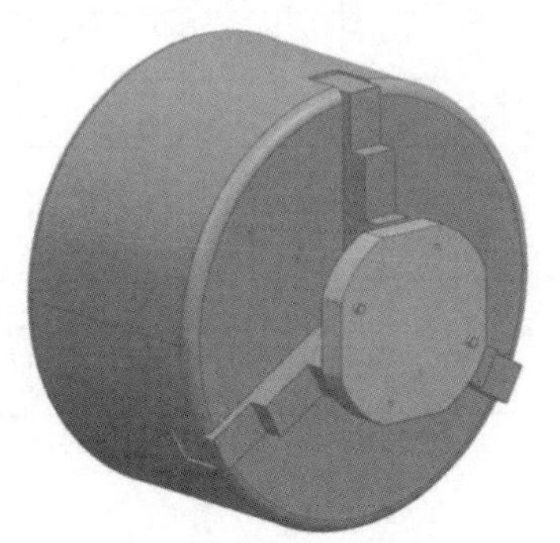
图 19-8　车削专用定位板安装示意图

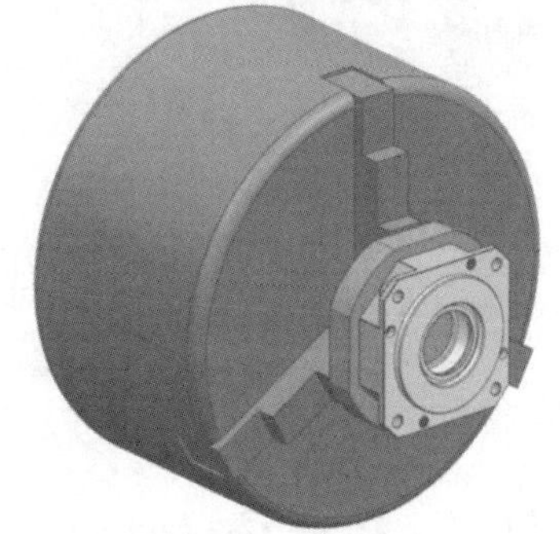
图 19-9　工序 4 电机端盖安装示意图

19. 2. 7　切削液的选择

根据工件材料（ADC12 铝合金）、刀具材料（硬质合金和高速钢）、加工要求（先粗后精）等，可知需选用不含硫、连续充分浇注且冷却效果好的乳化液。

19. 2. 8　考核与评价标准

根据零件加工综合评价完成表 19-5。

表 19-5　综合评价表

产品型号				产品名称				工序号			共　页
零件图号				零件名称				操作者			第　页
序号	检验类型	检验内容及精度要求				自检		质检	抽检	测量仪器	备注
		直径/长度/Ra	基本尺寸	上偏差	下偏差	实测值	误差	实测值	实测值		
1	尺寸精度/主要尺寸	直径	$\phi100$	−0.02	−0.04						
2		长度	6								
3		长度	35.7								
4		直径	$\phi66$	+0.03	+0.01						
5		直径	$\phi55$								
6		直径	$\phi52$	0	−0.015						
7		直径	$\phi6$								
8		直径	$\phi9.5$								
9		长度	5								
10		长度	7								
11		长度	19.5								
12		长度	24.5								
13		长度	3.5								
14		长度	17								
15		长度	6.5								
16	倒角	长度	0.3								
17		长度	0.5								
18		长度	1								
19	位置精度	圆度		0.005							
20		垂直度		0.005							
21	表面质量	Ra	1.6								
22	产品外观	锐角倒钝									
23		机加工倒角									
24		无夹伤、碰伤、划痕									
25		轮廓与图纸相符度									
日期		合格率		操作者		质检		抽检		抽检数	

19.3 任务实施

19.3.1 工艺方案编制

该零件为批量件加工，为提高加工效率，首先编制多工序加工工艺过程卡片，合理编制工序安排。其次编制数控加工工序卡片，根据多工序加工工艺过程卡片填写表头信息，编制工序卡工步内容，每个工步切削参数要合理，简图绘制要准确，精度设定要合理，具体内容详见表 19-6、表 19-7。

表 19-6　多工序加工工艺过程卡片

多工序加工工艺过程卡片		电机端盖零件		产品型号	DG-DJ110	零件图号	DG-DJ110-1	共 1 页	
				产品名称	电机	零件名称	端盖	第 1 页	
工序号	工序名称	工序内容	工艺装备	车间	材料	设备	件数	工序工时/min	
								准终	单件
1	备料	精密铸造	压铸模具	外协	ADC12	压铸机	2000	0.5	0.2
2	车削端面	车削八方端面	三爪卡盘	数控加工室 1	ADC12	数控车床	2000	3	15
3	钻孔、铣沉头孔	钻中心孔、钻 ϕ5.8 孔、铰 ϕ6 孔、铣 ϕ9.5 沉头孔	液压平口钳	数控加工室 1	ADC12	加工中心	2000	3	10
4	车削端面及内孔	车削 131×131 端面、ϕ100 外圆台阶，车削 ϕ52、ϕ55、ϕ66 内孔台阶及端面沟槽	三爪卡盘	数控加工室 1	ADC12	数控车床	2000	3	10
5	钳工	锐角倒钝，去除毛刺	台虎钳			钳台	2000	1	5
6	清洁	用清洁剂清洗零件						2	
7	检验	按图纸尺寸检测						3	
					编制（日期）	审核（日期）		会签（日期）	
标记	处计	更改文件号	日期	签字					

表 19-7　数控加工工序卡片

数控加工工序卡片	备料	产品型号	DG-DJ110	零件图号	DG-DJ110-1	共 4 页
		产品名称	电机	零件名称	端盖	第 1 页
	工序名称	工序号	车间	机床名称	机床型号	设备编号
	备料	1	外协	压铸机		
	毛坯种类	毛坯尺寸	材料牌号	加工件数	毛坯件数	冷却液
	压铸件	131×131×38	ADC12	2000	2000	
	夹具标号	夹具名称	数控系统	数控系统型号	工序工时	
					准终	单件

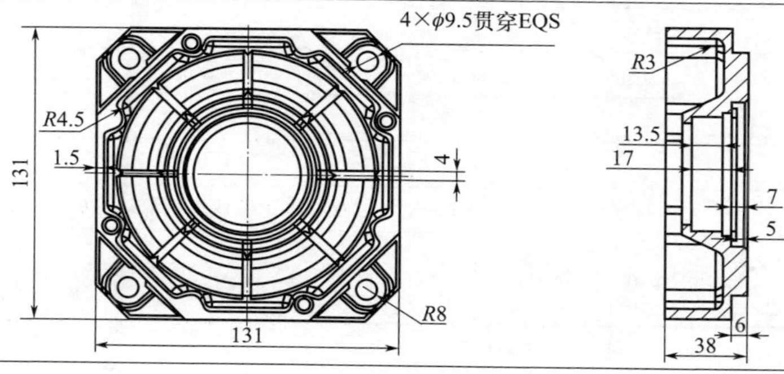

续表

工序号	工步号	工步名称	工步内容	刀具号	刀具名称	主轴转速/(r/min)	进给量/(mm/min)	背吃刀量/mm	冷却方式	工艺装备	工时定额	备注
											机动/辅助	
1	1	精密铸造	铸造相应形状和尺寸毛坯件							压铸模具	机动	
								编制(日期)		审核(日期)	会签(日期)	
标记			处计	更改文件号		签字						

数控加工工序卡片	车削端面	产品型号	DG-DJ110	零件图号	DG-DJ110-1	共4页
		产品名称	电机	零件名称	端盖	第2页
工序名称	工序号	车间	机床名称	机床型号	设备编号	
车削端面	2	数控加工室1	数控车床	CKA6150		
毛坯种类	毛坯尺寸	材料牌号	加工件数	毛坯件数	冷却液	
压铸件	131×131×38	ADC12	2000	2000	乳化液	
夹具标号	夹具名称	数控系统	数控系统型号	工序工时/min		
				准终	单件	
5Z-01	三爪卡盘	FANUC		1	20	

工序号	工步号	工步名称	工步内容	刀具号	刀具名称	主轴转速/(r/min)	进给量/(mm/r)	背吃刀量/mm	冷却方式	工艺装备	工时定额	备注
											机动/辅助	
2	1	装夹毛坯	毛坯装夹在三爪卡盘上,夹持直径 ϕ100mm,长度7mm							三爪卡盘	辅助	
2	2	粗车端面	粗车左侧八方端面,切削深度0.8mm,精加工余量0.2	T01	93°外圆车刀	600	0.15	0.8	切削液	三爪卡盘	机动	

续表

工序号	工步号	工步名称	工步内容	刀具号	刀具名称	主轴转速/(r/min)	进给量/(mm/r)	背吃刀量/mm	冷却方式	工艺装备	工时定额 机动/辅助	备注
2	3	精车端面	精车左侧八方端面，粗糙度为 $Ra1.6$	T02	93°外圆车刀	800	0.08	0.2	切削液	三爪卡盘	机动	
								编制(日期)		审核(日期)	会签(日期)	
标记		处计		更改文件号		签字						

数控加工工序卡片	钻孔、铣沉头孔	产品型号	DG-DJ110	零件图号	DG-DJ110-1	共 4 页
		产品名称	电机	零件名称	端盖	第 3 页
工序名称		工序号	车间	机床名称	机床型号	设备编号
钻孔、铣沉头孔		3	数控加工室 1	加工中心	VDL600A	
毛坯种类		毛坯尺寸	材料牌号	加工件数	毛坯件数	冷却液
压铸件		131×131×38	ADC12	2000	2000	乳化液
夹具标号		夹具名称	数控系统	数控系统型号	工序工时/min	
5Z-01		液压平口钳、专用夹具	FANUC		准终	单件
					5	20

4×φ9.5▼6.5
φ6H7贯穿EQS

工序号	工步号	工步名称	工步内容	刀具号	刀具名称	主轴转速/(r/min)	进给量/(mm/min)	背吃刀量/mm	冷却方式	工艺装备	工时定额 机动/辅助	备注
3	1	安装上序零件	装夹上序零件，131×131 端面和铣削专用定位板紧密贴合，沉头孔和定位凸台配合紧密，并使用压紧垫片和内六角螺钉压紧							液压平口钳	辅助	

续表

工序号	工步号	工步名称	工步内容	刀具号	刀具名称	主轴转速/(r/min)	进给量/(mm/min)	背吃刀量/mm	冷却方式	工艺装备	工时定额 机动/辅助	备注
3	2	钻中心孔	钻中心孔	T01	中心钻	1200	100		切削液	液压平口钳、专用夹具	机动	
3	3	钻孔	钻削 $\phi5.8$ 底孔	T02	麻花钻	1000	80		切削液	液压平口钳、专用夹具	机动	
3	4	铰孔	铰制 $\phi6$H7 孔	T03	铰刀	600	100		切削液	液压平口钳、专用夹具	机动	
3	5	粗铣沉头孔	铣削 $\phi9.5$ 深 6.5 沉头孔，留 0.2mm 精加工余量	T04	立铣刀	1800	200		切削液	液压平口钳、专用夹具	机动	
3	6	精铣沉头孔	铣削 $\phi9.5$ 深 6.5 沉头孔	T05	立铣刀	2000	150		切削液	液压平口钳、专用夹具	机动	
								编制(日期)		审核(日期)	会签(日期)	
标记		处计		更改文件号		签字						

数控加工工序卡片	车削端面及内孔	产品型号	DG-DJ110	零件图号	DG-DJ110-1	共 4 页
		产品名称	电机	零件名称	端盖	第 4 页
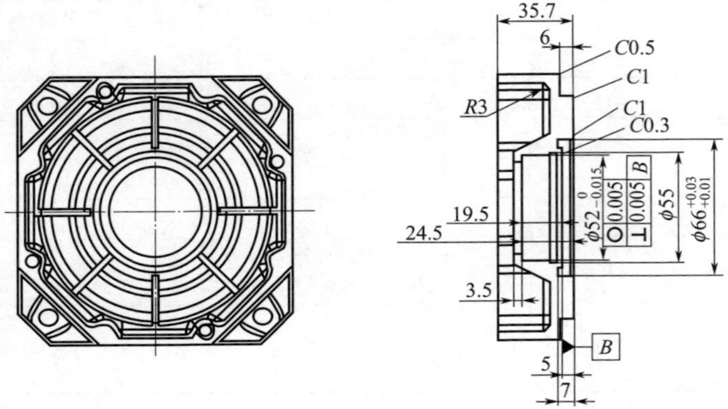	工序名称	工序号	车间	机床名称	机床型号	设备编号
	车削端面及内孔	4	数控加工室 1	数控车床	CKA6150	
	毛坯种类	毛坯尺寸	材料牌号	加工件数	毛坯件数	冷却液
	压铸件	131×131×38	ADC12	2000	2000	乳化液
	夹具标号	夹具名称	数控系统	数控系统型号	工序工时/min	
					准终	单件
	5Z-01	液压平口钳、专用夹具	FANUC		5	20

续表

工序号	工步号	工步名称	工步内容	刀具号	刀具名称	主轴转速 /(r/min)	进给量 /(mm/r)	背吃刀量 /mm	冷却方式	工艺装备	工时定额	备注
											机动/辅助	
4	1	安装上序零件	装夹上序零件，八方凸台端面和车削专用定位板紧密贴合，沉头孔和定位凸台配合紧密，并使用内六角螺钉压紧							三爪卡盘，专用夹具	辅助	
4	2	粗车端面和台阶	粗车 $\phi100$ 外圆台阶及 131×131 端面，留 0.2mm 精加工余量	T01	93°外圆车刀	600	0.15		切削液	三爪卡盘，专用夹具	机动	
4	3	粗车内孔端面和台阶	粗车 $\phi52$、$\phi55$、$\phi66$ 内孔台阶，留 0.2mm 精加工余量	T03	内孔车刀	700	0.15		切削液	三爪卡盘，专用夹具	机动	
4	4	精车端面和台阶	精车 $\phi100$ 外圆台阶及 131×131 端面	T02	93°外圆车刀	800	0.08	0.2	切削液	三爪卡盘，专用夹具	机动	
4	5	精车内孔端面和台阶	精车 $\phi52$、$\phi55$、$\phi66$ 内孔台阶	T04	内孔车刀	900	0.08	0.2	切削液	三爪卡盘，专用夹具	机动	
4	6	车端面沟槽	车 $\phi66$ 深 7mm 端面槽	T05	端面切槽刀	500	0.08		切削液	三爪卡盘，专用夹具	机动	

				编制(日期)	审核(日期)	会签(日期)
标记	处计	更改文件号	签字			

19.3.2 加工程序编制

根据工序卡片的要求进行程序编写，其中 O8201 为数控车床 A 加工程序，O8210 为加工中心的加工主程序，O0100-O0104、O0200 为加工中心的加工子程序，O8220 为数控车床 B 的加工主程序，O0500-O0502 为数控车床 B 的加工子程序（表 19-8）。

表 19-8 程序表

工序 2 车削端面粗、精加工程序：	工序 3 钻孔、铣沉头孔主程序：
O8201; N1 G00 G40 G97 G99 M03 S600T0101;(93°外圆粗车刀) G00 X160.0 Z2.0; G94 X100.0 Z0 F0.15; G00 X200.0 Z300.0; N2 G00 G40 G97 G99 M03 S600 T0202;(93°外圆精车刀) G00 X160.0 Z2.0; G94 X100.0 Z0 F0.15; G00 X200.0 Z300.0; M05; M30;	O8210; M98 P0100;(钻中心孔) M98 P0101;(钻孔) M98 P0102;(铰孔) M98 P0103;(粗铣沉头孔) M98 P0104;(精铣沉头孔) M30;
工序 3 钻中心孔加工子程序：	**工序 3 钻孔加工子程序：**
O0100; T01 M06;(中心钻) G90 G54 G00 X0 Y0 M03 S1200; G43 H01 Z50.0; G98 G81 X58.5 Y24.3 Z-3.0 R5.0 F80; X24.3 Y-58.5; X-58.5 Y-24.3; X-24.3 Y58.5; G80; M05; M99;	O0101; T02 M06;(ϕ5.8 麻花钻) G90 G54 G00 X0 Y0 M03 S1000; G43 H02 Z50.0; G98 G83 X58.5 Y24.3 Z-37.0 R5.0 Q2.0 F80; X24.3 Y-58.5; X-58.5 Y-24.3; X-24.3 Y58.5; G80; M05; M99;
工序 3 铰孔加工子程序：	**工序 3 铣沉头孔粗加工子程序：**
O0102; T03 M06;(ϕ6H7 铰刀) G90 G54 G00 X0 Y0 M03 S1600; G43 H03 Z50.0; G98 G81 X58.5 Y24.3 Z-37.0 R5.0 F100; X24.3 Y-58.5; X-58.5 Y-24.3; X-24.3 Y58.5; G80; M05; M99;	O0103; T04 M06;(ϕ6 立铣刀) G90 G54 G00 X0 Y0 M03 S1800; G43 H4 Z50.0; X58.5 Y24.3; D04M98 P0200;(D04=3.1) X24.3 Y-58.5; D04M98 P0200; X-58.5 Y-24.3; D04M98 P0200; X-24.3 Y58.5; D04M98 P0200; M05; M99;

续表

工序 3 铣沉头孔精加工子程序：	工序 3 铣单个沉头孔加工子程序：
O0104; T045 M06;(ϕ6 立铣刀) G90 G54 G00 X0 Y0 M03 S1800; G43 H5 Z50.0; X58.5 Y24.3; D05M98 P0200;(D05=3.0) X24.3 Y-58.5; D05M98 P0200; X-58.5 Y-24.3; D05M98 P0200; X-24.3 Y58.5; D05M98 P0200; M05; M99;	O0200; G90 G00 Z5.0; G01 Z-6.5 F200; G41 G91 G01 X4.75 Y0;(D04=3.1) G03 I-4.75 J0; G40 G01 X0 Y0; G90G00 Z50.0; M99;
工序 4 车削端面及内孔主程序：	工序 4 端面及台阶加工子程序：
O8220; G00 G40 G97 G99 M03 S600T0101 F0.15;(93°外圆粗车刀) M98 P0500;(粗车端面及台阶) S700 T0303 F0.15;(内孔粗车刀) M98 P0501;(粗车内孔及台阶) S800 T0202 F0.08;(93°外圆精车刀) M98 P0500;(精车端面及台阶) S900 T0404 F0.08;(内孔精车刀) M98 P0501;(精车内孔及台阶) S500 T0505 F0.08;(端面切槽刀) M98 P0502;(车内孔端面沟槽) M30;	O0500; G00 X180.0 Z2.0; X60.0; G01 Z0; X100.0 C1; Z-6.0; X180.0 G00 X200.0 Z300.0; M99;
工序 4 内孔及端面加工子程序：	工序 4 内孔端面沟槽加工子程序：
O0501; G00 X72.0 Z2.0; G01 X66.0 Z-1.0; Z-5.0; X52.0 C0.3; Z-24.5; X40.0; G00 Z300.0; X200.0; M99;	O0502; G00 X66.0 Z2.0; G01 Z-7.0; Z2.0; G00 X200.0 Z300.0; M99;

19.3.3 工件车削加工

(1) 开机及设备检查

详细步骤详见第 11 章第 1 节。

(2) 刀具准备与安装

① 按照表 19-4，选用机夹式刀具，把合金机夹刀片正确地安装在刀杆上。

② 将刀片安装在刀杆上后，再将刀杆依次安装到回转刀架上，通过刀具干涉图和加工

行程图检查刀具安装尺寸。

(3) 工量具准备

按照多工序加工工艺过程卡片准备工量具，见表 19-9 所示。

表 19-9 工量具准备清单

序号	名称	规格	数量
1	磁力表座	万向	1
2	百分表		
3	三爪卡盘及附件		1
4	内六角螺钉	M6×50	2
5	内六角扳手		1

① 检查所准备工量具是否损坏，检查并校准量具零位。

② 根据现场位置按照 5S 标准将工量具摆放整齐。

(4) 夹具及毛坯安装

① 数控车床 A 毛坯为铸造毛坯，采用三爪卡盘夹持。

注意事项：a. 检查毛坯是否有铸造缺陷，夹持部位是否有毛刺，防止装夹偏心。

b. 夹持工件 ϕ100 直径时确保 131×131 端面紧贴卡爪端面，并夹持牢固。

c. 夹持完成后，确定其正确位置，防止工件转动后摇摆，如旋转后有明显晃动，应拆卸后重新装夹。

② 数控车床 B 毛坯为工序 2 和 3 精加工件，采用专用夹具进行装夹，以保证工件两端面的长度尺寸、端面垂直度和轮廓的位置。

注意事项：a. 专用夹具要装夹牢固并使用百分表进行找正。

b. 安装零件时检查定位凸台和沉头孔配合是否符合要求，八方台阶端面与夹具是否贴合紧密。

c. 使用内六角螺钉压紧时确保压紧可靠，必要时更换新的内六角螺钉。

(5) 对刀

详细步骤详见项目 1 第 3 节。

(6) 程序输入

按照表 19-8 中程序手动输入至系统中，或通过 CF 卡传输至机床中。输入方法详见项目 1 第 3 节。

(7) 车削加工及检验

① 执行程序开始时必须认真检查其所用的刀具是否与程序编制卡中的刀具对应，再依次检查刀具补偿值是否一一对应。开始加工时要把进给速度调到最小，按下单节执行按钮，快速定位、进刀和切削时须集中精神，手应放在停止键上有问题立即停止，注意观察刀具运动方向以确保安全进刀，然后慢慢加大进给速度到合适，同时开启冷却液。

② 粗加工时不得离控制面板太远，有异常现象及时停机检查。

③ 加工时确定建立的工件坐标系与工艺安排是否一致，如不一致，及时停止调整。

④ 在加工过程中不断优化加工参数，达到最佳加工效果。

⑤ 工序 2 加工时，夹持量较少，注意装夹力度，确保装夹牢固。

⑥ 工序 4 加工时，注意螺钉压紧是否牢固，零件是否松动，如有异响立即停止。

⑦ 工序 4 是关键工序，因此工件加工完毕后，应测量其主要尺寸数值与图纸要求是否一致，如有问题立即通知当班组长或编程员检查、解决。

(8) 自检内容及范围

① 操作人员在加工前必须掌握工艺卡内容，清楚知道工件要加工的部位、形状、图纸及各尺寸，了解下一工序加工内容。

② 加工本工序前，测量上序零件尺寸是否符合图纸要求，装夹时确保装夹位置与工艺卡要求一致。

③ 在粗加工完成后应及时进行自检，以便对有误差的数据及时进行调整。自检内容主要为加工部位的位置尺寸。如：工件是否有松动；加工部位到基准边（基准点）的尺寸是否符合图纸要求；加工部位相互间的位置尺寸。在检查完位置尺寸后要对粗加工的形状尺寸进行测量，间接计算刀具的半径补偿值和长度补偿值，将刀具半径补偿值输入到机床存储地址中，切记必须经过粗加工自检后才能进行精加工。

④ 精加工后操作人员应对加工部位的形状尺寸进行自检。检测其基本尺寸是否符合图纸要求。

⑤ 操作人员完成工件自检，确认与图纸及工艺要求相符合后方能拆下工件。

19.3.4　工件铣削加工

(1) 开机及设备检查

详细步骤详见项目 3 第 3 节。

(2) 刀具准备与安装

① 按照表 19-4，准备相应刀具刀柄。

② 检查所选用刀具及切削刃是否磨损或损坏，如有磨损或损坏及时更换新刀具。

③ 检查所准备的刀柄、卡簧是否损坏并清洁，确保能与刀具、机床准确装配，正确装夹刀具至刀柄，根据现场 5S 管理将刀具摆放整齐。

④ 检查机床主轴内是否有异物，将对应工序中刀具号的刀柄正确安装至刀库。

(3) 工量具准备

按照多工序加工工艺过程卡片准备工量具，见表 19-10 所示。

表 19-10　工量具准备清单

序号	名称	规格	数量
1	磁力表座	万向	1
2	液压平口钳及附件		
3	偏心式寻边器	SCG-H417-10	1
4	压紧垫片		1
5	内六角螺钉		1

① 检查所准备工量具是否损坏，检查并校准量具零位。

② 根据现场位置按照 5S 标准将工量具摆放整齐。

(4) 夹具及毛坯安装

① 检查定位装置各连接处有无松动，保证无损坏，并清洁表面。

② 装夹好夹具所需要的毛坯料，加工成夹具后检验尺寸是否符合要求。

③ 毛坯安装，检查上序零件表面有无毛刺等异物，并清除异物。

④ 装夹时，确保 131×131 端面沉头孔和定位凸台配合良好，端面与夹具上表面紧密贴合。

⑤ 装夹好毛坯件后，采用百分表检查装夹是否符合精度要求，如不符合需调整。

⑥ 使用内六角螺钉和压紧垫片压紧工件时确保压紧可靠，必要时更换新的内六角螺钉。

(5) 建立工件坐标系

① X 和 Y 向：对刀取值方法详见项目 3 第 3 节，输入至如图 19-10 中的 X 和 Y 数据中。

② Z 向对刀：Z 向对刀取值方法详见项目 3 第 3 节，将 T01 刀具对刀后的机械坐标 Z 值输入至如图 19-10 中的 Z 数据中，同时将相对坐标中的 Z 值归 0。依次将 T02～T05 对刀后的相对坐标 Z 值输入至如图 19-11 中 002～005 号数据中。

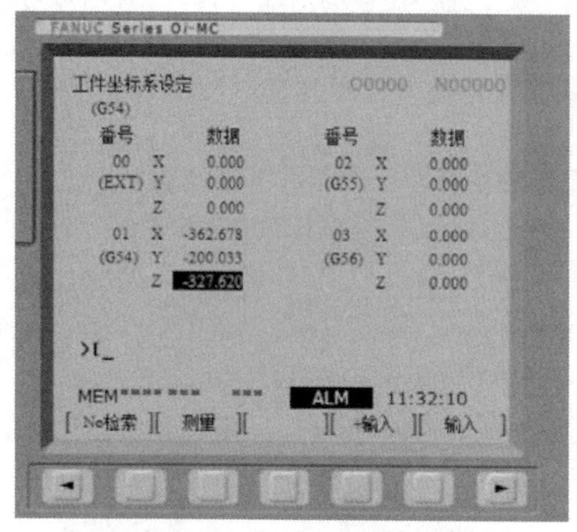

图 19-10 工件坐标系存储

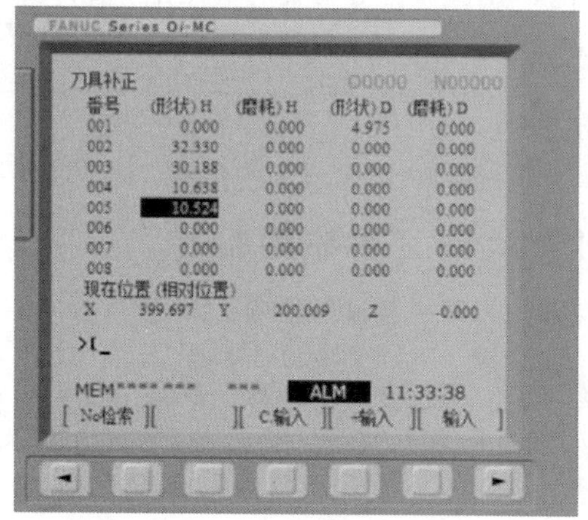

图 19-11 刀具长度补偿存储

(6) 程序输入

按照表 19-8 中程序手动输入至系统中，或通过 CF 卡传输至机床中。输入方法详见项目 3 第 3 节。

(7) 工序 3 加工及检验

① 执行程序开始时必须认真检查其所用的刀具是否与程序编制卡中的刀具对应，再依次检查刀具补偿地址是否一一对应。开始加工时要把进给速度调到最小，按下单节执行按钮，快速定位、落刀、进刀时须集中精神，手应放在停止键上有问题立即停止，注意观察刀具运动方向以确保安全进刀，然后慢慢加大进给速度到合适，同时开启冷却液。

② 开始粗加工时不得离控制面板太远，有异常现象及时停机检查。

③ 加工时确定建立的工件坐标系与工艺安排是否一致，如不一致，及时停止调整。

④ 在加工过程中不断优化加工参数，达到最佳加工效果。

⑤ 工序 3 加工时，注意螺钉压紧是否牢固，零件是否松动，如有异响立即停止。

(8) 自检内容及范围

① 操作人员在加工前必须掌握工艺卡内容，清楚知道工件要加工的部位、形状、图纸及各尺寸，了解下一工序加工内容。

② 加工本工序前，测量上序零件尺寸是否符合图纸要求，装夹时确保装夹位置与工艺卡要求一致。

③ 在粗加工完成后应及时进行自检，以便对有误差的数据及时进行调整。自检内容主要为加工部位的位置尺寸。如：工件是否有松动；加工部位到基准边（基准点）的尺寸是否符合图纸要求；加工部位相互间的位置尺寸。在检查完位置尺寸后要对粗加工的形状尺寸进行测量，间接计算刀具的半径补偿值和长度补偿值，将刀具半径补偿值输入到机床存储地址

中，切记必须经过粗加工自检后才能进行精加工。

④ 精加工后操作人员应对加工部位的形状尺寸进行自检。检测其基本尺寸是否符合图纸要求。

⑤ 操作人员完成工件自检，确认与图纸及工艺要求相符合后方能拆下工件。

19.3.5　交件

对工件进行去毛刺、锐角倒钝处理，填写表 6-5 综合评价表，将工件与评价表上交。

19.3.6　整理

对加工工位进行环境整理事项：

① 整理文件与零件。

② 整理量、夹具等。

③ 清理机床卫生。

19.3.7　工件评价检测

根据表 19-5 综合评价表对工件进行评价。

19.3.8　准备批量加工

使用单件加工调试好的设备进行批量生产。

19.4　项目总结

19.4.1　根据测量结果反馈加工策略

（1）加工质量测量

见表 19-5。

（2）加工误差及处理办法

加工误差常见的处理办法详见附件表 1，根据附录表 1 列举内容，学员自行总结分析加工中出现的问题。

19.4.2　分析项目过程总结经验

根据综合评价表上加工出现的偏差和加工误差常见的处理办法总结自己的加工方法和经验。请从图样、结构、精度、毛坯、刀具切削用量、机床选择、装夹、检测八个方面进行零件加工工艺分析。将自行分析的内容填到附录表 2。

（1）教师评价

教师根据学员加工情况和个人分析情况进行整体评价。教师评价表详见附录表 3。

（2）学员评价

学员根据自己的加工情况和个人分析情况进行整体评价。学员自评表详见附录表 4。

习题：

按图纸要求完成“12 吨盘刹轮毂”加工。

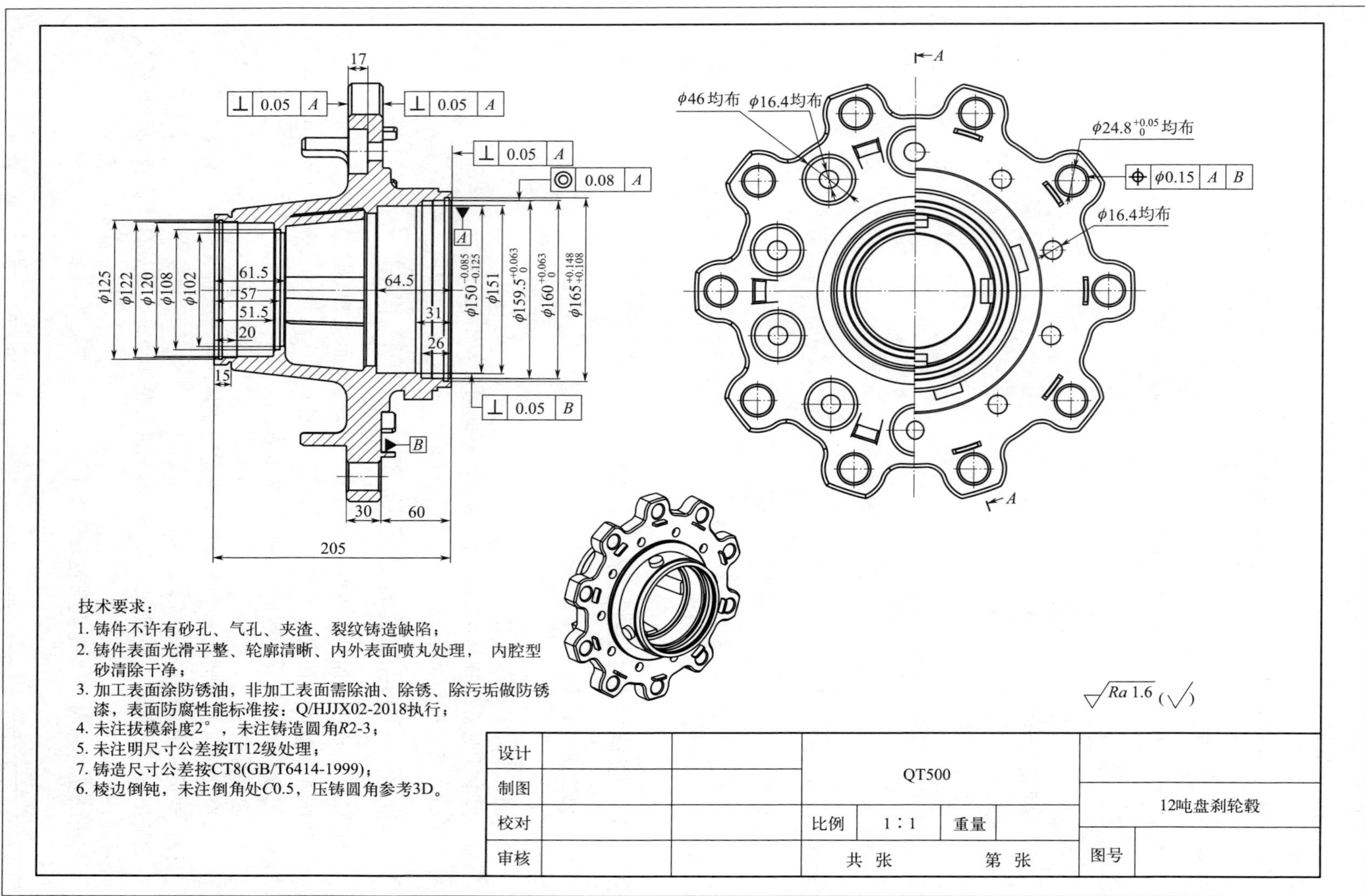
17
⊥ 0.05 A
⊥ 0.05 A
⊥ 0.05 A
◎ 0.08 A
⊥ 0.05 B
φ125
φ122
φ120
φ108
φ102
61.5
57
51.5
20
15
64.5
31
26
φ150$^{-0.085}_{-0.125}$
φ151
φ159.5$^{+0.063}_{0}$
φ160$^{+0.063}_{0}$
φ165$^{+0.148}_{+0.108}$
A
B
30
60
205
A
A
φ46均布
φ16.4均布
φ24.8$^{+0.05}_{0}$均布
⌖ φ0.15 A B
φ16.4均布
技术要求：
1. 铸件不许有砂孔、气孔、夹渣、裂纹铸造缺陷；
2. 铸件表面光滑平整、轮廓清晰、内外表面喷丸处理， 内腔型砂清除干净；
3. 加工表面涂防锈油，非加工表面需除油、除锈、除污垢做防锈漆，表面防腐性能标准按：Q/HJJX02-2018执行；
4. 未注拔模斜度2°，未注铸造圆角R2-3；
5. 未注明尺寸公差按IT12级处理；
7. 铸造尺寸公差按CT8(GB/T6414-1999)；
6. 棱边倒钝，未注倒角处C0.5，压铸圆角参考3D。
Ra 1.6 (√)
设计
制图
校对
审核
QT500
比例 1∶1
重量
共 张
第 张
12吨盘刹轮毂
图号

附录

表1　加工误差分析及处理办法

序号	加工中的问题现象	产生问题的原因	如何预防和消除问题
1	尺寸超差	刀具数据不准确	调整或重新设定刀具数据
		切削用量选择不当产生让刀	合理选择切削用量
		程序错误	检查、修改加工程序
		零件图绘制错误	正确绘制零件图
2	深度尺寸不一致	工件装夹校正不正确	工件装夹校正准确
		装夹不牢靠,加工过程中产生松动	装夹工件准确牢靠
		刀具磨损	更换刀具
3	表面有振纹	工件装夹不正确	检查工件安装,增加安装刚性
		刀具安装不正确	调整刀具安装位置
		切削参数不正确	调整切削参数
4	切削过程中刀具折断	进给量过大	降低进给量
		切削深度过大	减小切削深度
		切屑阻塞	浇注充足冷却液及时排屑
5	表面粗糙度差	切削速度过低	调高主轴转速
		切削液选用不合理	选择正确的切削液,并充分喷注
		刀具切削刃不锋利	选择刀刃锋利刀具
6	铰孔、镗孔孔径超差	刀具外径尺寸偏大或偏小	选择合适的刀具
		切削速度过高或过低,进给量不当	选择合适的切削速度和进给量
		加工余量过大	减少加工余量
		刀具不锋利或弯曲	更换刀具
		切削液选择不合适	选择合适切削液

表2　学员加工工艺分析表

序号	项目	分析内容	备注
1	产品图纸分析		
2	产品结构及形状分析		
3	产品尺寸精度、形位精度、表面粗糙度分析		
4	产品毛坯尺寸规格选择分析		

续表

序号	项目	分析内容	备注
5	加工刀具选择及切削用量分析		
6	加工机床选择分析		
7	产品夹具选择、定位与装夹方式选择分析		
8	产品质量检测分析		

表 3　教师评价表

学员姓名			实训组别		实训编号	
项目		评价内容				
实训教师对学员进行培训评价	学员技能掌握情况					
	学员培训表现					
	学员综合评价					
实训教师签字	年　月　日					

表 4　学员自评表

<table>
<tr><td>课程项目名称</td><td></td><td>实训教师</td><td></td><td>课时</td><td></td></tr>
<tr><td>学员姓名</td><td></td><td>专业</td><td></td><td>单位</td><td></td></tr>
<tr><td>班级</td><td></td><td>班组/岗位</td><td></td><td>自评成绩</td><td></td></tr>
</table>

<table>
<tr><th rowspan="2">类别</th><th rowspan="2">序号</th><th rowspan="2">自评项目</th><th colspan="4">评价选项</th></tr>
<tr><th>A</th><th>B</th><th>C</th><th>D</th></tr>
<tr><td rowspan="10">图纸分析与工艺分析</td><td>1</td><td>产品图纸分析的准确性</td><td></td><td></td><td></td><td></td></tr>
<tr><td>2</td><td>产品结构及形状分析的准确性</td><td></td><td></td><td></td><td></td></tr>
<tr><td>3</td><td>产品尺寸精度、形位精度、表面粗糙度分析的准确性</td><td></td><td></td><td></td><td></td></tr>
<tr><td>4</td><td>产品毛坯尺寸规格选择分析的准确性</td><td></td><td></td><td></td><td></td></tr>
<tr><td>5</td><td>加工刀具选择及切削用量分析的准确性</td><td></td><td></td><td></td><td></td></tr>
<tr><td>6</td><td>加工机床选择分析的准确性</td><td></td><td></td><td></td><td></td></tr>
<tr><td>7</td><td>产品夹具选择、定位与装夹方式选择分析的准确性</td><td></td><td></td><td></td><td></td></tr>
<tr><td>8</td><td>产品质量检测分析的准确性</td><td></td><td></td><td></td><td></td></tr>
<tr><td>9</td><td>问答：零件图纸分析、加工工艺分析中需要用到哪些知识？</td><td></td><td></td><td></td><td></td></tr>
<tr><td>10</td><td>对实训教师参考分析掌握的情况</td><td></td><td></td><td></td><td></td></tr>
<tr><td rowspan="4">加工工艺规程设计</td><td>11</td><td>填写数控刀具卡片是否正确</td><td></td><td></td><td></td><td></td></tr>
<tr><td>12</td><td>填写多工序加工工艺过程卡片是否正确</td><td></td><td></td><td></td><td></td></tr>
<tr><td>13</td><td>填写数控加工工序卡片是否正确</td><td></td><td></td><td></td><td></td></tr>
<tr><td>14</td><td>填写量具卡片是否正确</td><td></td><td></td><td></td><td></td></tr>
<tr><td rowspan="6">CAM 软件编程与仿真</td><td>15</td><td>CAM 软件操作的熟练度</td><td></td><td></td><td></td><td></td></tr>
<tr><td>16</td><td>CAD 模型导入与测量分析的准确性</td><td></td><td></td><td></td><td></td></tr>
<tr><td>17</td><td>CAM 软件程序编制是否正确</td><td></td><td></td><td></td><td></td></tr>
<tr><td>18</td><td>填写加工程序清单是否准确</td><td></td><td></td><td></td><td></td></tr>
<tr><td>19</td><td>刀具路径仿真与校验是否正确</td><td></td><td></td><td></td><td></td></tr>
<tr><td>20</td><td>数控加工程序是否校验，是否正确</td><td></td><td></td><td></td><td></td></tr>
<tr><td rowspan="6">工件刀具安装</td><td>21</td><td>刀具安装是否正确</td><td></td><td></td><td></td><td></td></tr>
<tr><td>22</td><td>工件安装是否正确</td><td></td><td></td><td></td><td></td></tr>
<tr><td>23</td><td>刀具安装是否牢固</td><td></td><td></td><td></td><td></td></tr>
<tr><td>24</td><td>工件安装是否牢固</td><td></td><td></td><td></td><td></td></tr>
<tr><td>25</td><td>问答：安装刀具时需要注意的事项主要有哪些？</td><td></td><td></td><td></td><td></td></tr>
<tr><td>26</td><td>问答：安装工件时需要注意的事项主要有哪些？</td><td></td><td></td><td></td><td></td></tr>
<tr><td rowspan="6">机床操作与加工</td><td>27</td><td>操作是否规范</td><td></td><td></td><td></td><td></td></tr>
<tr><td>28</td><td>机床操作是否熟练</td><td></td><td></td><td></td><td></td></tr>
<tr><td>29</td><td>着装是否规范</td><td></td><td></td><td></td><td></td></tr>
<tr><td>30</td><td>刀柄选用是否合理</td><td></td><td></td><td></td><td></td></tr>
<tr><td>31</td><td>刀具的选用是否合理</td><td></td><td></td><td></td><td></td></tr>
<tr><td>32</td><td>切削用量是否符合加工要求</td><td></td><td></td><td></td><td></td></tr>
</table>

续表

类别	序号	自评项目	评价选项			
			A	B	C	D
机床操作与加工	33	问答:如何使加工和操作更好地符合批量生产?你的体会是什么?				
	34	问答:加工时需要注意的事项主要有哪些?				
	35	问答:此次加工中出现的加工误差主要有哪些?如何解决?				
产品质量检验	36	是否了解本产品测量需要的各种量具的原理及使用				
	37	量仪使用的熟练程度				
	38	产品质量检验中的检验项目测量准确度				
	39	问答:本产品所使用的测量方法是否已掌握?你认为难点是什么?				
	40	问答:本产品精度检测的主要内容是什么?采用了何种方法?				
	41	问答:批量生产时,你将如何检测该产品的各项精度要求?				
合计			分			
学员学习总结						

学员签字: 年 月 日	实训教师签字: 年 月 日

参考文献

[1] 卢志珍. 机械测量技术 [M]. 北京：机械工业出版社，2021.

[2] 王洪波. 硬质合金刀具常识及使用方法 [M]. 北京：机械工业出版社，2018.

[3] 沈建，虞俊. 数控铣工/加工中心操作工（高级）[M]. 北京：机械工业出版社，2006.

[4] 人力资源社会保障部教材办公室组织编写. 机床夹具 [M]. 北京：中国劳动社会保障出版社，2018.

[5] 郝英歧，尹玉珍. 数控车削编程与技能训练（FANUC Oi系统）[M]. 北京：化学工业出版社，2015.